高等学校“十三五”规划教材

大学数学简明教程

Daxue Shuxue Jianming Jiaocheng

主　编　朱建伟　朱智慧

副主编　张　涛　杜厚维　洪云飞

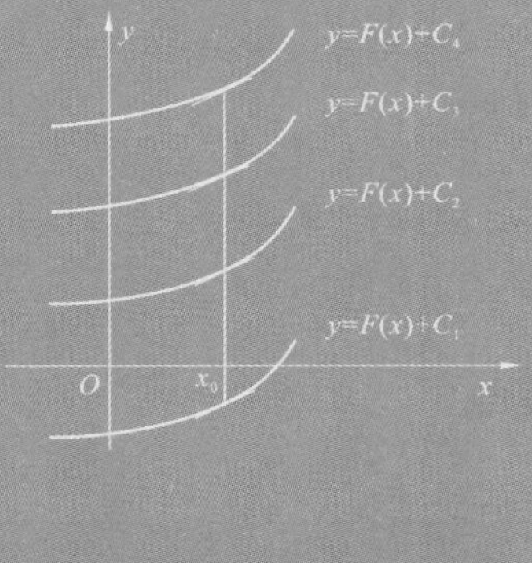

華中科技大學出版社

http://www.hustp.com

中国·武汉

内 容 提 要

本书根据目前普通高等院校数学课程教学(少学时)的要求,由多年从事数学教学的一线教师执笔编写,内容包括函数极限与连续、一元函数微分学、一元函数积分学、常微分方程、线性代数及概率论基础. 每章均配备了适量的例题和习题. 本书注重数学思想的介绍和基本逻辑思维的训练,从不同的侧面比较自然地引入数学的基本概念,适量给出一些相关的证明过程及求解过程. 由于大学数学少学时的限制,在教材内容的选取与组织上做了适当的调整,本教材适合普通高等院校数学少学时的专业使用,也可供中专及高职层次的相关专业选用. 参考学时 120 学时.

图书在版编目(CIP)数据

大学数学简明教程/朱建伟,朱智慧主编. —武汉:华中科技大学出版社,2016.8(2021.8 重印)
ISBN 978-7-5680-2114-2

Ⅰ.①大… Ⅱ.①朱… ②朱… Ⅲ.①高等数学-高等学校-教材 Ⅳ.①O13

中国版本图书馆 CIP 数据核字(2016)第 193124 号

大学数学简明教程
Daxue Shuxue Jianming Jiaocheng

朱建伟 朱智慧 主编

策划编辑:袁 冲
责任编辑:史永霞
封面设计:孢 子
责任监印:朱 玢
出版发行:华中科技大学出版社(中国·武汉)
武昌喻家山 邮编:430074 电话:(027)81321913
录 排:武汉正风天下文化发展有限公司
印 刷:武汉市籍缘印刷厂
开 本:787mm×1092mm 1/16
印 张:20
字 数:506 千字
版 次:2021 年 8 月第 1 版第 4 次印刷
定 价:39.00 元

华中出版

本书若有印装质量问题,请向出版社营销中心调换
全国免费服务热线:400-6679-118 竭诚为您服务

前　言

在长期的高等数学教学中，我们一直关注大学少学时数学课程建设和教材建设.经过多年的教学实践，我们认为大学少学时数学不同于理、工科的高等数学，其目的主要在于引导学生掌握一些现代科学所必备的数学基础，学习一种理性思维的方式，提高大学生的数学修养和综合素质.基于这种认识，我们组织了多年从事一线教学的骨干教师编写了这本教材.

在本教材编写中，我们在保留传统高等数学教材结构严谨、逻辑清晰等风格的同时，积极吸收近年来高校教材改革的成功经验，努力做到例证适当、通俗易懂.本教材内容包括函数极限与连续、一元函数微分学、一元函数积分学、常微分方程、线性代数以及概率论基础，每章均配备了适量的习题.

由于本教材以大学数学少学时学生为对象，对内容的深度与广度都进行了筛选，所以在编写中，我们一方面以学生易于接受的形式来展开各章节的内容，另一方面也尽量注意到数学语言的逻辑性，保证教材的系统性和严谨性，便于教师的讲授和学生的学习.参加本教材编写工作的有以下教师：朱建伟（第 1,2,12,14 章）、朱智慧（第 5,6,7,10,11 章）、张涛（第 8,9 章）、杜厚维（第 3,4 章）、洪云飞（第 13、15 章）.本教材的编写还得到范远泽、呙林兵、唐关丽三位老师的支持和帮助，在此表示衷心的感谢！

陈忠教授审阅了本书，提出了许多宝贵意见和建议，谨此表示衷心的感谢！

由于我们水平有限，加上时间仓促，书中的疏漏、错误和不足之处在所难免，恳请各位专家、同行和广大读者指正.

编　者

2016 年 6 月

目　　录

微积分部分

线性代数部分

概率论部分

微积分部分

第一章　函数极限与连续

初等数学的研究对象基本上是不变的量，而高等数学的研究对象是变化的量. 所谓函数关系就是变量之间的依赖关系，极限方法是研究变量的一种基本方法. 本章将介绍函数、极限和函数的连续性等基本概念，以及它们的一些性质.

第一节　函数的概念与基本性质

一、区间与邻域

设 a 和 b 都是实数，将满足不等式 $a<x<b$ 的所有实数组成的数集称为开区间，记作 (a,b)，即

$$(a,b)=\{x\,|\,a<x<b\},$$

a 和 b 称为开区间 (a,b) 的端点，这里 $a\notin(a,b)$ 且 $b\notin(a,b)$.

类似地，称数集

$$[a,b]=\{x\,|\,a\leqslant x\leqslant b\}$$

为闭区间，a 和 b 称为闭区间 $[a,b]$ 的端点，这里 $a\in[a,b]$ 且 $b\in[a,b]$.

称数集

$$[a,b)=\{x\,|\,a\leqslant x<b\}\text{和}(a,b]=\{x\,|\,a<x\leqslant b\}$$

为半开半闭区间.

以上这些区间都称为有限区间. 数 $b-a$ 称为区间的长度. 此外，还有无限区间：

$$(-\infty,+\infty)=\{x\,|\,-\infty<x<+\infty\},$$
$$(-\infty,b]=\{x\,|\,-\infty<x\leqslant b\},$$
$$(-\infty,b)=\{x\,|\,-\infty<x<b\},$$
$$[a,+\infty)=\{x\,|\,a\leqslant x<+\infty\},$$
$$(a,+\infty)=\{x\,|\,a<x<+\infty\},$$

等等. 这里记号“$-\infty$”与“$+\infty$”分别表示“负无穷大”与“正无穷大”.

而邻域是常用的一类数集. 设 x_0 是一个给定的实数，δ 是某一正数，称数集

$$\{x\,|\,x_0-\delta<x<x_0+\delta\}$$

为点 x_0 的 δ 邻域，记作 $U(x_0,\delta)$. 称点 x_0 为这邻域的中心，δ 为这邻域的半径(见图 1-1).

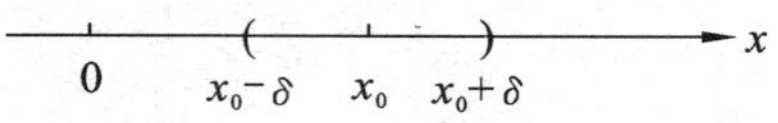

图 1-1

称$\{x \mid x\in U(x_0,\delta)$，且$x\neq x_0\}$为 x_0 的去心 δ 邻域，记作$\mathring{U}(x_0,\delta)$，即

$$\mathring{U}(x_0,\delta)=\{x \mid 0<|x-x_0|<\delta\}.$$

把开区间$(x_0-\delta,x_0)$称为 x_0 的左 δ 邻域，把开区间$(x_0,x_0+\delta)$称为 x_0 的右 δ 邻域.

当不需要指出邻域的半径时，我们用$U(x_0)$，$\mathring{U}(x_0)$分别表示 x_0 的某邻域和 x_0 的某去心邻域.

一般用字母 **N** 表示全体正整数集合，**Z** 表示全体整数集合，**Q** 表示全体有理数集合，**R** 表示全体实数集合. 另外，用 $\mathbf{R}^o$ 表示非零的实数集合，$\mathbf{R}^+$ 表示全体正实数集合.

二、函数的概念

函数是客观世界中变量之间的一种依赖关系.

定义 1　设 A，B 是两个实数集，若对 A 中的每个数 x，按照某种确定的法则 f，在 B 中有唯一的一个数 y 与之对应，则称 f 是从 A 到 B 的一个函数，记作

$$y=f(x),x\in A.$$

其中 x 称为自变量，y 称为因变量，$f(x)$表示函数 f 在 x 处的函数值. A 称为函数 f 的定义域，记作 $D(f)$；称 $f(A)=\{y \mid y=f(x),x\in A\}$为函数 f 的值域，记作 $R(f)$.

通常函数是指对应法则 f，但习惯上用“$y=f(x),x\in A$”表示函数，此时应理解为“由对应关系 $y=f(x)$所确定的函数 f”.

函数概念有两个基本要素，即定义域和对应法则. 定义域表示使函数有意义的范围，即自变量的取值范围. 在实际问题中，可根据函数的实际意义来确定. 在理论研究中，若函数关系由数学公式给出，函数的定义域就是使数学表达式有意义的自变量 x 的所有值构成的数集. 对应法则是函数的具体表现，即两个变量之间只要存在对应关系，它们之间就具有函数关系. 例如，气温曲线给出了气温随时间变化的对应关系，三角函数表列出了角度与三角函数值的对应关系. 因此，气温曲线和三角函数表表示的都是函数关系. 这种用曲线和列表给出函数的方法分别称为图示法和列表法. 但在理论研究中所遇到的函数多数由数学公式给出，称为公式法. 例如，初等数学中所学过的幂函数、指数函数、对数函数、三角函数与反三角函数都是用公式法表示的函数.

从几何上看，在平面直角坐标系中，点集

$$\{(x,y) \mid y=f(x),x\in D(f)\}$$

称为函数 $y=f(x)$的图像，如图 1-2 所示. 函数 $y=f(x)$的图像通常是一条曲线，$y=f(x)$也称为这条曲线的方程. 这样，函数的一些特性常常可借助于几何直观地发现；相反，一些几何问题，有时也可借助于函数来做理论探讨.

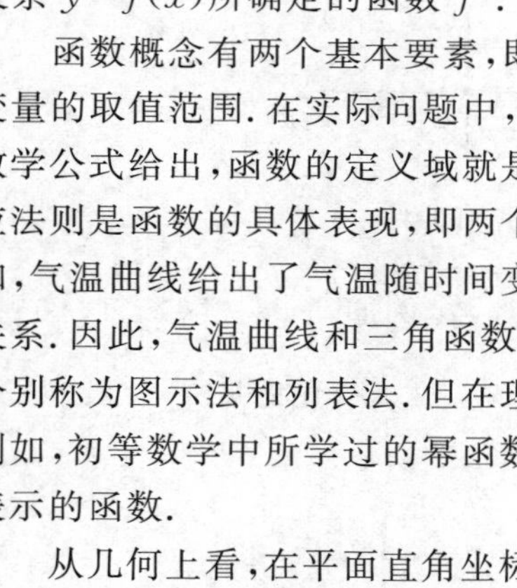

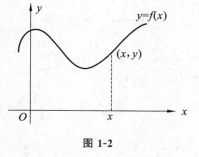

图 1-2

现在我们举一个具体函数的例子.

例 1　求函数 $y=\sqrt{9-x^2}+\dfrac{1}{\sqrt{x-1}}$的定义域.

解　要使数学式子有意义，x 必须满足

$$\begin{cases}9-x^2\geqslant 0,\\ x-1>0,\end{cases}$$

即

$$\begin{cases} |x|\leqslant 3, \\ x>1. \end{cases}$$

由此，有

$$1<x\leqslant 3,$$

因此函数的定义域为(1,3].

有时一个函数在其定义域的不同子集上要用不同的表达式来表示对应法则，称这种函数为**分段函数**. 下面给出一些今后常用的分段函数.

例 2 绝对值函数

$$y=|x|=\begin{cases} x, & x\geqslant 0, \\ -x, & x<0 \end{cases}$$

的定义域 $D(f)=(-\infty,+\infty)$，值域 $R(f)=[0,+\infty)$，如图 1-3 所示.

例 3 符号函数

$$y=\operatorname{sgn}x=\begin{cases} -1, & x<0, \\ 0, & x=0, \\ 1, & x>0 \end{cases}$$

的定义域 $D(f)=(-\infty,+\infty)$，值域 $R(f)=\{-1,0,1\}$，如图 1-4 所示.

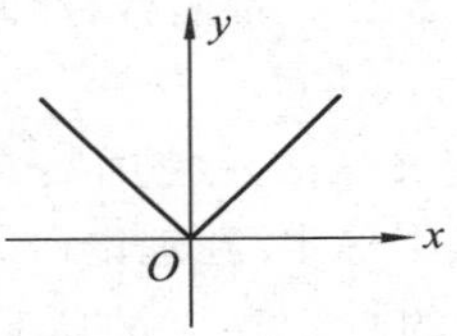

图 1-3

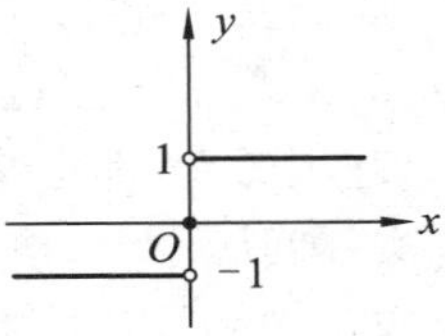

图 1-4

例 4 取整函数 $y=[x]$，其中 $[x]$ 表示不超过 x 的最大整数. 例如，$\left[-\frac{1}{3}\right]=-1$，$[0]=0$，$[\sqrt{2}]=1$，$[\pi]=3$，等等. 函数 $y=[x]$ 的定义域 $D(f)=(-\infty,+\infty)$，值域 $R(f)=\mathbf{Z}$.

一般地，$y=[x]=n$，$n\leqslant x<n+1$，$n=0,\pm 1,\pm 2,\cdots$，如图 1-5 所示.

三、复合函数与反函数

定义 2 设函数 $y=f(u)$ 的定义域为 $D(f)$，值域为 $R(f)$；而函数 $u=g(x)$ 的定义域为 $D(g)$，值域为 $R(g)$，且 $R(g)\subseteq D(f)$，则对任意的 $x\in D(g)$，通过函数 $u=g(x)$ 都有唯一的 $u\in R(g)\subseteq D(f)$ 与 x 对应，再通过 $y=f(u)$ 又有唯一的 $y\in R(f)$ 与 u 对应. 这样，对任意 $x\in D(g)$，通过 u，都有唯一的 $y\in R(f)$ 与之对应. 因此 y 是 x 的函数，称这个函数为 $y=f(u)$ 与 $u=g(x)$ 的复合函数，记作

$$y=(f\circ g)(x)=f[g(x)], x\in D(g),$$

u 称为中间变量.

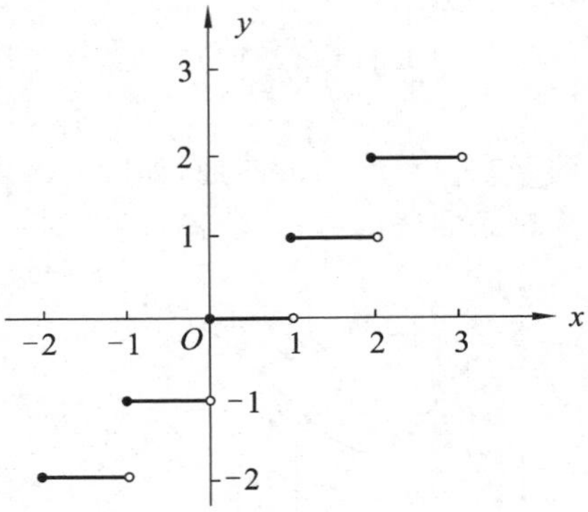

图 1-5

两个函数的复合也可推广到多个函数复合的情形.

例如,幂函数 $y=x^{\mu}=a^{\mu\log_a x}$ ($a>0$ 且 $a\neq1$)可看成由指数函数 $y=a^u$ 与 $u=\mu\log_a x$ 复合而成. 又形如 $y=u(x)^{v(x)}$ ($u(x)>0$) $=a^{v(x)\log_a u(x)}$ ($a>0$ 且 $a\neq1$)的函数称为幂指函数,它可看成由 $y=a^w$ 与 $w=v(x)\log_a u(x)$复合而成.

例 5 设 $f(x)=\dfrac{x}{x+1}$ ($x\neq-1$),求 $f[f(x)]$.

解 令 $y=f(u)$,$u=f(x)$,则 $f[f(x)]$是通过 u 复合而成的复合函数,

$$y=f(u)=\frac{u}{u+1}=\frac{\dfrac{x}{x+1}}{\dfrac{x}{x+1}+1}=\frac{x}{2x+1}\left(x\neq-1,\ -\frac{1}{2}\right).$$

定义 3 设 $y=f(x)$是从 A 到 B 的一个函数,若对每个 $y\in B$,有唯一的 $x\in A$,使 $y=f(x)$,则称 x 也是 y 的函数,记作 f^{-1},即 $x=f^{-1}(y)$,并称它为函数 $y=f(x)$的反函数,而 $y=f(x)$也称为反函数 $x=f^{-1}(y)$的直接函数.

从几何上看,函数 $y=f(x)$与其反函数 $x=f^{-1}(y)$有同一图像. 但人们习惯上用 x 表示自变量,y 表示因变量,因此反函数 $x=f^{-1}(y)$常记成 $y=f^{-1}(x)$. 今后,我们称 $y=f^{-1}(x)$为 $y=f(x)$的反函数. 此时,由于对应关系 f^{-1}未变,只是自变量与因变量交换了记号,因此反函数 $y=f^{-1}(x)$与直接函数 $y=f(x)$的图像关于直线 $y=x$ 对称,如图 1-6 所示.

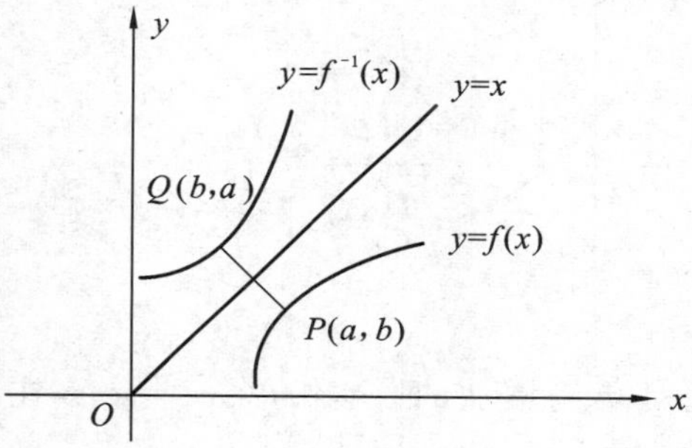

图 1-6

值得注意的是,并不是所有函数都存在反函数,例如函数 $y=x^2$ 的定义域为$(-\infty,+\infty)$,值域为$[0,+\infty)$,但对每一个 $y\in(0,+\infty)$,有两个 x 值即 $x_1=\sqrt{y}$ 和 $x_2=-\sqrt{y}$与之对应,因此 x 不是 y 的函数,从而 $y=x^2$ 不存在反函数. 事实上,若 f 是单调的函数,则 f 存在反函数 f^{-1}.

例 6 设函数 $f(x)=\dfrac{x-1}{x}$ ($x\neq0$),求 $f^{-1}(x)$.

解 由

$$y=f(x)=\frac{x-1}{x}$$

得

$$x=\frac{1}{1-y}\ (y\neq1).$$

故所求反函数

$$f^{-1}(x)=\frac{1}{1-x}\ (x\neq1).$$

四、函数的几种特性

1. 函数的有界性

设函数 $f(x)$的定义域为 $D(f)$,若存在某个常数 L,使得对任一 $x\in D(f)$,都有

$$f(x)\leqslant L\ (\text{或 } f(x)\geqslant L),$$

则称函数 $f(x)$在 $D(f)$上有**上界**(或有**下界**),常数 L 称 $f(x)$在 $D(f)$上的上界(或下界),否则称 $f(x)$在 $D(f)$上无上界(或无下界).

若函数 $f(x)$在 $D(f)$上既有上界又有下界，则称 $f(x)$在 $D(f)$上有界，否则称 $f(x)$在 $D(f)$上无界.

容易看出，函数 $f(x)$在 $D(f)$上有界的充分必要条件是：存在常数 $M>0$，使得对任意 $x\in D(f)$，都有

$$|f(x)|\leqslant M.$$

例如，函数 $y=\sin x$ 在其定义域$(-\infty,+\infty)$内是有界的，因为对任意 $x\in(-\infty,+\infty)$都有$|\sin x|\leqslant 1$，函数 $y=\dfrac{1}{x}$在$(0,1)$内无上界，但有下界.

从几何上看，有界函数的图像界于直线 $y=\pm M$ 之间.

2. 函数的单调性

设函数 $y=f(x)$的定义域为 $D(f)$，若对 $D(f)$中的任意两数 $x_1,x_2(x_1<x_2)$，恒有

$$f(x_1)<f(x_2)（或\ f(x_1)>f(x_2)），$$

则称函数 $y=f(x)$在 $D(f)$上是单调增加(或单调减少)的. 单调增加或单调减少的函数统称为单调函数，如图 1-7 所示.

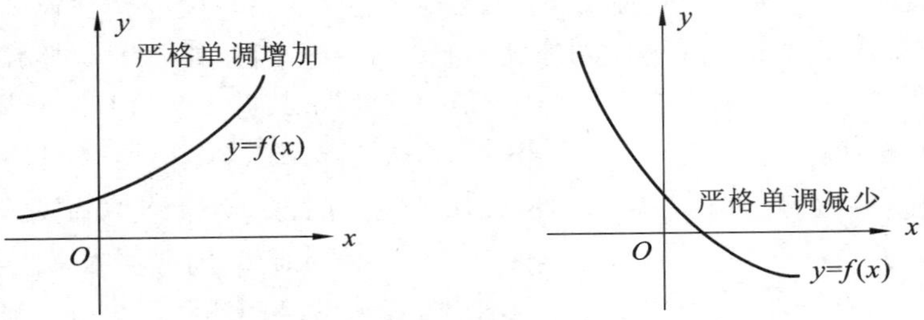

图 1-7

例如，函数 $f(x)=x^3$ 在其定义域$(-\infty,+\infty)$内是单调增加的；函数 $f(x)=\cot x$ 在$(0,\pi)$内是单调减少的.

从几何上看，若 $y=f(x)$是单调函数，则任意一条平行于 x 轴的直线与它的图像最多交于一点，因此 $y=f(x)$有反函数.

3. 函数的奇偶性

设函数 $f(x)$的定义域 $D(f)$关于原点对称，即若 $x\in D(f)$，则必有 $-x\in D(f)$. 若对任意的 $x\in D(f)$，都有

$$f(-x)=-f(x)\ （或\ f(-x)=f(x)），$$

则称 $f(x)$是 $D(f)$上的奇函数(或偶函数).

奇函数的图像对称于坐标原点，偶函数的图像对称于 y 轴，如图 1-8 所示.

例 7　讨论函数 $f(x)=\ln(x+\sqrt{1+x^2})$的奇偶性.

解　函数 $f(x)$的定义域$(-\infty,+\infty)$是对称区间，因为

$$f(-x)=\ln(-x+\sqrt{1+x^2})=\ln\frac{1}{x+\sqrt{1+x^2}}$$
$$=-\ln(x+\sqrt{1+x^2})=-f(x),$$

所以，$f(x)$是$(-\infty,+\infty)$上的奇函数.

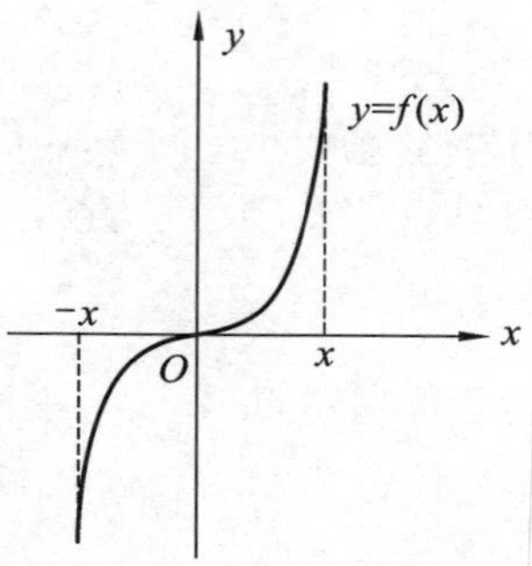

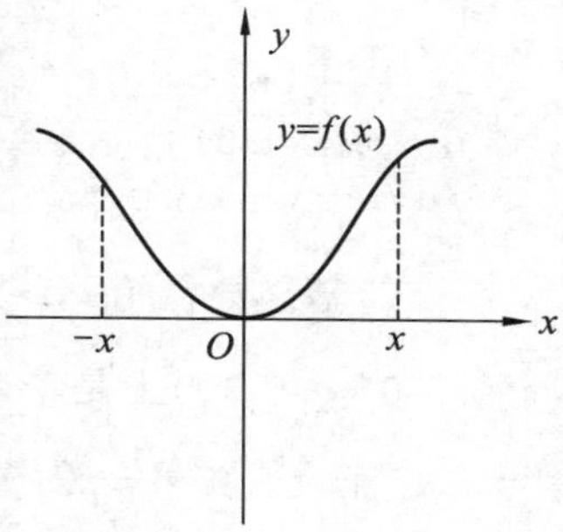

图 1-8

4. 函数的周期性

设函数 $f(x)$ 的定义域为 $D(f)$，若存在一个不为零的常数 T，使得对任意 $x\in D(f)$，有 $(x\pm T)\in D(f)$，且 $f(x+T)=f(x)$，则称 $f(x)$ 为周期函数，其中使上式成立的常数 T 称为 $f(x)$ 的周期. 通常，函数的周期是指使上式成立的最小正数 T，称为最小正周期.

例如，函数 $f(x)=\sin x$ 的周期为 2π，$f(x)=\tan x$ 的周期是 π.

并不是所有函数都有最小正周期，例如，狄利克雷函数

$$D(x)=\begin{cases}1, & x\text{ 为有理数},\\ 0, & x\text{ 为无理数}.\end{cases}$$

任意正有理数都是它的周期，此函数没有最小正周期.

五、函数应用举例

本段通过几个具体的问题，说明如何建立函数关系式.

例 8　火车站收取行李费的规定如下：当行李不超过 50 千克时，按基本运费计算. 如从上海到某地每千克以 0.15 元计算基本运费，当超过 50 千克时，超重部分按每千克 0.25 元收费. 试求上海到该地的行李费 y(元)与重量 x(千克)之间的函数关系式，并画出函数的图像.

解　当 $0<x\leqslant 50$ 时，$y=0.15x$；当 $x>50$ 时，$y=0.15\times 50+0.25(x-50)$. 所以函数关系式为

$$y=\begin{cases}0.15x, & 0<x\leqslant 50;\\ 7.5+0.25(x-50), & x>50.\end{cases}$$

这是一个分段函数，其图像如图 1-9 所示.

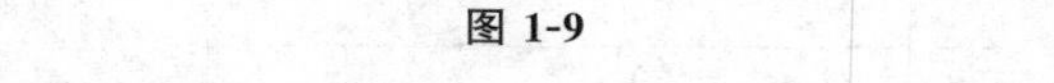

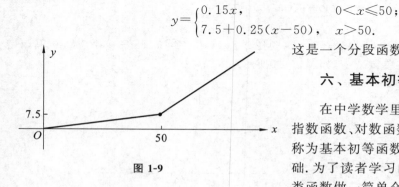

图 1-9

六、基本初等函数

在中学数学里已有较详细介绍的幂函数、指数函数、对数函数、三角函数、反三角函数统称为基本初等函数. 它们是研究各种函数的基础. 为了读者学习的方便，下面我们再对这几类函数做一简单介绍.

1. 幂函数

函数

$$y=x^{\mu}(\mu\text{ 是常数})$$

称为幂函数.

幂函数 $y=x^{\mu}$ 的定义域随 μ 的不同而异,但无论 μ 为何值,函数在 $(0,+\infty)$ 内总是有定义的.

当 $\mu>0$ 时,$y=x^{\mu}$ 在 $[0,+\infty)$ 上是单调增加的,其图像过点 $(0,0)$ 及点 $(1,1)$,图 1-10 列出了 $\mu=\frac{1}{2}$,$\mu=1$,$\mu=2$ 时幂函数在第一象限的图像.

当 $\mu<0$ 时,$y=x^{\mu}$ 在 $(0,+\infty)$ 上是单调减少的,其图像通过点 $(1,1)$,图 1-11 列出了 $\mu=-\frac{1}{2}$,$\mu=-1$,$\mu=-2$ 时幂函数在第一象限的图像.

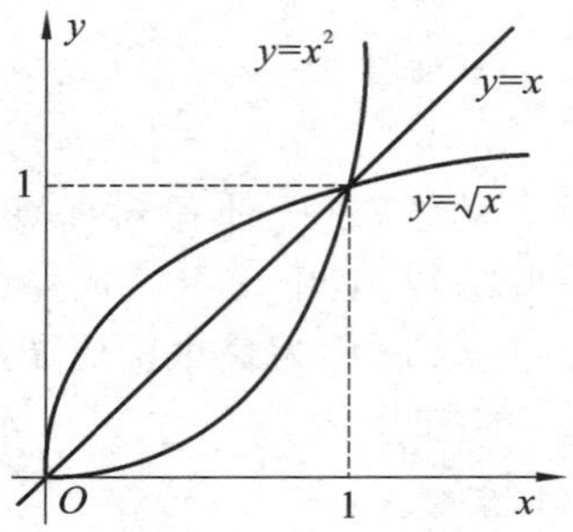

图 1-10

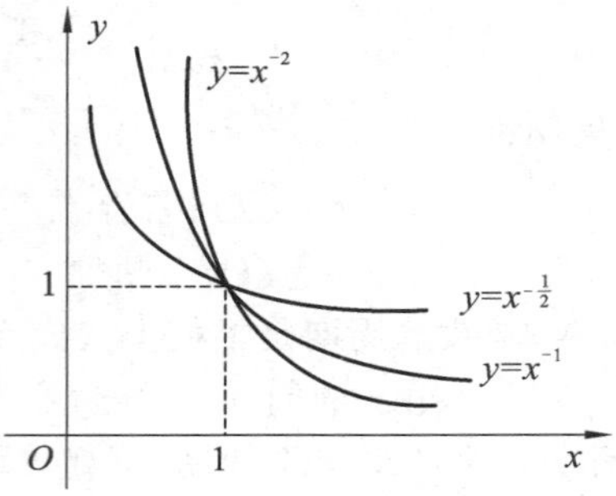

图 1-11

2. 指数函数

函数

$$y=a^{x}(a\text{ 是常数且 }a>0,a\neq1)$$

称为指数函数.

指数函数 $y=a^{x}$ 的定义域是 $(-\infty,+\infty)$,图像通过点 $(0,1)$,且总在 x 轴上方.

当 $a>1$ 时,$y=a^{x}$ 是单调增加的;当 $0<a<1$ 时,$y=a^{x}$ 是单调减少的,如图 1-12 所示.

以常数 $\mathrm{e}=2.71828182\cdots$ 为底的指数函数 $y=\mathrm{e}^{x}$ 是最常用的指数函数.

3. 对数函数

指数函数 $y=a^{x}$ 的反函数,记作

$$y=\log_{a}x\quad(a>0,a\neq1),$$

称为对数函数.

对数函数 $y=\log_{a}x$ 的定义域为 $(0,+\infty)$,图像过点 $(1,0)$. 当 $a>1$ 时,$y=\log_{a}x$ 单调增加;当 $0<a<1$ 时,$y=\log_{a}x$ 单调减少,如图 1-13 所示.

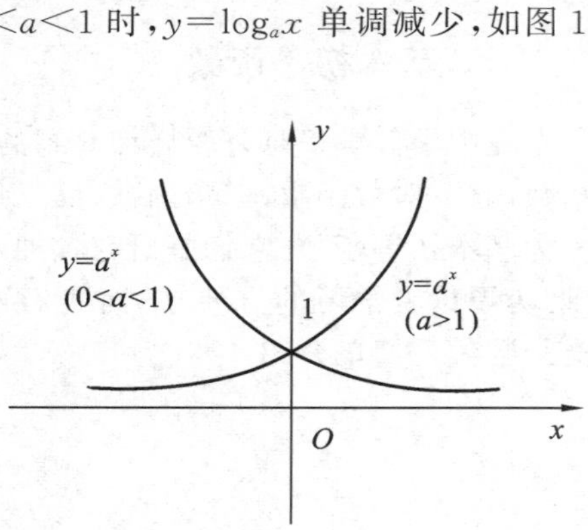

图 1-12

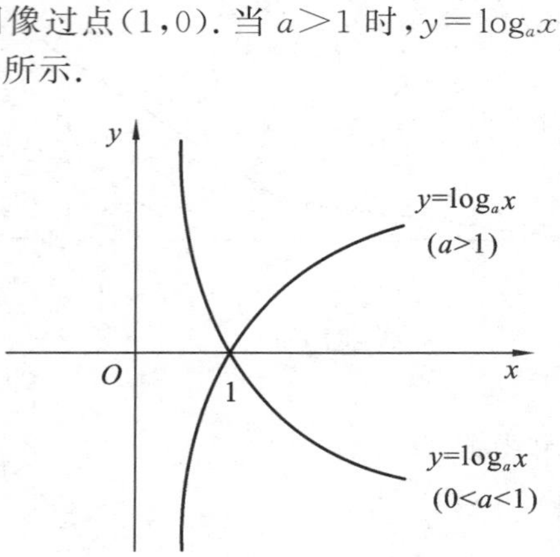

图 1-13

科学技术中常用以 e 为底的对数函数，称为自然对数函数，记作

$$y=\ln x.$$

另外，以 10 为底的对数函数也是常用的对数函数，记作

$$y=\lg x.$$

4. 三角函数

常用的三角函数有

正弦函数　$y=\sin x$；

余弦函数　$y=\cos x$；

正切函数　$y=\tan x$；

余切函数　$y=\cot x$，

其自变量一般以弧度作单位来表示.

它们的图像如图 1-14、图 1-15、图 1-16 和图 1-17 所示，分别称为正弦曲线、余弦曲线、正切曲线和余切曲线.

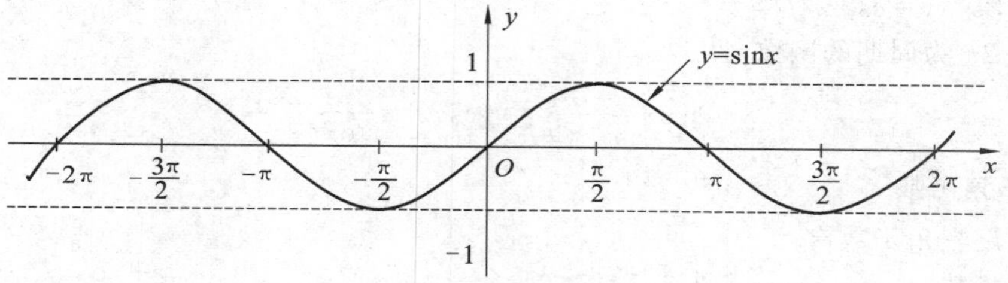

图 1-14

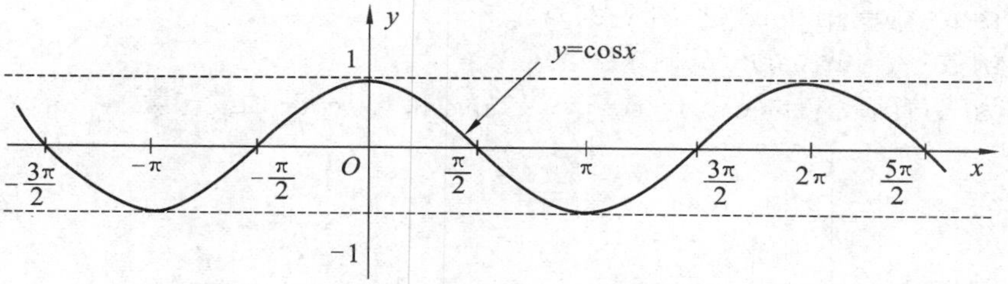

图 1-15

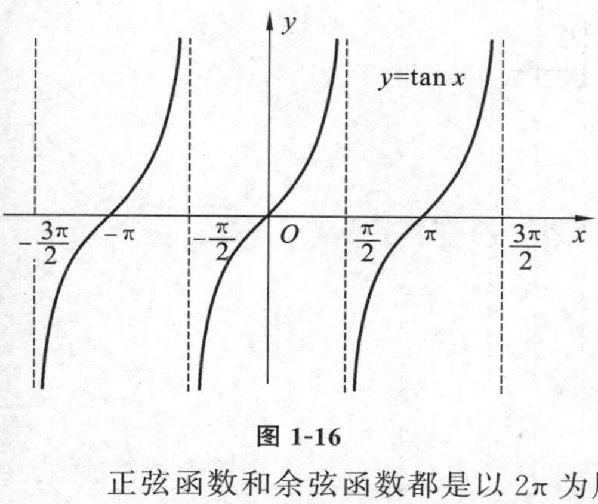

图 1-16

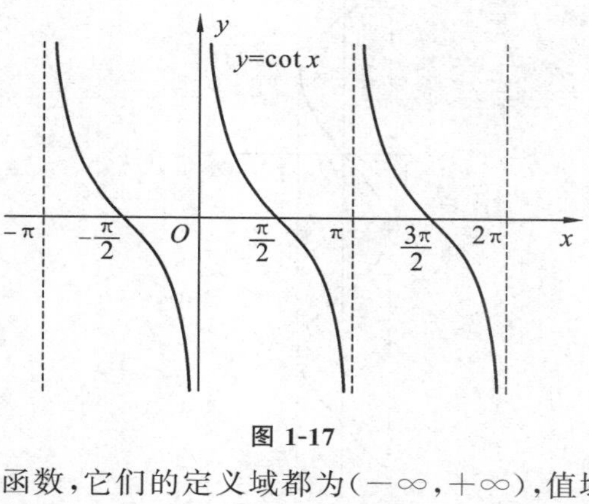

图 1-17

正弦函数和余弦函数都是以 2π 为周期的函数，它们的定义域都为 $(-\infty,+\infty)$，值域都为 $[-1,1]$. 正弦函数是奇函数，余弦函数是偶函数.

由于 $\cos x=\sin\left(x+\frac{\pi}{2}\right)$，所以，把正弦曲线 $y=\sin x$ 沿 x 轴向左移动 $\frac{\pi}{2}$ 个单位，就获得余弦曲线 $y=\cos x$.

正切函数 $y=\tan x=\frac{\sin x}{\cos x}$ 的定义域为

$$D(f)=\{x\,|\,x\in\mathbf{R},x\neq(2n+1)\frac{\pi}{2},n\in\mathbf{Z}\}.$$

余切函数 $y=\cot x=\frac{\cos x}{\sin x}$ 的定义域为

$$D(f)=\{x\,|\,x\in\mathbf{R},x\neq n\pi,n\in\mathbf{Z}\}.$$

正切函数和余切函数的值域都是 $(-\infty,+\infty)$，且它们都是以 π 为周期的函数，它们都是奇函数.

另外，常用的三角函数还有

正割函数　$y=\sec x$；

余割函数　$y=\csc x$.

它们都是以 2π 为周期的函数，且

$$\sec x=\frac{1}{\cos x};\quad \csc x=\frac{1}{\sin x}.$$

5. 反三角函数

常用的反三角函数有

反正弦函数　$y=\arcsin x$（见图 1-18）；

反余弦函数　$y=\arccos x$（见图 1-19）；

反正切函数　$y=\arctan x$（见图 1-20）；

反余切函数　$y=\operatorname{arccot} x$（见图 1-21）.

它们分别称为三角函数 $y=\sin x$，$y=\cos x$，$y=\tan x$ 和 $y=\cot x$ 的反函数.

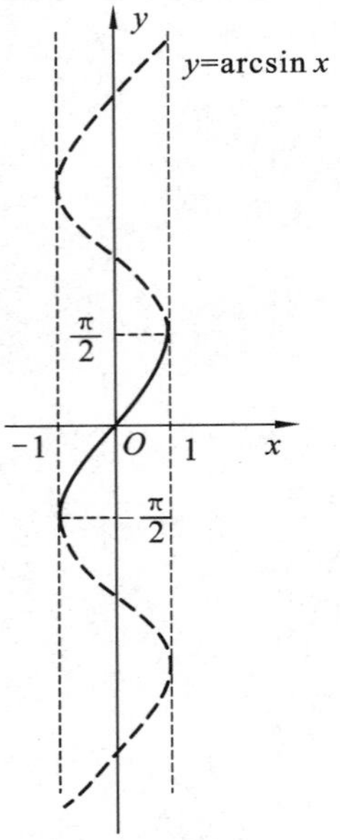

图 1-18

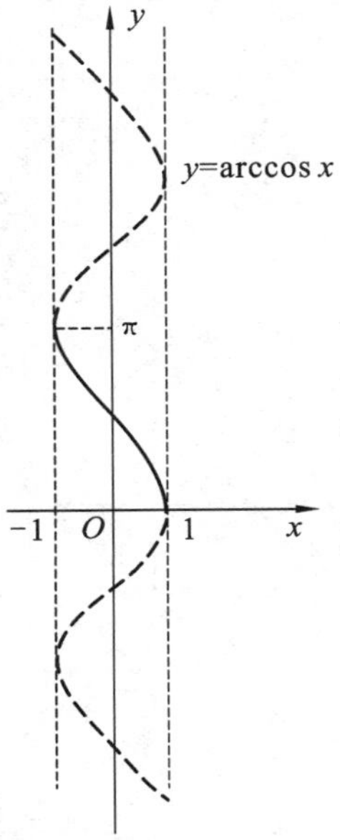

图 1-19

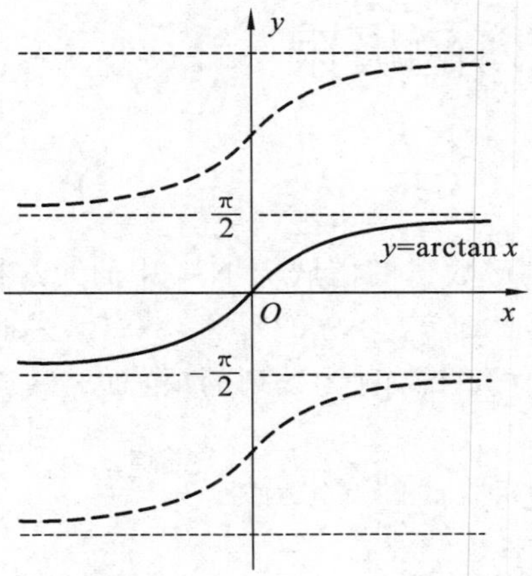

图 1-20

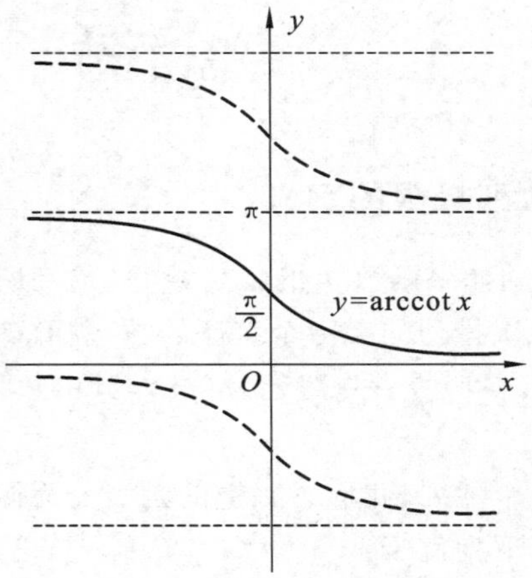

图 1-21

这四个函数都是多值函数. 严格来说，根据反函数的概念，三角函数 $y=\sin x$，$y=\cos x$，$y=\tan x$ 和 $y=\cot x$ 在其定义域内不存在反函数，因为对每一个值域中的数 y，有多个 x 与之对应. 但这些函数在其定义域的每一个单调增加(或减少)的子区间上存在反函数. 例如，$y=\sin x$ 在闭区间 $\left[-\frac{\pi}{2},\frac{\pi}{2}\right]$ 上单调增加，从而存在反函数，通常我们称 $y=\arcsin x$ 为反正弦函数. 其定义域为$[-1,1]$，值域为 $\left[-\frac{\pi}{2},\frac{\pi}{2}\right]$. 反正弦函数 $y=\arcsin x$ 在$[-1,1]$上是单调增加的，它的图像如图 1-18 中实线部分所示.

类似地，可以定义其他三个反三角函数 $y=\arccos x$，$y=\arctan x$，$y=\text{arccot}\, x$，它们分别简称为反余弦函数、反正切函数和反余切函数.

反余弦函数 $y=\arccos x$ 的定义域为$[-1,1]$，值域为$[0,\pi]$，在$[-1,1]$上是单调减少的，其图像如图 1-19 中实线部分所示.

反正切函数 $y=\arctan x$ 的定义域为$(-\infty,+\infty)$，值域为$\left(-\frac{\pi}{2},\frac{\pi}{2}\right)$，在$(-\infty,+\infty)$上是单调增加的，其图像如图 1-20 中实线部分所示.

反余切函数 $y=\text{arccot}\, x$ 的定义域为$(-\infty,+\infty)$，值域为$(0,\pi)$，在$(-\infty,+\infty)$上是单调减少的，其图像如图 1-21 中实线部分所示.

七、初等函数

凡是能由常数和基本初等函数经有限次四则运算和复合运算得到，并且能用一个式子表示的函数，称为初等函数. 例如，$y=3x^2+\sin 4x$，$y=\arctan 2x^3+\sqrt{\lg(x+1)}+\frac{\sin x}{x^2+1}$，$y=\ln(x+\sqrt{1+x^2})$，等等都是初等函数. 分段函数是按照定义域的不同子集用不同表达式来表示对应关系的，有些分段函数也可以不分段而表示出来，分段只是为了更加明确函数关系而已. 例如，绝对值函数也可以表示成 $y=|x|=\sqrt{x^2}$，故它也是初等函数.

第二节　数列的极限

一、数列极限的定义

定义 1　如果函数 f 的定义域 $D(f)=\mathbf{N}^+$，则函数 f 的值域 $f(\mathbf{N}^+)$ 中的元素按自变量增大的次序依次排列的无穷个有序的数，就称为数列，即 $f(1),f(2),\cdots,f(n),\cdots$，通常数列也写成 $x_1,x_2,\cdots,x_n,\cdots$ 并简记为 $\{x_n\}$，其中数列中的每个数称为数列的项，而 $x_n=f(n)$ 称为一般项.

对于一个数列，我们感兴趣的是当 n 无限增大时，x_n 的变化趋势.

我们看下列例子：

数列

$$1,\frac{1}{2},\frac{2}{3},\cdots,\frac{n-1}{n},\cdots \qquad ①$$

的项随 n 增大时，其值越来越接近 1；

数列

$$2,4,6,\cdots,2n,\cdots \qquad ②$$

的项随 n 增大时，其值越来越大，且无限增大；

数列

$$1,0,1,\cdots,\frac{1+(-1)^{n-1}}{2},\cdots \qquad ③$$

的各项值交替地取 0 与 1；

数列

$$1,-\frac{1}{2},\frac{1}{3},\cdots,\frac{(-1)^{n-1}}{n},\cdots \qquad ④$$

的各项值在数 0 的两边跳动，且越来越接近 0；

数列

$$2,2,2,\cdots,2,\cdots \qquad ⑤$$

各项的值均相同.

当 n 无限增大时，若数列的项 x_n 能与某个常数 a 无限地接近，则称此数列收敛，常数 a 称为当 n 无限增大时该数列的极限，如数列①、④、⑤均为收敛数列，它们的极限分别为 1,0,2. 但是，以上这种关于收敛的叙述是不严格的，我们必须对“n 无限增大”与“x_n 无限地接近 a”进行定量的描述，让我们来研究数列④.

取 0 的邻域 $U(0,\varepsilon)$.

(1) 当 $\varepsilon=2$ 时，数列④的所有项均属于 $U(0,2)$，即 $n\geqslant 1$ 时，$x_n\in U(0,2)$.

(2) 当 $\varepsilon=0.1$ 时，数列④中除开始的 10 项外，从第 11 项起的一切项 $x_{11},x_{12},\cdots,x_n,\cdots$ 均属于 $U(0,0.1)$，即 $n>10$ 时，$x_n\in U(0,0.1)$.

(3) 当 $\varepsilon=0.0003$ 时，数列④中除开始的 3333 项外，从第 3334 项起的一切项 x_{3334}，$x_{3335},\cdots,x_n,\cdots$ 均属于 $U(0,0.0003)$，即 $n>3333$ 时，$x_n\in U(0,0.0003)$.

如此推下去，无论 ε 是多么小的正数，总存在 N（N 为大于 $\frac{1}{\varepsilon}$ 的正整数），使得 $n>N$ 时，

$$|x_n-0|=\left|\frac{(-1)^{n-1}}{n}-0\right|=\frac{1}{n}<\frac{1}{N}<\varepsilon,$$

即

$$\frac{(-1)^{n-1}}{n}=x_n\in U(0,\varepsilon).$$

一般地，对数列 $\{x_n\}$ 有以下定义.

定义 2　若对任何 $\varepsilon>0$，总存在正整数 N，当 $n>N$ 时，$|x_n-a|<\varepsilon$，即 $x_n\in U(a,\varepsilon)$，则称数列 $\{x_n\}$ 收敛，a 称为数列 $\{x_n\}$ 当 $n\to\infty$ 时的极限，记为

$$\lim_{n\to\infty}x_n=a \text{ 或 } x_n\to a(n\to\infty).$$

若数列 $\{x_n\}$ 不收敛，则称该数列**发散**.

定义中的正整数 N 与 ε 有关，一般说来，N 将随 ε 减小而增大，这样的 N 也不是唯一的. 显然，如果已经证明了符合要求的 N 存在，则比这个 N 大的任何正整数均符合要求，在以后有关数列极限的叙述中，如无特殊声明，N 均表示正整数. 此外，由邻域的定义可知，$x_n\in U(a,\varepsilon)$ 等价于 $|x_n-a|<\varepsilon$.

我们给"数列 $\{x_n\}$ 的极限为 a"一个几何解释：将常数 a 及数列 $x_1,x_2,\cdots,x_n,\cdots$ 在数轴上用它们的对应点表示出来，再在数轴上作点 a 的 ε 邻域，即开区间 $(a-\varepsilon,a+\varepsilon)$，如图 1-22 所示.

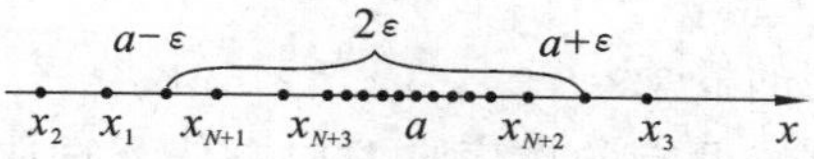

图 1-22

因不等式 $|x_n-a|<\varepsilon$ 与不等式 $a-\varepsilon<x_n<a+\varepsilon$ 等价，所以当 $n>N$ 时，所有的点 x_n 都落在开区间 $(a-\varepsilon,a+\varepsilon)$ 内，而只有有限个点（至多只有 N 个点）在这区间以外.

为了以后叙述的方便，我们这里介绍几个符号，符号"$\forall$"表示"对于任意的""对于所有的"或"对于每一个"，符号"$\exists$"表示"存在"，符号"$\max\{X\}$"表示数集 X 中的最大数，符号"$\min\{X\}$"表示数集 X 中的最小数.

例 1　证明 $\lim\limits_{n\to\infty}\frac{1}{n^2+1}=0$.

证　$\forall\varepsilon>0$（不妨设 $\varepsilon<1$），要使 $\left|\frac{1}{n^2+1}-0\right|=\frac{1}{n^2+1}<\varepsilon$，只要 $n^2+1>\frac{1}{\varepsilon}$，即

$$n>\sqrt{\frac{1}{\varepsilon}-1}.$$

因此，$\forall\varepsilon>0$，取 $N=\left[\sqrt{\frac{1}{\varepsilon}-1}\right]$，则当 $n>N$ 时，有 $\left|\frac{1}{n^2+1}-0\right|<\varepsilon$. 由极限定义可知

$$\lim_{n\to\infty}\frac{1}{n^2+1}=0.$$

用极限的定义来求极限是不太方便的，在本章的以后篇幅中，将逐步介绍其他求极限的方法.

二、数列极限的性质

定理 1（唯一性）　若数列收敛，则其极限唯一.

定义 3　设有数列 $\{x_n\}$，若 $\exists M\in\mathbf{R}^+$，使对一切 $n=1,2,\cdots$，有 $|x|\leqslant M$，则称数列 $\{x_n\}$ 是有界的，否则称它是无界的.

对于数列 $\{x_n\}$，若 $\exists M\in\mathbf{R}$，使对 $n=1,2,\cdots$，有 $x_n\leqslant M$，则称数列 $\{x_n\}$ 有上界；若 $\exists M\in\mathbf{R}$，使对 $n=1,2,\cdots$，有 $x_n\geqslant M$，则称数列 $\{x_n\}$ 有下界.

显然，数列 $\{x_n\}$ 有界的充分必要条件是 $\{x_n\}$ 既有上界又有下界.

例 2　数列 $\left\{\dfrac{1}{n^2+1}\right\}$ 有界；数列 $\{n^2\}$ 有下界而无上界；数列 $\{-n^2\}$ 有上界而无下界；数列 $\{(-1)^n n^2\}$ 既无上界又无下界.

定理 2（有界性）　若数列 $\{x_n\}$ 收敛，则数列 $\{x_n\}$ 有界.

定理 2 的逆命题不成立，例如数列 $\{(-1)^n\}$ 有界，但它不收敛.

定理 3（保号性）　若 $\lim\limits_{n\to\infty}x_n=a$，$a>0$（或 $a<0$），则 $\exists N>0$，当 $n>N$ 时，$x_n>0$（或 $x_n<0$）.

推论　设有数列 $\{x_n\}$，$\exists N>0$，当 $n>N$ 时，$x_n>0$（或 $x_n<0$），若 $\lim\limits_{n\to\infty}x_n=a$，则必有 $a\geqslant 0$（或 $a\leqslant 0$）.

在推论中，我们只能推出 $a\geqslant 0$（或 $a\leqslant 0$），而不能由 $x_n>0$（或 $x_n<0$）推出其极限也大于 0（或小于 0）. 例如 $x_n=\dfrac{1}{n}>0$，但 $\lim\limits_{n\to\infty}x_n=\lim\limits_{n\to\infty}\dfrac{1}{n}=0$.

下面我们给出数列的子列的概念.

定义 4　在数列 $\{x_n\}$ 中保持原有的次序自左向右任意选取无穷多个项构成一个新的数列，称它为 $\{x_n\}$ 的一个子列.

在选出的子列中，记第一项为 x_{n_1}，第二项为 x_{n_2}，$\cdots$，第 k 项为 x_{n_k}，$\cdots$，则数列 $\{x_n\}$ 的子列可记为 $\{x_{n_k}\}$. k 表示 x_{n_k} 在子列 $\{x_{n_k}\}$ 中是第 k 项，n_k 表示 x_{n_k} 在原数列 $\{x_n\}$ 中是第 n_k 项. 显然，对每一个 k，有 $n_k\geqslant k$.

由于在子列 $\{x_{n_k}\}$ 中的下标是 k 而不是 n_k，因此 $\{x_{n_k}\}$ 收敛于 a 的定义是：$\forall\varepsilon>0$，$\exists K>0$，当 $k>K$ 时，有 $|x_{n_k}-a|<\varepsilon$. 这时，记为 $\lim\limits_{k\to+\infty}x_{n_k}=a$.

定理 4　$\lim\limits_{n\to+\infty}x_n=a$ 的充分必要条件是：$\{x_n\}$ 的任何子列 $\{x_{n_k}\}$ 都收敛，且都以 a 为极限.

定理 4 用来判别数列 $\{x_n\}$ 发散有时是很方便的. 如果在数列 $\{x_n\}$ 中有一个子列发散，或者有两个子列不收敛于同一极限值，则可断言 $\{x_n\}$ 是发散的.

例 3　判别数列 $\left\{x_n=\sin\dfrac{n\pi}{8},n\in\mathbf{N}\right\}$ 的收敛性.

解　在 $\{x_n\}$ 中选取两个子列：

$$\left\{\sin\frac{8k\pi}{8},k\in\mathbf{N}\right\}，即\left\{\sin\frac{8\pi}{8},\sin\frac{16\pi}{8},\cdots,\sin\frac{8k\pi}{8},\cdots\right\}；$$

$$\left\{\sin\frac{(16k+4)\pi}{8},k\in\mathbf{N}\right\}，即\left\{\sin\frac{20\pi}{8},\cdots,\sin\frac{(16k+4)\pi}{8},\cdots\right\}.$$

显然，第一个子列收敛于 0，而第二个子列收敛于 1，因此原数列 $\left\{\sin\dfrac{n\pi}{8}\right\}$ 发散.

第三节　函数的极限

一、$x \to \infty$ 时函数的极限

对于一般函数 $y=f(x)$ 而言，自变量无限增大时，函数值无限地接近一个常数的情形与数列极限类似，所不同的是，自变量的变化可以是连续的.

定义 1　若 $\forall \varepsilon>0$，$\exists X>0$，当 $x>X$ 时，有 $|f(x)-a|<\varepsilon$，则称 $x\to+\infty$ 时，$f(x)$ 以 a 为极限，记为 $\lim\limits_{x\to+\infty} f(x)=a$.

若 $\forall \varepsilon>0$，$\exists X>0$，当 $x<-X$ 时，有 $|f(x)-a|<\varepsilon$，则称 $x\to-\infty$ 时，$f(x)$ 以 a 为极限，记为 $\lim\limits_{x\to-\infty} f(x)=a$.

例 1　证明 $\lim\limits_{x\to+\infty}\dfrac{\sin x}{\sqrt{x}}=0$.

证　由于 $\left|\dfrac{\sin x}{\sqrt{x}}-0\right|=\left|\dfrac{\sin x}{\sqrt{x}}\right|\leqslant\dfrac{1}{\sqrt{x}}$，故 $\forall \varepsilon>0$，要使 $\left|\dfrac{\sin x}{\sqrt{x}}-0\right|<\varepsilon$，只要 $\dfrac{1}{\sqrt{x}}<\varepsilon$，即 $x>\dfrac{1}{\varepsilon^2}$.
因此，$\forall \varepsilon>0$，可取 $X=\dfrac{1}{\varepsilon^2}$，则当 $x>X$ 时，$\left|\dfrac{\sin x}{\sqrt{x}}-0\right|<\varepsilon$，故由定义 1 得

$$\lim_{x\to+\infty}\frac{\sin x}{\sqrt{x}}=0.$$

定义 2　若 $\forall \varepsilon>0$，$\exists X>0$，当 $|x|\geqslant X$ 时，有 $|f(x)-a|<\varepsilon$，则称 $x\to\infty$ 时，$f(x)$ 以 a 为极限，记为 $\lim\limits_{x\to\infty} f(x)=a$.

为方便起见，有时也用下列记号来表示上述极限：$f(x)\to a\,(x\to+\infty)$，$f(x)\to a\,(x\to-\infty)$，$f(x)\to a\,(x\to\infty)$.

由定义 1、定义 2 及绝对值性质可得下面的定理.

定理 1　$\lim\limits_{x\to\infty} f(x)=a$ 的充分必要条件是 $\lim\limits_{x\to+\infty} f(x)=\lim\limits_{x\to-\infty} f(x)=a$.

二、$x\to x_0$ 时函数的极限

现在我们来研究 x 无限接近 x_0 时，函数值 $f(x)$ 无限接近 a 的情形，它与 $x\to\infty$ 时函数的极限类似，只是 x 的趋向不同，因此只需对 x 无限接近 x_0 做出确切的描述即可.

以下我们总假定在点 x_0 的某去心邻域内 $f(x)$ 有定义.

定义 3　设有函数 $y=f(x)$，其定义域 $D(f)\subseteq\mathbf{R}$，若 $\forall \varepsilon>0$，$\exists \delta>0$，使得当 $x\in\mathring{U}(x_0,\delta)$（即 $0<|x-x_0|<\delta$）时，有 $|f(x)-a|<\varepsilon$，则称 a 为函数 $y=f(x)$ 当 $x\to x_0$ 时的极限，记为 $\lim\limits_{x\to x_0} f(x)=a$ 或 $f(x)\to a\,(x\to x_0)$.

研究 $f(x)$ 当 $x\to x_0$ 的极限时，我们关心的是 x 无限趋近 x_0 时 $f(x)$ 的变化趋势，而不关心 $f(x)$ 在 $x=x_0$ 处有无定义、大小如何，因此定义中使用去心邻域.

函数 $f(x)$ 当 $x\to x_0$ 时的极限为 a 的几何解释如下：任意给定一正数 ε，作平行于 x 轴的两条直线 $y=a+\varepsilon$ 和 $y=a-\varepsilon$，介于这两条直线之间的是一横条区域. 根据定义，对于给定的 ε，存在着点 x_0 的一个 δ 邻域 $(x_0-\delta,x_0+\delta)$，当 $y=f(x)$ 的图形上的点的横坐标 x 在邻域 $(x_0-\delta,x_0+\delta)$

内，但 $x\neq x_0$ 时，这些点的纵坐标 $f(x)$ 满足不等式

$$|f(x)-a|<\varepsilon,$$

或

$$a-\varepsilon<f(x)<a+\varepsilon.$$

亦即这些点落在上面所作的矩形内，如图 1-23 所示.

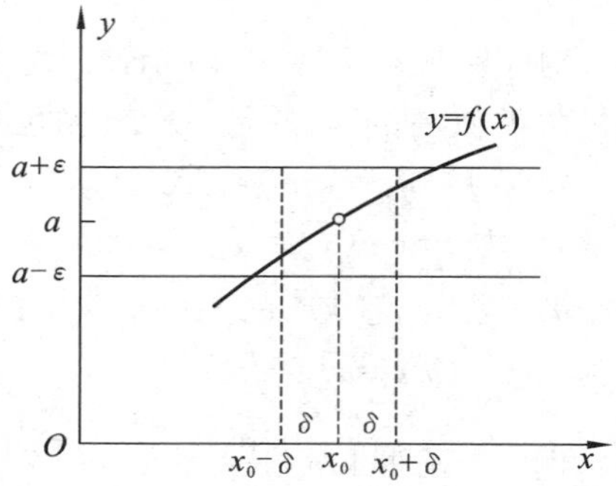

图 1-23

例 2 证明 $\lim\limits_{x\to x_0}\sin x=\sin x_0$.

证 由于 $|\sin x|<|x|$，$|\cos x|\leqslant 1$，所以

$$|\sin x-\sin x_0|=2\left|\cos\frac{x+x_0}{2}\sin\frac{x-x_0}{2}\right|\leqslant|x-x_0|.$$

因此，$\forall\varepsilon>0$，存在 $\delta=\varepsilon$，当 $0<|x-x_0|<\delta$ 时，$|\sin x-\sin x_0|<\varepsilon$ 成立，由定义 1 得 $\lim\limits_{x\to x_0}\sin x=\sin x_0$.

有些实际问题只需要考虑 x 从 x_0 的一侧趋向 x_0 时，函数 $f(x)$ 的变化趋势，因此引入下面的函数左、右极限的概念.

定义 4 设函数 $y=f(x)$，其定义域 $D(f)\subseteq\mathbf{R}$，若 $\forall\varepsilon>0$，$\exists\delta>0$，当 $x\in(x_0-\delta,x_0)$（或 $x\in(x_0,x_0+\delta)$）时，有 $|f(x)-a|<\varepsilon$，则称 a 为 $f(x)$ 当 $x\to x_0$ 时的左（右）极限，记为 $\lim\limits_{x\to x_0^-}f(x)=a$（$\lim\limits_{x\to x_0^+}f(x)=a$），也可记为 $f(x_0^-)=a$（$f(x_0^+)=a$）.

由定义 3 和定义 4 可得下面的结论.

定理 2 $\lim\limits_{x\to x_0}f(x)=a$ 的充分必要条件是 $\lim\limits_{x\to x_0^-}f(x)=\lim\limits_{x\to x_0^+}f(x)=a$.

例 3 设

$$f(x)=\begin{cases}1+\sin x, & x<0,\\ 1-x, & x\geqslant 0,\end{cases}$$

研究 $\lim\limits_{x\to 0}f(x)$.

解 $x=0$ 是此分段函数的分段点，

$$\lim_{x\to 0^-}f(x)=\lim_{x\to 0^-}(1+\sin x)=1,\quad \lim_{x\to 0^+}f(x)=\lim_{x\to 0^+}(1-x)=1.$$

从而

$$\lim_{x\to 0^-}f(x)=\lim_{x\to 0^+}f(x)=1,$$

故由定理 2 可得

$$\lim_{x\to 0}f(x)=1.$$

例 4 设

$$f(x)=\begin{cases}x, & x\leqslant 0,\\ 2, & x>0,\end{cases}$$

研究 $\lim\limits_{x\to 0}f(x)$.

解 由于

$$\lim_{x\to 0^-}f(x)=\lim_{x\to 0^-}x=0,$$
$$\lim_{x\to 0^+}f(x)=\lim_{x\to 0^+}2=2,$$

因而

$$\lim_{x\to 0^-} f(x) \neq \lim_{x\to 0^+} f(x),$$

故$\lim\limits_{x\to 0} f(x)$不存在.

三、函数极限的性质

与数列极限性质类似，函数极限也具有下述性质，且其证明过程与数列极限相应定理的证明过程相似，有兴趣的读者可自行完成各定理的证明. 此外，下面未标明自变量变化过程的极限符号"lim"表示定理对任何一种极限过程均成立.

定理 3　若$\lim f(x)$存在，则必唯一.

定义 5　在 $x\to x_0$（或 $x\to\infty$）过程中，若 $\exists M>0$，当 $x\in \mathring{U}(x_0)$（或 $|x|>X$）时，有 $|f(x)|\leqslant M$，则称 $f(x)$是 $x\to x_0$（或 $x\to\infty$）时的有界变量.

定理 4　若$\lim f(x)$存在，则 $f(x)$是该极限过程中的有界变量.

证　我们仅就 $x\to x_0$ 的情形证明，其他情形类似可证.

若$\lim\limits_{x\to x_0} f(x)=a$，由极限定义，对 $\varepsilon=1$，$\exists\delta>0$，当 $x\in\mathring{U}(x_0,\delta)$时，$|f(x)-a|<1$，则 $|f(x)|<1+|a|$，取 $M=1+|a|$，由定义 5 可知，当 $x\to x_0$ 时，$f(x)$有界.

注意，该定理的逆命题不成立，如 $\sin x$ 是有界变量，但$\lim\limits_{x\to\infty}\sin x$ 不存在.

定理 5　若$\lim\limits_{x\to x_0} f(x)=a$，$a>0(a<0)$，则 $\exists\mathring{U}(x_0)$，当 $x\in\mathring{U}(x_0)$时，$f(x)>0(f(x)<0)$. 若$\lim\limits_{x\to\infty} f(x)=a$，$a>0(a<0)$，则 $\exists X>0$，当$|x|>X$ 时，有 $f(x)>0(f(x)<0)$.

该定理通常称为保号性定理.

推论　在某极限过程中，若 $f(x)\geqslant 0(f(x)\leqslant 0)$，且$\lim f(x)=a$，则 $a\geqslant 0(a\leqslant 0)$.

第四节　无穷大量与无穷小量

一、无穷大量

在$\lim f(x)$不存在的各种情形下，有一种较有规律，即当 $x\to x_0$ 或 $x\to\infty$时，$|f(x)|$无限增大的情形. 例如，函数 $f(x)=\dfrac{1}{x-1}$，当 $x\to 1$ 时，$|f(x)|=\left|\dfrac{1}{x-1}\right|$无限增大，确切地说，$\forall M>0$（无论它多么大），总 $\exists\delta>0$，当 $x\in\mathring{U}(1,\delta)$时，$|f(x)|>M$，这就是我们要介绍的无穷大量.

定义 1　若 $\forall M>0$（无论它多么大），总 $\exists\delta>0$（或 $\exists X>0$），当 $x\in\mathring{U}(x_0,\delta)$（或$|x|>X$）时，$|f(x)|>M$ 恒成立，则称 $f(x)$当 $x\to x_0$（或 $x\to\infty$）时是一个无穷大量.

若用 $f(x)>M$ 代替上述定义中的$|f(x)|>M$，则得到正无穷大量的定义；若用 $f(x)<-M$ 代替$|f(x)|>M$，则得到负无穷大量的定义.

分别将某极限过程中的无穷大量、正无穷大量、负无穷大量记作：

$$\lim f(x)=\infty,\ \lim f(x)=+\infty,\ \lim f(x)=-\infty.$$

例 1　$\lim\limits_{x\to 1}\frac{1}{(x-1)^2}=+\infty$，即 $x\to 1$ 时，$\frac{1}{(x-1)^2}$是正无穷大量.

$\lim\limits_{x\to -1}\frac{-1}{(x+1)^2}=-\infty$，即 $x\to -1$ 时，$\frac{-1}{(x+1)^2}$是负无穷大量.

$\lim\limits_{x\to 0^+}\ln x=-\infty$，　$\lim\limits_{x\to \frac{\pi}{2}^-}\tan x=+\infty$，　$\lim\limits_{x\to \frac{\pi}{2}^+}\tan x=-\infty$.

应该注意，称一个函数为无穷大量时，必须明确地指出自变量的变化趋势. 对于一个函数，一般来说，自变量趋向不同会导致函数值的趋向不同. 例如函数 $y=\tan x$，当 $x\to\frac{\pi}{2}$时，它是一个无穷大量，而当 $x\to 0$ 时，它趋于零.

由无穷大量的定义可知，在某一极限过程中的无穷大量必是无界变量，但其逆命题不成立. 例如，当 $n\to\infty$时，$x_n=(1+(-1)^n)^n$ 是无界变量，但它不是无穷大量.

二、无穷小量

定义 2　若$\lim\alpha(x)=0$，则称 $\alpha(x)$为该极限过程中的一个无穷小量.

例 2　当 $x\to 2$ 时，$y=2x-4$ 是无穷小量，因为容易证明$\lim\limits_{x\to 2}(2x-4)=0$.

当 $x\to\infty$时，$y=\frac{1}{x}$也是无穷小量，因为$\lim\limits_{x\to\infty}\frac{1}{x}=0$.

下面的定理说明了无穷小量与函数极限的关系.

定理 1　$\lim f(x)=a$ 的充分必要条件是 $f(x)=a+\alpha(x)$，其中 $\alpha(x)$为该极限过程中的无穷小量.

证　为方便起见，仅对 $x\to x_0$ 的情形证明，其他极限过程可仿此进行.

设$\lim\limits_{x\to x_0}f(x)=a$，记 $\alpha(x)=f(x)-a$，则 $\forall\varepsilon>0$，$\exists\delta>0$，当 $x\in\mathring{U}(x_0,\delta)$时，$|f(x)-a|<\varepsilon$，即$|\alpha(x)-0|<\varepsilon$.

由极限定义可知，$\lim\limits_{x\to x_0}\alpha(x)=0$，即 $\alpha(x)$是 $x\to x_0$ 时的无穷小量，且

$$f(x)=a+\alpha(x).$$

反过来，若当 $x\to x_0$ 时，$\alpha(x)$是无穷小量，则 $\forall\varepsilon>0$，$\exists\delta>0$，当 $x\in\mathring{U}(x_0,\delta)$时，$|\alpha(x)-0|<\varepsilon$，即$|f(x)-a|<\varepsilon$，由极限定义可知，$\lim\limits_{x\to x_0}f(x)=a$.

下面推导无穷大量与无穷小量之间的关系.

定理 2　在某极限过程中，若 $f(x)$为无穷大量，则$\frac{1}{f(x)}$为无穷小量；反之，若 $f(x)$为无穷小量，且 $f(x)\neq 0$，则$\frac{1}{f(x)}$为无穷大量.

三、无穷小量的性质

定理 3　在某一极限过程中，如果 $\alpha(x)$，$\beta(x)$是无穷小量，则 $\alpha(x)\pm\beta(x)$也是无穷小量.

证　我们只证 $x\to x_0$ 的情形，其他情形的证明类似.

由于 $x\to x_0$ 时，$\alpha(x)$，$\beta(x)$均为无穷小量，故 $\forall\varepsilon>0$，$\exists\delta_1>0$，当 $0<|x-x_0|<\delta_1$ 时，

$$|\alpha(x)|<\frac{\varepsilon}{2}, \tag{1}$$

$\exists\delta_2>0$，当 $0<|x-x_0|<\delta_2$ 时，

$$|\beta(x)|<\frac{\varepsilon}{2}, \tag{2}$$

取 $\delta=\min\{\delta_1,\delta_2\}$，则当 $0<|x-x_0|<\delta$ 时，(1)、(2)两式同时成立，因此

$$|\alpha(x)\pm\beta(x)|\leqslant|\alpha(x)|+|\beta(x)|<\frac{\varepsilon}{2}+\frac{\varepsilon}{2}=\varepsilon.$$

由无穷小量的定义可知，$x\to x_0$ 时，$\alpha(x)\pm\beta(x)$ 为无穷小量.

推论　在同一极限过程中的有限个无穷小量的代数和仍为无穷小量.

定理 4　在某一极限过程中，若 $\alpha(x)$ 是无穷小量，$f(x)$ 是有界变量，则 $\alpha(x)f(x)$ 仍是无穷小量.

例 3　求 $\lim\limits_{x\to\infty}\frac{1}{x}\sin x$.

解　因为 $\forall x\in(-\infty,+\infty)$，$|\sin x|\leqslant 1$，且 $\lim\limits_{x\to\infty}\frac{1}{x}=0$，故由定理 4 得

$$\lim_{x\to\infty}\frac{1}{x}\sin x=0.$$

推论 1　在某一极限过程中，若 C 为常数，$\alpha(x)$ 和 $\beta(x)$ 是无穷小量，则 $C\alpha(x)$，$\alpha(x)\beta(x)$ 均为无穷小量.

这是因为 C 和无穷小量均为有界变量，由定理 4 即可得此推论. 此推论可推广到有限个无穷小量乘积的情形.

推论 2　在某一极限过程中，如果 $\alpha(x)$ 是无穷小量，$f(x)$ 以 A 为极限，则 $\alpha(x)f(x)$ 仍为无穷小量.

第五节　极限的运算法则

利用无穷小量的性质及无穷小量与函数极限的关系，我们可得极限运算法则.

一、极限的四则运算法则

定理 1　若 $\lim f(x)=A$，$\lim g(x)=B$，则

(1) $\lim[f(x)\pm g(x)]=A\pm B=\lim f(x)\pm\lim g(x)$；

(2) $\lim[f(x)g(x)]=AB=\lim f(x)\lim g(x)$；

(3) $\lim\frac{f(x)}{g(x)}=\frac{A}{B}=\frac{\lim f(x)}{\lim g(x)}(B\neq 0)$.

证　我们仅证(2)，将(1)，(3)留给读者证明.

因为 $\lim f(x)=A$，$\lim g(x)=B$，所以

$$f(x)=A+\alpha(x),\ g(x)=B+\beta(x).$$

其中 $\lim\alpha(x)=0$，$\lim\beta(x)=0$，于是

$$f(x)g(x)=[A+\alpha(x)][B+\beta(x)]=AB+A\beta(x)+B\alpha(x)+\alpha(x)\beta(x).$$

由第四节定理 4 及其推论可得

$$\lim B\alpha(x)=0,\ \lim A\beta(x)=0,\ \lim \alpha(x)\beta(x)=0.$$

故由第四节定理 3 及定理 1 可知

$$\lim[f(x)g(x)]=AB=\lim f(x)\lim g(x).$$

推论 1 若$\lim f(x)$存在，C为常数，则

$$\lim Cf(x)=C\lim f(x).$$

这就是说，求极限时，常数因子可提到极限符号外面，因为$\lim C=C$.

推论 2 若$\lim f(x)$存在，$n\in\mathbf{N}$，则

$$\lim[f(x)]^n=[\lim f(x)]^n.$$

例 1 求$\lim\limits_{x\to 1}\dfrac{3x+1}{x-3}$.

解 $\lim\limits_{x\to 1}\dfrac{3x+1}{x-3}=\dfrac{\lim\limits_{x\to 1}(3x+1)}{\lim\limits_{x\to 1}(x-3)}=-2.$

例 2 求$\lim\limits_{x\to 1}\dfrac{x^3-1}{x^2-1}$.

解 由于分子分母的极限均为零，这种情形称为"$\dfrac{0}{0}$"型，对此情形不能直接运用极限运算法则，通常应设法消去分母中的"零因子".

$$\lim_{x\to 1}\frac{x^3-1}{x^2-1}=\lim_{x\to 1}\frac{(x-1)(x^2+x+1)}{(x-1)(x+1)}=\lim_{x\to 1}\frac{x^2+x+1}{x+1}=\frac{3}{2}.$$

例 3 求$\lim\limits_{x\to 2}\dfrac{\sqrt{x+2}-2}{x-2}$.

解 此极限仍属于"$\dfrac{0}{0}$"型，可采用二次根式有理化的办法消去分母中的"零因子".

$$\lim_{x\to 2}\frac{\sqrt{x+2}-2}{x-2}=\lim_{x\to 2}\frac{(\sqrt{x+2}-2)(\sqrt{x+2}+2)}{(x-2)(\sqrt{x+2}+2)}=\lim_{x\to 2}\frac{x-2}{(x-2)(\sqrt{x+2}+2)}=\lim_{x\to 2}\frac{1}{\sqrt{x+2}+2}=\frac{1}{4}.$$

例 4 求$\lim\limits_{x\to\infty}\dfrac{x^2+4}{2x^2-3}$.

解 分子分母均为无穷大量，这种情形称为"$\dfrac{\infty}{\infty}$"型. 对于它，我们也不能直接运用极限运算法则，通常分子分母应同除以适当的无穷大量.

$$\lim_{x\to\infty}\frac{x^2+4}{2x^2-3}=\lim_{x\to\infty}\frac{1+\frac{4}{x^2}}{2-\frac{3}{x^2}}=\frac{1}{2}.$$

例 5 求$\lim\limits_{x\to -1}\left(\dfrac{1}{x+1}-\dfrac{3}{x^3+1}\right)$.

解

$$\lim_{x\to-1}\left(\frac{1}{x+1}-\frac{3}{x^3+1}\right)=\lim_{x\to-1}\frac{x^2-x+1-3}{(x+1)(x^2-x+1)}$$
$$=\lim_{x\to-1}\frac{(x+1)(x-2)}{(x+1)(x^2-x+1)}$$
$$=\lim_{x\to-1}\frac{x-2}{x^2-x+1}=-1.$$

例 6　求 $\lim\limits_{x\to+\infty}(\sqrt{x^2+1}-x)$.

解　$\lim\limits_{x\to+\infty}(\sqrt{x^2+1}-x)=\lim\limits_{x\to+\infty}\dfrac{1}{\sqrt{x^2+1}+x}=0.$

例 7　设

$$f(x)=\begin{cases}e^x+1, & x>0,\\ x+a & x\leqslant 0,\end{cases}$$

问 a 取何值时，$\lim\limits_{x\to 0}f(x)$ 存在？

解　由于

$$\lim_{x\to 0^+}f(x)=\lim_{x\to 0^+}(e^x+1)=2,$$
$$\lim_{x\to 0^-}f(x)=\lim_{x\to 0^-}(x+a)=a,$$

由本章第三节定理 2 可知，要 $\lim\limits_{x\to 0}f(x)$ 存在，必须 $\lim\limits_{x\to 0^+}f(x)=\lim\limits_{x\to 0^-}f(x)$，因此 $a=2$.

二、复合函数的极限

定理 2　设函数 $y=f[\varphi(x)]$ 是由 $y=f(u)$，$u=\varphi(x)$ 复合而成的，如果 $\lim\limits_{x\to x_0}\varphi(x)=u_0$，且在 x_0 的一个去心邻域内，$\varphi(x)\neq u_0$，又 $\lim\limits_{u\to u_0}f(u)=A$，则

$$\lim_{x\to x_0}f[\varphi(x)]=A.$$

该定理可运用函数极限的定义直接推出，故略去证明.

例 8　求 $\lim\limits_{x\to 0}e^{\sin x}$.

解　因为

$$\lim_{x\to 0}\sin x=0,\quad \lim_{u\to 0}e^u=1,$$

故

$$\lim_{x\to 0}e^{\sin x}=1.$$

例 9　求 $\lim\limits_{x\to 1}\sin(\ln x)$.

解　因为

$$\lim_{x\to 1}\ln x=0,\quad \lim_{u\to 0}\sin u=0,$$

故

$$\lim_{x\to 1}\sin(\ln x)=0.$$

第六节　极限存在准则与两个重要极限

有些函数的极限不能（或者难以）直接应用极限运算法则求得，往往需要先判定极限存在，

然后再用其他方法求得.下面介绍几个常用的判定函数极限存在的定理.

一、夹逼定理

定理 1(夹逼定理) 设在点 x_0 的某去心邻域内有

$$F_1(x)\leqslant f(x)\leqslant F_2(x),$$

且 $\lim\limits_{x\to x_0}F_1(x)=\lim\limits_{x\to x_0}F_2(x)=a$,则 $\lim\limits_{x\to x_0}f(x)=a$.

证 由已知条件,$\exists\,\delta_1>0$,当 $x\in\mathring{U}(x_0,\delta_1)$ 时,

$$F_1(x)\leqslant f(x)\leqslant F_2(x).$$

又由 $\lim\limits_{x\to x_0}F_1(x)=\lim\limits_{x\to x_0}F_2(x)=a$ 知:$\forall\,\varepsilon>0$,

$\exists\,\delta_2>0$,当 $x\in\mathring{U}(x_0,\delta_2)$ 时,$|F_1(x)-a|<\varepsilon$,

$\exists\,\delta_3>0$,当 $x\in\mathring{U}(x_0,\delta_3)$ 时,$|F_2(x)-a|<\varepsilon$.

取 $\delta=\min\{\delta_1,\delta_2,\delta_3\}$,则当 $x\in\mathring{U}(x_0,\delta)$ 时,得

$$a-\varepsilon<F_1(x)\leqslant f(x)\leqslant F_2(x)<a+\varepsilon.$$

由极限定义可知 $\lim\limits_{x\to x_0}f(x)=a$.

夹逼定理虽然只对 $x\to x_0$ 的情形做了叙述和证明,但是将 $x\to x_0$ 换成其他的极限过程,定理仍成立,证明亦相仿.例如,若 $\exists\,X>0$,使得当 $x>X$ 时,有 $F_1(x)\leqslant f(x)\leqslant F_2(x)$,且 $\lim\limits_{x\to+\infty}F_1(x)=\lim\limits_{x\to+\infty}F_2(x)=a$,则 $\lim\limits_{x\to+\infty}f(x)=a$.

此结论对于数列也成立.

二、函数极限与数列极限的关系

定理 2 $\lim\limits_{x\to x_0}f(x)=a$ 的充分必要条件是对任意的数列 $\{x_n\}$,$x_n\in D(f)$ $(x_n\neq x_0)$,当 $x_n\to x_0\,(n\to\infty)$ 时,都有 $\lim\limits_{x\to x_0}f(x_n)=a$,这里 a 可为有限数或 ∞.

此定理的证明较繁,此处从略.

定理 2 常被用于证明某些极限不存在.

例 1 证明极限 $\lim\limits_{x\to 0}\sin\dfrac{1}{x}$ 不存在.

证 取 $\{x_n\}=\dfrac{1}{2n\pi+\dfrac{\pi}{2}}$,则 $\lim\limits_{n\to\infty}x_n=\lim\limits_{n\to\infty}\dfrac{1}{2n\pi+\dfrac{\pi}{2}}=0$,而

$$\lim_{n\to\infty}\sin\frac{1}{x_n}=\sin\left(2n\pi+\frac{\pi}{2}\right)=1.$$

又取 $\{x_n'\}=\left\{\dfrac{1}{(2n+1)\pi+\dfrac{\pi}{2}}\right\}$,则 $\lim\limits_{n\to\infty}x_n'=\lim\limits_{n\to\infty}\dfrac{1}{(2n+1)\pi+\dfrac{\pi}{2}}=0$,而

$$\lim_{n\to\infty}\sin\frac{1}{x_n'}=\lim_{n\to\infty}\sin\left[(2n+1)\pi+\frac{\pi}{2}\right]=-1.$$

由于

$$\lim_{n\to\infty}\sin\frac{1}{x_n}\neq\lim_{n\to\infty}\sin\frac{1}{x_n'},$$

故$\lim\limits_{x\to 0}\sin\dfrac{1}{x}$不存在.

三、两个重要极限

利用本节的夹逼定理,可得两个非常重要的极限.

1. 重要极限$\lim\limits_{x\to 0}\dfrac{\sin x}{x}=1$

我们首先证明$\lim\limits_{x\to 0^+}\dfrac{\sin x}{x}=1$. 因为$x\to 0^+$,可设$x\in\left(0,\dfrac{\pi}{2}\right)$. 如图 1-24 所示,其中,$\overset{\frown}{EAB}$为单位圆弧,且

$$OA=OB=1,\angle AOB=x,$$

则$OC=\cos x,AC=\sin x,DB=\tan x$,又$S_{\triangle AOC}<S_{\text{扇形}OAB}<S_{\triangle DOB}$,即

$$\cos x\sin x<x<\tan x.$$

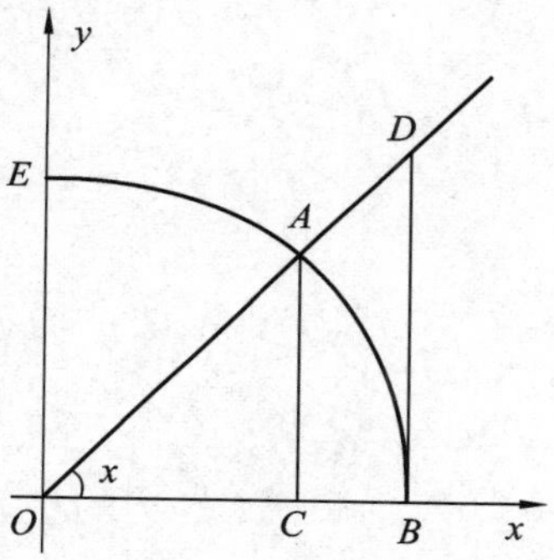

图 1-24

因为$x\in\left(0,\dfrac{\pi}{2}\right)$,则$\cos x>0,\sin x>0$,故上式可写为

$$\cos x<\frac{x}{\sin x}<\frac{1}{\cos x}.$$

由$\lim\limits_{x\to 0}\cos x=1,\lim\limits_{x\to 0}\dfrac{1}{\cos x}=1$,运用夹逼定理得

$$\lim_{x\to 0^+}\frac{\sin x}{x}=1.$$

注意到$\dfrac{\sin x}{x}$是偶函数,从而有

$$\lim_{x\to 0^-}\frac{\sin x}{x}=\lim_{x\to 0^-}\frac{\sin(-x)}{-x}=\lim_{z\to 0^+}\frac{\sin z}{z}=1.$$

综上所述,得

$$\lim_{x\to 0}\frac{\sin x}{x}=1.$$

例 2　证明$\lim\limits_{x\to 0}\dfrac{\tan x}{x}=1$.

证

$$\lim_{x\to 0}\frac{\tan x}{x}=\lim_{x\to 0}\frac{\sin x}{x}\frac{1}{\cos x}$$

$$=\lim_{x\to 0}\frac{\sin x}{x}\cdot\lim_{x\to 0}\frac{1}{\cos x}=1.$$

例 3　求$\lim\limits_{x\to 0}\dfrac{1-\cos x}{x^2}$.

解

$$\lim_{x\to 0}\frac{1-\cos x}{x^2}=\lim_{x\to 0}\frac{2\left(\sin\frac{x}{2}\right)^2}{x^2}=\frac{1}{2}\lim_{x\to 0}\left(\frac{\sin\frac{x}{2}}{\frac{x}{2}}\right)^2=\frac{1}{2}.$$

例 4　求$\lim\limits_{x\to 0}\dfrac{\tan x-\sin x}{x^3}$.

解
$$\lim_{x\to 0}\frac{\tan x-\sin x}{x^3}=\lim_{x\to 0}\frac{\sin x(1-\cos x)}{x^3\cos x}$$
$$=\lim_{x\to 0}\frac{\sin x}{x}\frac{1-\cos x}{x^2}\frac{1}{\cos x}=\frac{1}{2}.$$

例 5　求$\lim\limits_{x\to\infty}x\sin\frac{1}{x}$.

解　令 $u=\frac{1}{x}$，则当 $x\to\infty$时，$u\to 0$，故
$$\lim_{x\to\infty}x\sin\frac{1}{x}=\lim_{u\to 0}\frac{\sin u}{u}=1.$$

从以上几例中可以看出，如果在某极限过程中有$\lim u(x)=0(u(x)\neq 0)$，则$\lim\frac{\sin u(x)}{u(x)}=1$.

2. 重要极限$\lim\limits_{x\to\infty}\left(1+\frac{1}{x}\right)^x=\mathrm{e}$

证明略.

(1) 在某极限过程中，若$\lim u(x)=\infty$，则
$$\lim\left[1+\frac{1}{u(x)}\right]^{u(x)}=\mathrm{e};$$

(2) 在某极限过程中，若$\lim u(x)=0$，则
$$\lim[1+u(x)]^{\frac{1}{u(x)}}=\mathrm{e}.$$

例 6　求$\lim\limits_{x\to\infty}\left(1+\frac{k}{x}\right)^x(k\neq 0)$.

解
$$\lim_{x\to\infty}\left(1+\frac{k}{x}\right)^x=\lim_{x\to\infty}\left(1+\frac{k}{x}\right)^{\frac{x}{k}\cdot k}$$
$$=\lim_{x\to\infty}\left[\left(1+\frac{k}{x}\right)^{\frac{x}{k}}\right]^k=\mathrm{e}^k.$$

例 7　求$\lim\limits_{x\to\infty}\left(\frac{x+2}{x+3}\right)^x$.

解
$$\lim_{x\to\infty}\left(\frac{x+2}{x+3}\right)^x=\lim_{x\to\infty}\left(1+\frac{-1}{x+3}\right)^x=\lim_{x\to\infty}\left(1+\frac{-1}{x+3}\right)^{x+3-3}$$
$$=\lim_{x\to\infty}\left(1+\frac{-1}{x+3}\right)^{x+3}\cdot\lim_{x\to\infty}\left(1+\frac{-1}{x+3}\right)^{-3}=\mathrm{e}^{-1}.$$

例 8　求$\lim\limits_{x\to 0}\frac{\ln(1+x)}{x}$.

解
$$\lim_{x\to 0}\frac{\ln(1+x)}{x}=\lim_{x\to 0}\ln(1+x)^{\frac{1}{x}}=\ln\mathrm{e}=1.$$

例 9　求$\lim\limits_{x\to 0}\frac{\mathrm{e}^x-1}{x}$.

解　令 $u=\mathrm{e}^x-1$，则 $x=\ln(1+u)$，当 $x\to 0$ 时，$u\to 0$，故
$$\lim_{x\to 0}\frac{\mathrm{e}^x-1}{x}=\lim_{u\to 0}\frac{u}{\ln(1+u)}=\lim_{u\to 0}\frac{1}{\frac{\ln(1+u)}{u}}=1.$$

第七节　无穷小量的比较

同一极限过程中的无穷小量趋于零的速度并不一定相同，研究这个问题能得到一种求极限的方法，也有助于以后内容的学习. 我们用两个无穷小量比值的极限来衡量这两个无穷小量趋于零的速度快慢.

设 $\alpha(x)$ 与 $\beta(x)$ 是同一极限过程中的两个无穷小量，即

$$\lim\alpha(x)=0,\ \lim\beta(x)=0.$$

定义 1　若 $\lim\dfrac{\alpha(x)}{\beta(x)}=0$，则称 $\alpha(x)$ 是 $\beta(x)$ 的高阶无穷小量，记为 $\alpha(x)=o(\beta(x))$.

定义 2　若 $\lim\dfrac{\alpha(x)}{\beta(x)}=A(A\neq 0)$，则称 $\alpha(x)$ 是 $\beta(x)$ 的同阶无穷小量.

特别地，当 $A=1$ 时，则称 $\alpha(x)$ 与 $\beta(x)$ 是等价无穷小量，记为 $\alpha(x)\sim\beta(x)$.

例如，因为 $\lim\limits_{x\to 0}\dfrac{1-\cos x}{x}=0$，所以当 $x\to 0$ 时，$1-\cos x$ 是 x 的高阶无穷小量，即

$$1-\cos x=o(x)\ (x\to 0).$$

因为 $\lim\limits_{x\to 0}\dfrac{1-\cos x}{x^2}=\dfrac{1}{2}$，所以当 $x\to 0$ 时，$1-\cos x$ 是 x^2 的同阶无穷小量.

因为 $\lim\limits_{x\to 0}\dfrac{\sin x}{x}=1$，所以当 $x\to 0$ 时，$\sin x$ 与 x 是等价无穷小量，即

$$\sin x\sim x(x\to 0).$$

等价无穷小量在极限计算中有重要作用.

设 $\alpha,\alpha',\beta,\beta'$，为同一极限过程的无穷小量，我们有

定理 1　设 $\alpha\sim\alpha',\beta\sim\beta'$，若 $\lim\dfrac{\alpha}{\beta}$ 存在，则

$$\lim\frac{\alpha'}{\beta'}=\lim\frac{\alpha}{\beta}.$$

证　因为 $\alpha\sim\alpha',\beta\sim\beta'$，则 $\lim\dfrac{\alpha'}{\alpha}=1$，$\lim\dfrac{\beta}{\beta'}=1$，由于 $\dfrac{\alpha'}{\beta'}=\dfrac{\alpha'}{\alpha}\cdot\dfrac{\alpha}{\beta}\cdot\dfrac{\beta}{\beta'}$，又 $\lim\dfrac{\alpha}{\beta}$ 存在，所以

$$\lim\frac{\alpha'}{\beta'}=\lim\frac{\alpha'}{\alpha}\lim\frac{\alpha}{\beta}\lim\frac{\beta}{\beta'}=\lim\frac{\alpha}{\beta}.$$

定理 1 表明，在求极限的乘除运算中，无穷小量因子可用其等价无穷小量替代，这个结论可写为以下的推论.

推论 1　设 $\alpha\sim\alpha',\beta\sim\beta'$，若 $\lim\dfrac{\alpha f(x)}{\beta}$ 存在或为无穷大量，则

$$\lim\frac{\alpha' f(x)}{\beta'}=\lim\frac{\alpha f(x)}{\beta}.$$

推论 2　设 $\alpha\sim\alpha'$，若 $\lim\alpha f(x)$ 存在或为无穷大量，则

$$\lim\alpha' f(x)=\lim\alpha f(x).$$

在极限运算中，常用的等价无穷小量有下列几种：当 $x\to 0$ 时，

$\sin x\sim x$，$\tan x\sim x$，$\arcsin x\sim x$，$\arctan x\sim x$，$1-\cos x\sim\dfrac{1}{2}x^2$，$e^x-1\sim x$，$\ln(1+x)\sim x$，

$\sqrt{1+x}-1\sim\frac{x}{2}$，$(1+x)^\alpha-1\sim\alpha x(\alpha\in\mathbf{R})$.

例 1 求$\lim\limits_{x\to0}\frac{\tan3x}{\sin5x}$.

解 因为 $x\to0$ 时，$\tan3x\sim3x$，$\sin5x\sim5x$，所以

$$\lim_{x\to0}\frac{\tan3x}{\sin5x}=\lim_{x\to0}\frac{3x}{5x}=\frac{3}{5}.$$

例 2 求$\lim\limits_{x\to0}\frac{e^{ax}-e^x}{\sin ax-\sin x}$ $(a\neq1)$.

解

$$\begin{aligned}\lim_{x\to0}\frac{e^{ax}-e^x}{\sin ax-\sin x}&=\lim_{x\to0}\frac{e^x[e^{(a-1)x}-1]}{2\cos\frac{a+1}{2}x\sin\frac{a-1}{2}x}\\&=\lim_{x\to0}\frac{e^x}{\cos\frac{a+1}{2}x}\cdot\lim_{x\to0}\frac{e^{(a-1)x}-1}{2\sin\frac{a-1}{2}x}\\&=\lim_{x\to0}\frac{(a-1)x}{2\cdot\frac{(a-1)}{2}x}=1.\end{aligned}$$

例 3 求$\lim\limits_{x\to\infty}x^2\ln\left(1+\frac{3}{x^2}\right)$.

解 当 $x\to\infty$时，$\ln\left(1+\frac{3}{x^2}\right)\sim\frac{3}{x^2}$，故

$$\lim_{x\to\infty}x^2\ln\left(1+\frac{3}{x^2}\right)=\lim_{x\to\infty}x^2\cdot\frac{3}{x^2}=3.$$

定义 3 若在某极限过程中，α 是$\beta^k(k>0)$的同阶无穷小量，则称 α 是β 的 k 阶无穷小量.

例 4 当 $x\to0$ 时，$\tan x-\sin x$ 是 x 的几阶无穷小量？

解 因为$\lim\limits_{x\to0}\frac{\tan x-\sin x}{x^3}=\frac{1}{2}$，所以，当 $x\to0$ 时，$\tan x-\sin x$ 是 x 的三阶无穷小量.

第八节　函数的连续性

前面我们已经讨论了函数的单调性、有界性、奇偶性、周期性等，在实际问题中，我们遇到的函数常常具有另一类重要特征，如运动着的质点，其位移 s 是时间 t 的函数，时间产生一微小的改变时，质点也将移动微小的距离（从其运动轨迹来看是一条连绵不断的曲线），函数的这种特征我们称之为函数的连续性，与连续相对立的一个概念，我们称之为间断. 下面我们将利用极限来严格叙述这个概念.

一、函数的连续与间断

定义 1 设函数 $f(x)$在点 x_0 的某邻域 $U(x_0)$内有定义，且有$\lim\limits_{x\to x_0}f(x)=f(x_0)$，则称函数 $f(x)$在点 x_0 连续，x_0 称为函数 $f(x)$的连续点.

例 1 证明函数 $f(x)=3x^2-x$ 在 $x=1$ 处连续.

证 因为 $f(1)=2$，且

$$\lim_{x\to 1}f(x)=\lim_{x\to 1}(3x^2-x)=2,$$

故函数 $f(x)=3x^2-x$ 在 $x=1$ 处连续.

例 2　证明函数 $y=f(x)=|x|$ 在 $x=0$ 处连续.

证　因为 $y=f(x)=|x|$ 在 $x=0$ 的邻域内有定义,且

$$f(0)=0,\lim_{x\to 0}f(x)=\lim_{x\to 0}|x|=\lim_{x\to 0}\sqrt{x^2}=0=f(0).$$

由定义 1 可知,函数 $y=f(x)=|x|$ 在 $x=0$ 处连续.

我们曾讨论过 $x\to x_0$ 时函数的左、右极限,对于函数的连续性可做类似的讨论.

定义 2　设函数 $f(x)$ 在 x_0 的左邻域(或右邻域)内有定义,且有

$$\lim_{x\to x_0^-}f(x)=f(x_0)\quad (或\lim_{x\to x_0^+}f(x)=f(x_0)),$$

则称函数 $f(x)$ 在点 x_0 是左(或右)连续的.

函数在点 x_0 的左、右连续性统称为函数的单侧连续性.

由函数的极限与其左、右极限的关系,容易得到函数的连续性与其左、右连续性的关系.

定理 1　$f(x)$ 在点 x_0 连续的充分必要条件是 $f(x)$ 在点 x_0 左连续且右连续.

例 3　设函数

$$f(x)=\begin{cases}x^2+2, & x\geqslant 0,\\ a-x, & x<0,\end{cases}$$

问 a 为何值时,函数 $y=f(x)$ 在点 $x=0$ 处连续?

解　因为 $f(0)=2$,且

$$\lim_{x\to 0^-}f(x)=\lim_{x\to 0^-}(a-x)=a,$$

$$\lim_{x\to 0^+}f(x)=\lim_{x\to 0^+}(x^2+2)=2,$$

故由定理 1 知,当 $a=2$ 时,$y=f(x)$ 在点 $x=0$ 处连续.

例 4　设函数

$$f(x)=\begin{cases}-1, & x<0,\\ 1, & x\geqslant 0,\end{cases}$$

试问在 $x_0=0$ 处函数 $f(x)$ 是否连续?

解　由于 $f(0)=1$,而 $\lim\limits_{x\to 0^-}f(x)=-1$,于是函数 $f(x)$ 在点 $x_0=0$ 处不是左连续的,从而函数 $f(x)$ 在 $x_0=0$ 处不连续.

若函数 $y=f(x)$ 在区间 (a,b) 内任一点均连续,则称函数 $y=f(x)$ 在区间 (a,b) 内连续.若函数 $y=f(x)$ 不仅在 (a,b) 内连续,且在点 a 右连续,在点 b 左连续,则称 $y=f(x)$ 在闭区间 $[a,b]$ 上连续.函数 $y=f(x)$ 在其连续区间上的图形是一条连绵不断的曲线.

例 5　证明函数 $y=3x^2-5x+3$ 在 $(-\infty,+\infty)$ 内连续.

证　设 x_0 为 $(-\infty,+\infty)$ 内任意给定的点,由极限运算法则可知

$$\lim_{x\to x_0}y=\lim_{x\to x_0}f(x)=\lim_{x\to x_0}(3x^2-5x+3)=3x_0^2-5x_0+3=f(x_0),$$

故 $y=3x^2-5x+3$ 在点 x_0 处连续.由 x_0 的任意性可知,$y=3x^2-5x+3$ 在 $(-\infty,+\infty)$ 内连续.

在工程技术中常用增量来描述变量的改变量.

设变量 u 从它的一个初值 u_1 变到终值 u_2,终值 u_2 与初值 u_1 的差 u_2-u_1 称为变量 u 的增量,记为 Δu,即

$$\Delta u=u_2-u_1.$$

变量的增量 Δu 可能为正，可能为负，还可能为零.

设函数 $f(x)$ 在 $U(x_0)$ 内有定义，若 $x\in U(x_0)$，则

$$\Delta x=x-x_0$$

称为自变量 x 在点 x_0 处的增量. 显然，$x=x_0+\Delta x$，此时，函数值相应地由 $f(x_0)$ 变到 $f(x)$，于是

$$\Delta y=f(x)-f(x_0)=f(x_0+\Delta x)-f(x_0)$$

称为函数 $f(x)$ 在点 x_0 处相应于自变量增量 Δx 的增量.

函数 $f(x)$ 在点 x_0 处的连续性可等价地通过函数的增量与自变量的增量关系来描述.

定义 3　设函数 $f(x)$ 在 $U(x_0)$ 内有定义，如果当自变量的增量 Δx 趋于零时，相应的函数的增量 $\Delta y=f(x_0+\Delta x)-f(x_0)$ 也趋于零，即 $\lim\limits_{\Delta x\to 0}\Delta y=0$，则称函数 $f(x)$ 在点 x_0 处连续. x_0 称为函数 $f(x)$ 的连续点，否则称之为不连续点或间断点.

函数 $f(x)$ 在 x_0 处的单侧连续性可完全类似地用增量形式描述.

例 6　考虑函数 $y=\dfrac{\sin x}{x}$ 在 $x_0=0$ 处的连续性.

解　由于 $\lim\limits_{x\to 0}\dfrac{\sin x}{x}=1$，但在 $x_0=0$ 处，函数 $y=\dfrac{\sin x}{x}$ 无定义，故 $y=\dfrac{\sin x}{x}$ 在 $x_0=0$ 处不连续. 若补充定义函数值 $f(0)=1$，则函数

$$f(x)=\begin{cases}\dfrac{\sin x}{x}, & x\neq 0,\\ 1, & x=0\end{cases}$$

在 $x_0=0$ 处连续.

例 7　讨论函数

$$y=\begin{cases}2x, & x\neq 0,\\ 1, & x=0\end{cases}$$

在点 $x_0=0$ 处的连续性.

解　由于 $\lim\limits_{x\to 0}y(x)=\lim\limits_{x\to 0}2x=0$，而 $y(0)=1$，由定义知函数 y 在点 $x_0=0$ 处不连续. 若修改函数 y 在 $x_0=0$ 的定义，令 $f(0)=0$，则函数

$$f(x)=\begin{cases}2x, & x\neq 0,\\ 0, & x=0\end{cases}$$

在点 $x_0=0$ 处连续(见图 1-25).

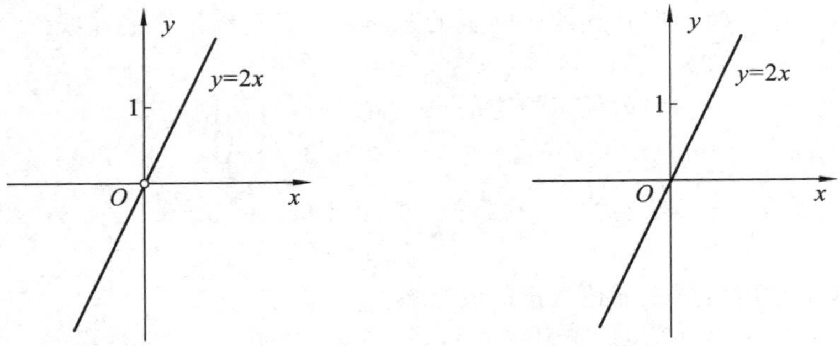

图 1-25

若$\lim\limits_{x\to x_0}f(x)$存在，且$\lim\limits_{x\to x_0}f(x)=a$，而函数 $y=f(x)$在点 x_0 处无定义，或者虽然有定义，但 $f(x_0)\neq a$，则点 x_0 是函数 $y=f(x)$的一个间断点，称此类间断点为函数的可去间断点. 此时，若补充或改变函数 $y=f(x)$在点 x_0 处的值为 $f(x_0)=a$，则可得到一个在点 x_0 处连续的函数，这也是为什么把这类间断点称为可去间断点的原因.

例 8　讨论函数

$$y=f(x)=\begin{cases}\arctan\dfrac{1}{x}, & x\neq 0,\\ 0, & x=0\end{cases}$$

在点 $x_0=0$ 处的连续性.

解　由于 $\lim\limits_{x\to 0^+}\arctan\dfrac{1}{x}=\dfrac{\pi}{2}$，$\lim\limits_{x\to 0^-}\arctan\dfrac{1}{x}=-\dfrac{\pi}{2}$，函数 $y=f(x)$在点 $x_0=0$ 处的左、右极限存在但不相等，故 $y=f(x)$在 $x_0=0$ 处不连续. 此时，不论如何改变函数在点 $x_0=0$ 处的函数值，均不能使函数在这点连续(见图 1-26).

若函数 $y=f(x)$在点 x_0 处的左、右极限均存在，但不相等，则点 x_0 为 $f(x)$的间断点，且称这样的间断点为跳跃间断点.

函数的可去间断点与跳跃间断点统称为第一类间断点. 在第一类间断点处，函数的左、右极限均存在.

凡不属于第一类间断点的间断点，我们统称为第二类间断点，在第二类间断点处，函数的左、右极限中至少有一个不存在.

例 9　讨论函数

$$y=\begin{cases}\dfrac{1}{x}, & x\neq 0,\\ 0, & x=0\end{cases}$$

在点 $x_0=0$ 处的连续性.

解　由于$\lim\limits_{x\to 0}\dfrac{1}{x}=\infty$，故函数在点 $x_0=0$ 处间断(见图 1-27).

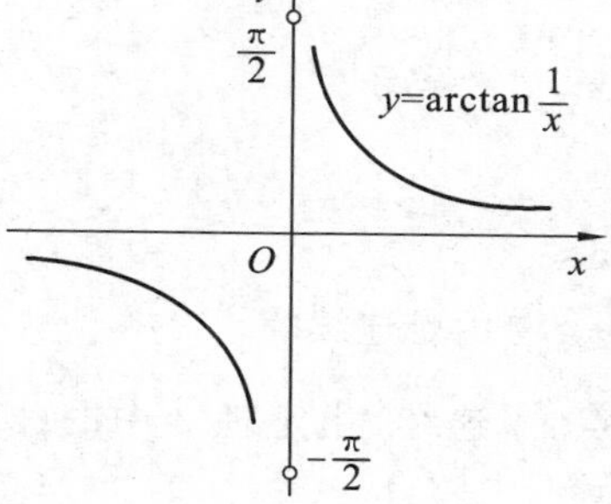

图 1-26

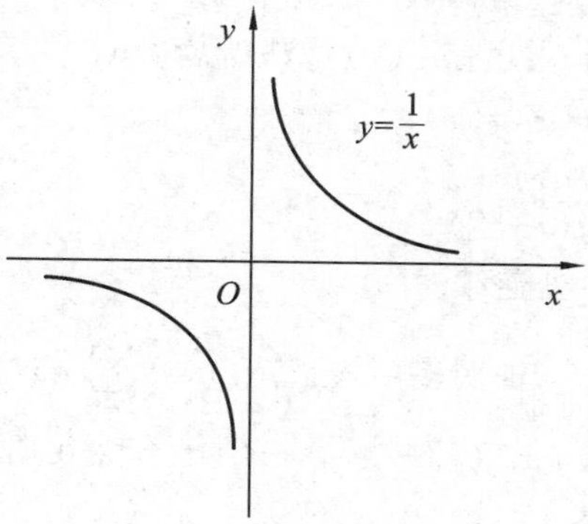

图 1-27

若函数 $y=f(x)$在点 x_0 处的左、右极限中至少有一个为无穷大，则称点 x_0 为 $y=f(x)$的无穷间断点.

例 10　讨论函数

$$y=\begin{cases}\sin\dfrac{1}{x}, & x\neq 0,\\ 0, & x=0\end{cases}$$

在 $x_0=0$ 处的连续性.

解　由于 $\lim\limits_{x\to 0}\sin\dfrac{1}{x}$ 不存在，随着 x 趋近于零，函数值在 -1 与 1 之间来回振荡，故函数在点 $x_0=0$ 处间断(见图 1-28).

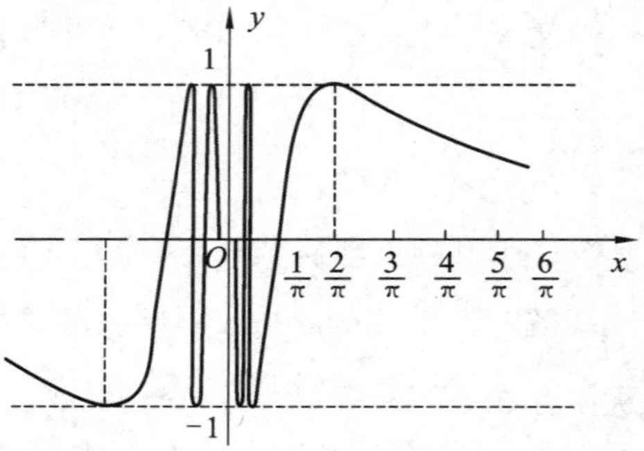

图 1-28

若函数 $y=f(x)$ 在 $x\to x_0$ 时呈振荡无极限状态，则称点 x_0 为函数 $y=f(x)$ 的振荡间断点.

无穷间断点和振荡间断点都是第二类间断点.

由上述间断点的例子可知，若函数 $f(x)$ 在区间 I 上有定义，$x_0\in I$，则 $f(x)$ 在点 x_0 连续必满足：

(1) 极限 $\lim\limits_{x\to x_0}f(x)$ 存在，亦即

$$\lim_{x\to x_0^-}f(x)=\lim_{x\to x_0^+}f(x)=A;$$

(2) $f(x_0)$ 存在，且 $f(x_0)=A$.

二、连续函数的基本性质

由连续函数的定义及极限的运算法则和性质，立即可得到连续函数的下列性质和运算法则.

1. 连续函数的保号性

定理 2　若函数 $y=f(x)$ 在点 x_0 处连续，且 $f(x_0)>0$(或 $f(x_0)<0$)，则存在 x_0 的某个邻域 $U(x_0)$，使得当 $x\in U(x_0)$ 时有 $f(x)>0$(或 $f(x)<0$).

2. 连续函数的四则运算

定理 3　若函数 $f(x),g(x)$ 均在点 x_0 处连续，则

(1) $af(x)+bg(x)$(a,b 为常数)；

(2) $f(x)g(x)$；

(3) $\dfrac{f(x)}{g(x)}(g(x_0)\neq 0)$，

均在点 x_0 处连续.

例 11　证明多项式 $P_n(x)=\sum\limits_{k=0}^{n}a_kx^k$ 在 $(-\infty,+\infty)$ 内是连续的.

证　$\forall x_0\in(-\infty,+\infty)$，显然函数 $y=x$ 在点 x_0 连续，由定理 3 中的(2) 知，$y=x^k(k=1,2,\cdots,n)$ 在点 x_0 处连续，再由定理 3 中的(1) 即可知多项式 $P_n(x)=\sum\limits_{k=0}^{n}a_kx^k$ 在 x_0 处连续，由 x_0 的任意性知，$P_n(x)$ 在 $(-\infty,+\infty)$ 内连续.

3. 连续函数的反函数的连续性

定理 4　若函数 $f(x)$ 是在区间 (a,b) 内单调的连续函数，则其反函数 $x=f^{-1}(y)$ 是在相应

区间(α,β)内单调的连续函数，其中

$$\alpha=\min\{f(a^+),f(b^-)\},\beta=\max\{f(a^+),f(b^-)\}.$$

从几何上看，该定理是显然的，因为函数 $y=f(x)$与其反函数 $x=f^{-1}(y)$在 xOy 坐标面上为同一条曲线.

4. 复合函数的连续性

由连续函数的定义及复合函数的极限定理可以得到下面有关复合函数的连续性定理.

定理 5 设 $y=f[\varphi(x)](x\in I)$是由函数 $y=f(u)$，$u=\varphi(x)$复合而成的复合函数，如果 $u=\varphi(x)$在点 $x_0\in I$ 连续，又 $y=f(u)$在相应点 $u_0=\varphi(x_0)$处连续，则 $y=f[\varphi(x)]$在点 x_0 处连续.

推论 若对某极限过程有$\lim\varphi(x)=A$，且 $y=f(u)$在 $u=A$ 处连续，则$\lim f[\varphi(x)]=f(A)$，即

$$\lim f[\varphi(x)]=f[\lim\varphi(x)].$$

例 12 求$\lim\limits_{x\to\infty}\sin\left(1+\dfrac{1}{x}\right)^x$.

解
$$\lim_{x\to\infty}\sin\left(1+\frac{1}{x}\right)^x=\sin\left[\lim_{x\to\infty}\left(1+\frac{1}{x}\right)^x\right]=\sin e.$$

例 13 试证$\lim\limits_{x\to0}\dfrac{\ln(1+x)}{x}=1$.

证 因为 $y=\ln u(u>0)$连续，故

$$\lim_{x\to0}\frac{\ln(1+x)}{x}=\lim_{x\to0}\ln(1+x)^{\frac{1}{x}}$$
$$=\ln[\lim_{x\to0}(1+x)^{\frac{1}{x}}]=1.$$

由定理 5 及其推论，我们可以讨论幂指函数$[f(x)]^{g(x)}$的极限问题. 幂指函数的定义域要求 $f(x)>0$. 当 $f(x)$，$g(x)$均为连续函数，且 $f(x)>0$ 时，$[f(x)]^{g(x)}$也是连续函数. 在求$\lim\limits_{x\to x_0}[f(x)]^{g(x)}$时，有以下几种结果：

(1) 如果$\lim\limits_{x\to x_0}f(x)=A>0$，$\lim\limits_{x\to x_0}g(x)=B$，则$\lim\limits_{x\to x_0}[f(x)]^{g(x)}=A^B$.

(2) 如果$\lim\limits_{x\to x_0}f(x)=1$，$\lim\limits_{x\to x_0}g(x)=+\infty$，则

$$\lim_{x\to x_0}[f(x)]^{g(x)}=\lim_{x\to x_0}e^{g(x)\ln f(x)}=e^{\lim\limits_{x\to x_0}[f(x)-1]g(x)}.$$

(3) 如果$\lim\limits_{x\to x_0}f(x)=A\neq1(A>0)$，$\lim\limits_{x\to x_0}g(x)=+\infty$，则$\lim\limits_{x\to x_0}[f(x)]^{g(x)}$可根据具体情况直接求得.

例如，$\lim\limits_{x\to x_0}f(x)=A>1$，$\lim\limits_{x\to x_0}g(x)=+\infty$，则$\lim\limits_{x\to x_0}[f(x)]^{g(x)}=+\infty$. 又如，

$$\lim_{x\to x_0}f(x)=A(0<A<1),\ \lim_{x\to x_0}g(x)=+\infty,\text{则}\lim_{x\to x_0}[f(x)]^{g(x)}=0.$$

上面结果仅对 $x\to x_0$ 时成立，实际上这些结果对 $x\to\infty$等极限过程仍然成立.

例 14 求$\lim\limits_{x\to0}\left(\dfrac{\sin2x}{x}\right)^{1+x}$.

解 因为$\lim\limits_{x\to0}\left(\dfrac{\sin2x}{x}\right)^{1+x}=2$，$\lim\limits_{x\to0}(1+x)=1$，所以

$$\lim_{x\to 0}\left(\frac{\sin 2x}{x}\right)^{1+x}=2.$$

例 15　求$\lim\limits_{x\to\infty}\left(\dfrac{x+1}{3x+1}\right)^{x^2}$.

解　由于$\lim\limits_{x\to\infty}\dfrac{x+1}{3x+1}=\dfrac{1}{3}$，$\lim\limits_{x\to\infty}x^2=+\infty$，因此

$$\lim_{x\to+\infty}\left(\frac{x+1}{3x+1}\right)^{x^2}=0.$$

例 16　求$\lim\limits_{x\to\infty}\left(\dfrac{x-1}{x+1}\right)^{x}$.

解　由于$\lim\limits_{x\to\infty}\dfrac{x-1}{x+1}=1$，$\lim\limits_{x\to\infty}x=\infty$，则$\lim\limits_{x\to\infty}\left(\dfrac{x-1}{x+1}\right)^{x}=e^{\lim\limits_{x\to\infty}\left(\frac{x-1}{x+1}-1\right)x}=e^{\lim\limits_{x\to\infty}\frac{-2x}{x+1}}=e^{-2}$.

例 16 也可按下列方法求解

$$\lim_{x\to\infty}\left(\frac{x-1}{x+1}\right)^{x}=\lim_{x\to\infty}\frac{\left(1-\dfrac{1}{x}\right)^{x}}{\left(1+\dfrac{1}{x}\right)^{x}}=\frac{e^{-1}}{e}=e^{-2}.$$

5. 初等函数的连续性

我们遇到的函数大部分为初等函数，它是由基本初等函数经过有限次四则运算及有限次复合运算而成的．由函数极限的讨论以及函数的连续性的定义可知：基本初等函数在其定义域内是连续的．由连续函数的定义及运算法则，我们可得出：初等函数在其有定义的区间内是连续的．

由上可知，对初等函数在其有定义的区间的点求极限时，只需求相应函数值即可．

例 17　求$\lim\limits_{x\to 1}\dfrac{x^2+\ln(4-3x)}{\arctan x}$.

解　初等函数 $f(x)=\dfrac{x^2+\ln(4-3x)}{\arctan x}$在 $x=1$ 的某邻域内有定义，所以

$$\lim_{x\to 1}\frac{x^2+\ln(4-3x)}{\arctan x}=\frac{1+\ln(4-3)}{\arctan 1}=\frac{4}{\pi}.$$

例 18　求$\lim\limits_{x\to 0}\dfrac{4x^2-1}{2x^2-3x+5}$.

解

$$\lim_{x\to 0}\frac{4x^2-1}{2x^2-3x+5}=\frac{4\times 0-1}{2\times 0-3\times 0+5}=-\frac{1}{5}.$$

三、闭区间上连续函数的性质

在闭区间上连续的函数有一些重要的性质，它们可作为分析和论证某些问题时的理论依据，这些性质的几何意义十分明显，我们一般不给出证明．

1. 根的存在定理(零点存在定理)

定理 6　若函数 $y=f(x)$在$[a,b]$上连续，且 $f(a)\cdot f(b)<0$，则至少存在一点 $x_0\in(a,b)$，使 $f(x_0)=0$.

定理 6 的几何意义十分明显．若函数 $y=f(x)$在闭区间$[a,b]$上连续，且 $f(a)$与 $f(b)$不同号，则函数 $y=f(x)$对应的曲线至少穿过 x 轴一次(见图 1-29)．

2. 介值定理

定理 7　设函数 $y=f(x)$ 在 $[a,b]$ 上连续，$f(a)\neq f(b)$，则对介于 $f(a)$ 与 $f(b)$ 之间的任一值 c，至少存在一点 $x_0\in(a,b)$，使 $f(x_0)=c$.

证　令 $\varphi(x)=f(x)-c$，则 $\varphi(x)$ 在 $[a,b]$ 上连续，且

$$\varphi(a)\varphi(b)=[f(a)-c][f(b)-c]<0,$$

故由定理 6 知，在 (a,b) 内至少存在一点 x_0，使 $\varphi(x_0)=0$，即 $f(x_0)=c$.

定理 7 的几何意义为：若 $y=f(x)$ 在 $[a,b]$ 上连续，c 为介于 $f(a)$ 与 $f(b)$ 之间的数，则直线 $y=c$ 与曲线 $y=f(x)$ 至少相交一次（见图 1-30）.

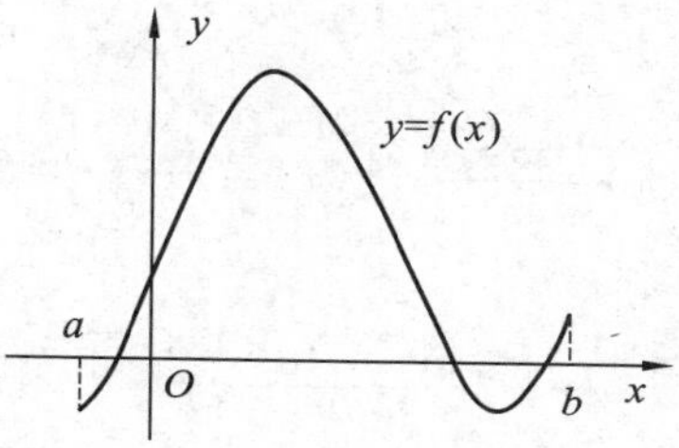

图 1-29

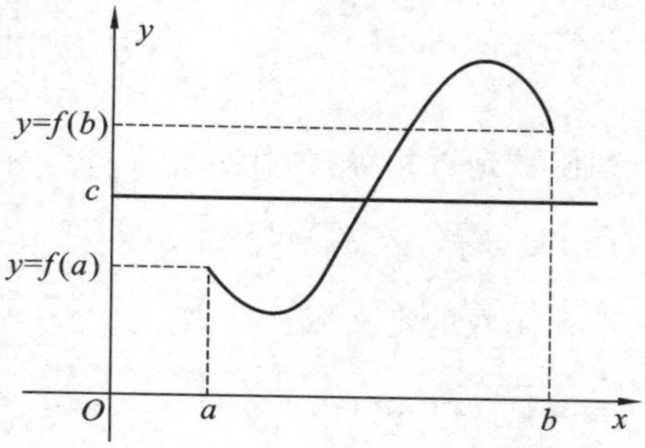

图 1-30

3. 最大最小值定理

我们首先引入最大值和最小值的概念.

定义 4　设函数 $y=f(x)$ 在区间 I 上有定义，如果存在点 $x_0\in I$，使 $\forall x\in I$，有

$$f(x_0)\geqslant f(x)\ (\text{或 } f(x_0)\leqslant f(x)),$$

则称 $f(x_0)$ 为函数 $y=f(x)$ 在区间 I 上的最大（或小）值，记为

$$f(x_0)=\max_{x\in I}f(x)\ (\text{或 } f(x_0)=\min_{x\in I}f(x)).$$

一般说来，在一个区间上连续的函数，在该区间上不一定存在最大值或最小值. 但是，如果函数在一个闭区间上连续，那么它必定在该闭区间上取得最大值和最小值.

定理 8　若函数 $y=f(x)$ 在 $[a,b]$ 上连续，则它一定在闭区间 $[a,b]$ 上取得最大值和最小值.

定理 8 表明：若函数 $y=f(x)$ 在闭区间 $[a,b]$ 上连续，则存在 $x_1,x_2\in[a,b]$，使得

$$f(x_1)=\max_{x\in[a,b]}f(x),\ f(x_2)=\min_{x\in[a,b]}f(x).$$

于是，对任意 $x\in[a,b]$，有 $f(x_2)\leqslant f(x)\leqslant f(x_1)$，若取 $M=\max\{|f(x_1)|,|f(x_2)|\}$，则有 $|f(x)|\leqslant M$，从而有下述结论.

推论 1　若函数 $y=f(x)$ 在 $[a,b]$ 上连续，则 $y=f(x)$ 在 $[a,b]$ 上有界.

由介值定理我们可得出下面的推论.

推论 2　$y=f(x)$ 在 $[a,b]$ 上连续，$M=\max\limits_{x\in[a,b]}f(x)$，$m=\min\limits_{x\in[a,b]}f(x)$，则 $f(x)$ 必取得介于 M 与 m 之间的任何值.

例 19　函数 $y=\tan x$ 在区间 $\left(-\dfrac{\pi}{2},\dfrac{\pi}{2}\right)$ 内连续，但 $y=\tan x$ 在 $\left(-\dfrac{\pi}{2},\dfrac{\pi}{2}\right)$ 内取不到最大值

与最小值.

由例 19 可知，定理 8 中闭区间的要求不能少.

例 20 证明方程 $\ln(1+e^x)=2x$ 至少有一个小于 1 的正根.

证 设 $f(x)=\ln(1+e^x)-2x$，则显然 $f(x)$ 在 $[0,1]$ 上连续，又

$$f(0)=\ln2>0, f(1)=\ln(1+e)-2=\ln(1+e)-\ln e^2<0,$$

由根的存在定理知，至少存在一点 $x_0\in(0,1)$，使 $f(x_0)=0$，即方程 $\ln(1+e^x)=2x$ 至少有一个小于 1 的正根.

例 20 表明，我们可利用根的存在定理来证明某些方程的解的存在性.

习 题 一

1. 下列函数是否相等，为什么？

(1) $f(x)=\sqrt{x^2}, g(x)=|x|$；　　(2) $f(x)=\dfrac{x^2-1}{x-1}, g(x)=x+1$.

2. 求下列函数的定义域：

(1) $y=\sqrt{4-x}+\arctan\dfrac{1}{x}$；　　(2) $y=\sqrt{x+3}+\dfrac{1}{\lg(1-x)}$；

(3) $y=\dfrac{x}{x^2-1}$；　　(4) $y=\arccos(2\sin x)$.

3. 求函数 $y=\begin{cases}\sin\dfrac{1}{x}, & x\neq0,\\ 0, & x=0\end{cases}$ 的定义域与值域.

4. 设 $f(x)=\dfrac{1-x}{1+x}$，求 $f(0), f(-x), f\left(\dfrac{1}{x}\right)$.

5. 设 $f(x)=\begin{cases}1, & -1\leqslant x\leqslant0,\\ x+1, & 0\leqslant x\leqslant2,\end{cases}$ 求 $f(x-1)$.

6. 判断下列函数的奇偶性：

(1) $f(x)=\sqrt{1-x}+\sqrt{1+x}$；　　(2) $y=e^{2x}-e^{-2x}+\sin x$.

7. 判断函数在定义域内的有界性及单调性：

(1) $y=\dfrac{x}{1+x^2}$；　　(2) $y=x+\ln x$.

8. 下列函数是由哪些基本初等函数复合而成的？

(1) $y=(1+x^2)^{\frac{1}{4}}$；　　(2) $y=\sin^2(1+2x)$.

9. 设 $f(x)$ 定义在 $(-\infty,+\infty)$ 上，证明：

(1) $f(x)+f(-x)$ 为偶函数；　　(2) $f(x)-f(-x)$ 为奇函数.

10. 某厂生产某种产品，年销售量为 10^6 件，每批生产需要准备费 10^3 元，而每件的年库存费为 0.05 元，如果销售是均匀的，求准备费与库存费之和的总费用与年销售批数之间的函数(销售均匀是指商品库存数为批量的一半).

11. 邮局规定国内的平信，每 20 g 付邮资 0.80 元，不足 20 g 按 20 g 计算，信件重量不得超过 2 kg，试确定邮资 y 与重量 x 的关系.

12. 写出下列数列的通项公式，并观察其变化趋势：

(1) $0,\frac{1}{3},\frac{2}{4},\frac{3}{5},\frac{4}{6},\cdots$；

(2) $1,0,-3,0,5,0,-7,0,\cdots$；

(3) $-3,\frac{5}{3},-\frac{7}{5},\frac{9}{7},\cdots$.

13. 根据数列极限的定义证明：$\lim\limits_{n\to\infty}\frac{1}{n^2}=0$.

14. 若 $\lim\limits_{n\to\infty}x_n=a$，证明 $\lim\limits_{n\to\infty}|x_n|=|a|$，并举反例说明反之不一定成立.

15. 利用夹逼定理求数列 $\{x_n\}$ 的极限，其中：$x_n=(1+2^n+3^n)^{\frac{1}{n}}$.

16. 利用单调有界准则证明数列 $\{x_n\}$ 有极限并求其极限值：

$x_1=\sqrt{2},x_{n+1}=\sqrt{2x_n}(n=1,2,\cdots)$.

17. 求下列极限：

(1) $\lim\limits_{x\to3}\frac{x^2-3}{x^2+1}$；

(2) $\lim\limits_{x\to1}\frac{x^2+x}{x^4-3x^2+1}$；

(3) $\lim\limits_{x\to\infty}\frac{x^2+1}{2x^2-x-1}$；

(4) $\lim\limits_{x\to\infty}\frac{x^3-x}{x^4-3x^2+1}$；

(5) $\lim\limits_{x\to\infty}\frac{x^2+1}{2x+1}$；

(6) $\lim\limits_{n\to\infty}\frac{(n+1)(n+2)(n+3)}{5n^3}$.

(7) 若 $\lim\limits_{x\to\infty}(\frac{x^2+1}{x+1}-ax-b)=\frac{1}{2}$，求 a 和 b.

18. 当 $x\to0$ 时，$2x-x^2$ 与 x^2-x^3 相比，哪个是高阶无穷小量？

19. 当 $x\to1$ 时，无穷小量 $1-x$ 与 $1-x^3$、$\frac{1}{2}(1-x^2)$ 是否同阶？是否等价？

20. 利用 $\lim\limits_{x\to0}\frac{\sin x}{x}=1$ 或等价无穷小量求下列极限：

(1) $\lim\limits_{x\to0}\frac{\sin mx}{\sin nx}$；

(2) $\lim\limits_{x\to0}x\cot x$；

(3) $\lim\limits_{x\to0}\frac{1-\cos2x}{x\sin x}$；

(4) $\lim\limits_{x\to0}\frac{\sin x-x}{x^3}$；

(5) $\lim\limits_{x\to0}\frac{\arctan3x}{x}$；

(6) $\lim\limits_{n\to\infty}2^n\sin\frac{x}{2^n}$.

21. 利用重要极限 $\lim\limits_{u\to0}(1+u)^{\frac{1}{u}}=\mathrm{e}$ 求下列极限：

(1) $\lim\limits_{x\to\infty}\left(1-\frac{1}{x}\right)^{\frac{x}{2}}$；

(2) $\lim\limits_{x\to\infty}(\frac{x+3}{x-2})^{2x+1}$；

(3) $\lim\limits_{x\to0}(1+3\tan^2x)^{\cot^2x}$.

22. 求下列函数在指定点处的左、右极限，并说明在该点处函数的极限是否存在.

(1) $f(x)=\begin{cases}\frac{|x|}{x}, & x\neq0,\\ 1, & x=0\end{cases}$ 在 $x=0$ 处；

(2) $f(x)=\begin{cases}x+2, & x\leqslant2,\\ \frac{1}{x-2}, & x>2\end{cases}$ 在 $x=2$ 处.

23. 研究下列函数的连续性,并画出图形:

(1) $f(x)=\begin{cases} x^2, & 0\leqslant x\leqslant 1, \\ 2-x, & 1<x<2; \end{cases}$　　(2) $f(x)=\begin{cases} x, & |x|\leqslant 1, \\ 1, & |x|>1. \end{cases}$

24. 下列函数在指定点处间断,说明它们属于哪一类间断点. 如果是可去间断点,则补充或改变函数的定义,使它连续:

(1) $y=\dfrac{x^2-1}{x^2-3x+2}, x=1, x=2$;　　(2) $y=\cos\dfrac{1}{x^2}, x=0$;

(3) $y=\begin{cases} x-1, & x\leqslant 1, \\ 3-x, & x>1, \end{cases}$ $x=1$.

25. 怎样选取 a 的值,使 $f(x)$在$(-\infty,+\infty)$上连续?

其中
$$f(x)=\begin{cases} e^x, & x<0, \\ a+x, & x\geqslant 0. \end{cases}$$

26. 试证方程 $x\cdot 2^x=1$ 至少有一个小于 1 的正根.

27. 试证方程 $x=a\sin x+b$ 至少有一个不超过 $a+b$ 的正根,其中 $a>0,b>0$.

第二章　一元函数的导数和微分

微分学是微积分的重要组成部分，它的基本概念是导数与微分，其中导数反映出因变量随自变量的变化而变化的快慢程度，而微分则指明当自变量有微小变化时，函数值变化的近似值.

第一节　导数的概念

在自然科学和工程技术领域内，常常需要讨论各种具有不同意义的变量的变化"快慢"问题，即函数的变化率问题. 导数概念就是函数变化率这一概念的精确描述. 例如，物体做匀速直线运动时，其速度为物体在时刻 t_0 到 t 的位移差 $s(t)-s(t_0)$ 与相应的时间差 $t-t_0$ 的商

$$v=\frac{s(t)-s(t_0)}{t-t_0}.$$

如果物体作变速直线运动，则上面的公式就不能用来求物体在某一时刻的瞬时速度了. 不过，我们可先求出物体从时刻 t_0 到 t 的平均速度，然后假定 $t\to t_0$，求平均速度的极限

$$\lim_{t\to t_0}\frac{s(t)-s(t_0)}{t-t_0},$$

并以此极限作为物体在 t_0 时刻的瞬时速度.

以上所讨论的变速直线运动的速度问题归结为如下极限形式：

$$\lim_{x\to x_0}\frac{f(x)-f(x_0)}{x-x_0}.$$

这里 $x-x_0$ 和 $f(x)-f(x_0)$ 分别称为函数 $y=f(x)$ 的自变量的增量 Δx 和函数的增量 Δy，即

$$\Delta x=x-x_0,\ \Delta y=f(x)-f(x_0)=f(x_0+\Delta x)-f(x_0).$$

我们撇开这些量的具体意义，抓住它们在数量关系上的共性，就得出函数导数的概念.

一、导数的定义

定义　设函数 $y=f(x)$ 在 $U(x_0)$ 内有定义. 如果极限

$$\lim_{x\to x_0}\frac{f(x)-f(x_0)}{x-x_0}$$

存在，则称该极限值为 $f(x)$ 在点 x_0 处的导数，记为

$$f'(x_0)=\lim_{x\to x_0}\frac{f(x)-f(x_0)}{x-x_0},\tag{2.1}$$

此时也称函数 $f(x)$ 在点 x_0 可导.

函数 $f(x)$ 在点 x_0 处的导数还可记为

$$\left.\frac{\mathrm{d}y}{\mathrm{d}x}\right|_{x=x_0};\quad \left.\frac{\mathrm{d}f(x)}{\mathrm{d}x}\right|_{x=x_0};\quad y'\big|_{x=x_0}.$$

导数 $f'(x_0)$可以表示为下面的增量形式：

$$f'(x_0)=\lim_{\Delta x\to 0}\frac{\Delta y}{\Delta x}=\lim_{\Delta x\to 0}\frac{f(x_0+\Delta x)-f(x_0)}{\Delta x}. \tag{2.2}$$

如果式(2.1)和式(2.2)极限不存在，则称 $f(x)$在点 x_0 处不可导. 当$\lim\limits_{x\to x_0}\dfrac{f(x)-f(x_0)}{x-x_0}=\infty$时，我们通常说函数 $y=f(x)$在点 x_0 处的导数为无穷大.

如果函数 $y=f(x)$在开区间(a,b)内的每一点处都可导，则称 $f(x)$在此开区间(a,b)内可导. 这时，$\forall x\in(a,b)$，对应着 $f(x)$的一个确定的导数值，这是一个新的函数关系，称该函数为原来函数 $y=f(x)$的导函数，记为 $f'(x)$，y'，$\dfrac{\mathrm{d}f(x)}{\mathrm{d}x}$，$\dfrac{\mathrm{d}y}{\mathrm{d}x}$等，此时

$$f'(x)=\lim_{\Delta x\to 0}\frac{f(x+\Delta x)-f(x)}{\Delta x},\ x\in(a,b).$$

显然，$f(x)$在点 $x_0\in(a,b)$的导数 $f'(x_0)$就是导函数 $f'(x)$在点 $x=x_0$ 处的函数值：$f'(x_0)=f'(x)\big|_{x=x_0}$.

为方便起见，我们将函数的导函数简称为导数.

由函数 $y=f(x)$在点 x_0 处的导数 $f'(x_0)$的定义可知，它是一种极限：

$$f'(x_0)=\lim_{x\to x_0}\frac{f(x)-f(x_0)}{x-x_0},$$

而极限存在的充分必要条件是左、右极限都存在且相等. 因此，$f'(x_0)$存在（即 $f(x)$在点 x_0 可导）的充分必要条件应是下面的左、右极限

$$\lim_{x\to x_0^-}\frac{f(x)-f(x_0)}{x-x_0},\ \lim_{x\to x_0^+}\frac{f(x)-f(x_0)}{x-x_0}$$

都存在且相等. 我们将这两个极限分别称为函数 $f(x)$在 x_0 处的左导数和右导数，记为 $f'_-(x_0)$和 $f'_+(x_0)$，即

$$f'_-(x_0)=\lim_{x\to x_0^-}\frac{f(x)-f(x_0)}{x-x_0},$$

$$f'_+(x_0)=\lim_{x\to x_0^+}\frac{f(x)-f(x_0)}{x-x_0},$$

或写成增量形式：

$$f'_-(x_0)=\lim_{\Delta x\to 0^-}\frac{f(x_0+\Delta x)-f(x_0)}{\Delta x},$$

$$f'_+(x_0)=\lim_{\Delta x\to 0^+}\frac{f(x_0+\Delta x)-f(x_0)}{\Delta x}.$$

定理 1 函数 $y=f(x)$在点 x_0 可导的充分必要条件是 $f'_-(x_0)$及 $f'_+(x_0)$存在且相等.

例 1 函数 $f(x)=|x|$在点 $x=0$ 处是否可导？

解 因为
$$\frac{f(0+\Delta x)-f(0)}{\Delta x}=\frac{|\Delta x|-0}{\Delta x}=\mathrm{sgn}(\Delta x),$$

所以 $f'_+(0)=\lim\limits_{\Delta x\to 0^+}\mathrm{sgn}(\Delta x)=1$，$f'_-(0)=\lim\limits_{\Delta x\to 0^-}\mathrm{sgn}(\Delta x)=-1$，因 $f'_+(0)\neq f'_-(0)$，故 $f(x)=$

$|x|$在 $x=0$ 处不可导.

例 2　研究函数

$$f(x)=\begin{cases} x, & x<0, \\ \ln(1+x), & x\geqslant 0 \end{cases}$$

在点 $x=0$ 处的可导性.

解　易知 $f(x)$在点 $x=0$ 处连续,而

$$f'_+(0)=\lim_{x\to 0^+}\frac{f(x)-f(0)}{x}=\lim_{x\to 0^+}\frac{\ln(1+x)-0}{x}=1,$$

$$f'_-(0)=\lim_{x\to 0^-}\frac{f(x)-f(0)}{x}=\lim_{x\to 0^-}\frac{x-0}{x}=1,$$

由于 $f'_+(0)=f'_-(0)=1$,故 $f(x)$在点 $x=0$ 处可导,且 $f'(0)=1$.

例 3　求函数 $f(x)=C,x\in(-\infty,+\infty)$的导数,其中 C 为常数.

解

$$f'(x)=\lim_{\Delta x\to 0}\frac{f(x+\Delta x)-f(x)}{\Delta x}=\lim_{\Delta x\to 0}\frac{C-C}{\Delta x}=0,$$

即$(C)'=0$. 通常说成:常数的导数等于零.

例 4　设 $y=x^n$,n 为正整数,求 y'.

解

$$\begin{aligned} y'&=\lim_{\Delta x\to 0}\frac{(x+\Delta x)^n-x^n}{\Delta x} \\ &=\lim_{\Delta x\to 0}(nx^{n-1}+C_n^2x^{n-2}(\Delta x)+\cdots+(\Delta x)^{n-1}) \\ &=nx^{n-1}, \end{aligned}$$

即

$$(x^n)'=nx^{n-1}.$$

特别地,$n=1$ 时,有$(x)'=1$.

例 5　设 $y=\sin x$,求 y'.

解

$$\begin{aligned} y'&=\lim_{\Delta x\to 0}\frac{\sin(x+\Delta x)-\sin x}{\Delta x} \\ &=\lim_{\Delta x\to 0}\frac{2\cos\dfrac{2x+\Delta x}{2}\sin\dfrac{\Delta x}{2}}{\Delta x} \\ &=\lim_{\Delta x\to 0}\frac{2\cdot\dfrac{\Delta x}{2}\cos\dfrac{2x+\Delta x}{2}}{\Delta x}=\cos x \end{aligned}$$

即

$$(\sin x)'=\cos x.$$

例 6　设 $y=\cos x,x\in(-\infty,+\infty)$,求 y'.

解

$$\begin{aligned} y'&=\lim_{\Delta x\to 0}\frac{\cos(x+\Delta x)-\cos x}{\Delta x} \\ &=\lim_{\Delta x\to 0}\frac{-2\sin(x+\dfrac{\Delta x}{2})\sin\dfrac{\Delta x}{2}}{\Delta x} \\ &=\lim_{\Delta x\to 0}\frac{-2\cdot\dfrac{\Delta x}{2}\sin(x+\dfrac{\Delta x}{2})}{\Delta x}=-\sin x, \end{aligned}$$

即

$$(\cos x)'=-\sin x.$$

例 7 设 $y=2^x\cdot 3^x, x\in(-\infty,+\infty)$，求 y'.

解 因为 $2^x\cdot 3^x=(2\cdot 3)^x=6^x$，所以 $y'=6^x\ln 6$.

例 8 设 $y=x^3$，求 $y'|_{x=2}$.

解 因为 $y'=(x^3)'=3x^{3-1}=3x^2$，所以 $y'|_{x=2}=3x^2|_{x=2}=3\times 2^2=12$.

下面我们讨论可导与连续的关系.

定理 2 若 $y=f(x)$ 在点 x_0 处可导，则 $f(x)$ 在点 x_0 处必连续.

证 因为 $f(x)$ 在点 x_0 处可导，即

$$\lim_{x\to x_0}\frac{f(x)-f(x_0)}{x-x_0}=f'(x_0)$$

存在. 由无穷小量与函数极限的关系得

$$\frac{f(x)-f(x_0)}{x-x_0}=f'(x_0)+\alpha,$$

其中 $\alpha\to 0\ (x\to x_0)$，于是

$$f(x)-f(x_0)=f'(x_0)(x-x_0)+\alpha(x-x_0),$$

故

$$\lim_{x\to x_0}[f(x)-f(x_0)]=\lim_{x\to x_0}[f'(x_0)(x-x_0)+\alpha(x-x_0)]=0,$$

即 $f(x)$ 在点 x_0 处连续.

例 9 研究函数

$$f(x)=\begin{cases} x\cos\dfrac{1}{x}, & x\neq 0, \\ 0, & x=0 \end{cases}$$

在点 $x=0$ 处的连续性和可导性.

解 因为
$$\lim_{x\to 0}f(x)=\lim_{x\to 0}x\cos\frac{1}{x}=0=f(0),$$

所以 $f(x)$ 在点 $x=0$ 处连续，但是

$$\lim_{x\to 0}\frac{f(x)-f(0)}{x-0}=\lim_{x\to 0}\frac{x\cos\dfrac{1}{x}-0}{x}=\lim_{x\to 0}\cos\frac{1}{x}$$

不存在，故 $f(x)$ 在点 $x=0$ 处不可导.

此例说明“连续不一定可导”，连续只是可导的必要条件.

二、导数的几何意义

连续函数 $y=f(x)$ 的图形在直角坐标系中为一条曲线，如图 2-1 所示. 设曲线 $y=f(x)$ 上某一点 A 的坐标是 (x_0,y_0)，当自变量 x 由 x_0 变到 $x_0+\Delta x$ 时，点 $A(x_0,y_0)$ 沿曲线移动到点 $B(x_0+\Delta x,y_0+\Delta y)$，直线 AB 是曲线 $y=f(x)$ 的割线，它的倾角记作 β. 从图形可知，在直角三角形 ABC 中，$\dfrac{CB}{AC}=\dfrac{\Delta y}{\Delta x}=\tan\beta$，所以 $\dfrac{\Delta y}{\Delta x}$ 的几何意义是割线 AB 的斜率.

当 $\Delta x\to 0$ 时，点 B 沿着曲线趋向于点 A，这时割线 AB 将绕着点 A 转动，它的极限位置为直线 AT，这条直线 AT 就是曲线在点 A 的切线，它的倾角记作 α. 当 $\Delta x\to 0$ 时，因为割线趋近于切线，所以割线的斜率 $\dfrac{\Delta y}{\Delta x}=\tan\beta$ 必然趋近于切线的斜率 $\tan\alpha$，即

$$f'(x_0)=\lim_{\Delta x\to 0}\frac{\Delta y}{\Delta x}=\tan\alpha.$$

由此可知，函数 $y=f(x)$ 在 x_0 处的导数 $f'(x_0)$ 的几何意义就是曲线 $y=f(x)$ 在对应点 $A(x_0,y_0)$ 处的切线的斜率. 曲线 $y=f(x)$ 在点 $A(x_0,y_0)$ 的切线方程可写成：

(1) $f'(x_0)$存在，切线方程为 $y-f(x_0)=f'(x_0)(x-x_0)$；

(2) $f'(x_0)$在点 x_0 处连续，$f'(x_0)=\infty$，则切线方程为 $x=x_0$.

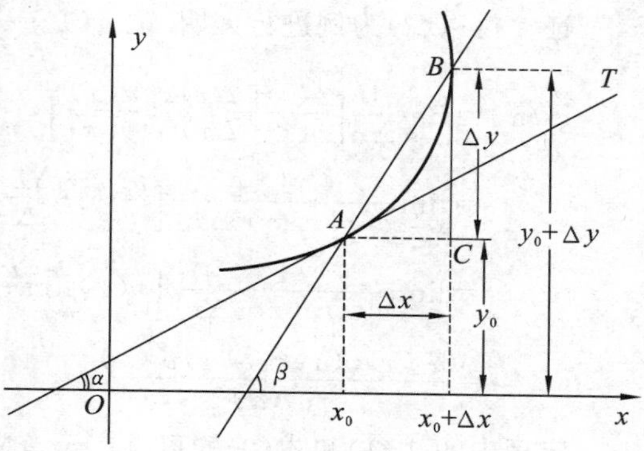

图 2-1

例 10　求过点(2,0)且与曲线 $y=\frac{1}{x}$ 相切的直线方程.

解　显然点(2,0)不在曲线 $y=\frac{1}{x}$ 上. 由导数的几何意义可知，若设切点为(x_0,y_0)，则 $y_0=\frac{1}{x_0}$，且所求切线的斜率 k 为

$$k=\left(\frac{1}{x}\right)'\bigg|_{x=x_0}=-\frac{1}{x_0^2},$$

故所求切线方程为

$$y-\frac{1}{x_0}=-\frac{1}{x_0^2}(x-x_0).$$

又切线过点(2,0)，所以有

$$-\frac{1}{x_0}=-\frac{1}{x_0^2}(2-x_0).$$

于是得 $x_0=1$，$y_0=1$，从而所求切线方程为

$$y-1=-(x-1)\text{，即 } y=2-x.$$

例 11　在曲线 $y=x^{\frac{3}{2}}$ 上求一点，使该点处的曲线的切线与直线 $y=3x-1$ 平行.

解　在 $y=x^{\frac{3}{2}}$ 上的任一点 $M(x,y)$处切线的斜率 k 为

$$k=y'=(x^{\frac{3}{2}})'=\frac{3}{2}\sqrt{x}.$$

而已知直线 $y=3x-1$ 的斜率 $k_1=3$. 令 $k=k_1$，即$\frac{3}{2}\sqrt{x}=3$，解之得 $x=4$，代入曲线方程得

$$y=4^{\frac{3}{2}}=8.$$

故所求点为(4,8).

三、函数四则运算的求导法

定理 3　设函数 $u=u(x)$，$v=v(x)$在点 x 处可导，k_1，k_2 为常数，则下列各等式成立：

(1) $[k_1u(x)+k_2v(x)]'=k_1u'(x)+k_2v'(x)$；

(2) $[u(x)v(x)]'=u'(x)v(x)+u(x)v'(x)$；

(3) $\left[\frac{u(x)}{v(x)}\right]'=\frac{u'(x)v(x)-u(x)v'(x)}{v^2(x)}\,[v(x)\neq 0]$.

证　仅以(3)为例进行证明. 记 $g(x)=\dfrac{u(x)}{v(x)}$, 且 $v(x)\neq 0$, 则

$$\begin{aligned} g'(x) &= \lim_{\Delta x\to 0}\frac{1}{\Delta x}\left[\frac{u(x+\Delta x)}{v(x+\Delta x)}-\frac{u(x)}{v(x)}\right] \\ &= \lim_{\Delta x\to 0}\frac{1}{v(x)v(x+\Delta x)}\left[\frac{u(x+\Delta x)-u(x)}{\Delta x}v(x)-u(x)\frac{v(x+\Delta x)-v(x)}{\Delta x}\right] \\ &= \lim_{\Delta x\to 0}\frac{1}{v(x)v(x+\Delta x)}\left[v(x)\lim_{\Delta x\to 0}\frac{u(x+\Delta x)-u(x)}{\Delta x}-u(x)\lim_{\Delta x\to 0}\frac{v(x+\Delta x)-v(x)}{\Delta x}\right] \\ &= \frac{u'(x)v(x)-u(x)v'(x)}{v^2(x)}. \end{aligned}$$

定理中的式(1)和式(2)均可推广至有限多个函数的情形. 读者不难自行完成.

例 12　设 $y=3x^5-2x^2+4$, 求 y'.

解

$$\begin{aligned} y' &= (3x^5-2x^2+4)' \\ &= (3x^5)'-(2x^2)'+(4)' \\ &= 15x^4-4x. \end{aligned}$$

例 13　设 $y=x^3\cos x$, 求 y'.

解

$$\begin{aligned} y' &= (x^3\cos x)' \\ &= (x^3)'\cos x+x^3(\cos x)' \\ &= 3x^2\cos x-x^3\sin x. \end{aligned}$$

例 14　设 $y=\tan x$, 求 y'.

解

$$\begin{aligned} y' &= (\tan x)'=\left(\frac{\sin x}{\cos x}\right)' \\ &= \frac{(\sin x)'\cos x-\sin x(\cos x)'}{\cos^2 x} \\ &= \frac{\cos^2 x+\sin^2 x}{\cos^2 x}=\frac{1}{\cos^2 x}, \end{aligned}$$

即

$$(\tan x)'=\frac{1}{\cos^2 x}=\sec^2 x=1+\tan^2 x.$$

类似可得

$$(\cot x)'=-\frac{1}{\sin^2 x}=-\csc^2 x=-(1+\cot^2 x).$$

例 15　设 $y=\sec x$, 求 y'.

解　在定理 3 的(3)中, 取 $u(x)\equiv 1$, 则有

$$\left(\frac{1}{v(x)}\right)'=-\frac{v'(x)}{v^2(x)}.$$

于是

$$\begin{aligned} y' &= (\sec x)'=\left(\frac{1}{\cos x}\right)'=-\frac{(\cos x)'}{\cos^2 x} \\ &= \frac{\sin x}{\cos^2 x}=\sec x\tan x, \end{aligned}$$

即

$$(\sec x)'=\sec x\tan x.$$

类似可得

$$(\csc x)'=-\csc x\cot x.$$

第二节　求导法则

一、复合函数求导法

定理 1(链导法)　若 $u=\varphi(x)$ 在点 x 处可导，而 $y=f(u)$ 在相应点 $u=\varphi(x)$ 处可导，则复合函数 $y=f[\varphi(x)]$ 在点 x 处可导，且 $\frac{\mathrm{d}y}{\mathrm{d}x}=\frac{\mathrm{d}y}{\mathrm{d}u}\cdot\frac{\mathrm{d}u}{\mathrm{d}x}$，或记为

$$\frac{\mathrm{d}y}{\mathrm{d}x}=f'[\varphi(x)]\varphi'(x). \tag{2.3}$$

证　因为 $y=f(u)$ 在点 u 处可导，因此

$$\lim_{\Delta u\to 0}\frac{\Delta y}{\Delta u}=f'(u)$$

存在，于是根据极限与无穷小量的关系有

$$\frac{\Delta y}{\Delta u}=f'(u)+\alpha,$$

其中 α 是 $\Delta u\to 0$ 时的无穷小量，故

$$\Delta y=f'(u)\Delta u+\alpha\Delta u,$$

从而

$$\begin{aligned}\lim_{\Delta x\to 0}\frac{\Delta y}{\Delta x}&=\lim_{\Delta x\to 0}\left(f'(u)\frac{\Delta u}{\Delta x}+\alpha\frac{\Delta u}{\Delta x}\right)\\&=f'(u)\lim_{\Delta x\to 0}\frac{\Delta u}{\Delta x}+\lim_{\Delta x\to 0}\alpha\lim_{\Delta x\to 0}\frac{\Delta u}{\Delta x}.\end{aligned}$$

又因 $u=\varphi(x)$ 在点 x 处可导，故 $\varphi(x)$ 必在点 x 处连续，因此 $\Delta x\to 0$ 时必有 $\Delta u\to 0$. 于是

$$\begin{aligned}\lim_{\Delta x\to 0}\frac{\Delta y}{\Delta x}&=f'(u)\varphi'(x)+\lim_{\Delta u\to 0}\alpha\lim_{\Delta x\to 0}\frac{\Delta u}{\Delta x}\\&=f'(u)\varphi'(x)=f'[\varphi(x)]\varphi'(x),\end{aligned}$$

而 $\lim_{\Delta x\to 0}\frac{\Delta y}{\Delta x}=f'[\varphi(x)]$，定理证毕.

例 1　设 $y=\mathrm{e}^{-x}$，求 y'.

解　令 $u=-x$，则 $y=\mathrm{e}^{u}$，从而

$$\begin{aligned}\frac{\mathrm{d}y}{\mathrm{d}x}&=\frac{\mathrm{d}y}{\mathrm{d}u}\cdot\frac{\mathrm{d}u}{\mathrm{d}x}=\frac{\mathrm{d}(\mathrm{e}^{u})}{\mathrm{d}u}\cdot\frac{\mathrm{d}(-x)}{\mathrm{d}x}\\&=\mathrm{e}^{u}(-1)=-\mathrm{e}^{-x}.\end{aligned}$$

即

$$(\mathrm{e}^{-x})'=-\mathrm{e}^{-x}.$$

对复合函数的分解熟练后，就不必再写出中间变量，而可按下列各题的方式进行计算.

例 2　设 $y=\sin\frac{1}{1+x}$，求 y'.

解

$$y'=\cos\frac{1}{1+x}\left(\frac{1}{1+x}\right)'=\frac{-1}{(1+x)^2}\cos\frac{1}{1+x}.$$

例 3　设 $y=\sqrt{\cos\mathrm{e}^{x^2}}$，求 y'.

解

$$y'=\left(\sqrt{\cos\mathrm{e}^{x^2}}\right)'=\frac{1}{2\sqrt{\cos\mathrm{e}^{x^2}}}\left(\cos\mathrm{e}^{x^2}\right)'$$

$$=\frac{-1}{2\sqrt{\cos e^{x^2}}}\sin e^{x^2}(e^{x^2})'$$

$$=\frac{-1}{2\sqrt{\cos e^{x^2}}}\sin e^{x^2}\cdot e^{x^2}(x^2)'$$

$$=\frac{-1}{2\sqrt{\cos e^{x^2}}}\sin e^{x^2}\cdot e^{x^2}2x$$

$$=\frac{-xe^{x^2}\sin e^{x^2}}{\sqrt{\cos e^{x^2}}}.$$

二、反函数求导法

定理 2 设函数 $y=f(x)$ 与 $x=\varphi(y)$ 互为反函数，$f(x)$ 在点 x 处可导，$\varphi(y)$ 在相应点 y 处可导，且 $\frac{dx}{dy}=\varphi'(y)\neq 0$，则

$$\frac{dx}{dy}=\frac{1}{\frac{dy}{dx}} \text{或} f'(x)=\frac{1}{\varphi'(y)}.$$

简单地说成：反函数的导数是其直接函数导数的倒数.

证 由 $x=\varphi(y)=\varphi[f(x)]$ 及 $y=f(x)$，$x=\varphi(y)$ 的可导性，利用复合函数的求导法，得

$$1=\varphi'[f(x)]f'(x)=\varphi'(y)f'(x),$$

故

$$f'(x)=\frac{1}{\varphi'(y)},\varphi'(y)\neq 0.$$

例 4 设 $y=\arcsin x$，求 y'.

解 由定理 2 及 $x=\sin y$ 可知

$$y'=\frac{1}{(\sin y)'_y}=\frac{1}{\cos y}=\frac{1}{\sqrt{1-\sin^2 y}}=\frac{1}{\sqrt{1-x^2}},$$

这里记号 $(\sin y)'_y$ 表示求导是对变量 y 进行的.

由上式得

$$(\arcsin x)'=\frac{1}{\sqrt{1-x^2}}.$$

同理可得：

$$(\arccos x)'=\frac{-1}{\sqrt{1-x^2}},(\arctan x)'=\frac{1}{1+x^2},(\operatorname{arccot} x)'=\frac{-1}{1+x^2}.$$

三、参数方程求导法

若方程 $x=\varphi(t)$ 和 $y=\psi(t)$ 确定 y 与 x 间的函数关系，则称此函数关系所表达的函数为由参数方程

$$\begin{cases}x=\varphi(t),\\ y=\psi(t),\end{cases} t\in(\alpha,\beta) \tag{2.4}$$

所确定的函数. 下面我们来讨论由参数方程所确定的函数的导数.

设 $t=\varphi^{-1}(x)$ 为 $x=\varphi(t)$ 的反函数，在 $t\in(\alpha,\beta)$ 中，函数 $x=\varphi(t)$，$y=\psi(t)$ 均可导，这时由

复合函数的导数和反函数的导数公式，有

$$\frac{\mathrm{d}y}{\mathrm{d}x}=[\psi(\varphi^{-1}(x))]'=\psi'(\varphi^{-1}(x))(\varphi^{-1}(x))'$$

$$=\psi'(\varphi^{-1}(x))\frac{1}{\varphi'(t)}=\frac{\psi'(t)}{\varphi'(t)}\quad(\varphi'(t)\neq 0).$$

于是由参数方程(2.4)所确定的函数 $y=y(x)$ 的导数为

$$\frac{\mathrm{d}y}{\mathrm{d}x}=\frac{\frac{\mathrm{d}y}{\mathrm{d}t}}{\frac{\mathrm{d}x}{\mathrm{d}t}}=\frac{\psi'(t)}{\varphi'(t)}\quad(\varphi'(t)\neq 0).\tag{2.5}$$

例 5 设 $\begin{cases}x=a\cos^2 t,\\ y=a\sin^2 t,\end{cases}$ 求 $\frac{\mathrm{d}y}{\mathrm{d}x}$.

解

$$\frac{\mathrm{d}y}{\mathrm{d}x}=\frac{\frac{\mathrm{d}y}{\mathrm{d}t}}{\frac{\mathrm{d}x}{\mathrm{d}t}}=\frac{2a\sin t\cos t}{2a\cos t(-\sin t)}=-1.$$

例 6 求椭圆 $\begin{cases}x=a\cos t,\\ y=b\sin t\end{cases}$ 在 $t=\frac{\pi}{4}$ 处的切线方程和法线方程.

解

$$\frac{\mathrm{d}y}{\mathrm{d}x}=\frac{\frac{\mathrm{d}y}{\mathrm{d}t}}{\frac{\mathrm{d}x}{\mathrm{d}t}}=\frac{b\cos t}{-a\sin t}=-\frac{b}{a}\cot t,$$

所以在椭圆上对应于 $t=\frac{\pi}{4}$ 的点 $\left(\frac{a}{\sqrt{2}},\frac{b}{\sqrt{2}}\right)$ 处的切线和法线的斜率为

$$k_{切}=\frac{\mathrm{d}y}{\mathrm{d}x}\Big|_{t=\frac{\pi}{4}}=-\frac{b}{a}\cot\frac{\pi}{4}=-\frac{b}{a},$$

$$k_{法}=\frac{a}{b}.$$

切线方程和法线方程分别为

$$bx+ay=\sqrt{2}ab \text{ 和 } ax-by=\frac{1}{\sqrt{2}}(a^2-b^2).$$

四、隐函数求导法

如果在含变量 x 和 y 的关系式 $F(x,y)=0$ 中，当 x 取某区间 I 内的任一值时，相应地总有满足该方程的唯一的 y 值与之对应，那么就说方程 $F(x,y)=0$ 在该区间内确定了一个隐函数 $y=y(x)$. 这时 $y(x)$ 不一定都能用关于 x 的表达式表示. 例如方程 $\mathrm{e}^y+xy-\mathrm{e}^{-x}=0$ 和 $y=\cos(x+y)$ 都能确定隐函数 $y=y(x)$. 如果 $F(x,y)=0$ 确定的隐函数 $y=y(x)$ 能用关于 x 的表达式表示，则称该隐函数可显化. 例如 $x^3+y^5-1=0$，解出 $y=\sqrt[5]{1-x^3}$，就把隐函数化成了显函数.

若方程 $F(x,y)=0$ 确定了隐函数 $y=y(x)$，则将它代入方程中，得

$$F(x,y(x))\equiv 0.$$

对上式两边关于 x 求导，并注意运用复合函数求导法则，就可以求出 $y'(x)$ 来.

例 7 求方程 $y=\sin(x+y)$ 所确定的隐函数 $y=y(x)$ 的导数.

解　将方程两边关于 x 求导，注意 y 是 x 的函数，得

$$y'=\cos(x+y)(1+y'),$$

即

$$y'=\frac{\cos(x+y)}{1-\cos(x+y)},\ 1-\cos(x+y)\neq 0.$$

例 8　求由方程 $e^y+xy+e^{-x}=0$ 所确定的隐函数 $y=y(x)$ 的导数.

解　将方程两边关于 x 求导，得

$$e^y y'+y+xy'-e^{-x}=0,$$

故

$$y'=\frac{e^{-x}-y}{x+e^y}\ (x+e^y\neq 0).$$

在计算幂指函数的导数以及某些乘幂、连乘积、带根号函数的导数时，可以采用先取对数再求导的方法，简称对数求导法. 它的运算过程如下：

在 $y=f(x)\,(f(x)>0)$ 的两边取对数，得

$$\ln y=\ln f(x).$$

上式两边对 x 求导，注意到 y 是 x 的函数，得

$$y'=y[\ln f(x)]'.$$

例 9　求 $y=\dfrac{(x^3+2)^2}{(x^4+1)(x^2+1)}$ 的导数.

解　先在两边取对数，得

$$\ln y=2\ln(x^3+2)-\ln(x^4+1)-\ln(x^2+1).$$

上式两边对 x 求导，注意到 y 是 x 的函数，得

$$\frac{y'}{y}=\frac{6x^2}{x^3+2}-\frac{4x^3}{x^4+1}-\frac{2x}{x^2+1},$$

于是

$$y'=y\left(\frac{6x^2}{x^3+2}-\frac{4x^3}{x^4+1}-\frac{2x}{x^2+1}\right),$$

即

$$y'=\frac{(x^3+2)^2}{(x^4+1)(x^2+1)}\left(\frac{6x^2}{x^3+2}-\frac{4x^3}{x^4+1}-\frac{2x}{x^2+1}\right).$$

例 10　求 $y=x^{\sin x}\,(x>0)$ 的导数.

解　两边取对数得 $\ln y=\sin x\ln x$. 两边对 x 求导，得

$$\frac{y'}{y}=\cos x\ln x+\frac{\sin x}{x}.$$

于是

$$y'=x^{\sin x}\left(\cos x\ln x+\frac{\sin x}{x}\right).$$

第三节　函数的微分

一、微分的概念

定义 1　设函数 $y=f(x)$ 在 $U(x_0)$ 内有定义，若 $\exists A\in\mathbf{R}$，使

$$\Delta y=A\Delta x+o(\Delta x) \tag{2.6}$$

成立,则称函数 $y=f(x)$ 在点 x_0 处可微分(简称可微),线性部分 $A\Delta x$ 称为 $f(x)$ 在 x_0 处的微分,记为 $dy=A\Delta x$ (其中 $\Delta x=x-x_0$),A 称为微分系数.

定理 1　函数 $y=f(x)$ 在点 x_0 处可微的充分必要条件是函数 $y=f(x)$ 在点 x_0 处可导.

当 $f(x)$ 在点 x_0 处可微时,必有

$$dy=f'(x_0)\Delta x.$$

该定理说明函数的可微性与可导性是等价的.

函数 $y=f(x)$ 在任意点 x 的微分,称为函数的微分,记为

$$dy=f'(x)\Delta x. \tag{2.7}$$

例 1　设 $y=x$,求 dy.

解　因为 $y'=(x)'=1$,所以 $dy=1\times\Delta x=\Delta x$.

为方便起见,我们规定:自变量的增量称为自变量的微分,记为 $dx=\Delta x$. 于是式(2.7)可记为

$$dy=f'(x)dx. \tag{2.8}$$

例 2　求 $y=\sin x$ 当 $x=\frac{\pi}{4}$,$dx=0.1$ 时的微分.

解　$dy=(\sin x)'dx=\cos x dx$.

当 $x=\frac{\pi}{4}$,$dx=0.1$ 时,有

$$dy=\cos\frac{\pi}{4}\times 0.1=\frac{0.1}{\sqrt{2}}\approx 0.0707.$$

在几何上,函数 $y=f(x)$ 在 x_0 处的微分 $dy=f'(x_0)dx$ 表示 $y=f(x)$ 所对应的曲线在点 $M(x_0,f(x_0))$ 处切线 MT 的纵坐标相应于 Δx 的改变量 PQ(见图 2-2),因此 $dy=\Delta x\tan\alpha$.

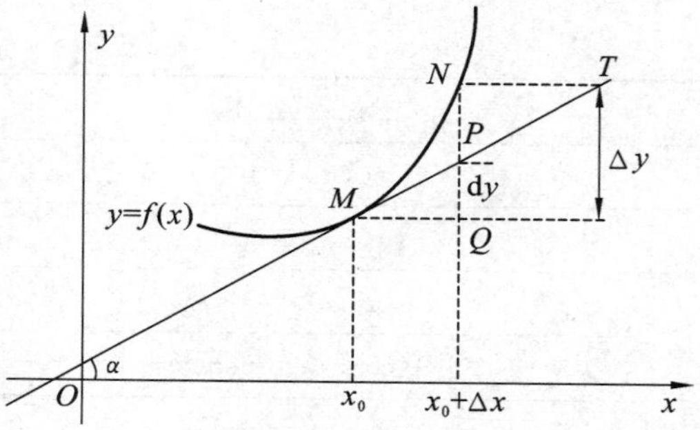

图 2-2

二、微分的运算公式

1. 函数四则运算的微分

设 $u=u(x)$,$v=v(x)$ 在点 x 处均可微,则有

$$d(Cu)=Cdu\ (C\text{为常数}),$$
$$d(u+v)=du+dv,$$
$$d(uv)=udv+vdu,$$
$$d\left(\frac{u}{v}\right)=\frac{vdu-udv}{v^2}\ (v\neq 0).$$

这些公式由微分的定义及相应的求导公式可证.

2. 复合函数的微分

若 $y=f(u)$ 及 $u=\varphi(x)$ 均可导,则复合函数 $y=f[\varphi(x)]$ 对 x 的微分为

$$dy=f'(u)\varphi'(x)dx. \tag{2.9}$$

注意到 $du=\varphi'(x)dx$,则函数 $y=f(u)$ 对 u 的微分为

$$dy=f'(u)du. \tag{2.10}$$

对比式(2.10)与式(2.8)可知，无论 u 是自变量还是中间变量，微分形式 $dy=f'(u)du$ 保持不变. 此性质称为一阶微分的形式不变性. 由此性质，我们可以把导数记号 $\frac{dy}{dx},\frac{dy}{du}$ 等理解为两个变量的微分之商了，因此，导数有时也称微商. 用微商来理解复合函数的导数以及求复合函数的导数就方便多了.

例 3 设 $y=\sqrt{a^2+x^2}$，利用微分形式不变性求 dy.

解 记 $u=a^2+x^2$，则 $y=\sqrt{u}$，于是

$$dy=y'_u du=\frac{1}{2\sqrt{u}}du.$$

又

$$du=u'dx=2xdx,$$

故

$$dy=\frac{1}{2\sqrt{a^2+x^2}}\cdot 2xdx=\frac{x}{\sqrt{a^2+x^2}}dx.$$

基本初等函数的导数公式和微分公式如表 2-1 所示.

表 2-1

导数公式	微分公式
$(C)'=0$	$d(C)=0$
$(x^\mu)'=\mu\cdot x^{\mu-1}$	$d(x^\mu)=\mu\cdot x^{\mu-1}dx$
$(\sin x)'=\cos x$	$d(\sin x)=\cos x dx$
$(\cos x)'=-\sin x$	$d(\cos x)=-\sin x dx$
$(\tan x)'=\sec^2 x$	$d(\tan x)=\sec^2 x dx$
$(\cot x)'=-\csc^2 x$	$d(\cot x)=-\csc^2 x dx$
$(\sec x)'=\sec x\cdot\tan x$	$d(\sec x)=\sec x\cdot\tan x dx$
$(\csc x)'=-\csc x\cdot\cot x$	$d(\csc x)=-\csc x\cdot\cot x dx$
$(a^x)'=a^x\cdot\ln a$	$d(a^x)=a^x\cdot\ln a dx$
$(e^x)'=e^x$	$d(e^x)=e^x dx$
$(\log_a x)'=\frac{1}{x\cdot\ln a}$	$d(\log_a x)=\frac{1}{x\cdot\ln a}dx$
$(\ln\|x\|)'=\frac{1}{x}$	$d(\ln\|x\|)=\frac{1}{x}dx$
$(\arcsin x)'=\frac{1}{\sqrt{1-x^2}}$	$d(\arcsin x)=\frac{1}{\sqrt{1-x^2}}dx$
$(\arccos x)'=-\frac{1}{\sqrt{1-x^2}}$	$d(\arccos x)=-\frac{1}{\sqrt{1-x^2}}dx$
$(\arctan x)'=\frac{1}{1+x^2}$	$d(\arctan x)=\frac{1}{1+x^2}dx$
$(\text{arccot} x)'=-\frac{1}{1+x^2}$	$d(\text{arccot} x)=-\frac{1}{1+x^2}dx$

第四节　高阶导数

一、高阶导数

若函数 $y=f(x)$在 $U(x)$内可导,其导函数为 $f'(x)$,且极限

$$\lim_{\Delta x\to 0}\frac{f'(x+\Delta x)-f'(x)}{\Delta x}$$

存在,则称该极限值为函数 $f(x)$在点 x 处的二阶导数,记为 $f''(x)$,$\frac{\mathrm{d}^2 y}{\mathrm{d}x^2}$,$y''$等.

函数 $y=f(x)$的二阶导数 $f''(x)$仍是 x 的函数,如果它可导,则 $f''(x)$的导数称为原函数 $f(x)$的三阶导数,记为 $f'''(x)$,$\frac{\mathrm{d}^3 y}{\mathrm{d}x^3}$,$y'''$等.

一般说来,函数 $y=f(x)$的 $n-1$ 阶导数仍是 x 的函数,如果它可导,则它的导数称为原来函数 $f(x)$的 n 阶导数,记为 $f^{(n)}(x)$,$\frac{\mathrm{d}^n y}{\mathrm{d}x^n}$,$y^{(n)}$等.通常四阶和四阶以上的导数都采用这套记号.一阶、二阶和三阶导数则采用 y',y'',y'''的记号.

由以上叙述可知,求一个函数的高阶导数,原则上是没有什么困难的,只需运用求一阶导数的法则按下列公式计算:

$$y^{(n)}=(y^{(n-1)})'\quad(n=1,2,\cdots)$$

或写成

$$\frac{\mathrm{d}^n y}{\mathrm{d}x^n}=\frac{\mathrm{d}}{\mathrm{d}x}\left(\frac{\mathrm{d}^{n-1} y}{\mathrm{d}x^{n-1}}\right),f^{(n)}(x)=(f^{(n-1)}(x))'.$$

例 1　设 $y=x^n$(n 为正整数),求它的各阶导数.

解

$$\begin{aligned}
&y'=(x^n)'=nx^{n-1},\\
&y''=(nx^{n-1})'=n(n-1)x^{n-2},\\
&\cdots\cdots\\
&y^{(k)}=n(n-1)\cdots(n-k+1)x^{n-k},\\
&\cdots\cdots\\
&y^{(n)}=n\times(n-1)\times\cdots\times 3\times 2\times 1=n!,\\
&y^{(n+1)}=(y^{(n)})'=(n!)'=0.
\end{aligned}$$

显然,$y=x^n$ 的 $n+1$ 阶以上的各阶导数均为 0.

例 2　设 $y=\sin x$,求它的 n 阶导数 $y^{(n)}$.

解

$$y'=\cos x=\sin\left(x+\frac{\pi}{2}\right),$$

$$y''=(y')'=\cos\left(x+\frac{\pi}{2}\right)=\sin\left(x+2\times\frac{\pi}{2}\right),$$

设

$$y^{(k)}=\sin\left(x+k\cdot\frac{\pi}{2}\right),$$

则

$$y^{(k+1)}=(y^{(k)})'=\cos\left(x+k\,\frac{\pi}{2}\right)=\sin\left[x+(k+1)\frac{\pi}{2}\right].$$

由数学归纳法,知

$$(\sin x)^{(n)}=\sin\left(x+\frac{n}{2}\pi\right)\quad(n=1,2,\cdots).$$

由此式我们可得到 $y=\cos x$ 的高阶导数公式:

$$(\cos x)^{(n)}=(-\sin x)^{(n-1)}=-\sin\left(x+\frac{n-1}{2}\pi\right)=\cos\left(x+\frac{n}{2}\pi\right),$$

即

$$(\cos x)^{(n)}=\cos\left(x+\frac{n}{2}\pi\right)\quad(n=1,2,\cdots).$$

例 3 设 $y=\dfrac{1}{1+x}$,求 $y^{(n)}$.

解

$$y'=\left(\frac{1}{1+x}\right)'=-\frac{1}{(1+x)^2},$$

$$y''=(y')'=\left[-\frac{1}{(1+x)^2}\right]'=\frac{2}{(1+x)^3},$$

$$y'''=(y'')'=\left[\frac{2}{(1+x)^3}\right]'=-\frac{3!}{(1+x)^4},$$

由数学归纳法,知

$$\left(\frac{1}{1+x}\right)^{(n)}=(-1)^n\,\frac{n!}{(1+x)^{n+1}}\quad(n=1,2,\cdots).$$

由此可见

$$[\ln(1+x)]^{(n)}=\left(\frac{1}{1+x}\right)^{(n-1)}=(-1)^{n-1}\frac{(n-1)!}{(1+x)^n}\quad(n=1,2,\cdots).$$

例 4 设 $y=a^x(a>0)$,求 $y^{(n)}$.

解

$$y'=(a^x)'=a^x\ln a,$$

$$y''=(a^x\ln a)'=a^x\ln^2 a.$$

设 $y^{(k)}=a^x\ln^k a$,则

$$y^{(k+1)}=(a^x\ln^k a)'=a^x\ln^{k+1}a.$$

故

$$(a^x)^{(n)}=a^x\ln^n a\quad(n=1,2,\cdots).$$

特别地,有

$$(\mathrm{e}^x)^{(n)}=\mathrm{e}^x\quad(n=1,2,\cdots).$$

第五节　微分中值定理

本节介绍微分学中几个重要的中值定理,它们是导数应用的基础理论.

定理 1[罗尔(Rolle)定理]　若 $f(x)$在$[a,b]$上连续,在(a,b)内可导,且 $f(a)=f(b)$,则$\exists\xi\in(a,b)$使得 $f'(\xi)=0$.

证　由 $f(x)$在$[a,b]$上连续知,$f(x)$在$[a,b]$上必取得最大值 M 与最小值 m.

若 $M>m$，则 M 与 m 中至少有一个不等于 $f(x)$ 在区间端点的值. 不妨设 $M\neq f(a)$. 由最值定理，$\exists\,\xi\in(a,b)$，使 $f(\xi)=M$. 又

$$f'_+(\xi)=\lim_{\Delta x\to 0^+}\frac{f(\xi+\Delta x)-f(\xi)}{\Delta x}\leqslant 0,$$

$$f'_-(\xi)=\lim_{\Delta x\to 0^-}\frac{f(\xi+\Delta x)-f(\xi)}{\Delta x}\geqslant 0,$$

故

$$f'(\xi)=0.$$

若 $M=m$，则 $f(x)$ 在 $[a,b]$ 上为常数，故 (a,b) 内任一点都可成为 ξ，使

$$f'(\xi)=0.$$

罗尔定理的几何意义是：若 $y=f(x)$ 满足定理的条件，则其图像在 $[a,b]$ 上对应的曲线弧 AB 上一定存在一点具有水平切线，如图 2-3 所示.

定理 2［拉格朗日（Lagrange）中值定理］　若 $f(x)$ 在 $[a,b]$ 上连续，在 (a,b) 内可导，则 $\exists\,\xi\in(a,b)$ 使得

$$f(b)-f(a)=f'(\xi)(b-a). \tag{2.11}$$

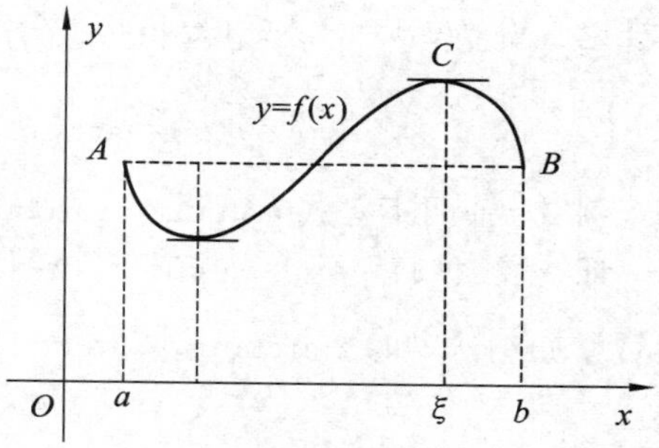

图 2-3

证　考虑辅助函数 $\varphi(x)=f(x)-\lambda x$（其中 λ 待定），为了使 $\varphi(x)$ 满足定理 1 的条件，令 $\varphi(a)=\varphi(b)$ 得

$$\lambda=\frac{f(b)-f(a)}{b-a},$$

即

$$\varphi(x)=f(x)-\frac{f(b)-f(a)}{b-a}x.$$

于是由定理 1，$\exists\,\xi\in(a,b)$，使 $\varphi'(x)=0$，即

$$f(b)-f(a)=f'(\xi)(b-a).$$

如图 2-4 所示，连接曲线弧 $\overset{\frown}{AB}$ 两端的弦 $\overline{AB}$，其斜率为 $\dfrac{f(b)-f(a)}{b-a}$. 因此，定理的几何意义是：满足定理条件的曲线弧 $\overset{\frown}{AB}$ 上一定存在一点具有平行于弦 $\overline{AB}$ 的切线.

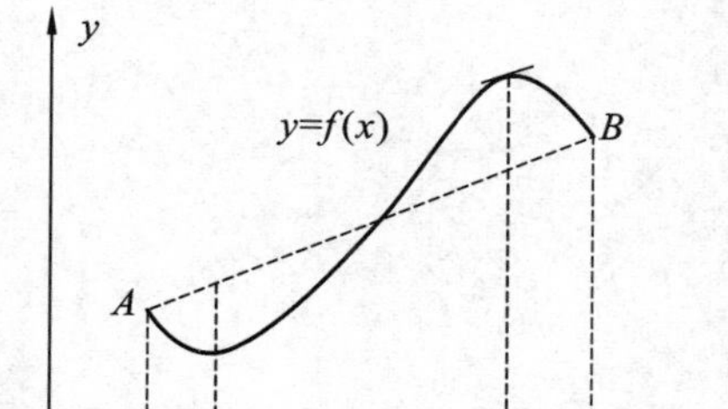

图 2-4

显然，罗尔定理是拉格朗日中值定理的特殊情形.

式(2.11)称为拉格朗日中值公式，显然，当 $b<a$ 时，式(2.11)也成立.

设 x 和 $x+\Delta x$ 是 (a,b) 内的两点，其中 Δx 可正可负，于是在以 x 及 $x+\Delta x$ 为端点的闭区间上有

$$f(x+\Delta x)-f(x)=f'(\xi)\Delta x,$$

其中 ξ 为 x 与 $x+\Delta x$ 之间的某值，记 $\xi=x+\theta\Delta x$，$0<\theta<1$，则

$$f(x+\Delta x)-f(x)=f'(x+\theta\Delta x)\Delta x \quad (0<\theta<1). \tag{2.12}$$

式(2.12)称为有限增量公式.

推论 1 若函数 $f(x)$ 在区间 I 上的导数恒为零,则 $f(x)$ 在区间 I 上为一常数.

证 $\forall x_1, x_2 \in I$,且 $x_1 < x_2$,在 $[x_1, x_2]$ 上应用定理 2,得

$$f(x_2)-f(x_1)=f'(\xi)(x_2-x_1), \quad \xi \in (x_1, x_2)$$

由于 $f'(\xi)=0$,故 $f(x_1)=f(x_2)$. 由 x_1, x_2 的任意性可知,函数 $f(x)$ 在区间 I 上为一常数.

在第一节我们知道"常数的导数为零",推论 1 就是其逆命题. 由推论 1 立即可得以下结论.

推论 2 若 $\forall x \in I, f'(x)=g'(x)$,则在 I 上 $f(x)=g(x)+C$ (C 为常数).

例 1 求证 $\arcsin x+\arccos x=\frac{\pi}{2}, x \in [-1,1]$.

证 令 $f(x)=\arcsin x+\arccos x$,则

$$f'(x)=\frac{1}{\sqrt{1-x^2}}-\frac{1}{\sqrt{1-x^2}}=0, x \in (-1,1).$$

由推论 1 得 $f(x)=C, x \in (-1,1)$. 又因 $f(0)=\frac{\pi}{2}, f(\pm 1)=\frac{\pi}{2}$,故

$$f(x)=\arcsin x+\arccos x=\frac{\pi}{2}, x \in [-1,1].$$

例 2 证明不等式 $\arctan x_2-\arctan x_1 \leqslant x_2-x_1 \ (x_1<x_2)$.

证 设 $f(x)=\arctan x$,在 $[x_1, x_2]$ 上利用拉格朗日中值定理,得

$$\arctan x_2-\arctan x_1=\frac{1}{1+\xi^2}(x_2-x_1) \ (x_1<\xi<x_2).$$

因为 $\frac{1}{1+\xi^2} \leqslant 1$,所以

$$\arctan x_2-\arctan x_1 \leqslant x_2-x_1 \ (x_1<x_2).$$

例 3 设函数 $f(x)=x(x-2)(x-4)(x-6)$,说明方程 $f'(x)=0$ 在 $(-\infty,+\infty)$ 内有几个实根,并指出它们所属区间.

解 因为 $f'(x)$ 是三次多项式,所以方程 $f'(x)=0$ 在 $(-\infty,+\infty)$ 内最多有 3 个实根.

又由于 $f(0)=f(2)=f(4)=f(6)=0$, $f(x)$ 在区间 $[0,2]$, $[2,4]$, $[4,6]$ 上满足罗尔定理的条件. 故 $\xi_1 \in (0,2)$, $\xi_2 \in (2,4)$, $\xi_3 \in (4,6)$,使 $f'(\xi_1)=0$, $f'(\xi_2)=0$, $f'(\xi_3)=0$,即方程 $f'(x)=0$ 在 $(-\infty,+\infty)$ 内有 3 个实根,分别属于区间 $(0,2)$, $(2,4)$, $(4,6)$.

例 4 若 $f(x)>0$ 在 $[a,b]$ 上连续,在 (a,b) 内可导,则 $\exists \xi \in (a,b)$,使得

$$\ln \frac{f(b)}{f(a)}=\frac{f'(\xi)}{f(\xi)}(b-a).$$

证 原式即

$$\ln f(b)-\ln f(a)=\frac{f'(\xi)}{f(\xi)}(b-a).$$

令 $\varphi(x)=\ln f(x)$,有 $\varphi'(x)=\frac{f'(x)}{f(x)}$.

显然 $\varphi(x)$ 在 $[a,b]$ 上满足拉格朗日中值定理的条件,在 $[a,b]$ 上应用定理可得所证.

定理 3[柯西(Cauchy)中值定理] 若函数 $f(x)$ 与 $g(x)$ 在 $[a,b]$ 上连续,在 (a,b) 内可导,且 $g'(x) \neq 0$,则 $\exists \xi \in (a,b)$ 使得

$$\frac{f(b)-f(a)}{g(b)-g(a)}=\frac{f'(\xi)}{g'(\xi)}.$$

证明略.

显而易见,若取 $g(x)\equiv x$,则定理 3 成为定理 2,因此定理 3 是定理 1 和定理 2 的推广,它是这三个中值定理中最一般的形式.

例 5　设函数 $f(x)$ 在 $[x_1,x_2]$ 上连续,在 (x_1,x_2) 内可导,且 $x_1x_2>0$,证明:在 (x_1,x_2) 内至少有一点 ξ,使得

$$\frac{x_1f(x_2)-x_2f(x_1)}{x_1-x_2}=f(\xi)-\xi f'(\xi).$$

证　原式可写成

$$\frac{\dfrac{f(x_2)}{x_2}-\dfrac{f(x_1)}{x_1}}{\dfrac{1}{x_2}-\dfrac{1}{x_1}}=f(\xi)-\xi f'(\xi).$$

令 $\varphi(x)=\dfrac{f(x)}{x}$,$\psi(x)=\dfrac{1}{x}$,它们在 $[x_1,x_2]$ 上满足柯西中值定理的条件,且有

$$\frac{\varphi'(x)}{\psi'(x)}=f(x)-xf'(x).$$

应用柯西中值定理即得所证.

第六节　洛必达法则

由第二章我们知道,在某一极限过程中,$f(x)$ 和 $g(x)$ 都是无穷小量或都是无穷大量时,$\dfrac{f(x)}{g(x)}$ 的极限可能存在,也可能不存在.通常称这种极限为不定式(或待定型),并分别简记为 $\dfrac{0}{0}$ 型或 $\dfrac{\infty}{\infty}$ 型.

洛必达(L′ Hospital)法则是处理不定式极限的重要工具,是计算 $\dfrac{0}{0}$ 型、$\dfrac{\infty}{\infty}$ 型极限的简单而有效的法则.该法则的理论依据是柯西中值定理.

一、$\dfrac{0}{0}$ 型不定式

定理 1　设 $f(x)$ 和 $g(x)$ 满足:

(1) $\lim\limits_{x\to x_0}f(x)=0$,$\lim\limits_{x\to x_0}g(x)=0$;

(2) 在 $\mathring{U}(x_0)$ 内可导,且 $g'(x)\neq 0$;

(3) $\lim\limits_{x\to x_0}\dfrac{f'(x)}{g'(x)}$ 存在(或为 ∞),

则

$$\lim_{x\to x_0}\frac{f(x)}{g(x)}=\lim_{x\to x_0}\frac{f'(x)}{g'(x)}.$$

证　由于极限 $\lim\limits_{x\to x_0}\dfrac{f(x)}{g(x)}$ 与 $f(x)$ 和 $g(x)$ 在 $x=x_0$ 处有无定义没有关系,不妨设 $f(x_0)=g(x_0)=0$.这样,由条件(1)、(2)知 $f(x)$ 和 $g(x)$ 在 $U(x_0)$ 内连续.设 $x\in U(x_0)$,则在 $[x,x_0]$ 或

$[x_0,x]$上，柯西中值定理的条件得到满足，于是有

$$\frac{f(x)}{g(x)}=\frac{f(x)-f(x_0)}{g(x)-g(x_0)}=\frac{f'(\xi)}{g'(\xi)},$$

其中ξ在x与x_0之间．令$x\to x_0$（从而$\xi\to x_0$），上式两端取极限，再由条件(3)可得到

$$\lim_{x\to x_0}\frac{f(x)}{g(x)}=\lim_{\xi\to x_0}\frac{f'(\xi)}{g'(\xi)}=\lim_{x\to x_0}\frac{f'(x)}{g'(x)}.$$

这种在一定条件下通过分子分母分别求导再求极限来确定不定式的值的方法称为洛必达法则．

对于当$x\to\infty$时的$\frac{0}{0}$型不定式，洛必达法则也成立．

推论1　$f(x)$和$g(x)$满足：

(1) $\lim\limits_{x\to\infty}f(x)=0,\lim\limits_{x\to\infty}g(x)=0$；

(2) 当$|x|>X$时可导，且$g'(x)\neq 0$；

(3) $\lim\limits_{x\to\infty}\frac{f'(x)}{g'(x)}$存在（或为$\infty$），

则

$$\lim_{x\to\infty}\frac{f(x)}{g(x)}=\lim_{x\to\infty}\frac{f'(x)}{g'(x)}.$$

证　令$t=\frac{1}{x}$，则$x\to\infty$时$t\to 0$，从而

$$\lim_{t\to 0}f\left(\frac{1}{t}\right)=\lim_{x\to\infty}f(x)=0,\lim_{x\to\infty}g\left(\frac{1}{t}\right)=\lim_{x\to\infty}g(x)=0.$$

由定理1，得

$$\lim_{x\to\infty}\frac{f(x)}{g(x)}=\lim_{t\to 0}\frac{f\left(\frac{1}{t}\right)}{g\left(\frac{1}{t}\right)}=\lim_{t\to 0}\frac{f'\left(\frac{1}{t}\right)\left(-\frac{1}{t^2}\right)}{g'\left(\frac{1}{t}\right)\left(-\frac{1}{t^2}\right)}=\lim_{x\to\infty}\frac{f'(x)}{g'(x)}.$$

显然，若$\lim\limits_{x\to\infty}\frac{f'(x)}{g'(x)}$仍为$\frac{0}{0}$型不定式，且$f'(x),g'(x)$满足定理条件，则可继续使用洛必达法则而得到

$$\lim_{x\to\infty}\frac{f(x)}{g(x)}=\lim_{x\to\infty}\frac{f'(x)}{g'(x)}=\lim_{x\to\infty}\frac{f''(x)}{g''(x)},$$

且可依此类推．

例1　求$\lim\limits_{x\to 2}\frac{x^3-12x+16}{x^3-2x^2-4x+8}$．

解
$$\lim_{x\to 2}\frac{x^3-12x+16}{x^3-2x^2-4x+8}=\lim_{x\to 2}\frac{3x^2-12}{3x^2-4x-4}=\lim_{x\to 2}\frac{6x}{6x-4}=\frac{3}{2}.$$

例2　求$\lim\limits_{x\to+\infty}\frac{\frac{\pi}{2}-\arctan x}{\frac{1}{x}}$．

解
$$\lim_{x\to+\infty}\frac{\frac{\pi}{2}-\arctan x}{\frac{1}{x}}=\lim_{x\to+\infty}\frac{-\frac{1}{1+x^2}}{-\frac{1}{x^2}}=\lim_{x\to+\infty}\frac{x^2}{1+x^2}=1.$$

二、$\dfrac{\infty}{\infty}$型不定式

定理 2　设 $f(x)$，$g(x)$满足：

(1) $\lim\limits_{x\to x_0} f(x)=\infty$，$\lim\limits_{x\to x_0} g(x)=\infty$；

(2) 在 $\mathring{U}(x_0)$内可导，且 $g'(x)\neq 0$；

(3) $\lim\limits_{x\to x_0}\dfrac{f'(x)}{g'(x)}$存在(或为$\infty$)，

则

$$\lim_{x\to x_0}\frac{f(x)}{g(x)}=\lim_{x\to x_0}\frac{f'(x)}{g'(x)}.$$

该定理也是应用柯西中值定理来证明的，因过程较繁，故略.

推论 2　若 $f(x)$，$g(x)$满足：

(1) $\lim\limits_{x\to\infty} f(x)=\infty$，$\lim\limits_{x\to\infty} g(x)=\infty$；

(2) 当$|x|>X$时可导，且 $g'(x)\neq 0$；

(3) $\lim\limits_{x\to\infty}\dfrac{f'(x)}{g'(x)}$存在(或为$\infty$)，

则

$$\lim_{x\to\infty}\frac{f(x)}{g(x)}=\lim_{x\to\infty}\frac{f'(x)}{g'(x)}.$$

例 3　求 $\lim\limits_{x\to+\infty}\dfrac{\ln x}{x^a}$ $(a>0)$.

解

$$\lim_{x\to+\infty}\frac{\ln x}{x^a}=\lim_{x\to+\infty}\frac{\frac{1}{x}}{ax^{a-1}}=\lim_{x\to+\infty}\frac{1}{ax^a}=0.$$

例 4　求 $\lim\limits_{x\to+\infty}\dfrac{x^n}{\mathrm{e}^x}$.

解

$$\lim_{x\to+\infty}\frac{x^n}{\mathrm{e}^x}=\lim_{x\to+\infty}\frac{nx^{n-1}}{\mathrm{e}^x}.$$

上式右端仍是$\dfrac{\infty}{\infty}$型不定式，这时继续使用洛必达法则直到第 n 次有

$$\lim_{x\to+\infty}\frac{x^n}{\mathrm{e}^x}=\lim_{x\to+\infty}\frac{nx^{n-1}}{\mathrm{e}^x}=\cdots$$

$$\xlongequal{n\text{次}}\lim_{x\to+\infty}\frac{n(n-1)\cdots(n-n+1)x^{n-n}}{\mathrm{e}^x}=\lim_{x\to+\infty}\frac{n!}{\mathrm{e}^x}=0.$$

故

$$\lim_{x\to+\infty}\frac{x^n}{\mathrm{e}^x}=0.$$

例 5　求$\lim\limits_{x\to\frac{\pi}{2}}\dfrac{\tan x}{\tan 3x}$.

解

$$\lim_{x\to\frac{\pi}{2}}\frac{\tan x}{\tan 3x}=\lim_{x\to\frac{\pi}{2}}\frac{\frac{1}{\cos^2 x}}{\frac{3}{\cos^2 3x}}=\lim_{x\to\frac{\pi}{2}}\frac{\cos^2 3x}{3\cos^2 x}$$

$$=\lim_{x\to\frac{\pi}{2}}\frac{-6\cos3x\sin3x}{-6\cos x\sin x}=\lim_{x\to\frac{\pi}{2}}\frac{\sin6x}{\sin2x}$$

$$=\lim_{x\to\frac{\pi}{2}}\frac{6\cos6x}{2\cos2x}=\frac{-6}{-2}=3.$$

使用洛必达法则时要注意验证定理条件，不可妄用，否则会导致错误结果. 例如，在例 1 中，$\lim\limits_{x\to2}\frac{6x}{6x-4}$ 已不是不定式，故不能再使用洛必达法则. 另外，由于本节定理是求不定式的一种方法，当定理条件成立时，所求极限存在（或为∞），但当定理条件不成立时，所求极限也可能存在，例如

$$\lim_{x\to\infty}\frac{x+\sin x}{x-\sin x}=\lim_{x\to\infty}\frac{1+\frac{\sin x}{x}}{1-\frac{\sin x}{x}}=1,$$

但

$$\lim_{x\to\infty}\frac{(x+\sin x)'}{(x-\sin x)'}=\lim_{x\to\infty}\frac{1+\cos x}{1-\cos x}\text{不存在}.$$

三、其他不定式

对于函数极限的其他一些不定式，例如 $0\cdot\infty$，$\infty-\infty$，0^0，1^∞ 和 ∞^0 型等，处理它们的总原则是设法将其转化为 $\frac{0}{0}$ 型或 $\frac{\infty}{\infty}$ 型，再应用洛必达法则.

例 6 求 $\lim\limits_{x\to0^+}x^2\ln x$.

解 $$\lim_{x\to0^+}x^2\ln x=\lim_{x\to0^+}\frac{\ln x}{x^{-2}}=\lim_{x\to0^+}\frac{\frac{1}{x}}{-2x^{-3}}=-\frac{1}{2}\lim_{x\to0^+}x^2=0.$$

例 7 求 $\lim\limits_{x\to\frac{\pi}{2}}(\sec x-\tan x)$.

解 $$\lim_{x\to\frac{\pi}{2}}(\sec x-\tan x)=\lim_{x\to\frac{\pi}{2}}\frac{1-\sin x}{\cos x}=\lim_{x\to\frac{\pi}{2}}\frac{-\cos x}{-\sin x}=\lim_{x\to\frac{\pi}{2}}\cot x=0.$$

例 8 求 $\lim\limits_{x\to0^+}x^{\sin x}$.

解 设 $y=x^{\sin x}$，则 $\ln y=\sin x\ln x$，

$$\lim_{x\to0^+}\ln y=\lim_{x\to0^+}(\sin x\cdot\ln x)=\lim_{x\to0^+}\frac{\ln x}{\frac{1}{\sin x}}=\lim_{x\to0^+}\frac{\frac{1}{x}}{-\frac{\cos x}{\sin^2x}}$$

$$=-\lim_{x\to0^+}\frac{1}{\cos x}\cdot\lim_{x\to0^+}\frac{\sin^2x}{x}=0.$$

由 $y=e^{\ln y}$ 有 $\lim\limits_{x\to0^+}y=\lim\limits_{x\to0^+}e^{\ln y}=e^{\lim\limits_{x\to0^+}\ln y}$，所以

$$\lim_{x\to0^+}x^{\sin x}=e^0=1.$$

例 9 求 $\lim\limits_{x\to0^+}\left(1+\frac{2}{x}\right)^x$.

解　设 $y=\left(1+\frac{2}{x}\right)^x$，则 $\ln y=x\ln\left(1+\frac{2}{x}\right)$.

而

$$\lim_{x\to0^+}\ln y=\lim_{x\to0^+}\frac{\ln\left(1+\frac{2}{x}\right)}{x^{-1}}=\lim_{x\to0^+}\frac{\ln(x+2)-\ln x}{x^{-1}}$$

$$=\lim_{x\to0^+}\frac{(x+2)^{-1}-x^{-1}}{-x^{-2}}=\lim_{x\to0^+}\left(x-\frac{x^2}{x+2}\right)=0,$$

故

$$\lim_{x\to0^+}\left(1+\frac{2}{x}\right)^x=e^0=1.$$

洛必达法则是求不定式的一种有效方法，但不是万能的. 我们要学会善于根据具体问题采取不同的方法求解，最好能与其他求极限的方法结合使用. 例如等价无穷小代换、恒等变形等，这样可以使运算简捷.

例 10　求 $\lim\limits_{x\to0}\frac{x-\tan x}{x^2\cdot\sin x}$.

解　先进行等价无穷小的代换. 由 $\sin x\sim x(x\to0)$，则有

$$\lim_{x\to0}\frac{x-\tan x}{x^2\cdot\sin x}=\lim_{x\to0}\frac{x-\tan x}{x^3}=\lim_{x\to0}\frac{1-\sec^2x}{3x^2}$$

$$=\lim_{x\to0}\frac{2\sec^2x\cdot\tan x}{6x}=-\frac{1}{3}\lim_{x\to0}\frac{1}{\cos^2x}\cdot\lim_{x\to0}\frac{\tan x}{x}$$

$$=-\frac{1}{3}\lim_{x\to0}\frac{\tan x}{x}=-\frac{1}{3}.$$

习　题　二

1. 设 $s=\frac{1}{2}gt^2$，求 $\left.\frac{ds}{dt}\right|_{t=2}$.

2. (1) 设 $f(x)=\frac{1}{x}$，求 $f'(x_0)(x_0\neq0)$；

(2) 设 $f(x)=x(x-1)(x-2)\cdots(x-n)$，求 $f'(0)$.

3. 试求过点(3,8)且与曲线 $y=x^2$ 相切的直线方程.

4. 求下列函数的导数：

(1) $y=\sqrt{x}$；　　(2) $y=\frac{1}{\sqrt[3]{x^2}}$；

(3) $y=\frac{x^2\cdot\sqrt[3]{x^2}}{\sqrt{x^5}}$.

5. 求下列函数在 x_0 处的左、右导数，从而证明函数在 x_0 处不可导：

(1) $y=\begin{cases}\sin x, & x\geqslant0,\\ x^3, & x<0,\end{cases}\quad x_0=0$；　　(2) $y=\begin{cases}\frac{x}{1+e^{\frac{1}{x}}}, & x\neq0,\\ 0, & x=0,\end{cases}\quad x_0=0$；

(3) $y=\begin{cases}\sqrt{x}, & x\geqslant 1,\\ x^2, & x<1,\end{cases}\quad x_0=1.$

6. 已知 $y=\begin{cases}\sin x, x<0,\\ x, \quad x\geqslant 0,\end{cases}$ 求 $f'(x)$.

7. 设函数

$$y=\begin{cases}x^2, & x\leqslant 1,\\ ax+b, & x>1,\end{cases}$$

为了使函数 $f(x)$ 在 $x=1$ 处连续且可导，a,b 应取什么值？

8. 证明：双曲线 $xy=a^2$ 上任一点处的切线与两坐标轴构成的三角形的面积都等于 $2a^2$.

9. 求下列函数的导数：

(1) $s=3\ln t+\sin\dfrac{\pi}{7}$；　　(2) $y=\sqrt{x}\ln x$；

(3) $y=(1-x^2)(1-\sin x)\sin x$；　　(4) $y=\dfrac{1-\sin x}{1-\cos x}$；

(5) $y=\tan x+\mathrm{e}^{\pi}$；　　(6) $y=\dfrac{\sec x}{x}-3\sec x$；

(7) $y=\ln x-2\lg x+3\log_2 x$；　　(8) $y=\dfrac{1}{1+x+x^2}$.

10. 求下列函数在给定点处的导数：

(1) $y=x\sin x+\dfrac{1}{2}\cos x$，求 $\left.\dfrac{\mathrm{d}y}{\mathrm{d}x}\right|_{x=\frac{\pi}{4}}$；　　(2) $f(x)=\dfrac{3}{5-x}+\dfrac{x^2}{5}$，求 $f'(0)$，$f'(2)$；

(3) $f(x)=\begin{cases}5x-4, x\leqslant 1,\\ 4x^2-x, x>1,\end{cases}$ 求 $f'(1)$.

11. 求下列函数的导数：

(1) $y=\mathrm{e}^{3x}$；　　(2) $y=\arctan x^2$；

(3) $y=\mathrm{e}^{\sqrt{2x+1}}$；　　(4) $y=(1+x^2)\ln(x+\sqrt{1+x^2})$；

(5) $y=x^2\sin\dfrac{1}{x^2}$；　　(6) $y=\cos^2 ax^3$（a 为常数）；

(7) $y=\arccos\dfrac{1}{x}$；　　(8) $y=\left(\arcsin\dfrac{x}{2}\right)^2$；

12. $y=\arccos\dfrac{x-3}{3}-2\sqrt{\dfrac{6-x}{x}}$，求 $y'|_{x=3}$.

13. 试求曲线 $y=\mathrm{e}^{-x}\cdot\sqrt[3]{x+1}$ 在点 $(0,1)$ 及点 $(-1,0)$ 处的切线方程和法线方程.

14. 设 $f(x)$ 可导，求下列函数 y 的导数 $\dfrac{\mathrm{d}y}{\mathrm{d}x}$：

(1) $y=f(x^2)$；　　(2) $y=f(\sin^2 x)+f(\cos^2 x)$.

15. 求下列隐函数的导数：

(1) $x^3+y^3-3axy=0$；　　(2) $x=y\ln(xy)$；

(3) $x\mathrm{e}^y+y\mathrm{e}^x=10$.

16. 用对数求导法求下列函数的导数：

(1) $y=\dfrac{\sqrt{x+2}\cdot(3-x)^4}{(x+1)^5}$；　　(2) $y=(\sin x)^{\cos x}$；

(3) $y=\dfrac{e^{2x}(x+3)}{\sqrt{(x+5)(x-4)}}$.

17. 求下列参数方程所确定的函数的导数$\dfrac{dy}{dx}$：

(1) $\begin{cases}x=a\cos bt+b\sin at,\\ y=a\sin bt-b\cos at\end{cases}$ (a,b 为常数)；(2) $\begin{cases}x=\theta(1-\sin\theta),\\ y=\theta\cos\theta.\end{cases}$

18. 已知$\begin{cases}x=e^t\sin t,\\ y=e^t\cos t,\end{cases}$求当 $t=\dfrac{\pi}{3}$时$\dfrac{dy}{dx}$的值.

19. 设 $f(x)=|x-a|\varphi(x)$,其中 a 为常数,$\varphi(x)$为连续函数,讨论 $f(x)$在 $x=a$ 处的可导性.

20. 若 $f\left(\dfrac{1}{x}\right)=e^{x+\frac{1}{x}}$,求 $f'(x)$.

21. 若 $f'\left(\dfrac{\pi}{3}\right)$,$y=f\left(\arccos\dfrac{1}{x}\right)$,求$\dfrac{dy}{dx}\Big|_{x=2}$.

22. 求函数 $y=\dfrac{1}{2}\ln\dfrac{1+x}{1-x}$的反函数 $x=\varphi(y)$的导数.

23. 已知函数 $y=f(x)$的导数 $f'(x)=\dfrac{2x+1}{(1+x+x^2)^2}$,且 $f(-1)=1$,求 $y=f(x)$的反函数 $x=\varphi(y)$的导数 $\varphi'(1)$.

24. 在括号内填入适当的函数,使等式成立：

(1) d(　)$=\cos t\,dt$；　　(2) d(　)$=\sin\omega x\,dx$；

(3) d(　)$=\dfrac{1}{1+x}dx$；　　(4) d(　)$=e^{-2x}dx$；

(5) d(　)$=\dfrac{1}{\sqrt{x}}dx$；　　(6) d(　)$=\sec^2 3x\,dx$；

(7) d(　)$=\dfrac{1}{x}\ln x\,dx$；　　(8) d(　)$=\dfrac{x}{\sqrt{1-x^2}}dx$.

25. 根据下面所给的值,求函数 $y=x^2+1$ 的 Δy,dy 及 $\Delta y-dy$：

(1) 当 $x=1$,$\Delta x=0.1$ 时；

(2) 当 $x=1$,$\Delta x=0.01$ 时.

26. 求下列函数的微分：

(1) $y=xe^x$；　　(2) $y=\dfrac{\ln x}{x}$；

(3) $y=\cos\sqrt{x}$；　　(4) $y=5^{\ln\tan x}$；

(5) $y=8x^x-6e^{2x}$；　　(6) $y=\sqrt{\arcsin x}+(\arctan x)^2$.

27. 求由下列方程确定的隐函数 $y=y(x)$的微分 dy：

(1) $y=1+xe^y$；　　(2) $\dfrac{x^2}{a^2}+\dfrac{x^2}{b^2}=1$；

(3) $y=x+\frac{1}{2}\sin y$;　　(4) $y^2-x=\arccos y$.

28. 求自由落体运动 $s(t)=\frac{1}{2}gt^2$ 的加速度.

29. 求 n 次多项式 $y=a_0x^n+a_1x^{n-1}+\cdots+a_{n-1}x+a_n$ 的 n 阶导数.

30. 设 $f(x)=\ln(1+x)$,求 $f^{(n)}(x)$.

31. 验证函数 $y=e^x\sin x$ 满足关系式 $y''-2y'+2y=0$.

32. 求下列函数的高阶导数:

(1) $y=e^x\sin x$,求 $y^{(4)}$;　　(2) $y=x^2e^{2x}$,求 $y^{(6)}$;

(3) 设 $y=x^2\sin x$,求 $y^{(80)}$.

33. 已知 $f''(x)$存在,求$\frac{d^2y}{dx^2}$:

(1) $y=f(x^2)$;　　(2) $y=\ln f(x)$.

34. 求下列函数在指定点的高阶导数:

(1) $f(x)=\frac{x}{\sqrt{1+x^2}}$,求 $f''(0)$;

(2) $f(x)=e^{2x-1}$,求 $f''(0),f'''(0)$;

(3) $f(x)=(x+10)^6$,求 $f^{(5)}(0),f^{(6)}(0)$.

35. 验证函数 $f(x)=\ln\sin x$ 在$[\frac{\pi}{6},\frac{5\pi}{6}]$上满足罗尔定理的条件,并求出相应的 ζ,使 $f'(\zeta)=0$.

36. 指出函数 $f(x)$在区间$[0,1]$上是否满足罗尔定理的三个条件,有没有满足定理结论中的 ξ? 其中

$$f(x)=\begin{cases}x^2, & 0\leqslant x<1,\\ 0, & x=1.\end{cases}$$

37. 函数 $f(x)=(x-2)(x-1)x(x+1)(x+2)$的导函数有几个零点? 这些零点各位于哪个区间内?

38. 验证拉格朗日定理对函数 $f(x)=x^3+2x$ 在区间$[0,1]$上的正确性.

39. (1) 证明不等式$\frac{x}{1+x}<\ln(1+x)<x(x>0)$.

(2) 设 $a>b>0,n>1$,证明:

$$nb^{n-1}(a-b)<a^n-b^n<na^{n-1}(a-b).$$

(3) 设 $a>b>0$,证明:

$$\frac{a-b}{a}<\ln\frac{b}{a}<\frac{a-b}{b}.$$

(4) 设 $x>0$,证明:

$$1+\frac{1}{2}x>\sqrt{1+x}.$$

40. 如果 $f(x)$的导函数 $f'(x)$在$[a,b]$上连续,在(a,b)内可导,且有

$$f'(a)\geqslant 0,f''(x)>0,$$

证明 $f(b)>f(a)$.

41. 已知函数 $f(x)$在$[a,b]$上连续,在(a,b)内可导,且 $f(a)=f(b)=0$. 试证:在(a,b)内

至少存在一点 ξ,使得

$$f(\xi)+f'(\xi)=0,\xi\in(a,b).$$

42. 证明恒等式：

$$2\arctan x+\arcsin\frac{2x}{1+x^2}=\pi \quad (x\geqslant 1).$$

43. 对函数 $f(x)=\sin x$ 及 $g(x)=x+\cos x$ 在$\left[0,\frac{\pi}{2}\right]$上验证柯西定理的正确性.

44. 利用洛必达法则求下列极限：

(1) $\lim\limits_{x\to\pi}\frac{\sin 3x}{\tan 5x}$；　(2) $\lim\limits_{x\to\frac{\pi}{2}}\frac{\ln\sin x}{(\pi-2x)^2}$；

(3) $\lim\limits_{x\to 0}\frac{e^x-x-1}{x(e^x-1)}$；　(4) $\lim\limits_{x\to a}\frac{\sin x-\sin a}{x-a}$；

(5) $\lim\limits_{x\to a}\frac{x^m-a^m}{x^n-a^n}$；　(6) $\lim\limits_{x\to+\infty}\frac{\ln\left(1+\frac{1}{x}\right)}{\text{arccot}\,x}$；

(7) $\lim\limits_{x\to 0^+}\frac{\ln x}{\cot x}$；　(8) $\lim\limits_{x\to 0^+}\sin x\ln x$.

45. 设 $f(x)$具有二阶连续导数，且 $f(0)=0$,试证：

$$g(x)=\begin{cases}\frac{f(x)}{x}, & x\neq 0,\\ f'(0), & x=0\end{cases}$$

可导，且导函数连续.

46. 下列求极限问题中能使用洛必达法则的有(　　).

(1) $\lim\limits_{x\to 0}\frac{x\sin\frac{1}{x}}{\sin x}$；　(2) $\lim\limits_{x\to+\infty}\left(1+\frac{k}{x}\right)^x$；

(3) $\lim\limits_{x\to\infty}\frac{x-\sin x}{x+\sin x}$；　(4) $\lim\limits_{x\to+\infty}\frac{e^{3x}-e^{-x}}{e^{2x}+e^{-4x}}$.

47. 设$\lim\limits_{x\to 1}\frac{x^2+mx+n}{x-1}=5$,求常数 m,n 的值.

48. 设 $f(x)$二阶可导，求$\lim\limits_{h\to 0}\frac{f(x+h)-2f(x)+f(x-h)}{h^2}$.

第三章　一元函数微分学的应用

本章中，我们将以导数为工具来研究函数及曲线的某些性态，并利用这些性态解决一些实际问题.

第一节　函数的单调性与极值

一、函数单调性的判别

函数的单调增加或减少，在几何上表现为图形的升降. 当图形（从左向右看）上升时，其切线（如果存在）与 x 轴正向的夹角成锐角，即斜率非负；反之，当图形下降时，切线与 x 轴正向的夹角为钝角，即斜率非正. 因此，函数的单调性与导数密切相关.

定理 1　设函数 $f(x)$ 在 $[a,b]$ 上连续，在 (a,b) 内可导.

(1) 若 $\forall x\in(a,b)$，有 $f'(x)>0$，则函数 $f(x)$ 在 $[a,b]$ 上严格单调增加.

(2) 若 $\forall x\in(a,b)$，有 $f'(x)<0$，则函数 $f(x)$ 在 $[a,b]$ 上严格单调减少.

证　$\forall x_1,x_2\in[a,b]$，不妨设 $x_1<x_2$，应用拉格朗日中值定理，有

$$f(x_2)-f(x_1)=f'(\zeta)(x_2-x_1),\zeta\in(x_1,x_2).$$

由 $f'(x)>0$（或 $f'(x)<0$）得 $f'(\zeta)>0$（或 $f'(\zeta)<0$），故 $f(x_2)>f(x_1)$（或 $f(x_2)<f(x_1)$），即函数 $f(x)$ 在 $[a,b]$ 上严格单调增加（或减少），定理获证.

例 1　证明函数 $y=\sin x$ 在 $\left[-\frac{\pi}{2},\frac{\pi}{2}\right]$ 上严格单调增加.

证　因函数 $y=\sin x$ 在 $\left[-\frac{\pi}{2},\frac{\pi}{2}\right]$ 上连续，$(\sin x)'=\cos x>0$，$x\in\left(-\frac{\pi}{2},\frac{\pi}{2}\right)$，所以函数 $y=\sin x$ 在 $\left[-\frac{\pi}{2},\frac{\pi}{2}\right]$ 上严格单调增加.

若在 (a,b) 内除有限个点使得导函数 $f'(x)=0$ 外，其他点处满足定理条件，则定理 1 的结论依然成立. 如函数 $y=x^3$ 在 $(-\infty,+\infty)$ 内的导函数 $y'=3x^2\geqslant0$，但仅在 $x=0$ 时，$y'=0$. 因此 $y=x^3$ 在 $(-\infty,+\infty)$ 内是严格单调增加的（见图 3-1）. 另外，当定理 1 的(1)和(2)中的严格不等号"$>$"和"$<$"分别换为"$\geqslant$"和"$\leqslant$"时，则分别得到单调增加和单调减少的结论.

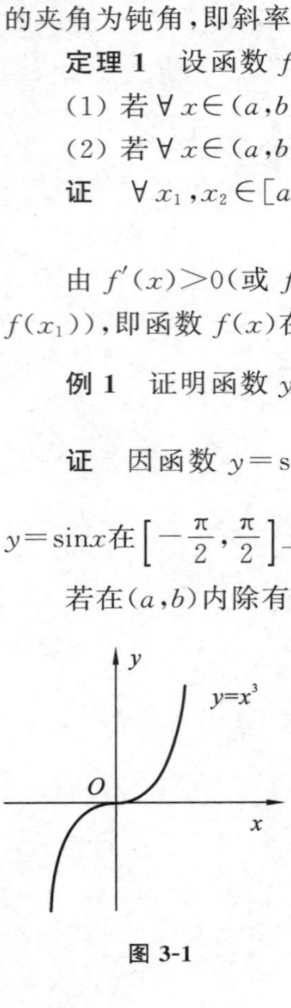

图 3-1

例 2　讨论函数 $f(x)=e^{-x^2}$ 的单调性.

解　函数 $f(x)$ 的定义域为 $(-\infty,+\infty)$，且在整个定义域内连续.

$f'(x)=-2xe^{-x^2}$，当 $x\in(-\infty,0)$ 时，$f'(x)>0$；当 $x\in(0,+\infty)$ 时，$f'(x)<0$，故函数 $f(x)$ 在 $(-\infty,0)$ 内严格单调增加，在 $(0,+\infty)$

内严格单调减少,如图 3-2 所示.

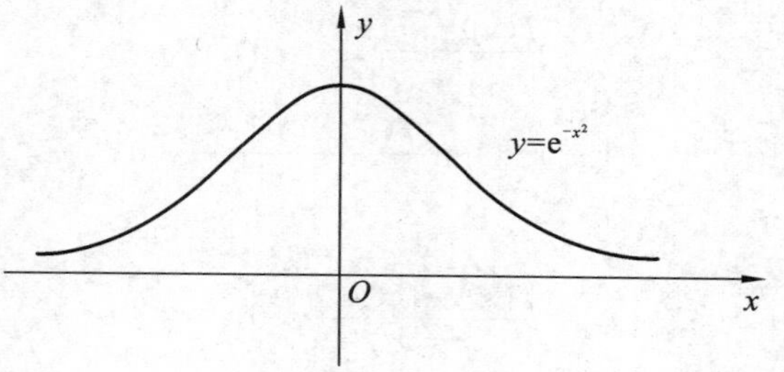

图 3-2

例 3　证明当 $x>0$ 时,有 $x>\ln(1+x)$.

证　令 $f(x)=x-\ln(1+x)$,则 $f(x)\in C([0,+\infty))$. 又

$$f'(x)=\frac{x}{1+x}>0,x\in(0,+\infty),$$

故 $f(x)$在$[0,+\infty)$严格单调增加,从而 $f(x)>f(0)=0$ 因此,当 $x>0$ 时,

$$x>\ln(1+x).$$

二、函数的极值

在例 2 中函数单调区间的分界点 $x=0$ 具有特别意义:$f(x)$在 $x=0$ 的左侧附近严格单调增加,在 $x=0$ 的右侧附近严格单调减少,从而存在某邻域 $U(0)$,$\forall x\in \mathring{U}(0)$总有 $f(x)<f(0)$,这就是下面有关函数极值的概念.

定义　设函数 $f(x)$在 $U(x_0)$内有定义,若 $\forall x\in \mathring{U}(x_0)$,有 $f(x)<f(x_0)$(或 $f(x)>f(x_0)$),则称函数 $f(x)$在点 x_0 取得极大值(或极小值)$f(x_0)$,点 x_0 称为极大(或极小)值点.

由定义可知,极值是一个局部性概念,是将一点函数值与邻域内其他点的函数值比较大小而产生的. 因此,对于一个定义在区间(a,b)内的函数,可能会有多个极值,且某一点取得的极大值可能会比另一点取得的极小值还要小,如图 3-3 所示. 另外,从图形上看,在函数的极值点处,有着共同的特征:对应曲线的切线(如果存在)都是水平的. 事实上,我们有下面的定理.

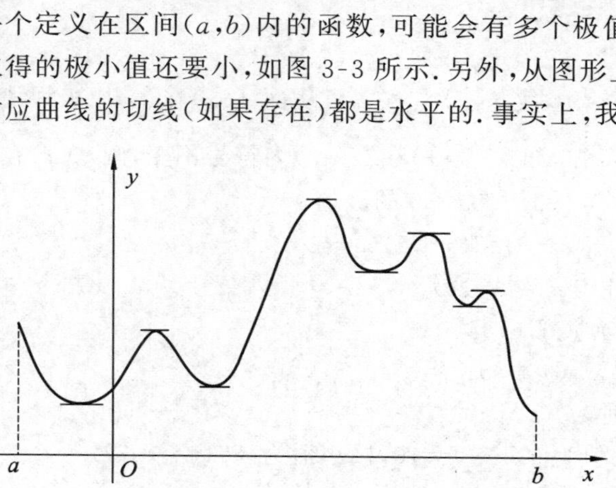

图 3-3

定理 2[费马(Fermat)定理]　设函数 $f(x)$在某区间 I 内有定义,在该区间内的点 x_0 处取极值,且 $f'(x_0)$存在,则必有 $f'(x_0)=0$.

证 不妨设 $f(x_0)$为极大值,则由定义,$\forall x\in \mathring{U}(x_0)$,当 $x<x_0$ 时,有

$$\frac{f(x)-f(x_0)}{x-x_0}>0,$$

故
$$f'_-(x_0)=\lim_{x\to x_0^-}\frac{f(x)-f(x_0)}{x-x_0}\geqslant 0;$$

当 $x>x_0$ 时,有

$$\frac{f(x)-f(x_0)}{x-x_0}<0,$$

故
$$f'_+(x_0)=\lim_{x\to x_0^+}\frac{f(x)-f(x_0)}{x-x_0}\leqslant 0.$$

从而得到
$$f'(x_0)=0.$$

$f'(x)$的零点,通常称为 $f(x)$的驻点.定理 2 给出可导函数取得极值的必要条件:可导函数的极值点必是驻点.但此条件并不充分,例如 $x=0$ 是函数 $y=x^3$ 的驻点,却不是其极值点.

另外,连续函数在其导数不存在的点处也可能取到极值.例如,$y=|x|$在 $x=0$ 处取到极小值,尽管 $y=|x|$在 $x=0$ 处导数不存在.

因此,对连续函数来说,驻点和导数不存在的点都有可能是极值点,那么如何确认它们是否是真正的极值点呢?

定理 3 设 $f(x)$在 x_0 处连续,在 $\mathring{U}(x_0)$内可导.

(1) 若 $\forall x\in(x_0-\delta,x_0)$,有 $f'(x)>0$,$\forall x\in(x_0,x_0+\delta)$,有 $f'(x)<0$,则 $f(x)$在 x_0 取得极大值;

(2) 若 $\forall x\in(x_0-\delta,x_0)$,$f'(x)<0$,$\forall x\in(x_0,x_0+\delta)$,$f'(x)>0$,则 $f(x)$在 x_0 取得极小值.

证 只证(1).由拉格朗日中值定理,$\forall x\in(x_0-\delta,x_0)$,有

$$f(x)-f(x_0)=f'(\xi_1)(x-x_0),\ x<\xi_1<x_0.$$

由 $f'(x)>0$,得 $f'(\xi_1)>0$,故 $f(x)<f(x_0)$.

同理,$\forall x\in(x_0,x_0+\delta)$,有

$$f(x)-f(x_0)=f'(\xi_2)(x-x_0),\ x_0<\xi_2<x.$$

由 $f'(x)<0$,得 $f'(\xi_2)<0$,故 $f(x)<f(x_0)$.从而 $f(x)$在 x_0 取极大值.

由以上证明过程可知,如果 $f'(x)$在 $\mathring{U}(x_0)$内符号不变,则 $f(x)$在 x_0 就不取得极值.

例 4 求 $f(x)=x^3-3x^2-9x+5$ 的极值.

解 $f'(x)=3x^2-6x-9=3(x+1)(x-3)$.

令 $f'(x)=0$,得驻点 $x_1=-1$,$x_2=3$.

当 $x\in(-\infty,-1)$时,$f'(x)>0$;

当 $x\in(-1,3)$时,$f'(x)<0$;

当 $x\in(3,+\infty)$时,$f'(x)>0$.

故得 $f(x)$的极大值为 $f(-1)=10$,极小值为 $f(3)=-22$.

例 5 求函数 $f(x)=\sqrt[3]{x^2}$的极值.

解 $f(x)=\sqrt[3]{x^2}$连续,$f'(x)=\dfrac{2}{3\sqrt[3]{x}}(x\neq 0)$,$x=0$ 是函数一阶导数不存在的点.

当 $x<0$ 时,$f'(x)<0$;当 $x>0$ 时,$f'(x)>0$.故 $f(x)$在 $x=0$ 处取得极小值 $f(0)=0$.

第二节　函数的最大(小)值及其应用

若函数 $f(x)$ 在 $[a,b]$ 上连续，由闭区间连续函数的最值定理知 $f(x)$ 在 $[a,b]$ 上必取得最大值和最小值. 若最值在 (a,b) 内取得，则它只能出现在驻点或导数不存在的点；此外，最值点也可能出现在区间的端点. 于是，当函数 $f(x)$ 在 (a,b) 内仅有有限个驻点和导数不存在的点时，函数 $f(x)$ 在 $[a,b]$ 上的最值可以用如下方法求得：

(1) 求出函数 $f(x)$ 在 (a,b) 内的驻点和导数不存在的点；

(2) 计算驻点和导数不存在点处的函数值，以及区间端点的函数值 $f(a)$、$f(b)$；

(3) 比较上述(2)中各函数值的大小，最大者即为函数 $f(x)$ 在 $[a,b]$ 上的最大值，最小者即为函数 $f(x)$ 在 $[a,b]$ 上的最小值.

例 1　求 $f(x)=x^4-8x^2+2$ 在 $[-1,3]$ 上的最大值和最小值.

解　由 $f'(x)=4x(x-2)(x+2)=0$，得驻点 $x_1=0$，$x_2=2$，$x_3=-2$（$x_3\notin[-1,3]$，舍去），计算出 $f(-1)=-5$，$f(0)=2$，$f(2)=-14$，$f(3)=11$. 故在 $[-1,3]$ 上，$f_{\max}=f(3)=11$，$f_{\min}=f(2)=-14$.

下面两个结论在解决具体问题时经常使用：

(1) 若 $f(x)$ 在 $[a,b]$ 上连续，且在 (a,b) 内只有唯一一个极值点，则当 $f(x_0)$ 为极大(小)值时，它就是 $f(x)$ 在 $[a,b]$ 上的最大(小)值.

(2) 若 $f(x)$ 在 $[a,b]$ 上单调增加，则 $f(a)$ 为最小值，$f(b)$ 为最大值；若 $f(x)$ 在 $[a,b]$ 上单调减少，则 $f(a)$ 为最大值，$f(b)$ 为最小值.

在工农业生产、工程设计、经济管理等许多实践当中，经常会遇到诸如在一定条件下怎样使产量最高、用料最省、效益最大、成本最低等一系列"最优化"问题. 这类问题有些能够归结为求某个函数(称为目标函数)的最值或是最值点(称为最优解).

例 2　要制造一个容积为 V_0 的带盖圆柱形桶，问桶的半径 r 和桶高 h 应如何确定，才能使所用材料最省？

解　首先建立目标函数. 要材料最省，就是要使圆桶表面积 S 最小.

由 $V_0=\pi r^2 h$ 得 $h=\dfrac{V_0}{\pi r^2}$，故

$$S=2\pi r^2+2\pi rh=2\pi r^2+\frac{2V_0}{r}\ (r>0).$$

令 $S'=4\pi r-\dfrac{2V_0}{r^2}=0$，得驻点 $r_0=\sqrt[3]{\dfrac{V_0}{2\pi}}$.

又因在 $(0,+\infty)$ 内 S 只有唯一一个极值点，故这极值点也就是要求的最小值点. 从而当 $r=\sqrt[3]{\dfrac{V_0}{2\pi}}$，$h=2\sqrt[3]{\dfrac{V_0}{2\pi}}=2r$ 时，圆桶表面积最小，从而用料最省.

像这种高度等于底面直径的圆桶在实际中常被采用，例如储油罐、化学反应容器、各种包装等.

例 3　如图 3-4 所示，某工厂 C 到铁路线 A 处的垂直距离 $CA=20$ km，须从距离 A 为 150 km 的 B 处运来原料，现在要在 AB 上选一点 D 修建一条直线公路与工厂 C 连接. 已知铁路与公路每吨公里运费之比为 3∶5，问 D 应选在何处，方能使运费最省？

解　设 $AD=x$，则 $DB=150-x$，$DC=\sqrt{x^2+20^2}$，设铁路每吨公里运费为 $3k$（$k>0$），则

公路上的每吨公里运费为 $5k$. 于是从 B 到 C 的每吨原料的总运费为

$$y=3k(150-x)+5k\sqrt{x^2+20^2}, x\in(0,150).$$

这是目标函数,我们要求其最小值点. 令

$$y'=k\left(-3+\frac{5x}{\sqrt{x^2+400}}\right)=0,$$

得 $x=\pm15$. 在 $(0,150)$ 中 y 只有唯一驻点 $x=15$. 又因为 $\forall x\in(0,150)$,有

$$y''=\frac{2000k}{(x^2+400)^{3/2}}>0,$$

故在 $x=15$ 处,y 取最小值. 于是 D 点应选在距 A 点 15 km 处,此时全程运费最省.

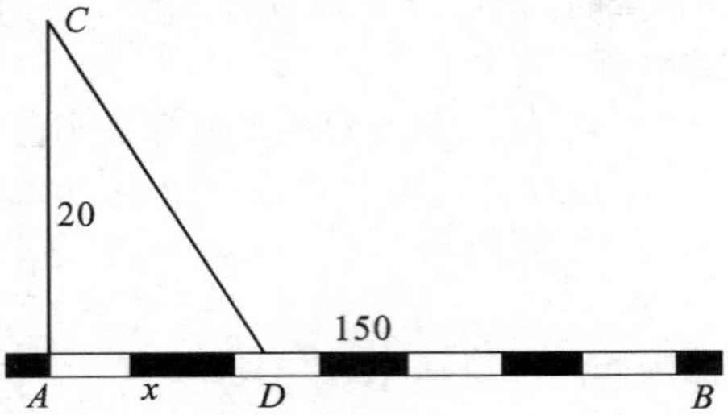

图 3-4

第三节　曲线的凹凸性、拐点

前面我们讨论了函数的单调性,但即便在某区间上单调性相同的函数,其性态可能会存在显著的差异. 例如,$y=\sqrt{x}$ 与 $y=x^2$ 在 $[0,+\infty)$ 上都是单调增加的,从图形上看,对应曲线弯曲的方向截然不同,如图 3-5 所示.

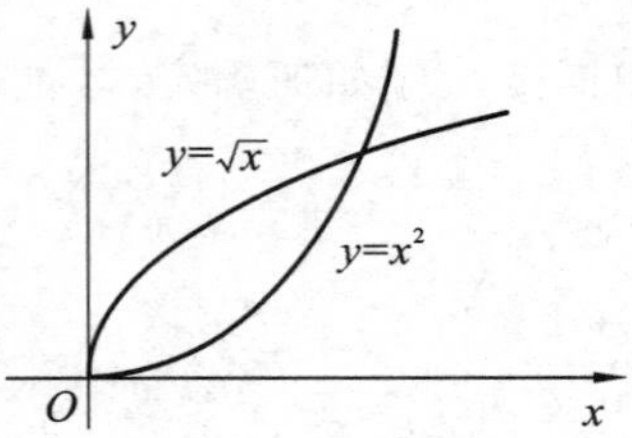

图 3-5

考虑更一般的情形,图 3-6 和图 3-7 所示的曲线弧,其弯曲方向不同,即曲线的凹凸性不同. 图 3-6 所示的曲线弧上,如果任取两点,则连接这两点间的弦总位于这两点间的弧段的上方;而图 3-7 所示的曲线弧则正好相反,连接这两点间的弦总位于这两点间的弧段的下方. 因此,可以用弦与曲线弧上相应点(即具有相同横坐标的点)的位置关系来区分曲线的弯曲方向.

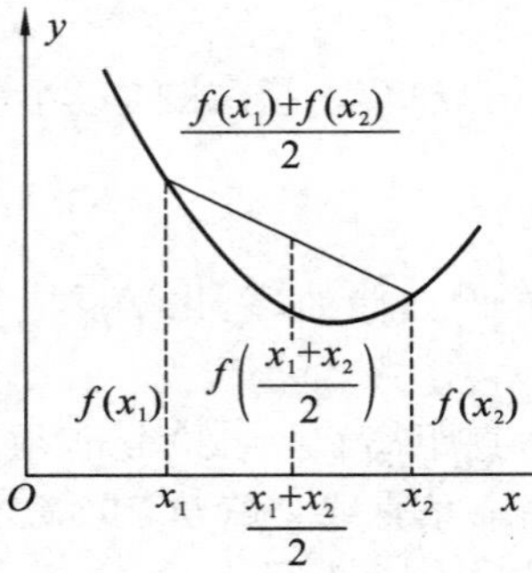

图 3-6

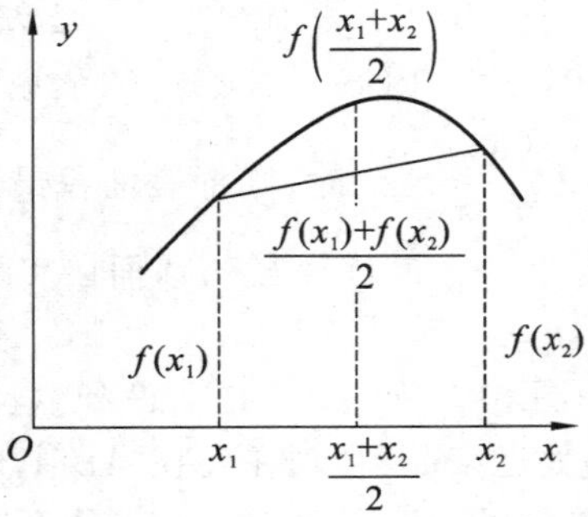

图 3-7

定义　设 $f(x)$在区间 I 上连续，如果对 I 上任意两点 x_1,x_2，恒有

$$f\left(\frac{x_1+x_2}{2}\right)<\frac{f(x_1)+f(x_2)}{2},$$

那么称 $f(x)$在 I 上的图形是(向上)凹的(或凹弧)；如果恒有

$$f\left(\frac{x_1+x_2}{2}\right)>\frac{f(x_1)+f(x_2)}{2},$$

那么称 $f(x)$在 I 上的图形是(向上)凸的(或凸弧).

如果函数 $f(x)$在 I 内具有二阶导数，那么可以利用二阶导数的符号来判定曲线的凹凸性，这就是下面的曲线凹凸性的判定定理. 我们仅就 I 为闭区间的情形来叙述定理，当 I 不是闭区间时，定理类同.

定理　设 $f(x)$在$[a,b]$上连续，在(a,b)内具有一阶和二阶导数，那么

(1) 若在(a,b)内 $f''(x)>0$，则 $f(x)$在$[a,b]$上的图形是凹的；

(2) 若在(a,b)内 $f''(x)<0$，则 $f(x)$在$[a,b]$上的图形是凸的.

证明略.

例 1　判断曲线 $y=\ln x$ 的凹凸性.

解　因为 $y'=\dfrac{1}{x}$，$y''=-\dfrac{1}{x^2}$，$y=\ln x$ 的二阶导数在区间$(0,+\infty)$内处处为负，故曲线 $y=\ln x$ 在区间$(0,+\infty)$内是凸的.

例 2　判断曲线 $y=x^3$ 的凹凸性.

解　$y'=3x^2$，$y''=6x$.

当 $x<0$ 时，$y''=6x<0$，曲线是凸的；

当 $x>0$ 时，$y''=6x>0$，曲线是凹的.

本例中，点$(0,0)$是曲线由凸变凹的分界点，称为曲线的拐点. 一般地，连续曲线 $y=f(x)$上凹弧与凸弧的分界点称为曲线的拐点.

如何来寻找曲线 $y=f(x)$的拐点呢？

前已知道，由 $f''(x)$的符号可以判定曲线的凹凸性. 如果 $f''(x)=0$，而 $f''(x)$在 x_0 的左、右两侧邻近异号，那么点$(x_0,f(x_0))$就是一个拐点. 因此，如果 $f(x)$在区间(a,b)内具有二阶导数，我们就可以按下列步骤来判定曲线 $y=f(x)$的拐点.

(1) 求 $f''(x)$；

(2) 令 $f''(x)=0$，求出这方程在区间(a,b)内的实根；

(3) 对于(2)中求出的每一个实根 x_0，检查 $f''(x)$在 x_0 左、右两侧附近的符号，如果 $f''(x)$在 x_0 的左、右两侧附近分别保持符号不变，当两侧的符号相反时，点$(x_0,f(x_0))$是拐点，当两侧的符号相同时，点$(x_0,f(x_0))$不是拐点.

例 3　求曲线 $y=2x^3+3x^2-12x+14$ 的拐点.

解

$$y'=6x^2+6x-12,\ y''=12x+6=12\left(x+\frac{1}{2}\right).$$

解方程 $y''=0$，得 $x=-\dfrac{1}{2}$. 当 $x<-\dfrac{1}{2}$时，$y''<0$；当 $x>-\dfrac{1}{2}$时，$y''>0$，又 $f\left(-\dfrac{1}{2}\right)=20\dfrac{1}{2}$，因此，点$\left(-\dfrac{1}{2},20\dfrac{1}{2}\right)$是曲线的拐点.

例 4 求曲线 $y=3x^4-4x^3+1$ 的拐点及凹、凸的区间.

解 函数 $y=3x^4-4x^3+1$ 的定义域为$(-\infty,+\infty)$.

$$y'=12x^3-12x^2, y''=36x^2-24x=36x\left(x-\frac{2}{3}\right).$$

解方程 $y''=0$，得 $x_1=0, x_2=\frac{2}{3}$.

$x_1=0, x_2=\frac{2}{3}$把函数 $y=3x^4-4x^3+1$ 的定义域分成三个部分区间：

$$(-\infty,0),\ \left(0,\frac{2}{3}\right),\ \left(\frac{2}{3},+\infty\right).$$

在$(-\infty,0)$内，$y''>0$，因此在区间$(-\infty,0)$上曲线是凹的. 在$\left(0,\frac{2}{3}\right)$内，$y''<0$，因此在区间$\left(0,\frac{2}{3}\right)$上曲线是凸的. 在$\left(\frac{2}{3},+\infty\right)$内，$y''>0$，因此在区间$\left(\frac{2}{3},+\infty\right)$上曲线是凹的.

$x=0$ 时，$y=1$，点$(0,1)$是曲线的一个拐点；$x=\frac{2}{3}$时，$y=\frac{11}{27}$，点$\left(\frac{2}{3},\frac{11}{27}\right)$也是曲线的拐点.

例 5 求曲线 $y=\sqrt[3]{x}$的拐点.

解 显然函数在$(-\infty,+\infty)$内连续，当 $x\neq0$ 时，

$$y'=\frac{1}{3\sqrt[3]{x^2}}, y''=-\frac{2}{9x\sqrt[3]{x^2}},$$

当 $x=0$ 时，y', y''都不存在. 故二阶导数在$(-\infty,+\infty)$内不连续且不具有零点. 但 $x=0$ 是 y''不存在的点，它把$(-\infty,+\infty)$分成两个部分区间：$(-\infty,0)$、$(0,+\infty)$.

在$(-\infty,0)$内，$y''>0$，曲线在$(-\infty,0)$上是凹的. 在$(0,+\infty)$内，$y''<0$，曲线在$(0,+\infty)$上是凸的.

又 $x=0$ 时，$y=0$，故点$(0,0)$是曲线的一个拐点.

第四节　微分学在经济学中的应用举例

一、边际函数

“边际”是经济学中的关键术语，常常是指“新增”的意思. 例如，边际效应是指消费新增 1 单位商品时所带来的新增效应；边际成本是在所考虑的产量水平上再增加生产 1 单位产品所需成本；边际收入是指在所考虑的销量水平上再增加 1 个单位产品销量所带来的收入. 经济学中此类边际问题还有很多. 下面以边际成本为例，引出经济学中边际函数的数学定义.

设生产数量为 x 的某种产品的总成本为 $C(x)$，一般而言，它是 x 的增函数. 产量从 x 变为 $x+1$ 时，总成本增加量为

$$\Delta C(x)=C(x+1)-C(x)=\frac{C(x+1)-C(x)}{(x+1)-x}.$$

它也是产量从 x 变为 $x+1$ 时，成本的平均变化率. 由微分学中关于导数的定义知，导数即是平均变化率当自变量的增量趋于零时的极限. 当自变量从 x 变为 $x+\Delta x$ 时，只要 Δx 改变不大，则函数在 x 处的瞬时变化率与函数在 x 与 $x+\Delta x$ 上的平均变化率相差不大. 因此，经济学

家将 $C(x)$ 视为连续函数，把边际成本定义为成本关于产量的瞬时变化率，即

$$\text{边际成本}=C'(x).$$

类似地，若销售 x 个单位产品产生的收入为 $R(x)$，则

$$\text{边际收入}=R'(x).$$

设利润函数用 $\pi(x)$ 表示，则有

$$\pi(x)=R(x)-C(x).$$

因此边际利润为

$$\pi'(x)=R'(x)-C'(x).$$

令 $\pi'(x)=0$，得 $R'(x)=C'(x)$. 如果 $\pi(x)$ 有极值，则在 $R'(x)=C'(x)$ 时取得. 因此，当边际成本等于边际收入时，利润取得极大(极小)值.

一般地，经济学上称某函数的导数为其边际函数.

二、函数的弹性

我们首先来讨论需求的价格弹性. 人们对于某些商品的需求量与该商品的价格有关. 当商品价格下降时，需求量将增大；当商品的价格上升时，需求量会减少. 为了衡量某种商品的价格发生变动时，该商品的需求量变动的大小，经济学家把需求量变动的百分比除以价格变动的百分比定义为需求的价格弹性，简称价格弹性.

设商品的需求 Q 为价格 p 的函数，即 $Q=f(p)$，则价格弹性为

$$\frac{\left(\dfrac{\Delta Q}{Q}\right)}{\left(\dfrac{\Delta p}{p}\right)}=\frac{p}{Q}\cdot\frac{\Delta Q}{\Delta p}.$$

若 Q 是 p 的可微函数，则当 $\Delta p\to 0$ 时，有

$$\lim_{\Delta p\to 0}\left[\frac{\dfrac{\Delta Q}{Q}}{\dfrac{\Delta p}{p}}\right]=\frac{p}{Q}\lim_{\Delta p\to 0}\frac{\Delta Q}{\Delta p}=\frac{p}{Q}\frac{\mathrm{d}Q}{\mathrm{d}p}.$$

故商品的价格弹性为 $\dfrac{p}{Q}\dfrac{\mathrm{d}Q}{\mathrm{d}p}$，记为 $\dfrac{EQ}{Ep}$，其含义为价格变动百分之一所引起的需求变动百分比.

例 1　设某地区城市人口对服装的需求函数为

$$Q=ap^{-0.54},$$

其中 $a>0$，为常数，p 为价格，则服装的需求价格弹性为

$$\frac{EQ}{Ep}=\frac{p}{Q}\frac{\mathrm{d}Q}{\mathrm{d}p}=\frac{p}{Q}\cdot ap^{-0.54-1}\cdot(-0.54)=-0.54,$$

说明服装价格提高(或降低)1%，则对服装的需求减少(或提高)0.54%.

需求价格弹性为负值时，需求量的变化与价格的变化是反向的. 为了方便，记 $E=\left|\dfrac{EQ}{Ep}\right|$，称 $E>1$ 的需求为弹性需求，表示该需求对价格变动比较敏感；称 $E<1$ 的需求为非弹性需求，表示该需求对价格变动不太敏感. 一般来说，生活必需品的需求价格弹性小，而奢侈品的需求价格弹性比较大.

例 2　求下列幂函数的弹性.

(1) $y=ax^b$；

(2) $y=ax^2+bx+c(a>0,b\neq0)$.

解 (1) $\dfrac{Ey}{Ex}=\dfrac{x}{ax^b}\cdot abx^{b-1}=b$.

(2) $\dfrac{Ey}{Ex}=\dfrac{x}{ax^2+bx+c}(2ax+b)=\dfrac{2ax^2+bx}{ax^2+bx+c}$.

三、增长率

在许多宏观经济问题的研究中，所考察的对象一般是随时间的推移而不断变化的，如国民收入、人口、对外贸易额、投资总额等. 我们希望了解这些量在单位时间内相对于过去的变化率，比如，人口增长率、国民收入增长率、投资增长率等.

设某经济变量 y 是时间 t 的函数：$y=f(t)$. 单位时间内 $f(t)$ 的增长量占基数 $f(t)$ 的百分比

$$\frac{\dfrac{f(t+\Delta t)-f(t)}{\Delta t}}{f(t)}$$

称为 $f(t)$ 从 t 到 $t+\Delta t$ 的平均增长率.

若 $f(t)$ 视为 t 的可微函数，则有

$$\lim_{\Delta t\to0}\frac{1}{f(t)}\cdot\frac{f(t+\Delta t)-f(t)}{\Delta t}=\frac{1}{f(t)}\lim_{\Delta t\to0}\frac{f(t+\Delta t)-f(t)}{\Delta t}=\frac{f'(t)}{f(t)}.$$

我们称 $\dfrac{f'(t)}{f(t)}$ 为 $f(t)$ 在时刻 t 的瞬时增长率，简称增长率，记为 γ_f.

由导数的运算法则知，函数的增长率有两条重要的运算法则：

(1) 积的增长率等于各因子增长率的和；

(2) 商的增长率等于分子与分母的增长率之差.

事实上，设 $y(t)=u(t)\cdot v(t)$，则由

$$\frac{\mathrm{d}y}{\mathrm{d}t}=u\frac{\mathrm{d}v}{\mathrm{d}t}+v\frac{\mathrm{d}u}{\mathrm{d}t}$$

可得

$$\gamma_f=\frac{1}{y}\frac{\mathrm{d}y}{\mathrm{d}t}=\frac{1}{v}\frac{\mathrm{d}v}{\mathrm{d}t}+\frac{1}{u}\frac{\mathrm{d}u}{\mathrm{d}t}=\gamma_u-\gamma_v.$$

同理可推出，若 $y(t)=\dfrac{u(t)}{v(t)}$，则 $\gamma_y=\gamma_u-\gamma_v$.

例 3 设国民收入 Y 的增长率是 γ_Y，人口 H 的增长率是 γ_H，则人均国民收入 $\dfrac{Y}{H}$ 的增长率是 $\gamma_Y-\gamma_H$.

例 4 求函数(1) $y=ax+b$；(2) $y=a\mathrm{e}^{bx}$ 的增长率.

解 (1) $\gamma_y=\dfrac{y'}{y}=\dfrac{a}{ax+b}$.

(2) $\gamma_y=\dfrac{ab\mathrm{e}^{bx}}{a\,\mathrm{e}^{bx}}=b$.

由(1)知，当 $x\to+\infty$ 时，$\gamma_y\to0$，即线性函数的增长率随自变量的不断增大而不断减小，直至趋于零. 由(2)知，指数函数的增长率恒等于常数.

习　题　三

1. 确定下列函数的单调区间：

(1) $y=2x^3-6x^2-18x-7$；　　(2) $y=2x+\frac{8}{x}(x>0)$.

2. 证明下列不等式：

(1) 当 $0<x<\frac{\pi}{2}$ 时，$\sin x+\tan x>2x$；

(2) 当 $x>0$ 时，$e^x>1+x+\frac{x^2}{2}$.

3. 试证方程 $\sin x=x$ 只有一个实根.

4. 求下列函数的极值：

(1) $y=x^2-2x+3$；　　(2) $y=2x^3-3x^2$；

(3) $y=\frac{\ln x}{x}$；　　(4) $y=x-\ln(1+x)$；

(5) $y=xe^{-x}$；　　(6) $y=x+\sqrt{1-x}$.

5. 试证：若函数 $y=ax^3+bx^2+cx+d$ 满足条件 $b^2-3ac<0$，则该函数没有极值.

6. 试问 a 为何值时，函数 $f(x)=a\sin x+\frac{1}{3}\sin 3x$ 在 $x=\frac{\pi}{3}$ 处取得极值？它是极大值还是极小值？并求此极值.

7. 求下列函数的最大值、最小值：

(1) $f(x)=x^2-\frac{54}{x}, x\in(-\infty,0)$；

(2) $f(x)=x+\sqrt{1-x}, x\in[-5,1]$；

(3) $y=x^4-8x^2+2, -1\leqslant x\leqslant 3$.

8. 设 a 为非零常数，b 为正常数，求 $y=ax^2+bx$ 在以 0 和 $\frac{b}{a}$ 为端点的闭区间上的最大值和最小值.

9. 在半径为 r 的球中内接一正圆柱体，使其体积为最大，求此圆柱体的高.

10. 某铁路隧道的截面拟建成矩形加半圆形的形状，如图 3-8 所示，设截面积为 a 平方米，问底宽 x 为多少时，才能使所用建造材料最省？

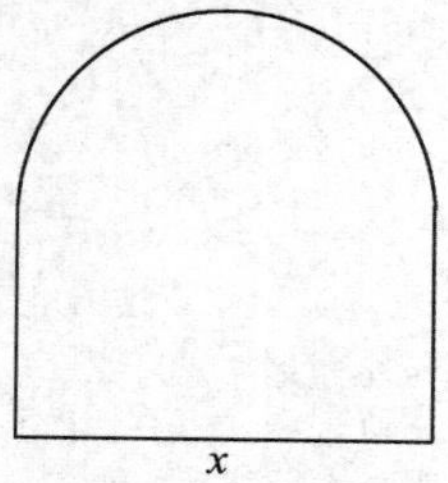

图 3-8

11. 判定下列曲线的凹凸性：

(1) $y=4x-x^2$；　(2) $y=\sin x, x\in(0,2\pi)$；

(3) $y=x+\frac{1}{x}(x>0)$；　(4) $y=x\arctan x$.

12. 求下列函数图形的拐点及凹或凸的区间：

(1) $y=x^3-5x^2+3x+5$；　(2) $y=xe^{-x}$.

13. 问 a,b 为何值时，点(1,3)为曲线 $y=ax^3+bx^2$ 的拐点？

14. 设总收入和总成本分别由以下两式给出：

$$R(q)=5q-0.003q^2, C(q)=300+1.1q,$$

其中 q 为产量，$0<q<1000$，求：(1)边际成本；(2)获得最大利润时的产量；(3)怎样的生产量使盈亏平衡.

15. 设生产 q 件产品的总成本 $C(q)$ 由下式给出：

$$C(q)=0.01q^3-0.6q^2+13q.$$

(1) 设每件产品的价格为 7 元，企业的最大利润是多少？

(2) 当固定生产水平为 34 件时，若每件价格每提高 1 元时少卖出 2 件，问是否应该提高价格？如果是，价格应该提高多少？

16. 求下列初等函数的边际函数、弹性和增长率：

(1) $y=ax+b$；　(2) $y=ae^{bx}$；　(3) $y=x^a$，

其中 $a,b\in\mathbf{R}, a\neq 0$.

17. 设某种商品的需求弹性为 0.8，则当价格分别提高 10%，20%时，需求量将如何变化？

18. 国民收入的年增长率为 7.1%，若人口的增长率为 1.2%，则人均收入年增长率为多少？

第四章　一元函数的积分学

一元函数的积分包括定积分和不定积分，是一元函数微积分学的另一基本组成部分. 在本章中，我们介绍一元函数积分的概念、有关性质和运算.

第一节　定积分的概念

为了引入定积分的概念，我们先来讨论平面图形的面积计算这一实际问题.

在初等数学中，我们已掌握了圆、三角形、梯形等规则几何图形面积的计算方法，但一般平面图形的面积如何来计算呢?根据面积的可加性，求平面图形的面积问题可以归结为求下述曲边梯形的面积问题.

一、曲边梯形的面积

设 $y=f(x)$ 在区间 $[a,b]$ 上非负、连续. 由直线 $x=a,x=b,y=0$ 及曲线 $y=f(x)$ 所围成的图形 $ABCD$，如图 4-1 所示，称为曲边梯形，其中曲线弧段 $DC=\{(x,f(x))\mid x\in[a,b]\}$ 称为曲边.

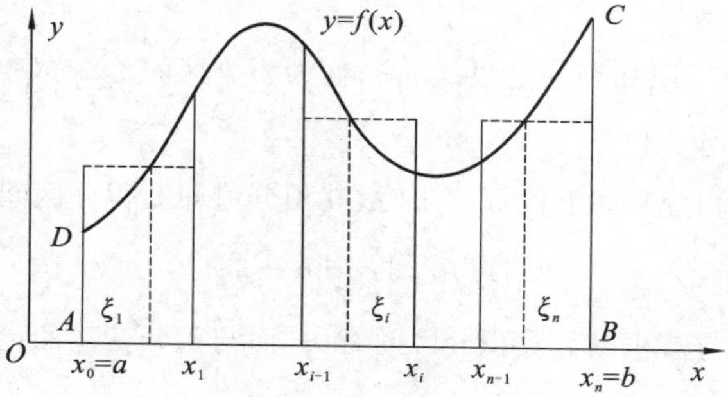

图 4-1

我们注意到，一方面曲边梯形在底边 AB 各点处的高 $f(x)$ 是变化的量，但另一方面若 $f(x)$ 在 $[a,b]$ 上连续，则在很小的一段区间上 $f(x)$ 变化很小，且当区间长度无限缩小时，$f(x)$ 的变化也无限减小，这说明总体上高是变化的，但局部上高又近似于不变，因此我们采用如下方法计算该曲边梯形的面积.

(1) 分划：取分点 $x_i\in[a,b]\,(i=0,1,2,\cdots,n)$：

$$a=x_0<x_1<x_2<\cdots<x_{i-1}<x_i<\cdots<x_n=b,$$

将底边对应区间 $[a,b]$ 分成 n 个小区间 $[x_{i-1},x_i]$，其长度依次记为 $\Delta x_i=x_i-x_{i-1}\,(i=1,2,\cdots,n)$，相应地，整个大曲边梯形被分割成 n 个小曲边梯形.

(2) 近似:在 $[x_{i-1},x_i]$ 上任取一点 ξ_i,并以 $[x_{i-1},x_i]$ 为底、以 $f(\xi_i)$ 为高的矩形近似代替第 $i\,(i=1,2,\cdots,n)$ 个小曲边梯形,得第 i 个小曲边梯形面积的近似值 $\Delta A_i \approx f(\xi_i)\Delta x_i$.

(3) 求和:整个大曲边梯形面积等于各小曲边梯形面积之和,即

$$A=\sum_{i=1}^{n}\Delta A_i \approx \sum_{i=1}^{n} f(\xi_i)\Delta x_i.$$

(4) 取极限:区间分划愈细,则其精度愈高. 记 $\lambda=\max\limits_{1\leqslant i\leqslant n}\{\Delta x_i\}$,令 $\lambda\to 0$,此时可以保证所有小区间的长度都无限缩小,对上述(3) 中的和式取极限,我们得到曲边梯形的面积

$$A=\lim_{\lambda\to 0}\sum_{i=1}^{n} f(\xi_i)\Delta x_i.$$

在实践中还有许多其他量可以借助上面的四个步骤得到相似的结果. 于是,我们给出定积分的概念.

二、定积分的概念

定义　设函数 $f(x)$ 在区间 $[a,b]$ 上有界,今取 $n+1$ 个分点:

$$a=x_0<x_1<x_2<\cdots<x_{i-1}<x_i<\cdots<x_{n-1}<x_n=b,$$

将 $[a,b]$ 分成 n 个小区间 $[x_{i-1},x_i]$,其长度记为 $\Delta x_i=x_i-x_{i-1}\,(i=1,2,\cdots,n)$,并令 $\lambda=\max\limits_{1\leqslant i\leqslant n}\{\Delta x_i\}$,若 $\forall\,\xi_i\in[x_{i-1},x_i]\,(i=1,2,\cdots,n)$,极限

$$\lim_{\lambda\to 0}\sum_{i=1}^{n} f(\xi_i)\Delta x_i$$

存在,且该极限值与对区间 $[a,b]$ 的分划及 ξ_i 的取法无关,则称 $f(x)$ 在 $[a,b]$ 上可积,且称该极限值为 $f(x)$ 在 $[a,b]$ 上的定积分,记为 $\int_a^b f(x)\mathrm{d}x$,其中,$f(x)$ 称为被积函数,x 称为积分变量,a 和 b 分别称为积分下限和积分上限,$[a,b]$ 称为积分区间,$\sum\limits_{i=1}^{n} f(\xi_i)\Delta x_i$ 通常称为积分和.

由定积分的定义易知:

(1) 当被积函数在积分区间上恒等于 1 时,其积分值即为积分区间长度,即

$$\int_a^b f(x)\mathrm{d}x=b-a;$$

(2) 定积分的值只与被积函数及积分区间有关,而与积分变量的记号无关,即

$$\int_a^b f(x)\mathrm{d}x=\int_a^b f(t)\mathrm{d}t=\int_a^b f(u)\mathrm{d}u.$$

由上面定义可知,图 4-1 中曲边梯形的面积可记为 $\int_a^b f(x)\mathrm{d}x$. 从而可知,若 $f(x)\in C([a,b])$,则当在区间 $[a,b]$ 上 $f(x)\geqslant 0$ 时,$\int_a^b f(x)\mathrm{d}x$ 在几何上表示由曲线 $y=f(x)$、直线 $x=a$ 和 $x=b$ 及 x 轴所围成的曲边梯形的面积. 此外,若在区间 $[a,b]$ 上 $f(x)\leqslant 0$,则由曲线 $y=f(x)$、直线 $x=a$ 和 $x=b$ 及 x 轴所围成的曲边梯形位于 x 轴下方,此时由定义可知 $\int_a^b f(x)\mathrm{d}x$ 在几何上表示该曲边梯形面积的负值. 进一步,若 $f(x)$ 在 $[a,b]$ 上变号,则 $\int_a^b f(x)\mathrm{d}x$ 便等于由曲线 $y=f(x)$、直线 $x=a$ 和 $x=b$ 及 x 轴所围图形中 x 轴上方的图形面

积之和减去 x 轴下方的图形面积之和. 总之，若 $f(x)\in C([a,b])$，则定积分 $\int_a^b f(x)\mathrm{d}x$ 的几何意义是表示由曲线 $y=f(x)$、直线 $x=a$ 和 $x=b$ 及 x 轴所围成的各部分图形面积的代数和，其中位于 x 轴上方的图形面积取正号，位于 x 轴下方的图形面积取负号.

定积分的定义要求对于区间 $[a,b]$ 的任意分划及 $\forall \xi_i\in[x_{i-1},x_i]\ (i=1,2,\cdots,n)$，极限 $\lim\limits_{\lambda\to 0}\sum\limits_{i=1}^{n} f(\xi_i)\Delta x_i$ 存在且相等，才能说明函数 $f(x)$ 在 $[a,b]$ 上可积. 直接借助定义验证函数在区间 $[a,b]$ 上是否可积往往比较困难，我们希望寻找其他的方法来判断函数在区间 $[a,b]$ 上是否可积，事实上我们有下面的结论：

(1) 若 $f(x)\in C([a,b])$，则函数 $f(x)$ 在 $[a,b]$ 上可积；

(2) 若 $f(x)$ 为 $[a,b]$ 上的单调有界函数，则函数 $f(x)$ 在 $[a,b]$ 上可积；

(3) 若 $f(x)$ 在 $[a,b]$ 上仅有有限个第一类间断点，则函数 $f(x)$ 在 $[a,b]$ 上可积.

因此，当函数 $f(x)$ 属于上面三类可积函数之一时，我们就有可能通过做特殊分划及取特定的 $\xi_i\in[x_{i-1},x_i]\ (i=1,2,\cdots,n)$ 去构造积分和而求得定积分 $\int_a^b f(x)\mathrm{d}x$ 的值.

例 1　利用定义计算定积分 $\int_0^1 x^2\mathrm{d}x$.

解　因为被积函数 $f(x)=x^2$ 在积分区间 $[0,1]$ 上连续，而连续函数是可积的，所以积分与区间 $[0,1]$ 的分划点 ξ_i 的取法无关. 因此，为了便于计算，不妨把区间 $[0,1]$ 等分成 n 份，分点为 $x_i=\dfrac{i}{n}\ (i=1,2,\cdots,n-1)$. 这样，每个小区间 $[x_{i-1},x_i]$ 的长度

$$\Delta x_i=\frac{1}{n}(i=1,2,\cdots,n).\ \text{取}\ \xi_i=x_i(i=1,2,\cdots,n),$$

得和式：

$$\begin{aligned}\sum_{i=1}^{n} f(\xi_i)\Delta x_i&=\sum_{i=1}^{n}\xi_i^2\Delta x_i=\sum_{i=1}^{n}x_i^2\Delta x_i\\&=\sum_{i=1}^{n}\left(\frac{i}{n}\right)^2\cdot\frac{1}{n}=\frac{1}{n^3}\sum_{i=1}^{n}i^2\\&=\frac{1}{n^3}\cdot\frac{1}{6}n(n+1)(2n+1)\\&=\frac{1}{6}\cdot\left(1+\frac{1}{n}\right)\left(2+\frac{1}{n}\right).\end{aligned}$$

当 $\lambda\to 0$ 即 $n\to\infty$ 时，对上式取极限，由定积分的定义，即得所要计算的积分为

$$\begin{aligned}\int_0^1 x^2\mathrm{d}x&=\lim_{\lambda\to 0}\sum_{i=1}^{n}\xi_i^2\Delta x_i\\&=\lim_{n\to\infty}\frac{1}{6}\left(1+\frac{1}{n}\right)\left(2+\frac{1}{n}\right)\\&=\frac{1}{3}.\end{aligned}$$

三、定积分的性质

为了以后计算及应用方便起见，我们先对定积分做以下两点补充规定：

(1) 当 $a=b$ 时，$\int_a^b f(x)\mathrm{d}x=0$；

(2) 当 $a>b$ 时，$\int_a^b f(x)\mathrm{d}x=-\int_b^a f(x)\mathrm{d}x$.

由规定(2) 可知，交换定积分的上下限时，定积分绝对值不变而符号相反.

下面我们讨论定积分的性质. 假定各性质中所列出的定积分都是存在的.

性质 1　对任何常数 α,β 有

$$\int_a^b[\alpha f(x)+\beta g(x)]\mathrm{d}x=\alpha\int_a^b f(x)\mathrm{d}x+\beta\int_a^b g(x)\mathrm{d}x.$$

证　由于

$$\lim_{\lambda\to 0}\sum_{i=1}^n[\alpha f(\xi_i)+\beta g(\xi_i)]\Delta x_i=\alpha\lim_{\lambda\to 0}\sum_{i=1}^n f(\xi_i)\Delta x_i+\beta\lim_{\lambda\to 0}\sum_{i=1}^n g(\xi_i)\Delta x_i,$$

所以

$$\int_a^b[\alpha f(x)+\beta g(x)]\mathrm{d}x=\alpha\int_a^b f(x)\mathrm{d}x+\beta\int_a^b g(x)\mathrm{d}x.$$

性质 2　若 $a<c<b$，则

$$\int_a^b f(x)\mathrm{d}x=\int_a^c f(x)\mathrm{d}x+\int_c^b f(x)\mathrm{d}x.$$

证　由于可积，且 $a<c<b$，故可选取区间 $[a,b]$ 的分划，使 c 成为分点，即

$$a=x_0<x_1<\cdots<x_{i_0}=c<x_{i_0+1}<\cdots<x_n=b.$$

于是

$$\sum_{i=1}^n f(\xi_i)\Delta x_i=\sum_{i=1}^{i_0}f(\xi_i)\Delta x_i+\sum_{i=i_0+1}^n f(\xi_i)\Delta x_i.$$

令 $\lambda\to 0$，得

$$\int_a^b f(x)\mathrm{d}x=\int_a^c f(x)\mathrm{d}x+\int_c^b f(x)\mathrm{d}x.$$

此性质称为定积分对积分区间的可加性，按照前面关于定积分的规定可以看出本性质中的条件"$a<c<b$"可去掉，只要 $f(x)$ 在所给区间上是可积的. 请读者自己思考.

性质 3　若 $\forall x\in[a,b]$ 有 $f(x)\geqslant 0$，则

$$\int_a^b f(x)\mathrm{d}x\geqslant 0(b>a).$$

证　由已知条件及极限性质有

$$\int_a^b f(x)\mathrm{d}x=\lim_{\lambda\to 0}\sum_{i=1}^n f(\xi_i)\Delta x_i\geqslant 0.$$

推论 1　若 $\forall x\in[a,b]$ 有 $f(x)\geqslant g(x)$，则

$$\int_a^b f(x)\mathrm{d}x\geqslant\int_a^b g(x)\mathrm{d}x(b>a).$$

证　令 $F(x)=f(x)-g(x)$，则 $\forall x\in[a,b]$ 有 $F(x)\geqslant 0$，由性质 3 即得 $\int_a^b F(x)\mathrm{d}x\geqslant 0$，再由性质 1 可得

$$\int_a^b f(x)\mathrm{d}x\geqslant\int_a^b g(x)\mathrm{d}x.$$

推论 2

$$\left|\int_a^b f(x)\mathrm{d}x\right| \leqslant \int_a^b |f(x)|\mathrm{d}x(b>a).$$

证　由于 $\forall x \in [a,b]$ 有

$$-|f(x)| \leqslant f(x) \leqslant |f(x)|,$$

由推论 1 有

$$-\int_a^b |f(x)|\mathrm{d}x \leqslant \int_a^b f(x)\mathrm{d}x \leqslant \int_a^b |f(x)|\mathrm{d}x,$$

即

$$\left|\int_a^b f(x)\mathrm{d}x\right| \leqslant \int_a^b |f(x)|\mathrm{d}x.$$

推论 3（估值定理）　设 m, M 为常数. 若 $\forall x \in [a,b]$ 有 $m \leqslant f(x) \leqslant M$，则

$$m(b-a) \leqslant \int_a^b f(x)\mathrm{d}x \leqslant M(b-a).$$

证　由于 $m \leqslant f(x) \leqslant M$，根据推论 1 有

$$m(b-a) = \int_a^b m\,\mathrm{d}x \leqslant \int_a^b f(x)\mathrm{d}x \leqslant \int_a^b M\mathrm{d}x = M(b-a).$$

性质 4（积分中值定理）　设 $f(x) \in C([a,b])$，则 $\exists \xi \in [a,b]$，使得

$$\int_a^b f(x)\mathrm{d}x = f(\xi)(b-a).$$

例 2　证明不等式：$2 \leqslant \int_0^2 (1+x^3)\mathrm{d}x \leqslant 18$.

证　由于 $x \in [0,2]$ 时

$$1 \leqslant f(x) = 1 + x^3 \leqslant 9,$$

所以

$$\int_0^2 1\mathrm{d}x \leqslant \int_0^2 (1+x^3)\mathrm{d}x \leqslant \int_0^2 9\mathrm{d}x,$$

即

$$2 \leqslant \int_0^2 (1+x^3)\mathrm{d}x \leqslant 18.$$

第二节　原函数与微积分学基本定理

在第一节我们介绍了定积分的定义和性质，但并未给出一个有效的计算方法. 当被积函数较复杂时，难以利用定义直接计算. 为此，自本节开始，我们将介绍一些求定积分的有效方法.

一、原函数和变上限积分

定义 1　设函数 $F(x)$ 在某区间 I 上可导，且 $\forall x \in I$ 有 $F'(x) = f(x)$，则称 $F(x)$ 为函数 $f(x)$ 在区间 I 上的一个原函数.

例如，$\forall x \in (-\infty, +\infty)$，$(\sin x)' = \cos x$，因此 $\sin x$ 是 $\cos x$ 在 $(-\infty, +\infty)$ 上的一个原函数. 显然，一个函数的原函数并不唯一. 事实上，若 $F(x)$ 为 $f(x)$ 在区间 I 上的原函数，则 $F(x) + C$（C 为任意常数）也是 $f(x)$ 的原函数.

定理 1 设 $F(x)$ 是 $f(x)$ 在区间 I 上的一个原函数,则 $F(x)+C$(C 为任意常数)为 $f(x)$ 的全体原函数.

证 一方面,显然对任意常数 C,$(F(x)+C)'=F'(x)+C'=f(x)$,故 $F(x)+C$ 为 $f(x)$ 的原函数. 另一方面,若 $\Phi(x)$ 为 $f(x)$ 的任一原函数,则

$$[\Phi(x)-F(x)]'=f(x)-f(x)=0,$$

从而 $\forall x\in I$ 有

$$\Phi(x)-F(x)=C_0(C_0\text{ 为某一常数}),$$

即

$$\Phi(x)=F(x)+C_0(x\in I).$$

故定理 1 得证.

定义 2 若 $f(x)\in C([a,b])$,则称积分

$$\int_a^x f(t)\mathrm{d}t(x\in[a,b]) \tag{4.1}$$

为 $f(x)$ 在区间$[a,b]$上的积分上限函数;称积分

$$\int_x^b f(t)\mathrm{d}t(x\in[a,b]) \tag{4.2}$$

为 $f(x)$ 在区间$[a,b]$上的积分下限函数.

积分上(下)限函数具有许多好的性质,它是我们将微分与积分联系起来的纽带. 由于 $\int_x^b f(t)\mathrm{d}t=-\int_b^x f(t)\mathrm{d}t(x\in[a,b])$,所以我们仅讨论积分上限函数的一些性质. 对积分下限函数,我们不难利用此关系式给出其相应性质.

我们将积分上限函数与积分下限函数统称为变限积分.

定理 2 记 $\Phi(x)=\int_a^x f(t)\mathrm{d}t$,若 $f(x)$ 在$[a,b]$上可积,则

$$\Phi(x)=\int_a^x f(t)\mathrm{d}t\in C([a,b]).$$

证 由 $f(x)$ 在$[a,b]$上可积知:$\exists M>0$,使 $\forall x\in[a,b]$ 有 $|f(x)|\leqslant M$. 从而 $\forall x$ 及 $x+\Delta x\in[a,b]$,有

$$\begin{aligned}|\Phi(x+\Delta x)-\Phi(x)|&=\left|\int_a^{x+\Delta x}f(t)\mathrm{d}t-\int_a^x f(t)\mathrm{d}t\right|\\&=\left|\int_x^{x+\Delta x}f(t)\mathrm{d}t\right|\\&\leqslant\left|\int_x^{x+\Delta x}|f(t)|\mathrm{d}t\right|\\&\leqslant M|\Delta x|\to 0\quad(\text{当 }\Delta x\to 0\text{ 时}),\end{aligned}$$

因此

$$\lim_{\Delta x\to 0}[\Phi(x+\Delta x)-\Phi(x)]=0,$$

即 $\Phi(x)\in C([a,b])$.

定理 3 若 $f(x)\in C([a,b])$,则 $\Phi(x)=\int_a^x f(t)\mathrm{d}t$ 可导,且 $\Phi'(x)=f(x)$.

证
$$\Phi(x+\Delta x)-\Phi(x)=\int_a^{x+\Delta x}f(t)\mathrm{d}t-\int_a^x f(t)\mathrm{d}t=\int_x^{x+\Delta x}f(t)\mathrm{d}t,$$
由积分中值定理 $\Phi(x+\Delta x)-\Phi(x)=f(\xi)\Delta x$，$\xi$ 介于 x 与 $x+\Delta x$ 之间. 故
$$\Phi'(x)=\lim_{\Delta x\to 0}\frac{\Phi(x+\Delta x)-\Phi(x)}{\Delta x}=\lim_{\Delta x\to 0}\frac{f(\xi)\Delta x}{\Delta x}=\lim_{\xi\to x}f(\xi)=f(x).$$

定理3揭示了导数与积分间的联系，且由此可知，$[a,b]$上的任何连续函数 $f(x)$ 均存在原函数 $\Phi(x)=\int_a^x f(t)\mathrm{d}t$. 因此，一步有如下推论.

推论　若 $f(x)\in C([a,b])$，则 $\Phi(x)=\int_a^x f(t)\mathrm{d}t$ 是 $f(x)$ 的一个原函数.

变限积分（函数）除式(4.1)和式(4.2)外，更一般地还有下面的变限复合函数：
$$\int_a^{u(x)}f(t)\mathrm{d}t,\int_{v(x)}^{b}f(t)\mathrm{d}t,\int_{v(x)}^{u(x)}f(t)\mathrm{d}t.$$

若 $f(t)$ 在区间 $[a,b]$ 上连续，$u(x)$，$v(x)$ 在 $[\alpha,\beta]$ 上可导，且 $\forall x\in[\alpha,\beta]$ 有 $u(x)$，$v(x)\in[a,b]$，则由复合函数求导法则可得：
$$\frac{\mathrm{d}}{\mathrm{d}x}\int_{v(x)}^{u(x)}f(t)\mathrm{d}t=f[u(x)]u'(x)-f[v(x)]v'(x).$$

例1　计算下列导数：

(1) $\dfrac{\mathrm{d}}{\mathrm{d}x}\displaystyle\int_0^{\sin x}f(t)\mathrm{d}t$；

(2) $\dfrac{\mathrm{d}}{\mathrm{d}x}\displaystyle\int_{x^2}^{x^3}\mathrm{e}^{-t}\mathrm{d}t$.

解　(1)
$$\frac{\mathrm{d}}{\mathrm{d}x}\int_0^{\sin x}f(t)\mathrm{d}t=f(\sin x)\cdot(\sin x)'=f(\sin x)\cdot\cos x.$$

(2)
$$\frac{\mathrm{d}}{\mathrm{d}x}\int_{x^2}^{x^3}\mathrm{e}^{-t}\mathrm{d}t=\mathrm{e}^{-x^3}\cdot(x^3)'-\mathrm{e}^{-x^2}\cdot(x^2)'=3x^2\mathrm{e}^{-x^3}-2x\mathrm{e}^{-x^2}.$$

例2　计算下列极限：

(1) $\displaystyle\lim_{x\to 0}\frac{\int_0^x\sin t^2\mathrm{d}t}{\ln(1+x^3)}$；

(2) $\displaystyle\lim_{x\to\infty}\frac{\left(\int_0^x\mathrm{e}^{t^2}\mathrm{d}t\right)^2}{\int_0^x\mathrm{e}^{2t^2}\mathrm{d}t}$.

解　利用洛必达法则有

(1)
$$\lim_{x\to 0}\frac{\int_0^x\sin t^2\mathrm{d}t}{\ln(1+x^3)}=\lim_{x\to 0}\frac{\int_0^x\sin t^2\mathrm{d}t}{x^3}=\lim_{x\to 0}\frac{\sin x^2}{3x^2}=\frac{1}{3}.$$

(2)
$$\lim_{x\to\infty}\frac{\left(\int_0^x\mathrm{e}^{t^2}\mathrm{d}t\right)^2}{\int_0^x\mathrm{e}^{2t^2}\mathrm{d}t}=\lim_{x\to\infty}\frac{2\int_0^x\mathrm{e}^{t^2}\mathrm{d}t\cdot\mathrm{e}^{x^2}}{\mathrm{e}^{2x^2}}=\lim_{x\to\infty}\frac{2\int_0^x\mathrm{e}^{t^2}\mathrm{d}t}{\mathrm{e}^{x^2}}$$

$$= \lim_{x \to \infty} \frac{2e^{x^2}}{2xe^{x^2}} = \lim_{x \to \infty} \frac{1}{x} = 0.$$

二、微积分学基本定理

定理 4 设 $f(x) \in C([a,b])$，$F(x)$是$f(x)$在$[a,b]$上的一个原函数，则

$$\int_a^b f(x)\mathrm{d}x = F(b) - F(a). \tag{4.3}$$

证 因$F(x)$是$f(x)$在$[a,b]$上的原函数，由推论 2 知，存在常数C，使$\forall x \in [a,b]$有

$$F(x) = \int_a^x f(t)\mathrm{d}t + C,$$

而

$$F(a) = \int_a^x f(t)\mathrm{d}t + C = C,$$

因此

$$F(x) = \int_a^x f(t)\mathrm{d}t + F(a),$$

即

$$\int_a^x f(t)\mathrm{d}t = F(x) - F(a), \forall x \in [a,b],$$

将$x = b$代入上式即得式(4.3).

定理 4 称为微积分学基本定理. 式(4.3)称为微积分学基本公式，也称为牛顿 - 莱布尼茨公式，常将其简写为：

$$\int_a^b f(x)\mathrm{d}x = F(x)\Big|_a^b.$$

例 3 求$\int_0^1 x^2\mathrm{d}x$.

解 由于$\left(\frac{1}{3}x^3\right)' = x^2$，即$\frac{1}{3}x^3$是$x^2$的一个原函数，由定理 4，

$$\int_0^1 x^2\mathrm{d}x = \frac{1}{3}x^3\Big|_0^1 = \frac{1}{3}.$$

例 4 求$\int_0^\pi \sin x\mathrm{d}x$.

解 由于$(-\cos x)' = \sin x$，故

$$\int_0^\pi \sin x\mathrm{d}x = (-\cos x)\Big|_0^\pi = 2.$$

例 5 求$\int_0^1 \frac{x}{\sqrt{1+x^2}}\mathrm{d}x$.

解 由于$(\sqrt{1+x^2})' = \frac{x}{\sqrt{1+x^2}}$，故

$$\int_0^1 \frac{x}{\sqrt{1+x^2}}\mathrm{d}x = \sqrt{1+x^2}\Big|_0^1 = \sqrt{2} - 1.$$

例 6 求$\int_0^\pi \sqrt{1+\cos 2x}\mathrm{d}x$.

解
$$\begin{aligned}\int_0^{\pi}\sqrt{1+\cos 2x}\,\mathrm{d}x &= \sqrt{2}\int_0^{\pi}|\cos x|\,\mathrm{d}x\\ &= \sqrt{2}\left[\int_0^{\frac{\pi}{2}}\cos x\,\mathrm{d}x+\int_{\frac{\pi}{2}}^{\pi}(-\cos x)\,\mathrm{d}x\right]\\ &= \sqrt{2}\left[\sin x\Big|_0^{\frac{\pi}{2}}-\sin x\Big|_{\frac{\pi}{2}}^{\pi}\right]\\ &= 2\sqrt{2}.\end{aligned}$$

第三节　不定积分与原函数求法

由微积分学的基本公式可知，定积分的值等于被积函数的原函数在积分上、下限处的函数值的差. 显然，要利用该公式，关键是找出被积函数的原函数，但如果被积函数较复杂，它的原函数可能不那么容易找出. 为此本节介绍一些求函数的原函数的方法.

一、不定积分的概念和性质

定义　设函数 $f(x)$ 在区间 I 上有定义，称 $f(x)$ 在区间 I 上的原函数的全体为 $f(x)$ 在 I 上的不定积分，记作 $\int f(x)\mathrm{d}x$，其中记号“$\int$”称为积分号，$f(x)$ 称为被积函数，x 称为积分变量.

由不定积分的定义及第二节中定理 1，立即可得如下定理：

定理 1　设 $F(x)$ 是 $f(x)$ 在区间 I 上的一个原函数，则
$$\int f(x)\mathrm{d}x = F(x)+C,$$
C 为任意常数.

通常，我们把 $f(x)$ 在区间 I 上的原函数的图形称为 $f(x)$ 的积分曲线，由定理 1 知，$\int f(x)\mathrm{d}x$ 在几何上表示横坐标相同（设为 $x_0\in I$）的点处切线都平行（切线斜率均等于 $f(x_0)$）的一族曲线（见图 4-2）.

由不定积分的定义知，不定积分有下列性质：

(1) $\int[\alpha f(x)+\beta g(x)]\mathrm{d}x = \alpha\int f(x)\mathrm{d}x + \beta\int g(x)\mathrm{d}x$，其中 α,β 为常数；

(2) $\dfrac{\mathrm{d}}{\mathrm{d}x}\int f(x)\mathrm{d}x = f(x)$；

(3) $\int f'(x)\mathrm{d}x = f(x)+C$，$C$ 为任意常数.

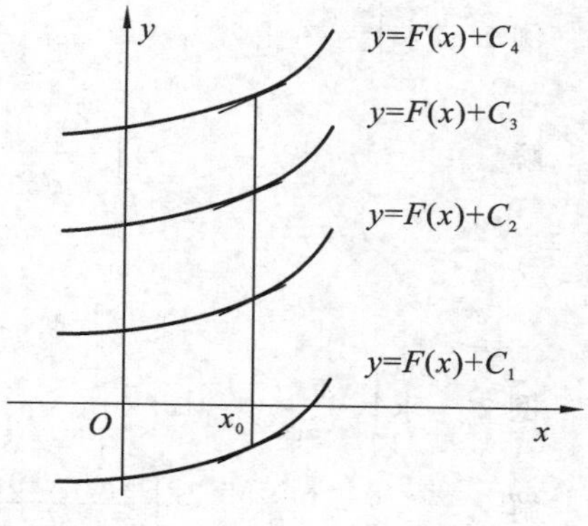

图 4-2

由性质(2) 和(3) 可看出，不定积分是微分运算的逆运算，因此由常用函数的导数公式可以得到相应的积分公式. 我们将这些常用函数的积分公式列成一个

表，通常称为基本积分表，其中 C 是积分常数(在本章后面的讨论中同样如此).

① $\int k\mathrm{d}x = kx + C$($k$ 为常数)，

② $\int x^a \mathrm{d}x = \dfrac{1}{a+1}x^{a+1} + C(a \neq -1)$，

③ $\int \dfrac{1}{x}\mathrm{d}x = \ln|x| + C(x \neq 0)$，

④ $\int \mathrm{e}^x \mathrm{d}x = \mathrm{e}^x + C$，

⑤ $\int a^x \mathrm{d}x = \dfrac{1}{\ln a}a^x + C(a > 0$ 且 $a \neq 1)$，

⑥ $\int \cos x\mathrm{d}x = \sin x + C$，

⑦ $\int \sin x\mathrm{d}x = -\cos x + C$，

⑧ $\int \sec^2 x\mathrm{d}x = \tan x + C$，

⑨ $\int \csc^2 x\mathrm{d}x = -\cot x + C$，

⑩ $\int \sec x\tan x\mathrm{d}x = \sec x + C$，

⑪ $\int \csc x\cot x\mathrm{d}x = -\csc x + C$，

⑫ $\int \dfrac{1}{\sqrt{1-x^2}}\mathrm{d}x = \arcsin x + C$，

⑬ $\int \dfrac{1}{1+x^2}\mathrm{d}x = \arcsin x + C$，

⑭ $\int \sinh x\mathrm{d}x = \cosh x + C$，

⑮ $\int \cosh x\mathrm{d}x = \sinh x + C$.

上述这些不定积分的性质及基本积分公式是我们求不定积分的基础.

例 1 求 $\int \dfrac{\mathrm{d}x}{x\sqrt[3]{x}}$.

解

$$\int \frac{\mathrm{d}x}{x\sqrt[3]{x}} = \int x^{-\frac{4}{3}}\mathrm{d}x = \frac{x^{-\frac{4}{3}+1}}{-\frac{4}{3}+1} + C$$

$$= -3x^{-\frac{1}{3}} + C = -\frac{3}{\sqrt[3]{x}} + C.$$

例 2 求 $\int \dfrac{(x-1)^3}{x^2}\mathrm{d}x$.

解

$$\int \frac{(x-1)^3}{x^2}\mathrm{d}x = \int \frac{x^3 - 3x^2 + 3x - 1}{x^2}\mathrm{d}x$$

$$= \int \left(x - 3 + \frac{3}{x} - \frac{1}{x^2}\right)\mathrm{d}x$$

$$= \int x\mathrm{d}x - 3\int \mathrm{d}x + 3\int \frac{\mathrm{d}x}{x} - \int \frac{\mathrm{d}x}{x^2}$$

$$= \frac{x^2}{2} - 3x + 3\ln|x| + \frac{1}{x} + C.$$

例 3　求$\int (\mathrm{e}^x - 3\sin x)\mathrm{d}x$.

解

$$\int (\mathrm{e}^x - 3\sin x)\mathrm{d}x = \int \mathrm{e}^x\mathrm{d}x - 3\int \sin x\mathrm{d}x$$

$$= \mathrm{e}^x + 3\cos x + C.$$

例 4　求$\int \frac{1+x+x^2}{x(1+x^2)}\mathrm{d}x$.

解

$$\int \frac{1+x+x^2}{x(1+x^2)}\mathrm{d}x = \int \frac{x+(1+x^2)}{x(1+x^2)}\mathrm{d}x = \int\left(\frac{1}{1+x^2}+\frac{1}{x}\right)\mathrm{d}x$$

$$= \int \frac{1}{1+x^2}\mathrm{d}x + \int \frac{1}{x}\mathrm{d}x.$$

$$= \arctan x + \ln|x| + C.$$

例 5　求$\int \frac{x^4}{1+x^2}\mathrm{d}x$.

解　$$\int \frac{x^4}{1+x^2}\mathrm{d}x = \int \frac{x^4-1+1}{1+x^2}\mathrm{d}x = \int \frac{(x^2+1)(x^2-1)+1}{1+x^2}\mathrm{d}x$$

$$= \int\left(x^2 - 1 + \frac{1}{1+x^2}\right)\mathrm{d}x = \int x^2\mathrm{d}x - \int \mathrm{d}x + \int \frac{1}{1+x^2}\mathrm{d}x$$

$$= \frac{x^3}{3} - x + \arctan x + C.$$

例 6　求$\int \tan^2 x\mathrm{d}x$.

解

$$\int \tan^2 x\mathrm{d}x = \int (\sec^2 x - 1)\mathrm{d}x = \int \sec^2 x\mathrm{d}x - \int \mathrm{d}x$$

$$= \tan x - x + C.$$

例 7　求$\int \sin^2 \frac{x}{2}\mathrm{d}x$.

解

$$\int \sin^2 \frac{x}{2}\mathrm{d}x = \int \frac{1}{2}(1-\cos x)\mathrm{d}x = \frac{1}{2}\int (1-\cos x)\mathrm{d}x$$

$$= \frac{1}{2}\left(\int \mathrm{d}x - \int \cos x\mathrm{d}x\right) = \frac{1}{2}(x - \sin x) + C.$$

二、求不定积分的方法

直接利用基本积分公式和积分性质可计算出的不定积分是非常有限的,下面介绍几种求不定积分的有效方法.

1. 换元法

定理 2　设 $F(u)$ 是 $f(u)$在区间 I 上的一个原函数,$u=\varphi(x)$ 在区间 J 上可导,且 $\varphi(x) \subset I$,则在区间 J 上有

$$\int f[\psi(x)]\psi'(x)\mathrm{d}x = F[\psi(x)] + C. \tag{4.4}$$

证　由复合函数的求导法有

$$[F(\psi(x))]' = F'(u)\psi'(x) = f(u)\psi'(x) = f[\psi(x)]\psi'(x),$$

故 $F[\psi(x)]$是 $f[\psi(x)]\psi'(x)$ 的一个原函数,从而

$$\int f[\psi(x)]\psi'(x)\mathrm{d}x = F[\psi(x)] + C.$$

上述定理 2 中的等式(4.4) 可看成如下换元过程的复合,即

$$\int f(\psi(x)\psi'(x)\mathrm{d}x \xlongequal{\text{令 } u=\psi(x)} \int f(u)\mathrm{d}u$$

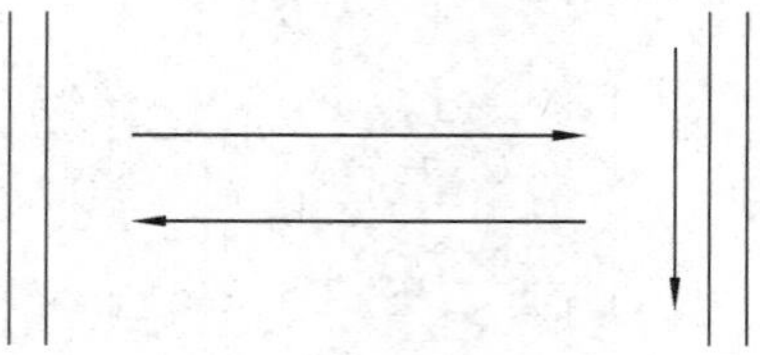

$$F[\psi(x)] + C \xlongequal{\quad} F(u) + C$$

通过上述这种换元而求得不定积分的方法称为第一类换元法.

为了利用式(4.4) 求积分$\int g(x)\mathrm{d}x$,我们必须设法将 $g(x)$凑成 $f[\psi(x)]\psi'(x)$ 的形式,然后作代换 $u = \psi(x)$,于是$\int g(x)\mathrm{d}x = \int f(u)\mathrm{d}u$,如果能求得 $f(u)$的原函数$F(u)$,则代回原来的变量 x,就可求得积分$\int g(x)\mathrm{d}x = F[\psi(x)] + C$. 因此,我们称这种方法为“凑” 微分法.

例 8　求$\int x\mathrm{e}^{x^2}\mathrm{d}x$.

解

$$\int x\mathrm{e}^{x^2}\mathrm{d}x = \frac{1}{2}\int \mathrm{e}^{x^2}\mathrm{d}x^2 \xlongequal{\text{令 } u=x^2} \frac{1}{2}\int \mathrm{e}^u\mathrm{d}u$$

$$= \frac{1}{2}\mathrm{e}^u + C = \frac{1}{2}\mathrm{e}^{x^2} + C.$$

例 9　求$\int \frac{1}{\sqrt{a^2 - x^2}}\mathrm{d}x\,(a > 0)$.

解

$$\int \frac{1}{\sqrt{a^2 - x^2}}\mathrm{d}x = \int \frac{\mathrm{d}\left(\frac{x}{a}\right)}{\sqrt{1 - \left(\frac{x}{a}\right)^2}} \xlongequal{\text{令 } u=\frac{x}{a}} \int \frac{\mathrm{d}u}{\sqrt{1 - u^2}}$$

$$= \arcsin u + C = \arcsin\frac{x}{a} + C.$$

当对该方法比较熟悉后,则不必明显写出中间变量 $u = \psi(x)$,只需做到“胸有成竹” 即可.

例 10　求$\int \frac{1}{a^2 - x^2}\mathrm{d}x$ ($a \neq 0$,为常数).

解

$$\int \frac{1}{a^2 - x^2}\mathrm{d}x = \frac{1}{2a}\int\left(\frac{1}{a + x} + \frac{1}{a - x}\right)\mathrm{d}x$$

$$= \frac{1}{2a}\left[\int \frac{\mathrm{d}(a + x)}{a + x} - \int \frac{\mathrm{d}(a - x)}{a - x}\right]$$

$$= \frac{1}{2a}[\ln|a+x| - \ln|a-x|] + C$$

$$= \frac{1}{2a}\ln\left|\frac{a+x}{a-x}\right| + C.$$

例 11　求 $\int \tan x \mathrm{d}x$.

解

$$\int \tan x \mathrm{d}x = \int \frac{\sin x}{\cos x}\mathrm{d}x = -\int \frac{1}{\cos x}\mathrm{d}(\cos x)$$

$$= -\ln|\cos x| + C.$$

类似地,可得

$$\int \cot x \mathrm{d}x = \ln|\sin x| + C.$$

例 12　求 $\int \cos^2 x \mathrm{d}x$.

解

$$\int \cos^2 x \mathrm{d}x = \int \frac{1+\cos 2x}{2}\mathrm{d}x = \frac{1}{2}\left(\int \mathrm{d}x + \int \cos 2x \mathrm{d}x\right)$$

$$= \frac{1}{2}\int \mathrm{d}x + \frac{1}{4}\int \cos 2x \mathrm{d}(2x) = \frac{x}{2} + \frac{\sin 2x}{4} + C.$$

类似地,可得

$$\int \sin^2 x \mathrm{d}x = \frac{x}{2} - \frac{\sin 2x}{4} + C.$$

例 13　求 $\int \sin^3 x \mathrm{d}x$.

解

$$\int \sin^3 x \mathrm{d}x = \int (1-\cos^2 x)\sin x \mathrm{d}x$$

$$= \int -(1-\cos^2 x)\mathrm{d}(\cos x)$$

$$= \int (-1+\cos^2 x)\mathrm{d}(\cos x)$$

$$= -\cos x + \frac{1}{3}\cos^3 x + C.$$

例 14　求 $\int \csc x \mathrm{d}x$.

解

$$\int \csc x \mathrm{d}x = \int \frac{\mathrm{d}x}{\sin x} = \int \frac{\mathrm{d}x}{2\sin\frac{x}{2}\cos\frac{x}{2}}$$

$$= \int \frac{\mathrm{d}\left(\frac{x}{2}\right)}{\tan\frac{x}{2}\cos^2\frac{x}{2}} = \int \frac{\mathrm{d}\left(\tan\frac{x}{2}\right)}{\tan\frac{x}{2}}$$

$$= \ln\left|\tan\frac{x}{2}\right| + C.$$

因为

$$\tan\frac{x}{2} = \frac{\sin\frac{x}{2}}{\cos\frac{x}{2}} = \frac{2\sin^2\frac{x}{2}}{\sin x} = \frac{1-\cos x}{\sin x} = \csc x - \cot x,$$

所以上述不定积分又可表示为：

$$\int \csc x \mathrm{d}x = \ln|\csc x - \cot x| + C.$$

例 15　求$\int \cos 3x \cos 2x \mathrm{d}x$.

解　利用三角学中的积化和差公式

$$\cos A \cos B = \frac{1}{2}[\cos(A-B) + \cos(A+B)]$$

得

$$\cos 3x \cos 2x = \frac{1}{2}(\cos x + \cos 5x),$$

于是

$$\begin{aligned}\int \cos 3x \cos 2x \mathrm{d}x &= \frac{1}{2}\int (\cos x + \cos 5x)\mathrm{d}x \\ &= \frac{1}{2}\left[\int \cos x \mathrm{d}x + \frac{1}{5}\cos 5x \mathrm{d}(5x)\right] \\ &= \frac{1}{2}\sin x + \frac{1}{10}\sin 5x + C.\end{aligned}$$

定理 3　设 I, J 是两个区间，$f(x) \in C(I)$，又 $x = \psi(x)$ 在 J 上严格单调、可导，且 $\psi'(t) \neq 0$，$\psi(J) \subset I$，若 $f[\psi(x)]\psi'(x)$ 在 J 上有原函数 $F(t)$，则在 I 上有

$$\int f(x)\mathrm{d}x = F[\psi^{-1}(x)] + C \ (C\text{为任意常数}), \tag{4.5}$$

其中 $\psi^{-1}(x)$ 是 $\psi(t)$ 的反函数.

证　由 $\psi(t)$ 满足的条件知 $\psi^{-1}(x)$ 存在，且在 I 上严格单调、可导，因此，由复合函数求导法及反函数的求导法有

$$[F(\psi^{-1}(x))]' = F'(t) \cdot [\psi^{-1}(x)]' = f[\psi(t)]\psi'(t) \cdot \frac{1}{\psi'(t)} = f[\psi(t)] = f(x),$$

故

$$\int f(x)\mathrm{d}x = F[\psi^{-1}(x)] + C.$$

定理 3 中的等式(4.5) 可看成由如下换元过程复合而成，即

$$\int f(x)\mathrm{d}x \underline{\underline{\text{令 } x = \psi(t)}} \int f[\psi(t)]\psi'(t)\mathrm{d}t$$

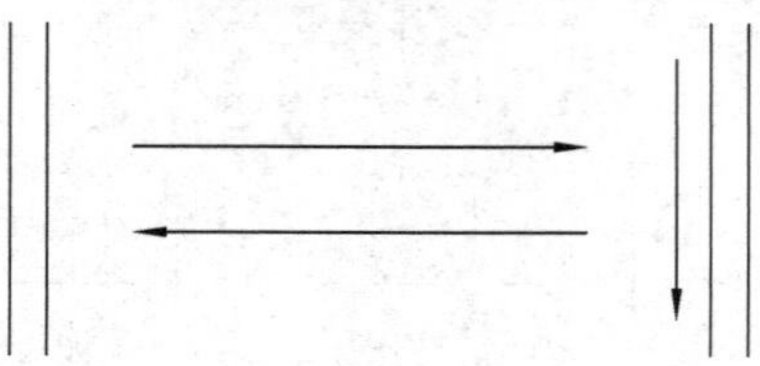

$$F[\psi^{-1}(x)] + C = F(t) + C$$

通过上述这种换元而求得不定积分的方法称为第二类换元法.

例 16　求$\int \sqrt{a^2 - x^2}\mathrm{d}x \ (a > 0)$.

解　被积函数为无理式，应设法去掉根号，令 $x = a\sin t, t \in \left(-\frac{\pi}{2}, \frac{\pi}{2}\right)$，则它是 t 的严格

单调连续可微函数，且 $\mathrm{d}x = a\cos t\mathrm{d}t$，$\sqrt{a^2 - x^2} = a\cos t$，因而

$$\begin{aligned}\int \sqrt{a^2 - x^2}\mathrm{d}x &= \int a\cos t \cdot a\cos t\mathrm{d}t \\ &= \int a^2 \cos^2 t\mathrm{d}t \\ &= a^2\int \frac{1+\cos 2t}{2}\mathrm{d}t = a^2\left(\frac{t}{2} + \frac{1}{4}\sin 2t\right) + C \\ &= \frac{a^2 t}{2} + \frac{a^2}{2}\sin t\cos t + C = \frac{a^2}{2}\arcsin\frac{x}{a} + \frac{1}{2}x\sqrt{a^2 - x^2} + C.\end{aligned}$$

其中最后一个等式是由 $x = a\sin t$，$\sqrt{a^2 - x^2} = a\cos t$ 而得到的.

例 17　求 $\int \frac{1}{\sqrt{x^2 + a^2}}\mathrm{d}x\,(a > 0)$.

解　令 $x = a\tan t, t \in \left(-\frac{\pi}{2}, \frac{\pi}{2}\right)$，则 $\mathrm{d}x = a\sec^2 t\mathrm{d}t$，$\sqrt{x^2 + a^2} = a\sec t$，因而

$$\begin{aligned}\int \frac{1}{\sqrt{x^2 + a^2}}\mathrm{d}x &= \int \frac{1}{a\sec t}\cdot a\sec^2 t\mathrm{d}t = \int \sec t\mathrm{d}t \\ &= \ln|\sec t + \tan t| + C_1 \text{（类似例 14 可得）} \\ &= \ln\left|\frac{\sqrt{x^2 + a^2}}{a} + \frac{x}{a}\right| + C_1 \\ &= \ln\left|\sqrt{x^2 + a^2} + x\right| + C,\end{aligned}$$

其中 $C = C_1 - \ln a$.

例 18　求 $\int \frac{1}{\sqrt{x^2 - a^2}}\mathrm{d}x\,(a > 0)$.

解　令 $x = a\sec t, t \in \left(0, \frac{\pi}{2}\right)$，可求得被积函数在 $x > a$ 上的不定积分，这时 $\mathrm{d}x = a\sec t\tan t\mathrm{d}t$，$\sqrt{x^2 - a^2} = a\tan t$，故

$$\begin{aligned}\int \frac{1}{\sqrt{x^2 - a^2}}\mathrm{d}x &= \int \frac{1}{a\tan t}\cdot a\sec t\tan t\mathrm{d}t = \int \sec t\mathrm{d}t \\ &= \ln|\sec t + \tan t| + C_1 \text{（类似例 14 可得）} \\ &= \ln\left|\frac{\sqrt{x^2 - a^2}}{a} + \frac{x}{a}\right| + C_1 \\ &= \ln\left|\sqrt{x^2 - a^2} + x\right| + C,\end{aligned}$$

其中 $C = C_1 - \ln a$. 至于 $x < -a$ 时，可令 $x = a\sec t\left(\pi < t < \frac{3\pi}{2}\right)$，类似地可得相同形式的结果（读者可以试一试），因此不论哪种情况均有

$$\int \frac{1}{\sqrt{x^2 - a^2}}\mathrm{d}x = \ln\left|\sqrt{x^2 - a^2} + x\right| + C.$$

以上三例所做变换均利用了三角恒等式，称之为三角代换，目的是将被积函数中的无理因式化为三角函数的有理因式. 通常，若被积函数含有 $\sqrt{a^2 - x^2}$，可作代换 $x = a\sin t$；若含有 $\sqrt{x^2 + a^2}$，可作代换 $x = a\tan t$；若含有 $\sqrt{x^2 - a^2}$，可作代换 $x = a\sec t$. 有时也可利用双曲函数

做代换，如例 17 中也可令 $x=a\sinh t$ 而得相同结果. 此外，有时计算某些积分时需约简因子 $x^{\mu}\,(\mu\in\mathbf{N})$，此时往往可做倒代换 $x=\dfrac{1}{t}$.

例 19 求 $\displaystyle\int\frac{\sqrt{a^2-x^2}}{x^4}\mathrm{d}x$.

解 设 $x=\dfrac{1}{t}$，那么 $\mathrm{d}x=-\dfrac{\mathrm{d}t}{t^2}$，于是

$$\int\frac{\sqrt{a^2-x^2}}{x^4}\mathrm{d}x=\int\frac{\sqrt{a^2-\frac{1}{t^2}}\cdot\left(-\frac{\mathrm{d}t}{t^2}\right)}{\frac{1}{t^4}}$$

$$=-\int(a^2t^2-1)^{\frac{1}{2}}\,|t|\,\mathrm{d}t.$$

当 $x>0$ 时，有

$$\int\frac{\sqrt{a^2-x^2}}{x^4}\mathrm{d}x=-\frac{1}{2a^2}\int(a^2t^2-1)^{\frac{1}{2}}\mathrm{d}(a^2t^2-1)$$

$$=-\frac{(a^2t^2-1)^{\frac{3}{2}}}{3a^2}+C$$

$$=-\frac{(a^2-x^2)^{\frac{3}{2}}}{3a^2x^3}+C.$$

当 $x<0$ 时，有相同的结果.

2. 分部积分法

定理 4 设 $u(x)$，$v(x)$ 在区间 I 上可导，且 $u'(x)v(x)$ 在 I 上有原函数，则有公式

$$\int u(x)v'(x)\mathrm{d}x=u(x)v(x)-\int u'(x)v(x)\mathrm{d}x. \tag{4.6}$$

证 因为 $u=u(x)$ 和 $v=v(x)$ 在 I 上可导，故 uv 是 $(uv)'$ 在 I 上的原函数，而

$$(uv)'=u'v+uv',$$

或

$$uv'=(uv)'-u'v.$$

从而，若 $u'v$ 在 I 上有原函数，则由不定积分性质知 uv' 在 I 上也有原函数，且

$$\int uv'\mathrm{d}x=\int(uv)'\mathrm{d}x-\int u'v\mathrm{d}x=uv-\int u'v\mathrm{d}x.$$

式(4.6)称为分部积分公式，常简写成：

$$\int u\mathrm{d}v=uv-\int v\mathrm{d}u,$$

其中 u,v 的选取以 $\int v\mathrm{d}u$ 比 $\int u\mathrm{d}v$ 易求为原则. 利用该公式求不定积分的方法称为分部积分法.

例 20 求 $\displaystyle\int x\mathrm{e}^x\mathrm{d}x$.

解 若在式(4.6)中取 $u=\mathrm{e}^x$，$v=\dfrac{1}{2}x^2$，则

$$\int x\mathrm{e}^x\mathrm{d}x=\int\mathrm{e}^x\mathrm{d}\left(\frac{1}{2}x^2\right)=\frac{1}{2}x^2\mathrm{e}^x-\int\frac{1}{2}x^2\mathrm{d}(\mathrm{e}^x).$$

而右端积分$\int \frac{1}{2}x^2 \mathrm{d}(\mathrm{e}^x) = \int \frac{1}{2}x^2 \mathrm{e}^x \mathrm{d}x$ 比左端积分$\int x\mathrm{e}^x \mathrm{d}x$ 更难求，因此改取 $u = x, v = \mathrm{e}^x$，则

$$\int x\mathrm{e}^x \mathrm{d}x = \int x\mathrm{d}\mathrm{e}^x = x\mathrm{e}^x - \int \mathrm{e}^x \mathrm{d}x = x\mathrm{e}^x - \mathrm{e}^x + C.$$

例 21　求$\int x\cos x\mathrm{d}x$.

解　在式(4.6)中取 $u = x, v = \sin x$，则

$$\begin{aligned}\int x\cos x\mathrm{d}x &= \int x\mathrm{d}\sin x = x\sin x - \int \sin x\mathrm{d}x \\ &= x\sin x + \cos x + C.\end{aligned}$$

以上两例说明，如果被积函数是幂函数和正(余)弦函数或幂函数和指数函数的乘积，可考虑用分部积分法，且在分部积分公式(4.6)中取幂函数为 u.

例 22　求$\int \ln x\mathrm{d}x$.

解　在式(4.6)中取 $u = \ln x, v = x$，则

$$\int \ln x\mathrm{d}x = x\ln x - \int x\mathrm{d}(\ln x) = x\ln x - \int \mathrm{d}x = x\ln x - x + C.$$

例 23　求$\int x\arctan x\mathrm{d}x$.

解　在式(4.6)中取 $u = \arctan x, v = \frac{1}{2}x^2$，则

$$\begin{aligned}\int x\arctan x\mathrm{d}x &= \int \arctan x\mathrm{d}\left(\frac{1}{2}x^2\right) \\ &= \frac{1}{2}x^2\arctan x - \int \frac{1}{2}x^2\mathrm{d}(\arctan x) \\ &= \frac{1}{2}x^2\arctan x - \frac{1}{2}\int \frac{x^2}{1+x^2}\mathrm{d}x \\ &= \frac{1}{2}x^2\arctan x - \frac{1}{2}\int\left(1 - \frac{1}{1+x^2}\right)\mathrm{d}x \\ &= \frac{1}{2}x^2\arctan x - \frac{1}{2}x + \frac{1}{2}\arctan x + C.\end{aligned}$$

以上两例说明，如果被积函数是幂函数和对数函数或幂函数和反三角函数的乘积，可考虑用分部积分法，并在式(4.6)中取对数函数或反三角函数部分为 u.

当我们对分部积分法较熟悉后，可不必明显写出公式中的 u, v，只需做到“心中有数”. 此外，在利用公式时，有时计算过程中会重新出现所求积分，此时我们可得到一个关于所求积分的代数方程，解出该方程中的不定积分即得所求.

例 24　求 $I = \int \mathrm{e}^x\cos x\mathrm{d}x$.

解

$$\begin{aligned}I &= \int \mathrm{e}^x\cos x\mathrm{d}x = \mathrm{e}^x\cos x - \int \mathrm{e}^x\mathrm{d}\cos x \\ &= \mathrm{e}^x\cos x + \int \mathrm{e}^x\sin x\mathrm{d}x = \mathrm{e}^x\cos x + \int \sin x\mathrm{d}\mathrm{e}^x \\ &= \mathrm{e}^x\cos x + \mathrm{e}^x\sin x - \int \mathrm{e}^x\mathrm{d}\sin x = \mathrm{e}^x(\cos x + \sin x) - I,\end{aligned}$$

故

$$I=\int e^x\cos x\mathrm{d}x=\frac{1}{2}e^x(\cos x+\sin x)+C.$$

注意,因为上式右端已不包含积分项,所以必须加上任意常数 C.

例 25　求 $I=\int\sqrt{x^2-a^2}\mathrm{d}x\ (a>0)$.

解

$$\begin{aligned}I&=\int\sqrt{x^2-a^2}\mathrm{d}x=x\sqrt{x^2-a^2}-\int x\mathrm{d}\sqrt{x^2-a^2}\\&=x\sqrt{x^2-a^2}-\int\frac{x^2}{\sqrt{x^2-a^2}}\mathrm{d}x\\&=x\sqrt{x^2-a^2}-\int\frac{x^2-a^2+a^2}{\sqrt{x^2-a^2}}\mathrm{d}x\\&=x\sqrt{x^2-a^2}-\int\sqrt{x^2-a^2}\mathrm{d}x-a^2\int\frac{1}{\sqrt{x^2-a^2}}\mathrm{d}x\\&=x\sqrt{x^2-a^2}-I-a^2\ln\left|x+\sqrt{x^2-a^2}\right|+C_1\text{(由例 18 得)},\end{aligned}$$

故

$$I=\frac{x}{2}\sqrt{x^2-a^2}-\frac{a^2}{2}\ln\left|x+\sqrt{x^2-a^2}\right|+C,$$

其中 $C=\frac{1}{2}C_1$.

例 26　求 $I_n=\int x^n e^x\mathrm{d}x$, n 为正整数.

解

$$\begin{aligned}I_n&=\int x^n\mathrm{d}e^x\\&=x^n e^x-\int nx^{n-1}e^x\mathrm{d}x\\&=x^n e^x-nI_{n-1}.\end{aligned}$$

由此,即得递推式

$$I_n=x^n e^x-nI_{n-1}.$$

由上述递推式可求出所有形如 I_n 的积分,如取 $n=1$ 得

$$I_1=xe^x-I_0=xe^x-\int e^x\mathrm{d}x=xe^x-e^x+C.$$

在积分的过程中往往要兼用换元法与分部积分法,下面举一个例子.

例 27　求 $\int e^{\sqrt{x}}\mathrm{d}x$.

解　令 $\sqrt{x}=t$,则 $x=t^2$, $\mathrm{d}x=2t\mathrm{d}t$,于是

$$\int e^{\sqrt{x}}\mathrm{d}x=2\int te^t\mathrm{d}t.$$

利用例 20 的结果,并用 $t=\sqrt{x}$ 代回,便得所求积分:

$$\begin{aligned}\int e^{\sqrt{x}}\mathrm{d}x&=2\int te^t\mathrm{d}t=2e^t(t-1)+C\\&=2e^{\sqrt{x}}(\sqrt{x}-1)+C.\end{aligned}$$

3. 有理函数的积分

设 $P(x)$、$Q(x)$ 是两个多项式，称 $\dfrac{P(x)}{Q(x)}$ 为有理函数. 当分子 $P(x)$ 的次数不小于分母 $Q(x)$ 的次数时，称上述有理函数为假分式，否则称为真分式. 由多项式的除法可知，总可将假分式化为一个多项式与一个真分式的和. 而多项式的不定积分简单易求，因此求有理函数积分的关键是求真分式的不定积分. 前面我们已经介绍过一些真分式的不定积分，如 $\displaystyle\int \frac{1}{ax+b}\mathrm{d}x$，$\displaystyle\int \frac{1}{(ax+b)^n}\mathrm{d}x$，$\displaystyle\int \frac{1}{(x-a)(x-b)}\mathrm{d}x$，$\displaystyle\int \frac{ax+b}{x^2+1}\mathrm{d}x$，等等. 若 $\dfrac{P(x)}{Q(x)}$ 为真分式，且分母能分解为两个无公因式的多项式的乘积，即 $Q(x)=Q_1(x)Q_2(x)$，由代数学的知识可知，$\dfrac{P(x)}{Q(x)}$ 可以拆分成两个真分式之和 $\dfrac{P(x)}{Q(x)}=\dfrac{P_1(x)}{Q_1(x)}+\dfrac{P_2(x)}{Q_2(x)}$. 下面我们列举几个有理函数分解为部分简单分式之和的例子.

例 28　试将分式 $\dfrac{x^2+5x+6}{(x-1)(x^2+2x+3)}$ 分解为部分简单分式之和.

解　可设

$$\frac{x^2+5x+6}{(x-1)(x^2+2x+3)}=\frac{A}{x-1}+\frac{Bx+C}{x^2+2x+3}.$$

两边去分母并合并同类项得

$$x^2+5x+6=(A+B)x^2+(2A-B+C)x+(3A-C).$$

比较 x 同次幂的系数，得方程组

$$\begin{cases}A+B=1,\\2A-B+C=5,\\3A-C=6.\end{cases}$$

解之，得 $A=2$，$B=-1$，$C=0$. 故

$$\frac{x^2+5x+6}{(x-1)(x^2+2x+3)}=\frac{2}{x-1}-\frac{x}{x^2+2x+3}.$$

例 29　将 $\dfrac{2x+2}{(x-1)(x^2+1)^2}$ 分解为部分简单分式之和.

解　可设

$$\frac{2x+2}{(x-1)(x^2+1)^2}=\frac{A}{x-1}+\frac{B_1x+C_1}{x^2+1}+\frac{B_2x+C_2}{(x^2+1)^2}.$$

去分母并合并同类项，得

$$2x+2=(A+B_1)x^4+(C_1-B_1)x^3+(2A+B_2+B_1-C_1)x^2+(C_2+C_1-B_2-B_1)x+(A-C_2-C_1).$$

比较 x 同次幂的系数得

$$\begin{cases}A+B_1=0,\\C_1-B_1=0,\\2A+B_2+B_1-C_1=0,\\C_2+C_1-B_2-B_1=2,\\A-C_2-C_1=2.\end{cases}$$

解之,得 $A=1,B_1=-1,C_1=-1,B_2=-2,C_2=0$. 故

$$\frac{2x+2}{(x-1)(x^2+1)^2}=\frac{1}{x-1}-\frac{x+1}{x^2+1}-\frac{2x}{(x^2+1)^2}.$$

例 30　求 $\int\frac{2x-3}{(x-1)(x-2)}\mathrm{d}x$.

解　设 $\frac{2x-3}{(x-1)(x-2)}=\frac{A}{x-1}+\frac{B}{x-2}$,其中 A、B 为待定系数. 上式右端通分,比较两边分子可得

$$2x-3=A(x-2)+B(x-1),$$

比较 x 同次幂的系数,得方程组

$$\begin{cases}A+B=2,\\-2A-B=-3,\end{cases}$$

解得 $A=B=1$. 故

$$\int\frac{2x-3}{(x-1)(x-2)}\mathrm{d}x=\int\left(\frac{1}{x-1}+\frac{1}{x-2}\right)\mathrm{d}x=\ln|x-1|+\ln|x-2|+C.$$

例 31　求 $\int\frac{1}{x(x-1)^2}\mathrm{d}x$.

解　设

$$\frac{1}{x(x-1)^2}=\frac{A}{x}+\frac{Bx+C}{(x-1)^2},$$

则

$$1=A(x-1)^2+x(Bx+C),$$

即

$$1=(A+B)x^2+(C-2A)x+A,$$

解得

$$A=1,B=-1,C=2.$$

故

$$\begin{aligned}\int\frac{1}{x(x-1)^2}\mathrm{d}x&=\int\left[\frac{1}{x}-\frac{1}{x-1}+\frac{1}{(x-1)^2}\right]\mathrm{d}x\\&=\int\frac{1}{x}\mathrm{d}x-\int\frac{1}{x-1}\mathrm{d}x+\int\frac{1}{(x-1)^2}\mathrm{d}x\\&=\ln|x|-\ln|x-1|-\frac{1}{x-1}+C.\end{aligned}$$

某些积分本身虽不属于有理函数积分,但经某些代换后,则可化为有理函数的积分.

例 32　求 $\int\frac{\mathrm{d}x}{\sin x(1+\cos x)}$.

解　令 $t=\tan\frac{x}{2}$,则

$$\begin{aligned}\int\frac{\mathrm{d}x}{\sin x(1+\cos x)}&=\int\frac{1}{2}\left(t+\frac{1}{t}\right)\mathrm{d}t=\frac{1}{4}t^2+\frac{1}{2}\ln|t|+C\\&=\frac{1}{4}\tan^2\frac{x}{2}+\frac{1}{2}\ln\left|\tan\frac{x}{2}\right|+C.\end{aligned}$$

但这里值得一提的是，我们在上面虽指出某些积分可化为有理函数积分，但并非这样积分的途径最简捷，有时可能还有更简单的方法.

例 33 求$\int \frac{\cos x}{1+\sin x}\mathrm{d}x$.

解 $$\int \frac{\cos x}{1+\sin x}\mathrm{d}x = \int \frac{\mathrm{d}(1+\sin x)}{1+\sin x} = \ln(1+\sin x) + C.$$

例 34 求$\int \frac{1+\sqrt{x-1}}{x}\mathrm{d}x$.

解 设$\sqrt{x-1}=u$，即$x=u^2+1$，则

$$\begin{aligned}\int \frac{1+\sqrt{x-1}}{x}\mathrm{d}x &= \int \frac{1+u}{u^2+1}\cdot 2u\mathrm{d}u = 2\int \frac{u^2+u}{u^2+1}\mathrm{d}u \\ &= 2\int\left(1+\frac{u}{u^2+1}-\frac{1}{u^2+1}\right)\mathrm{d}u \\ &= 2u+\ln(1+u^2)-2\arctan u + C \\ &= 2(\sqrt{x-1}-\arctan\sqrt{x-1})+\ln x + C.\end{aligned}$$

例 35 求$\int \frac{\mathrm{d}x}{1+\sqrt[3]{x+2}}$.

解 设$\sqrt[3]{x+2}=u$，即$x=u^3-2$，则

$$\begin{aligned}\int \frac{\mathrm{d}x}{1+\sqrt[3]{x+2}} &= \int \frac{1}{1+u}\cdot 3u^2\mathrm{d}u = 3\int \frac{u^2-1+1}{1+u}\mathrm{d}u \\ &= 3\int\left(u-1+\frac{1}{1+u}\right)\mathrm{d}u = 3\left(\frac{u^2}{2}-u+\ln|1+u|\right)+C \\ &= \frac{3}{2}\sqrt[3]{(x+2)^2}-3\sqrt[3]{x+2}+3\ln|1+\sqrt[3]{x+2}|+C.\end{aligned}$$

例 36 求$\int \frac{1}{x}\sqrt{\frac{1+x}{x}}\mathrm{d}x$.

解 设$\sqrt{\frac{1+x}{x}}=t$，即$x=\frac{1}{t^2-1}$，于是

$$\begin{aligned}\int \frac{1}{x}\sqrt{\frac{1+x}{x}}\mathrm{d}x &= \int (t^2-1)t\cdot\frac{-2t}{(t^2-1)^2}\mathrm{d}t \\ &= -2\int \frac{t^2}{t^2-1}\mathrm{d}t = -2\int\left(1+\frac{1}{t^2-1}\right)\mathrm{d}t \\ &= -2t-\ln\left|\frac{t-1}{t+1}\right|+C \\ &= -2\sqrt{\frac{1+x}{x}}-\ln\frac{\sqrt{1+x}-\sqrt{x}}{\sqrt{1+x}+\sqrt{x}}+C.\end{aligned}$$

第四节* 积分表的使用

通过前面的讨论可以看出，积分的计算往往要比导数的计算更加灵活、复杂.这样，当实际应用中需要计算积分时就会产生诸多不便，为了解决该问题，人们便把一些常用积分公式汇总

成表，称为积分表(见附录 A). 积分表是根据被积函数的类型来排列的，求积分时，可根据被积函数的类型直接地或经过简单的变形后，在表内查得所需的结果.

我们先举几个可以直接从积分表中查得结果的积分例子.

例 1 求$\int e^{-x}\sin 2x\mathrm{d}x$.

解 被积函数含指数函数，查书末附录A积分表“十三、含有指数函数的积分”中公式128得

$$\int e^{-x}\sin 2x\mathrm{d}x=\frac{1}{(-1)^2+2^2}e^{-x}(-\sin 2x-2\cos 2x)+C$$

$$=-\frac{1}{5}e^{-x}(\sin 2x+2\cos 2x)+C.$$

例 2 求$\int\frac{x}{(3x+4)^2}\mathrm{d}x$.

解 被积函数含有 $ax+b$，查书末附录 A 积分表中的公式 7，得

$$\int\frac{x}{(ax+b)^2}\mathrm{d}x=\frac{1}{a^2}\left(\ln|ax+b|+\frac{b}{ax+b}\right)+C.$$

现在 $a=3, b=4$，于是

$$\int\frac{x}{(3x+4)^2}\mathrm{d}x=\frac{1}{9}\left(\ln|3x+4|+\frac{4}{3x+4}\right)+C.$$

例 3 求$\int\frac{\mathrm{d}x}{5-4\cos x}$.

解 被积函数含有三角函数，在书末附录 A 积分表中查得关于积分$\int\frac{\mathrm{d}x}{a+b\cos x}$的公式，但是公式有两个，要看 $a^2>b^2$ 或 $a^2<b^2$ 而决定采用哪一个.

现在 $a=5, b=-4, a^2>b^2$，所以用公式 105

$$\int\frac{\mathrm{d}x}{a+b\cos x}=\frac{2}{a+b}\sqrt{\frac{a+b}{a-b}}\arctan\left(\sqrt{\frac{a-b}{a+b}}\tan\frac{x}{2}\right)+C\ (a^2>b^2).$$

于是

$$\int\frac{\mathrm{d}x}{5-4\cos x}=\frac{2}{5+(-4)}\sqrt{\frac{5+(-4)}{5-(-4)}}\arctan\left(\sqrt{\frac{5-(-4)}{5+(-4)}}\tan\frac{x}{2}\right)+C$$

$$=\frac{2}{3}\arctan\left(3\tan\frac{x}{2}\right)+C.$$

下面再举一个需要先进行变量代换，然后再查表求积分的例子.

例 4 求$\int\frac{\mathrm{d}x}{(x+1)\sqrt{x^2+2x+5}}$.

解 该积分在表中不能直接查出，为此先令 $u=x+1$ 得

$$\int\frac{\mathrm{d}x}{(x+1)\sqrt{x^2+2x+5}}=\int\frac{\mathrm{d}u}{u\sqrt{u^2+4}}.$$

查书末附录 A 积分表中公式 37 得

$$\int\frac{\mathrm{d}x}{(x+1)\sqrt{x^2+2x+5}}=\frac{1}{2}\ln\frac{\sqrt{u^2+4}-2}{|u|}+C$$

$$=\frac{1}{2}\ln\frac{\sqrt{x^2+2x+5}-2}{|x+1|}+C.$$

一般说来，查积分表可以节省计算积分的时间，但是，只有掌握了前面学过的基本积分方法才能灵活地使用积分表，而且对一些比较简单的积分，应用基本积分方法来计算可能比查表更快. 例如，对$\int \sin^2 x\cos^3 x\mathrm{d}x$，用变换$u=\sin x$很快就可得到结果. 所以，求积分时究竟是直接计算，还是查表，或是两者结合使用，应该做具体分析，不能一概而论.

在本节结束之前，我们还要指出：对初等函数来说，在其定义区间上，它的原函数一定存在，但原函数不一定都是初等函数，如

$$\int \mathrm{e}^{-x^2}\mathrm{d}x,\int \frac{\sin x}{x}\mathrm{d}x,\int \frac{\mathrm{d}x}{\ln x},\int \frac{\mathrm{d}x}{\sqrt{1+x^4}},$$

等等，就都不是初等函数.

第五节　定积分的计算

在第二节，我们给出了计算定积分的牛顿 - 莱布尼茨公式. 本节，我们将借鉴求不定积分的方法，并结合牛顿 - 莱布尼茨公式给出求定积分的一些基本方法.

一、换元法

定理 1　假设

(1) $f(x)\in C([a,b])$；

(2) $\varphi(\alpha)=a,\varphi(\beta)=b$；

(3) $x=\varphi(t)$ 在$[\alpha,\beta]$(或$[\beta,\alpha]$) 上单调，且具有连续导数，

则

$$\int_a^b f(x)\mathrm{d}x=\int_\alpha^\beta f[\varphi(t)]\varphi'(t)\mathrm{d}t. \tag{4.7}$$

证　由假设条件(1) 知 $f(x)$ 在$[a,b]$上可积，设其原函数为 $F(x)$，又由复合函数求导法则知 $F[\varphi(t)](t\in(\alpha,\beta))$ 是 $f[\varphi(t)]\varphi'(t)$ 的一个原函数，故由牛顿 - 莱布尼茨公式有

$$\int_a^b f(x)\mathrm{d}x=F(b)-F(a)$$

及

$$\int_\alpha^\beta f[\varphi(t)]\varphi'(t)\mathrm{d}t=f[\varphi(\beta)]-f[\varphi(\alpha)]=F(b)-F(a).$$

从而

$$\int_a^b f(x)\mathrm{d}x=\int_\alpha^\beta f[\varphi(t)]\varphi'(t)\mathrm{d}t.$$

值得注意的是：

第一，式(4.7) 在作代换 $x=\varphi(t)$ 后，原来关于 x 的积分区间必须换为关于新变量 t 的积分区间，而且新被积函数的原函数求出后不必再代回原积分变量，而只需把新积分变量的上、下限直接代入相减即可；

第二，求定积分时，代换 $x=\varphi(t)$ 的选取原则与用换元法求相应的不定积分的选取原则完全相同.

例 1 计算$\int_0^a \sqrt{a^2-x^2}\,\mathrm{d}x(a>0)$.

解 令 $x=a\sin t$,则当 $t\in\left[0,\frac{\pi}{2}\right]$时,$x\in[0,a]$,且 $t=0$ 时 $x=0$;$t=\frac{\pi}{2}$ 时 $x=a$,故

$$\int_0^a \sqrt{a^2-x^2}\,\mathrm{d}x=\int_0^{\frac{\pi}{2}} a\cos t\cdot a\cos t\,\mathrm{d}t=\frac{a^2}{2}\int_0^{\frac{\pi}{2}}(1+\cos 2t)\,\mathrm{d}t$$

$$=\frac{a^2}{2}\left(t+\frac{\sin 2t}{2}\right)\Bigg|_0^{\frac{\pi}{2}}=\frac{\pi}{4}a^2.$$

例 2 计算$\int_0^4 \frac{x+2}{\sqrt{2x+1}}\mathrm{d}x$.

解 令 $\sqrt{2x+1}=t$,则 $x=\frac{t^2-1}{2}$,$\mathrm{d}x=t\mathrm{d}t$,且当 $x=0$ 时 $t=1$;当 $x=4$ 时 $t=3$. 于是

$$\int_0^4 \frac{x+2}{\sqrt{2x+1}}\mathrm{d}x=\int_1^3 \frac{\frac{t^2-1}{2}+2}{t}t\,\mathrm{d}t=\frac{1}{2}\int_1^3(t^2+3)\,\mathrm{d}t$$

$$=\frac{1}{2}\left(\frac{t^3}{3}+3t\right)\Bigg|_1^3=\frac{22}{3}.$$

例 3 证明:

(1) 若 $f(x)$ 为偶函数,则$\int_{-a}^a f(x)\,\mathrm{d}x=2\int_0^a f(x)\,\mathrm{d}x$;

(2) 若 $f(x)$ 为奇函数,则$\int_{-a}^a f(x)\,\mathrm{d}x=0$.

证
$$\int_{-a}^a f(x)\,\mathrm{d}x=\int_{-a}^0 f(x)\,\mathrm{d}x+\int_0^a f(x)\,\mathrm{d}x$$

$$=\int_a^0 f(-t)\,\mathrm{d}(-t)+\int_0^a f(x)\,\mathrm{d}x,$$

在第一个积分中令 $x=-t$,故

$$\text{上式}=\int_0^a f(-t)\,\mathrm{d}t+\int_0^a f(x)\,\mathrm{d}x$$

$$=\int_0^a f(-x)\,\mathrm{d}x+\int_0^a f(x)\,\mathrm{d}x$$

$$=\int_0^a [f(-x)+f(x)]\,\mathrm{d}x.$$

(1) 若 $f(x)$ 为偶函数,则 $f(-x)=f(x)$,从而

$$\int_{-a}^a f(x)\,\mathrm{d}x=2\int_0^a f(x)\,\mathrm{d}x.$$

(2) 若 $f(x)$ 为奇函数,则 $f(-x)=-f(x)$,从而

$$\int_{-a}^a f(x)\,\mathrm{d}x=0.$$

利用例 3 的结论,常可简化计算偶函数、奇函数在对称于原点的区间上的定积分.

例 4 若 $f(x)$ 为定义在$(+\infty,-\infty)$上的周期为 T 的周期函数,且在任意区间上可积,则 $\forall a\in\mathbf{R}$ 有

$$\int_a^{a+T} f(x)\mathrm{d}x = \int_0^T f(x)\mathrm{d}x.$$

证　由于$\int_a^{a+T} f(x)\mathrm{d}x = \int_0^T f(x)\mathrm{d}x + \int_T^{a+T} f(x)\mathrm{d}x$，而

$$\begin{aligned}\int_T^{a+T} f(x)\mathrm{d}x &\xlongequal{\text{令 } x = t + T} \int_0^a f(t+T)\mathrm{d}t \\ &= \int_0^a f(t)\mathrm{d}t = \int_0^a f(x)\mathrm{d}x \\ &= \int_0^T f(x)\mathrm{d}x - \int_a^T f(x)\mathrm{d}x,\end{aligned}$$

故等式成立.

例 4 说明周期为 T 的可积函数在任一长度为 T 的区间上的积分值都相同.

例 5　若 $f(x) \in C([0,1])$，则

$$\int_0^{\frac{\pi}{2}} f(\sin x)\mathrm{d}x = \int_0^{\frac{\pi}{2}} f(\cos x)\mathrm{d}x.$$

证　令 $x = \dfrac{\pi}{2} - t$，则

$$\begin{aligned}\int_0^{\frac{\pi}{2}} f(\sin x)\mathrm{d}x &= \int_{\frac{\pi}{2}}^0 f(\cos t)(-\mathrm{d}t) \\ &= \int_0^{\frac{\pi}{2}} f(\cos x)\mathrm{d}x.\end{aligned}$$

由例 5 可知

$$\int_0^{\frac{\pi}{2}} (\sin x)^n \mathrm{d}x = \int_0^{\frac{\pi}{2}} (\cos x)^n \mathrm{d}x \,(n \text{ 为正整数}).$$

二、分部积分法

定理 2　设 $u = u(x), v = v(x)$ 均在区间$[a,b]$上可导，且 u', v' 在$[a,b]$上可积，则有分部积分公式

$$\int_a^b uv' \mathrm{d}x = uv\Big|_a^b - \int_a^b u'v \mathrm{d}x. \tag{4.8}$$

证　由

$$(uv)' = u'v + uv',$$

对上式两边从 a 到 b 积分得

$$\int_a^b (uv)' \mathrm{d}x = \int_a^b u'v \mathrm{d}x + \int_a^b uv' \mathrm{d}x.$$

由此即得公式(4.8).

例 6　计算$\int_0^{\frac{1}{2}} \arcsin x \mathrm{d}x$.

解　设 $u = \arcsin x, \mathrm{d}v = \mathrm{d}x$，则

$$\mathrm{d}u = \frac{\mathrm{d}x}{\sqrt{1-x^2}}, v = x.$$

代入分部积分公式(4.8)，得

$$\int_0^{\frac{1}{2}} \arcsin x \mathrm{d}x = x\arcsin x\Big|_0^{\frac{1}{2}} - \int_0^{\frac{1}{2}} \frac{x\mathrm{d}x}{\sqrt{1-x^2}}$$

$$= \frac{\pi}{12} + \frac{1}{2}\int_0^{\frac{1}{2}} (1-x^2)^{-\frac{1}{2}} \mathrm{d}(1-x^2)$$

$$= \frac{\pi}{12} + \sqrt{1-x^2}\Big|_0^{\frac{1}{2}}$$

$$= \frac{\pi}{12} + \frac{\sqrt{3}}{2} - 1.$$

例 6 中，在应用分部积分法之后，还应用了定积分的换元法.

例 7　计算$\int_0^1 \mathrm{e}^{\sqrt{x}} \mathrm{d}x$.

解　先用换元法，令$\sqrt{x} = t$，则 $x = t^2$，$\mathrm{d}x = 2t\mathrm{d}t$，且当 $x = 0$ 时 $t = 0$；当 $x = 1$ 时 $t = 1$. 于是

$$\int_0^1 \mathrm{e}^{\sqrt{x}} \mathrm{d}x = 2\int_0^1 t\mathrm{e}^t \mathrm{d}t.$$

再用分部积分法计算上式右端的积分. 设 $u = t$，$\mathrm{d}v = \mathrm{e}^t\mathrm{d}t$，则 $\mathrm{d}u = \mathrm{d}t$，$v = \mathrm{e}^t$. 于是

$$\int_0^1 t\mathrm{e}^t \mathrm{d}t = t\mathrm{e}^t\Big|_0^1 - \int_0^1 \mathrm{e}^t \mathrm{d}t = \mathrm{e} - \mathrm{e}^t\Big|_0^1 = 1.$$

因此

$$\int_0^1 \mathrm{e}^{\sqrt{x}} \mathrm{d}x = 2.$$

例 8　计算 $I_n = \int_0^{\frac{\pi}{2}} \sin^n x \mathrm{d}x$.

解
$$I_n = \int_0^{\frac{\pi}{2}} \sin^n x \mathrm{d}x = \int_0^{\frac{\pi}{2}} (-\sin^{n-1}x)\mathrm{d}\cos x$$

$$= -\sin^{n-1}x\cos x\Big|_0^{\frac{\pi}{2}} + \int_0^{\frac{\pi}{2}} \cos x \cdot (n-1)\sin^{n-2}x\cos x \mathrm{d}x$$

$$= (n-1)\int_0^{\frac{\pi}{2}} \sin^{n-2}x(1-\sin^2 x)\mathrm{d}x$$

$$= (n-1)I_{n-2} - (n-1)I_n.$$

由此，得到递推公式：

$$I_n = \frac{n-1}{n} I_{n-2}.$$

而易求得

$$I_0 = \int_0^{\frac{\pi}{2}} \mathrm{d}x = \frac{\pi}{2}, I_1 = \int_0^{\frac{\pi}{2}} \sin x \mathrm{d}x = 1.$$

故当 n 为偶数时，

$$I_n = \frac{n-1}{n} \cdot \frac{n-3}{n-2} \cdot \cdots \cdot \frac{3}{4} \cdot \frac{1}{2} I_0 = \frac{1}{2} \frac{(n-1)!!}{n!!} \cdot \frac{\pi}{2} \text{①};$$

当 n 为奇数时，

① !!为双阶乘符号，当 n 为偶数时，$n!! = n \cdot (n-2) \cdot \cdots \cdot 4 \cdot 2$；当 n 为奇数时，$n!! = n \cdot (n-2) \cdot \cdots \cdot 3 \cdot 1$.

$$I_n=\frac{n-1}{n}\cdot\frac{n-3}{n-2}\cdot\cdots\cdot\frac{4}{5}\cdot\frac{2}{3}I_1=\frac{(n-1)!!}{n!!}.$$

由例5及例8可知，

$$\int_0^{\frac{\pi}{2}}\cos^n x\,\mathrm{d}x=I_n=\begin{cases}\dfrac{(n-1)!!}{n!!}\cdot\dfrac{\pi}{2}, & n=2k,\\ \dfrac{(n-1)!!}{n!!}, & n=2k-1.\end{cases}$$

例 9　若 $f(x)$ 在 $[a,b]$ 上可导，且 $f(a)=f(b)=0$，$\int_a^b f^2(x)\mathrm{d}x=2$，试求

$$\int_a^b xf(x)f'(x)\mathrm{d}x.$$

解　由已知及分部积分公式可得

$$\begin{aligned}\int_a^b xf(x)f'(x)\mathrm{d}x&=\int_a^b xf(x)\mathrm{d}f(x)=\int_a^b\frac{1}{2}x\mathrm{d}f^2(x)\\&=\frac{1}{2}xf^2(x)\Big|_a^b-\frac{1}{2}\int_a^b f^2(x)\mathrm{d}x\\&=0-\frac{1}{2}\times 2=-1.\end{aligned}$$

第六节　广义积分

在一些实际问题中，我们常遇到积分区间为无穷区间，或者被积函数在积分区间上具有无穷间断点的积分，它们已经不属于前面所说的定积分了.因此，我们下面对定积分做如下两种推广，建立“广义积分”的概念.

一、无穷积分

定义 1　设 $f(x)$ 在 $[a,+\infty)$ 上连续，若极限 $\lim\limits_{A\to+\infty}\int_a^A f(x)\mathrm{d}x$ 存在，则称此极限为函数 $f(x)$ 在 $[a,+\infty)$ 上的广义积分，记作 $\int_a^{+\infty}f(x)\mathrm{d}x$，即有

$$\int_a^{+\infty}f(x)\mathrm{d}x=\lim_{A\to+\infty}\int_a^A f(x)\mathrm{d}x, \tag{4.9}$$

此时也称该广义积分收敛；否则称该广义积分发散.

类似地，可定义：

(1) $\int_{-\infty}^b f(x)\mathrm{d}x=\lim\limits_{B\to-\infty}\int_B^b f(x)\mathrm{d}x\,(B<b)$，

(2) $\int_{-\infty}^{+\infty}f(x)\mathrm{d}x=\int_{-\infty}^c f(x)\mathrm{d}x+\int_c^{+\infty}f(x)\mathrm{d}x\,(-\infty<c<+\infty)$.

对积分 $\int_{-\infty}^{+\infty}f(x)\mathrm{d}x$，其收敛的充要条件是 $\int_{-\infty}^c f(x)\mathrm{d}x$ 及 $\int_c^{+\infty}f(x)\mathrm{d}x$ 同时收敛.

例 1　求 $\int_0^{+\infty}x\mathrm{e}^{-x^2}\mathrm{d}x$.

解
$$\int_0^{+\infty}x\mathrm{e}^{-x^2}\mathrm{d}x=\lim_{A\to+\infty}\int_0^A x\mathrm{e}^{-x^2}\mathrm{d}x=\lim_{A\to+\infty}\left(-\frac{1}{2}\mathrm{e}^{-x^2}\right)\Big|_0^A=\frac{1}{2}.$$

该广义积分的几何意义为：第一象限内位于曲线下方、x 轴上方而向右无限延伸的图形面积，如图 4-3 所示，为有限值$\frac{1}{2}$.

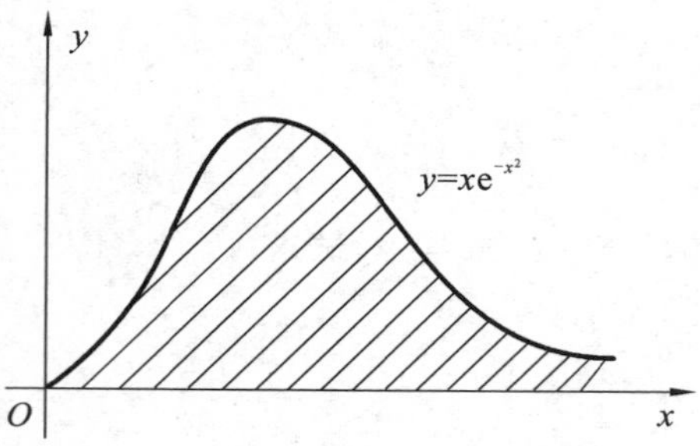

图 4-3

为了书写方便，今后记

$$\lim_{A\to+\infty} F(x)\Big|_a^A = F(x)\Big|_a^{+\infty},\ \lim_{B\to-\infty} F(x)\Big|_B^b = F(x)\Big|_{-\infty}^b.$$

这样，无穷积分的换元法及分部积分公式就与定积分相应的运算公式在形式上完全一致了.

例 2　判断 p- 积分$\int_a^{+\infty}\frac{\mathrm{d}x}{x^p}$$(a>0, p$ 为任意常数$)$的敛散性.

解　当 $p=1$ 时，

$$\text{原积分} = \ln|x|\Big|_a^{+\infty} = +\infty.$$

当 $p\neq 1$ 时，

$$\text{原积分} = \frac{x^{1-p}}{1-p}\Big|_a^{+\infty} = \begin{cases} +\infty, & \text{当 } p<1 \text{ 时}, \\ \dfrac{a^{1-p}}{p-1}, & \text{当 } p>1 \text{ 时}. \end{cases}$$

故当 $p\leqslant 1$ 时，原积分发散；当 $p>1$ 时，原积分收敛.

二、瑕积分

若 $\forall\delta>0$，函数 $f(x)$ 在 $\overset{0}{U}(x_0,\delta)$ 内无界，则称点 x_0 为 $f(x)$ 的一个瑕点. 例如 $x=a$ 是 $f(x)=\frac{1}{x-a}$ 的瑕点；$x=0$ 是 $g(x)=\frac{1}{\ln|x-1|}$ 的瑕点. 无界函数的广义积分又称为瑕积分.

定义 2　设 $f(x)$ 在$(a,b]$上连续，a 为其瑕点，若$\lim\limits_{\varepsilon\to0^+}\int_{a+\varepsilon}^b f(x)\mathrm{d}x$ 存在，则称此极限为函数 $f(x)$ 在$(a,b]$上的广义积分，记为$\int_a^b f(x)\mathrm{d}x$，即有

$$\int_a^b f(x)\mathrm{d}x = \lim_{\varepsilon\to0^+}\int_{a+\varepsilon}^b f(x)\mathrm{d}x, \tag{4.10}$$

也称广义积分$\int_a^b f(x)\mathrm{d}x$ 收敛；否则，称广义积分$\int_a^b f(x)\mathrm{d}x$ 发散.

完全类似地可定义：

$$\int_a^b f(x)\mathrm{d}x = \lim_{\varepsilon\to0^+}\int_a^{b-\varepsilon} f(x)\mathrm{d}x,$$

其中 b 为 $f(x)$ 在$[a,b]$上的唯一瑕点；

$$\int_a^b f(x)\mathrm{d}x = \int_a^c f(x)\mathrm{d}x + \int_c^b f(x)\mathrm{d}x \tag{4.11}$$

其中 c 为 $f(x)$ 在$[a,b]$内的唯一瑕点$(a<c<b)$.

特别地，对于式(4.11)有：瑕积分$\int_a^b f(x)\mathrm{d}x$ 收敛的充要条件是$\int_a^c f(x)\mathrm{d}x$ 及$\int_c^b f(x)\mathrm{d}x$ 同时收敛.

此外，对于上述定义中的各种瑕积分也可通过相应的换元法及分部积分法计算，但需注意的是：瑕积分虽然形式上与定积分相同，但内涵不一样.

我们将无穷积分和瑕积分统称为广义积分（或反常积分）.

例 3　求$\int_0^1 \frac{\mathrm{d}x}{\sqrt{1-x^2}}$.

解　易知 $x=1$ 为函数$\frac{1}{\sqrt{1-x^2}}$在$[0,1]$上的唯一瑕点，故由定义有

$$\int_0^1 \frac{\mathrm{d}x}{\sqrt{1-x^2}} = \lim_{\varepsilon\to 0^+}\int_0^{1-\varepsilon} \frac{\mathrm{d}x}{\sqrt{1-x^2}} = \lim_{\varepsilon\to 0^+}(\arcsin x)\Big|_0^{1-\varepsilon} = \frac{\pi}{2}.$$

例 4　讨论$\int_a^b \frac{\mathrm{d}x}{(x-a)^p}$（其中 a,b,p 为任意给定的常数，$a<b$）的敛散性.

解　当 $p\leqslant 0$ 时，所求积分为通常的定积分，且易求得其积分值为

$$\frac{(b-a)^{1-p}}{1-p};$$

当 $0<p<1$ 时，a 为其瑕点，且

$$\int_a^b \frac{\mathrm{d}x}{(x-a)^p} = \lim_{\varepsilon\to 0^+}\int_{a+\varepsilon}^b \frac{\mathrm{d}x}{(x-a)^p} = \lim_{\varepsilon\to 0^+}\frac{(x-a)^{1-p}}{1-p}\Big|_{a+\varepsilon}^b = \frac{(b-a)^{1-p}}{1-p};$$

当 $p=1$ 时，a 为瑕点，且

$$\int_a^b \frac{\mathrm{d}x}{(x-a)^p} = \lim_{\varepsilon\to 0^+}\int_{a+\varepsilon}^b \frac{\mathrm{d}x}{x-a} = \lim_{\varepsilon\to 0^+}\ln|x-a|\Big|_{a+\varepsilon}^b = +\infty;$$

当 $p>1$ 时，a 为瑕点，且

$$\int_a^b \frac{\mathrm{d}x}{(x-a)^p} = \lim_{\varepsilon\to 0^+}\int_{a+\varepsilon}^b \frac{\mathrm{d}x}{(x-a)^p} = \lim_{\varepsilon\to 0^+}\frac{(x-a)^{1-p}}{1-p}\Big|_{a+\varepsilon}^b = +\infty.$$

故当 $p<1$ 时原积分收敛，且其值为$\frac{(b-a)^{1-p}}{1-p}$；当 $p\geqslant 1$ 时积分发散.

对于瑕积分$\int_a^b \frac{\mathrm{d}x}{(b-x)^p}$的敛散性有类似的结论.

习　题　四

1. 利用定义计算下列定积分：

(1) $\int_a^b x\,\mathrm{d}x\,(a<b)$；　　(2) $\int_0^1 \mathrm{e}^x\,\mathrm{d}x$.

2. 用定积分的几何意义求下列积分值：

(1) $\int_0^1 2x\,\mathrm{d}x$；　　(2) $\int_0^R \sqrt{R^2-x^2}\,\mathrm{d}x\,(R>0)$.

3. 证明下列不等式：

(1) $\mathrm{e}^2-\mathrm{e}\leqslant\int_{\mathrm{e}}^{\mathrm{e}^2}\ln x\,\mathrm{d}x\leqslant 2(\mathrm{e}^2-\mathrm{e})$；　　(2) $1\leqslant\int_0^1 \mathrm{e}x^2\,\mathrm{d}x\leqslant\mathrm{e}$.

4. 证明：

(1) $\lim\limits_{n\to+\infty}\int_0^{\frac{1}{2}} \dfrac{x^n}{\sqrt{1+x}}dx = 0$;　　(2) $\lim\limits_{n\to\infty}\int_0^{\frac{\pi}{4}} \sin^n x\,dx = 0$.

5. 计算下列定积分：

(1) $\int_3^4 \sqrt{x}dx$;　　(2) $\int_{-1}^2 |x^2 - x|dx$;

(3) $\int_0^{\pi} f(x)dx$,其中 $f(x) = \begin{cases} x, & 0 \leqslant x \leqslant \dfrac{\pi}{2}, \\ \sin x, & \dfrac{\pi}{2} < x \leqslant \pi. \end{cases}$

6. 计算下列导数：

(1) $\dfrac{d}{dx}\int_0^{x^2} \sqrt{1+t^2}dt$;　　(2) $\dfrac{d}{dx}\int_{x^2}^{x^3} \dfrac{dt}{\sqrt{1+t^2}}$.

7. 求由参数式 $\begin{cases} x = \int_0^t \sin u^2 du, \\ y = \int_0^t \cos u^2 du \end{cases}$ 所确定的函数 y 对 x 的导数$\dfrac{dy}{dx}$.

8. 求由方程

$$\int_0^y e^t dt + \int_0^x \cos t dt = 0$$

所确定的隐函数 $y = y(x)$ 的导数.

9. 利用定积分概念求下列极限：

(1) $\lim\limits_{n\to\infty}\left(\dfrac{1}{n+1} + \dfrac{1}{n+2} + \cdots + \dfrac{1}{2n}\right)$;　　(2) $\lim\limits_{n\to\infty}\dfrac{1}{n^2}(\sqrt{n} + \sqrt{2n} + \cdots + \sqrt{n^2})$.

10. 求下列极限：

(1) $\lim\limits_{x\to 0}\dfrac{\int_0^x \ln(1+2t^2)dt}{x^3}$;　　(2) $\lim\limits_{x\to 0}\dfrac{\int_0^x e^{t^2}dt}{\int_0^x te^{2t^2}dt}$.

11. a,b,c 取何实数值才能使

$$\lim_{x\to 0}\frac{1}{\sin x - ax} = \int_b^x \frac{t^2}{\sqrt{1+t^2}}dt = c$$

成立.

12. 利用基本积分公式及性质求下列积分：

(1) $\int \sqrt{x}(x^2 - 5)dx$;　　(2) $\int 3^x e^x dx$;

(3) $\int\left(\dfrac{3}{1+x^2} - \dfrac{2}{\sqrt{1-x^2}}\right)dx$;　　(4) $\int \dfrac{x^2}{1+x^2}dx$;

(5) $\int \sin^2\dfrac{x}{2}dx$;　　(6) $\int (x^2 - 3x + 2)dx$;

(7) $\int\left(2e^x + \dfrac{3}{x}\right)dx$;　　(8) $\int e^x\left(1 - \dfrac{e^{-x}}{\sqrt{x}}\right)dx$;

(9) $\int \sec x(\sec x - \tan x)dx$;　　(10) $\int \dfrac{dx}{1+\cos 2x}$;

(11) $\int \frac{\cos 2x}{\cos x - \sin x} \mathrm{d}x$；　　(12) $\int \frac{\cos 2x}{\cos^2 x \sin^2 x} \mathrm{d}x$.

13. 一平面曲线过点$(1,0)$，且曲线上任一点(x,y)处的切线斜率为$2x-2$，求该曲线方程.

14. 在下列各式等号右端的空白处填入适当的系数，使等式成立.

(1) $x\mathrm{d}x = (\quad)\mathrm{d}(1-x^2)$；　　(2) $x\mathrm{e}^{x^2}\mathrm{d}x = (\quad)\mathrm{d}\mathrm{e}^{x^2}$；

(3) $\frac{\mathrm{d}x}{x} = (\quad)\mathrm{d}(3-5\ln|x|)$；　　(4) $a^{3x}\mathrm{d}x = (\quad)\mathrm{d}(a^{3x}-1)$；

(5) $\sin 3x\mathrm{d}x = (\quad)\mathrm{d}\cos 3x$；　　(6) $\frac{\mathrm{d}x}{\cos^2 5x} = (\quad)\mathrm{d}\tan 5x$；

(7) $\frac{x\mathrm{d}x}{x^2-1} = (\quad)\mathrm{d}\ln|x^2-1|$；　　(8) $\frac{\mathrm{d}x}{5-2x} = (\quad)\mathrm{d}\ln|5-2x|$.

15. 利用换元法求下列积分：

(1) $\int x\cos(x^2)\mathrm{d}x$；　　(2) $\int \frac{\sin x + \cos x}{\sqrt[3]{\sin x - \cos x}}\mathrm{d}x$；

(3) $\int \frac{\mathrm{d}x}{2x^2-1}$；　　(4) $\int \cos^3 x\mathrm{d}x$；

(5) $\int \cos x\cos\frac{x}{2}\mathrm{d}x$；　　(6) $\int \frac{10^{2\arcsin x}}{\sqrt{1-x^2}}\mathrm{d}x$；

(7) $\int \frac{\arctan\sqrt{x}}{\sqrt{x}(1+x)}\mathrm{d}x$；　　(8) $\int \mathrm{e}^{-5x}\mathrm{d}x$；

(9) $\int \frac{\mathrm{d}x}{1-2x}$；　　(10) $\int \frac{\sin\sqrt{t}}{\sqrt{t}}\mathrm{d}t$；

(11) $\int \tan^{10}x\sec^2 x\mathrm{d}x$；　　(12) $\int \frac{\mathrm{d}x}{x\ln^2 x}$；

(13) $\int \frac{\mathrm{d}x}{\sin x\cos x}$；　　(14) $\int x\mathrm{e}^{-x^2}\mathrm{d}x$；

(15) $\int (x+4)^{10}\mathrm{d}x$；　　(16) $\int \frac{\mathrm{d}x}{\sqrt[3]{2-3x}}$；

(17) $\int x\cos(x^2)\mathrm{d}x$；　　(18) $\int \sqrt{\frac{a+x}{a-x}}\mathrm{d}x$；

(19) $\int \frac{\mathrm{d}x}{\mathrm{e}^x+\mathrm{e}^{-x}}$；　　(20) $\int \frac{\ln x}{x}\mathrm{d}x$；

(21) $\int \sin^2 x\cos^3 x\mathrm{d}x$；　　(22) $\int \frac{\mathrm{d}x}{1+\sqrt{2x}}$；

(23) $\int \frac{\sqrt{x^2-9}}{x}\mathrm{d}x$；　　(24) $\int \frac{\mathrm{d}x}{\sqrt{(x^2+1)^3}}$；

(25) $\int \frac{\mathrm{d}x}{x+\sqrt{1-x^2}}$.

16. 用分部积分法求下列不定积分：

(1) $\int x^2\sin x\mathrm{d}x$；　　(2) $\int x\mathrm{e}^{-x}\mathrm{d}x$；

(3) $\int x\ln x\mathrm{d}x$；

(4) $\int \arccos x\mathrm{d}x$；

(5) $\int \mathrm{e}^{-x}\cos x\mathrm{d}x$；

(6) $\int x\sin x\cos x\mathrm{d}x$.

17. 求下列不定积分：

(1) $\int \frac{x^2+1}{(x+1)^2(x-1)}\mathrm{d}x$；

(2) $\int \frac{3\mathrm{d}x}{x^3+1}$；

(3) $\int \frac{x^2}{x^6+1}\mathrm{d}x$；

(4) $\int \frac{\sin x}{1+\sin x}\mathrm{d}x$；

(5) $\int \frac{\cot x}{\sin x+\cos x+1}\mathrm{d}x$；

(6) $\int \frac{1}{\sqrt{x(1+x)}}\mathrm{d}x$；

(7) $\int \frac{\sqrt{x+1}-1}{\sqrt{x+1}+1}\mathrm{d}x$.

18. 求下列不定积分，并用求导方法验证其结果正确否：

(1) $\int \frac{\mathrm{d}x}{1+\mathrm{e}^x}$；

(2) $\int \sin(\ln x)\mathrm{d}x$；

(3) $\int \frac{x+\sin x}{1+\cos x}\mathrm{d}x$；

(4) $\int xf''(x)\mathrm{d}x$；

(5) $\int \sin^n x\mathrm{d}x$（$n>1$ 且为正整数）.

19. 求不定积分$\int \max(1,|x|)\mathrm{d}x$.

20. 计算下列积分：

(1) $\int_0^4 \frac{x+2}{\sqrt{2x+1}}\mathrm{d}x$；

(2) $\int_1^{\mathrm{e}^2} \frac{\mathrm{d}x}{x\sqrt{1+\ln x}}$；

(3) $\int_1^{\sqrt{3}} \frac{\mathrm{d}x}{x^2\sqrt{1+x^2}}$；

(4) $\int_{\ln 2}^{\ln 3} \frac{\mathrm{d}x}{\mathrm{e}^x-\mathrm{e}^{-x}}$；

(5) $\int_0^{\pi} \sqrt{\sin^3 x-\sin^5 x}\mathrm{d}x$；

(6) $\int_0^{\frac{\pi}{2}} \mathrm{e}^{2x}\cos x\mathrm{d}x$；

(7) $\int_2^3 \frac{\mathrm{d}x}{x^2+x-2}$；

(8) $\int_{\frac{\pi}{3}}^{\pi} \sin\left(x+\frac{\pi}{3}\right)\mathrm{d}x$；

(9) $\int_{\frac{\pi}{6}}^{\frac{\pi}{2}} \cos^2 u\mathrm{d}u$.

21. 计算下列积分（n 为正整数）：

(1) $\int_0^1 \frac{x^n}{\sqrt{1-x^2}}\mathrm{d}x$；

(2) $\int_0^{\frac{\pi}{4}} \tan^{2n}x\mathrm{d}x$.

22. 证明下列等式：

(1) $\int_0^a x^3 f(x^2)\mathrm{d}x=\frac{1}{2}\int_0^{a^2} xf(x)\mathrm{d}x$（$a$ 为正常数）；

(2) 若 $f(x)\in C([a,b])$，则

$$\int_0^{\frac{\pi}{2}} f(\sin x)\mathrm{d}x=\int_0^{\frac{\pi}{2}} f(\cos x)\mathrm{d}x；$$

23. 利用被积函数奇偶性计算下列积分值(其中 a 为正常数)：

(1) $\int_{-a}^{a} \frac{\sin x}{|x|}\mathrm{d}x$；

(2) $\int_{-a}^{a} \ln(x+\sqrt{1+x^2})\mathrm{d}x$；

(3) $\int_{-1/2}^{1/2}\left[\frac{\sin x\tan^2 x}{3+\cos 3x}+\ln(1-x)\right]\mathrm{d}x$；

(4) $\int_{-\pi/2}^{\pi/2} \sin^2 x\left(\sin^4 x+\ln\frac{3+x}{3-x}\right)\mathrm{d}x$.

24. 利用习题中 22(2) 题的结论证明

$$\int_0^{\frac{\pi}{2}} \frac{\sin x}{\sin x+\cos x}\mathrm{d}x=\int_0^{\frac{\pi}{2}} \frac{\cos x}{\sin x+\cos x}\mathrm{d}x=\frac{\pi}{4},$$

并由此计算$\int_0^a \frac{\mathrm{d}x}{x+\sqrt{a^2-x^2}}$($a$ 为正常数).

25. 已知 $f(2)=\frac{1}{2}, f'(2)=0, \int_0^1 x^2 f''(2x)\mathrm{d}x$，求$\int_0^1 x^2 f''(2x)\mathrm{d}x$.

26. 用定义判断下列广义积分的敛散性，若收敛，则求其值：

(1) $\int_{\frac{2}{\pi}}^{+\infty} \frac{1}{x^2}\sin\frac{1}{x}\mathrm{d}x$；

(2) $\int_{-\infty}^{+\infty} \frac{\mathrm{d}x}{x^2+2x+2}$；

(3) $\int_0^{+\infty} x^n \mathrm{e}^{-x}\mathrm{d}x$($n$ 为正整数)；

(4) $\int_0^a \frac{\mathrm{d}x}{\sqrt{a^2-x^2}}(a>0)$；

(5) $\int_1^{\mathrm{e}} \frac{\mathrm{d}x}{x\sqrt{1-\ln(x)^2}}$；

(6) $\int_0^1 \frac{\mathrm{d}x}{\sqrt{x(1-x)}}$.

第五章 定积分的应用

本章中我们将利用定积分理论来解决一些实际问题.首先介绍建立定积分数学模型的方法——微分元素法,再利用这一方法求一些几何量(如面积、体积等),并介绍定积分在经济学中的简单应用.

第一节 微分元素法

在实际问题中,哪些量可用定积分表达?如何建立这些量的定积分表达式?本节中我们将回答这两个问题.

由定积分定义知,若 $f(x)$ 在区间 $[a,b]$ 上可积,$[a,b]$ 的任一划分:$a=x_0<x_1<x_2<\cdots<x_{i-1}<x_i<\cdots<x_n=b$.对于 $[x_{i-1},x_i]$ 中任意点 ξ_i,有

$$\int_a^b f(x)\mathrm{d}x=\lim_{\lambda\to 0}\sum_{i=1}^{n}f(\xi_i)\Delta x_i. \tag{5.1}$$

这里 $\Delta x_i=x_i-x_{i-1}\ (i=1,2,\cdots,n)$,$\lambda=\max\limits_{1\leqslant i\leqslant n}\{\Delta x_i\}$.式(5.1)表明:定积分的本质是一类特殊和式的极限,此极限值与 $[a,b]$ 的分法及点 ξ_i 的取法无关,只与区间 $[a,b]$ 及函数 $f(x)$ 有关.基于此,我们可以将一些实际问题中所求量的计算归结为定积分计算.

一般地,如果某一实际问题中的所求量 U 符合下列条件:

(1) U 是与一个变量 x 的变化区间 $[a,b]$ 有关的量;

(2) U 对区间 $[a,b]$ 具有可加性,即如果把 $[a,b]$ 分成许多子区间,则 U 相应地分成许多部分量,而 U 等于所有部分量之和;

(3) 部分量 ΔU_i 可近似地表示成 $f(\xi_i)\cdot\Delta x_i$.

那么,就可考虑用定积分来表达这个量 U.通常写出这个量 U 的积分表达式的步骤是:

(1) 建立坐标系,根据所求量 U 确定一个积分变量 x 及其变化范围 $[a,b]$;

(2) 设想把区间 $[a,b]$ 分成 n 个小区间,取其中任一小区间记作 $[x,x+\mathrm{d}x]$,求出相应于这一小区间的部分量 ΔU 的近似值,如果 ΔU 能近似地表示成 $[a,b]$ 上的某个可积函数在 x 处的值 $f(x)$ 与小区间长度 $\mathrm{d}x$ 的积,即

$$\Delta U\approx f(x)\mathrm{d}x,$$

我们称 $f(x)\mathrm{d}x$ 为所求量 U 的微分元素,记作

$$\mathrm{d}u=f(x)\mathrm{d}x;$$

(3) 以所求量 U 的元素 $f(x)\mathrm{d}x$ 为被积表达式,在区间 $[a,b]$ 上作定积分,得

$$U=\int_a^b\mathrm{d}u=\int_a^b f(x)\mathrm{d}x.$$

上述建立定积分数学模型的方法称为微分元素法.下面我们将应用这个方法来讨论几何、

经济中的一些问题.

第二节　平面图形的面积

对于平面图形,如果其边界曲线的方程是已知的,则其面积便可用定积分来表达.下面我们运用定积分的微分元素法,给出直角坐标系下平面图形的面积计算公式.

设一平面图形由曲线 $y=f_1(x)$, $y=f_2(x)$ 及直线 $x=a$ 和 $x=b(a<b)$ 围成(见图5-1).为求其面积 A,我们在 $[a,b]$ 上取典型小区间 $[x,x+\mathrm{d}x]$,相应于该小区间的平面图形面积 ΔA 近似地等于高为 $|f_1(x)-f_2(x)|$、宽为 $\mathrm{d}x$ 的窄矩形的面积,从而得到面积微元

$$\mathrm{d}A=|f_1(x)-f_2(x)|\mathrm{d}x.$$

所以,此平面图形的面积为

$$A=\int_a^b|f_1(x)-f_2(x)|\mathrm{d}x. \tag{5.2}$$

类似地,若平面图形由 $x=\varphi_1(y)$, $x=\varphi_2(y)$ 及直线 $y=c$ 和 $y=d(c<d)$ 围成(见图5-2),则其面积为

$$A=\int_c^d|\varphi_1(y)-\varphi_2(y)|\mathrm{d}y. \tag{5.3}$$

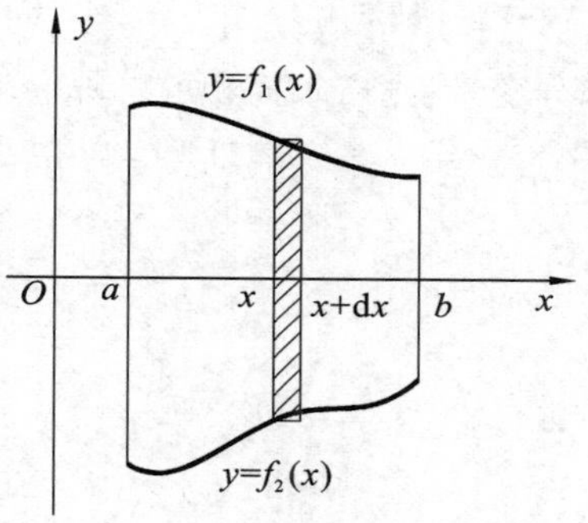

图 5-1

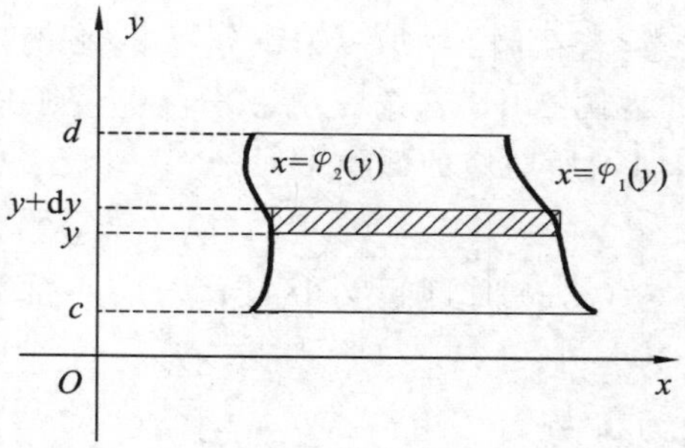

图 5-2

例 1　计算由抛物线 $y=-x^2+1$ 与 $y=x^2$ 所围图形的面积 A.

解　解方程组

$$\begin{cases}y=-x^2+1,\\ y=x^2,\end{cases}$$

得两抛物线的交点为 $\left(-\frac{\sqrt{2}}{2},\frac{1}{2}\right)$ 和 $\left(\frac{\sqrt{2}}{2},\frac{1}{2}\right)$,于是图形位于 $x=-\frac{\sqrt{2}}{2}$ 与 $x=\frac{\sqrt{2}}{2}$ 之间,如图5-3所示.取 x 为积分变量,由式(5.2)得

$$\begin{aligned}A&=\int_{-\frac{\sqrt{2}}{2}}^{\frac{\sqrt{2}}{2}}|1-x^2-x^2|\mathrm{d}x=2\int_0^{\frac{\sqrt{2}}{2}}(1-2x^2)\mathrm{d}x\\&=2\left(x-\frac{2}{3}x^3\right)\bigg|_0^{\frac{\sqrt{2}}{2}}=\frac{2\sqrt{2}}{3}.\end{aligned}$$

例 2　计算由直线 $y=x-4$ 和抛物线 $y^2=2x$ 所围图形的面积 A.

解　解方程组

$$\begin{cases} y^2 = 2x, \\ y = x - 4, \end{cases}$$

得两线的交点为(2，−2)和(8,4)，图形(见图5-4)位于直线 $y=-2$ 和 $y=4$ 之间，于是取 y 为积分变量，由式(5.3)得

$$\begin{aligned} A &= \int_{-2}^{4} \left| y + 4 - \frac{y^2}{2} \right| \mathrm{d}y \\ &= \left(\frac{y^2}{2} + 4y - \frac{y^3}{6} \right) \Bigg|_{-2}^{4} = 18. \end{aligned}$$

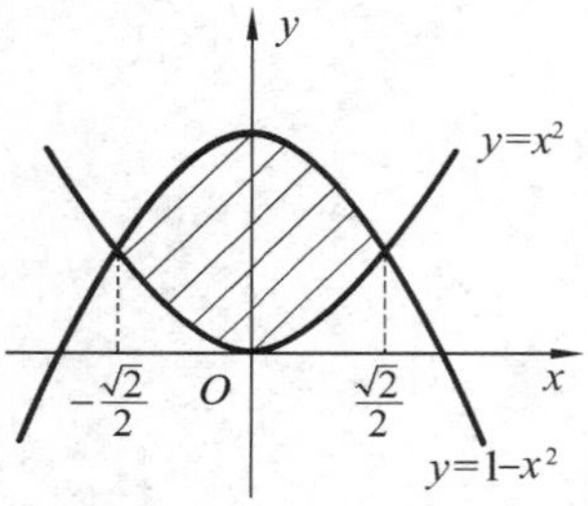

图 5-3

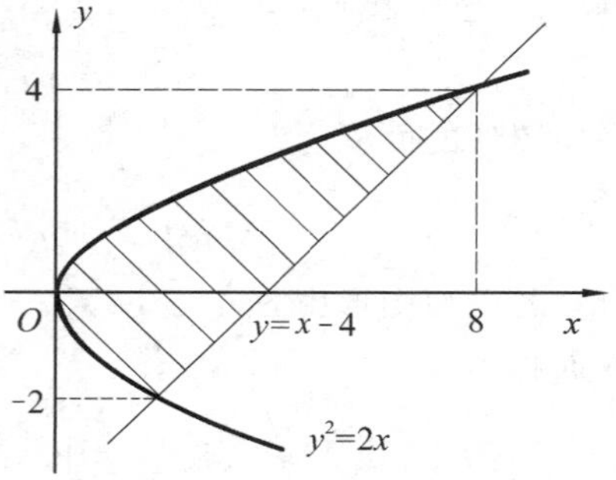

图 5-4

注意：若在例1中取 y 为积分变量，在例2中取 x 为积分变量，则所求面积的计算会较为复杂. 例如在例2中，若选 x 为积分变量，则积分区间是(0,8). 当 $x \in (0,2)$ 时，典型小区间 $[x, x+\mathrm{d}x]$ 所对应的面积微元是

$$\mathrm{d}A = [\sqrt{2x} - (-\sqrt{2x})]\mathrm{d}x;$$

而当 $x \in (2,8)$ 时，典型小区间所对应的面积微元是

$$\mathrm{d}A = [\sqrt{2x} - (x-4)]\mathrm{d}x.$$

故所求面积为

$$A = \int_0^2 [\sqrt{2x} - (-\sqrt{2x})]\mathrm{d}x + \int_2^8 [\sqrt{2x} - (x-4)]\mathrm{d}x.$$

显然，上述解法较例2中的解法要复杂. 因此，在求平面图形的面积时，恰当地选择积分变量可使计算简便.

当曲边梯形的曲边为连续曲线，其方程由参数方程

$$\begin{cases} x = \varphi(t), \\ y = \psi(t), \end{cases} \quad t_1 \leqslant t \leqslant t_2$$

给出时，若其底边位于 x 轴上，$\varphi(t)$ 在 $[t_1, t_2]$ 上可导，则其面积微元为

$$\mathrm{d}A = |y\mathrm{d}x| = |\psi(t)\varphi'(t)|\,\mathrm{d}t \quad (\mathrm{d}t > 0).$$

面积为

$$A = \int_{t_1}^{t_2} |\psi(t)\varphi'(t)|\,\mathrm{d}t. \tag{5.4}$$

同理，若其底边位于 y 轴上，且 $\psi(t)$ 在 $[t_1, t_2]$ 上可导，则其面积微元为

$$\mathrm{d}A = |x\mathrm{d}y| = |\varphi(t)\psi'(t)|\,\mathrm{d}t \quad (\mathrm{d}t > 0).$$

从而面积为

$$A = \int_{t_1}^{t_2} |\varphi(t)\psi'(t)|\,\mathrm{d}t. \tag{5.5}$$

例 3　设椭圆方程为 $\dfrac{x^2}{a^2}+\dfrac{y^2}{b^2}=1$（$a,b$ 为正常数），求其面积 A.

解　椭圆的参数方程为

$$\begin{cases} x = a\cos t, \\ y = b\sin t, \end{cases} \quad 0 \leqslant t \leqslant 2\pi.$$

由对称性知

$$\begin{aligned} A &= 4\int_0^{\frac{\pi}{2}} |b\sin t \cdot (a\cos t)'|\,\mathrm{d}t \\ &= 4ab\int_0^{\frac{\pi}{2}} \sin^2 t\,\mathrm{d}t = 4ab\int_0^{\frac{\pi}{2}} \frac{1-\cos 2t}{2}\mathrm{d}t \\ &= \pi ab. \end{aligned}$$

第三节　几何体的体积

一、平行截面面积为已知的立体体积

考虑介于垂直于 x 轴的两平行平面 $x=a$ 与 $x=b$ 之间的立体，如图 5-5 所示，若对任意的 $x\in[a,b]$，立体在此处垂直于 x 轴的截面面积可以用 x 的连续函数 $A(x)$ 来表示，则此立体的体积可用定积分表示.

在 $[a,b]$ 内取典型小区间 $[x,x+\mathrm{d}x]$，对应于此小区间的体积近似地等于以底面积为 $A(x)$、高为 $\mathrm{d}x$ 的柱体的体积，故体积元素为

$$\mathrm{d}V = A(x)\mathrm{d}x,$$

从而

$$V = \int_a^b A(x)\mathrm{d}x. \tag{5.6}$$

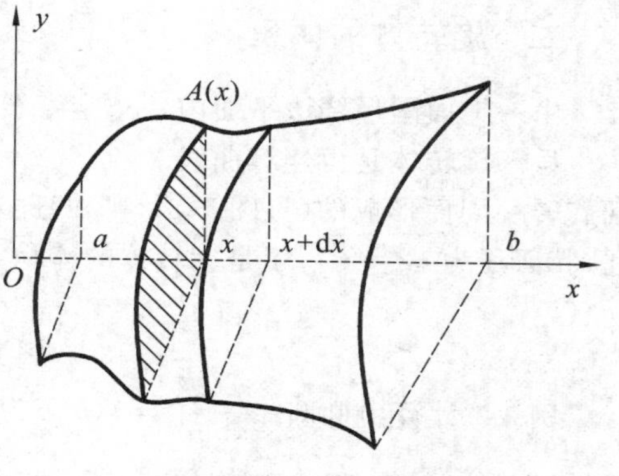

图 5-5

例 1　一平面经过半径为 R 的圆柱体的底圆中心，并与底面交成角 α，如图 5-6 所示，计算此平面截圆柱体所得楔形体的体积 V.

解法 1　建立坐标系，如图 5-6 所示，则底面圆方程为 $x^2+y^2=R^2$. 对任意的 $x\in[-R,R]$，过点 x 且垂直于 x 轴的截面是一个直角三角形，两直角边的长度分别为 $y=\sqrt{R^2-x^2}$ 和 $y\tan\alpha=\sqrt{R^2-x^2}\tan\alpha$，故截面面积为

$$A(x) = \frac{1}{2}(R^2-x^2)\tan\alpha.$$

于是立体体积为

$$V = \int_{-R}^{R} \frac{1}{2}(R^2-x^2)\tan\alpha\,\mathrm{d}x$$

$$= \tan\alpha \int_0^R (R^2 - x^2)\mathrm{d}x$$

$$= \frac{2}{3}R^3\tan\alpha.$$

解法 2　在楔形体中过点 y 且垂直于 y 轴的截面是一个矩形，如图 5-7 所示，其长为 $2x = 2\sqrt{R^2 - y^2}$，高为 $y\tan\alpha$，故其面积为

$$A(y) = 2y\sqrt{R^2 - y^2}\tan\alpha.$$

从而楔形体的体积为

$$V = \int_0^R 2y\sqrt{R^2 - y^2}\tan\alpha\mathrm{d}y = -\frac{2}{3}\tan\alpha\,(R^2 - y^2)^{\frac{3}{2}}\Big|_0^R$$

$$= \frac{2}{3}R^3\tan\alpha.$$

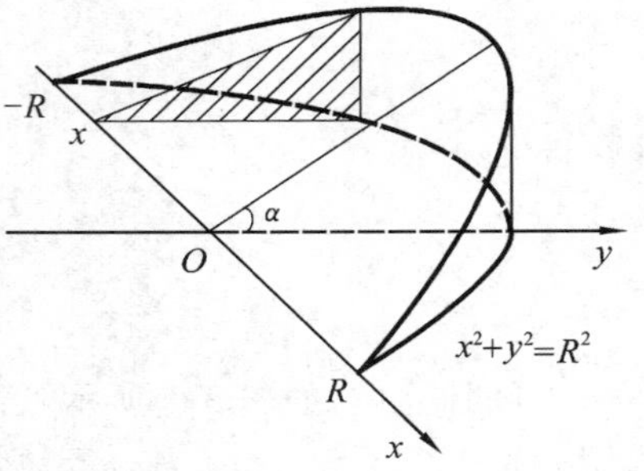

图 5-6

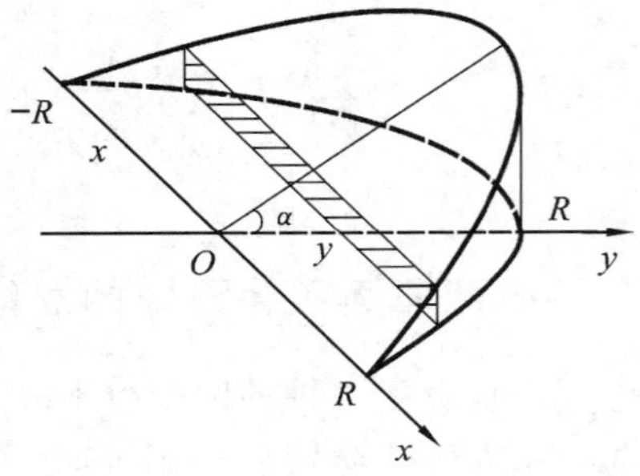

图 5-7

二、旋转体的体积

由一平面图形绕该平面内一条定直线旋转一周而成的立体称为旋转体.

设一旋转体是由连续曲线 $y = f(x)$，直线 $x = a$ 和 $x = b$ 及 x 轴所围成的曲边梯形绕 x 轴旋转一周而形成的(见图 5-8)，则对任意的 $x \in [a,b]$，相应于 x 处垂直于 x 轴的截面是一个圆，其面积为 $\pi f^2(x)$，于是旋转体的体积为

$$V = \pi\int_a^b f^2(x)\mathrm{d}x. \tag{5.7}$$

例 2　计算由椭圆 $\frac{x^2}{a^2} + \frac{y^2}{b^2} = 1$($a,b$ 为正常数) 所围图形绕 x 轴旋转而成的旋转体(称之为旋转椭球体，见图 5-9) 的体积.

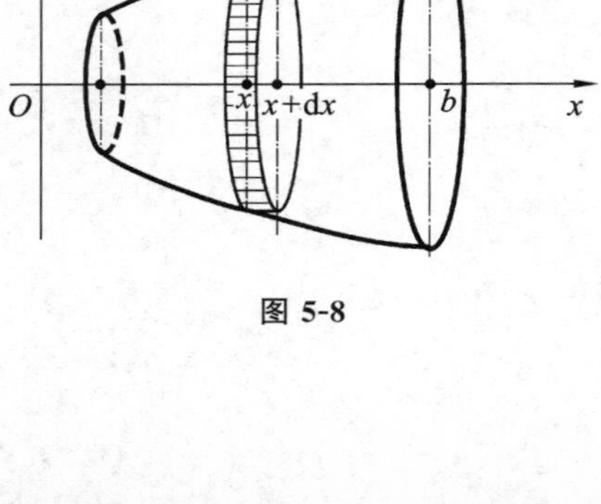

图 5-8

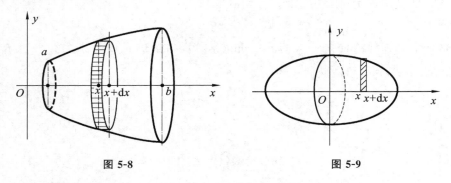

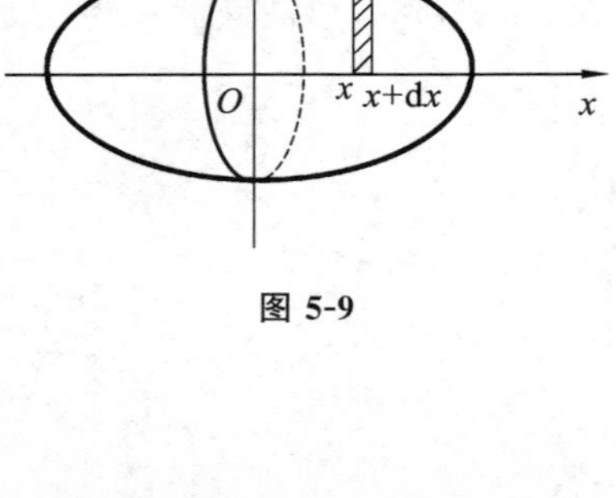

图 5-9

解　这个旋转体实际上就是半个椭圆 $y=\frac{b}{a}\sqrt{a^2-x^2}$ 及 x 轴所围曲边梯形绕 x 轴旋转一周而成的立体，于是由式(5.7) 得

$$\begin{aligned}V&=\pi\int_{-a}^{a}\frac{b^2}{a^2}(a^2-x^2)\mathrm{d}x\\&=2\pi\frac{b^2}{a^2}\int_0^a(a^2-x^2)\mathrm{d}x\\&=2\pi\cdot\frac{b^2}{a^2}\left(a^2x-\frac{x^3}{3}\right)\Big|_0^a\\&=\frac{4}{3}\pi ab^2.\end{aligned}$$

特别地，当 $a=b$ 时便得到球的体积 $\frac{4}{3}\pi a^3$.

例 3　求圆域 $x^2+(y-b)^2\leqslant a^2(b>a)$ 绕 x 轴旋转而成的圆环体的体积，如图 5-10 所示.

解　如图 5-10 所示，上半圆周的方程为 $y_1=b+\sqrt{a^2-x^2}$，下半圆周的方程为 $y_2=b-\sqrt{a^2-x^2}$. 对应于典型区间 $[x,x+\mathrm{d}x]$ 上的体积微元为

$$\begin{aligned}\mathrm{d}V&=(\pi y_1^2-\pi y_2^2)\mathrm{d}x\\&=\pi\left[(b+\sqrt{a^2-x^2})^2-(b-\sqrt{a^2-x^2})^2\right]\mathrm{d}x\\&=4\pi b\sqrt{a^2-x^2}\mathrm{d}x.\end{aligned}$$

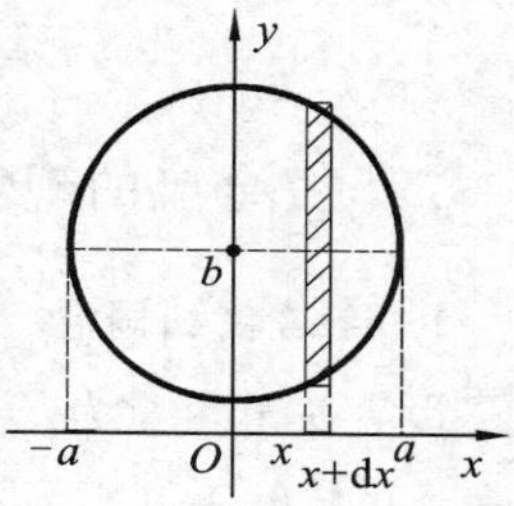

图 5-10

所以

$$\begin{aligned}V&=\int_{-a}^{a}4\pi b\sqrt{a^2-x^2}\mathrm{d}x\\&=8\pi b\int_0^a\sqrt{a^2-x^2}\mathrm{d}x\\&=8\pi b\cdot\frac{\pi a^2}{4}\\&=2\pi^2a^2b.\end{aligned}$$

第四节　定积分在经济学中的应用

一、最大利润问题

设利润函数 $L(x)=R(x)-C(x)$，其中 x 为产量，$R(x)$ 是收益函数，$C(x)$ 是成本函数，若 $L(x)$，$R(x)$，$C(x)$ 均可导，则使 $L(x)$ 取得最大值的产量 x 应满足 $L'(x)=R'(x)-C'(x)=0$，即 $R'(x)=C'(x)$. 因此，总利润的最大值在边际收入等于边际成本时取得.

例 1　设某公司产品生产的边际成本 $C'(x)=x^2-18x+100$，边际收益为 $R'(x)=200-3x$，试求公司的最大利润.

解　由于

$$\begin{aligned}L'(x)&=\frac{\mathrm{d}L(x)}{\mathrm{d}x}=R'(x)-C'(x)\\&=(200-3x)-(x^2-18x+100)\end{aligned}$$

$$= 15x - x^2 + 100,$$

故利润微分元素为

$$\mathrm{d}L(x) = (15x - x^2 + 100)\mathrm{d}x.$$

产量为 x_0 时，利润为

$$L(x_0) = \int_0^{x_0} (15x - x^2 + 100)\mathrm{d}x.$$

令 $L'(x) = 0$，得

$$x = \frac{15 \pm \sqrt{625}}{2} = \frac{15 \pm 25}{2}\text{（负值舍去）}.$$

又当 $x = 20$ 时，$L''(x) = 15 - 2x < 0$，故 $x = 20$ 时，利润取得最大值，最大利润为

$$\begin{aligned} L(20) &= \int_0^{20} (15x - x^2 + 100)\mathrm{d}x \\ &= \left(\frac{15}{2}x^2 - \frac{x^3}{3} + 100x\right)\Bigg|_0^{20} \\ &\approx 2333.3. \end{aligned}$$

二、资金流的现值与终值

1. 连续复利概念

设有一笔数量为 A_0 元的资金存入银行，若年利率为 r，按复利方式每年计息一次，则该笔资金 t 年后的本利和为

$$A_t = A_0(1+r)^t \quad (t = 1, 2, \cdots).$$

如果每年分 n 次计息，每期利率为 $\frac{r}{n}$，则 t 年后的本利和为

$$A_t^* = A_0\left(1 + \frac{r}{n}\right)^{nt} \quad (t = 1, 2, \cdots).$$

当 n 无限增大时，由于 $\lim\limits_{n\to\infty}\left(1 + \frac{r}{n}\right)^n = \mathrm{e}^r$，故

$$\lim_{n\to\infty} A_t^* = \lim_{n\to\infty} A_0\left(1 + \frac{r}{n}\right)^{nt} = A_0\mathrm{e}^{rt}.$$

称公式

$$A_t = A_0\mathrm{e}^{rt} \tag{5.8}$$

为 A_0 元的现值（即现在价值）在连续复利方式下折算为 t 年后的终值（将来价值）的计算公式.

式(5.8)可变形为

$$A_0 = A_t\mathrm{e}^{-rt} \tag{5.9}$$

称式(5.9)为 t 年末的 A_t 元的资金在连续复利方式下折算为现值的计算公式.

建立资金的现值和终值概念，是为了对不同时点的资金进行比较，以便进行投资决策.

2. 资金流的现值与终值

将流出企业的资金（如成本、投资等）视为随时间连续变化的，称之为支出流. 类似地，将流入企业的资金（如收益等）视为随时间连续变化的，称之为收入流. 资金的净流量为收入流与支出流之差. 企业单位时间内资金的净流量称为收益率.

设某企业在时段 $[0,T]$ 内的 t 时刻的收益率为连续函数 $f(t)$，下面我们按连续复利（年利率为 r）方式来求该时段内的收益总现值和总终值.

在 $[0,T]$ 上取典型小区间 $[t,t+\mathrm{d}t]$，该时段内收益近似为 $f(t)\mathrm{d}t$，其 t 时刻现值为

$$f(t)\mathrm{e}^{-rt}\mathrm{d}t,$$

这就是收益总现值的微分元素，故收益总现值为

$$P=\int_0^T f(t)\mathrm{e}^{-rt}\mathrm{d}t. \tag{5.10}$$

又由于 $[t,t+\mathrm{d}t]$ 时段内收益 $f(t)\mathrm{d}t$ 折算为 $t=T$ 时刻的终值为

$$f(t)\mathrm{e}^{(T-t)r}\mathrm{d}t,$$

故收益总终值为

$$F=\int_0^T f(t)\mathrm{e}^{(T-t)r}\mathrm{d}t. \tag{5.11}$$

当收益率 $f(t)=k$（常数）时，该资金流称为稳定资金流或均匀流.

例 2　某公司投资 100 万元建成 1 条生产线，并于 1 年后取得经济效益，年收入为 30 万元，设银行年利率为 10%，问公司多少年后收回投资？

解　设 T 年后可收回投资，投资回收期应是总收入的现值等于总投资的现值的时间长度，因此有

$$\int_0^T 30\mathrm{e}^{-0.1t}\mathrm{d}t=100,$$

即

$$300(1-\mathrm{e}^{-0.1T})=100.$$

解得 $T=4.055$，即在投资后的 4.055 年内可收回投资.

习　题　五

1. 求下列各曲线所围图形的面积：

(1) $y=\dfrac{1}{2}x^2$ 与 $x^2+y^2=8$（两部分都要计算）；

(2) $y=\dfrac{1}{x}$ 与直线 $y=x$ 及 $x=2$；

(3) $y=\mathrm{e}^x$，$y=\mathrm{e}^{-x}$ 与直线 $x=1$；

(4) $y=\ln x$，y 轴与直线 $y=\ln a$，$y=\ln b$ $(b>a>0)$；

(5) 抛物线 $y=x^2$ 和 $y=-x^2+2$；

(6) $y=\sin x$，$y=\cos x$ 及直线 $x=\dfrac{\pi}{4}$，$x=\dfrac{9}{4}\pi$；

(7) 抛物线 $y=-x^2+4x-3$ 及其在 $(0,-3)$ 和 $(3,0)$ 处的切线；

(8) 摆线 $x=a(t-\sin t)$，$y=a(1-\cos t)$ 的一拱 $(0\leqslant t\leqslant 2\pi)$ 与 x 轴.

2. 已知曲线 $f(x)=x-x^2$ 与 $g(x)=ax$ 围成的图形面积等于 $\dfrac{9}{2}$，求常数 a.

3. 求下列旋转体的体积：

(1) 由 $y=x^2$ 与 $y^2=x^3$ 围成的平面图形绕 x 轴旋转；

(2) 由 $y=x^3$，$x=2$，$y=0$ 所围图形分别绕 x 轴及 y 轴旋转；

(3) 星形线 $x^{2/3}+y^{2/3}=a^{2/3}$ 绕 x 轴旋转.

4. 设有一截锥体,其高为 h,上、下底均为椭圆,椭圆的轴长分别为 $2a$,$2b$ 和 $2A$,$2B$,求这截锥体的体积.

5. 计算底面是半径为 R 的圆,而垂直于底面一固定直径的所有截面都是等边三角形的立体体积.

6. 设星形线的参数方程为 $x=a\cos^3 t$,$y=a\sin^3 t$,$a>0$,求

(1) 星形线所围图形的面积;

(2) 绕 x 轴旋转所得旋转体的体积.

7. 设某企业生产一产品固定成本为 50,x 为产品的产量,边际成本和边际收入分别为

$$C'(x)=x^2-14x+111,R'(x)=100-2x.$$

试求最大利润.

8. 设某工厂生产某种产品的固定成本为零,生产 x(百台) 的边际成本为 $C'(x)=2$(万元 / 百台),边际收入为 $R'(x)=7-2x$(万元 / 百台):

(1) 求生产量为多少时总利润最大?

(2) 在总利润最大的基础上再生产 100 台,总利润减少多少?

9. 某企业投资 800 万元,年利率 5%,按连续复利计算,求投资后 20 年中企业均匀收入率为 200 万元 / 年的收入总现值及该投资的投资回收期.

10. 某父母打算连续存钱为孩子攒学费,设银行连续复利为 5%(每年),若打算 10 年后攒够 5 万元,问每年应以均匀流方式存入多少钱?

第六章　常微分方程

常微分方程是一个历史悠久的数学分支，也是与实际问题联系最为紧密的数学分支之一.在本章中，我们首先介绍有关常微分方程的一些基本概念，然后讨论几种常微分方程的解法.

第一节　常微分方程的基本概念

我们通常把含有一元未知函数及其导数(或微分)的方程称为常微分方程.在不致引起混淆的情况下简称为微分方程或方程.例如：

① $\frac{\mathrm{d}y}{\mathrm{d}x}+\frac{y}{x}=0$；　　② $\frac{\mathrm{d}y}{\mathrm{d}x}+x^2y=\sin x$；

③ $(x^2+y^2)\mathrm{d}x+\mathrm{d}y=0$；　　④ $\frac{\mathrm{d}^2s}{\mathrm{d}t^2}-2\frac{\mathrm{d}s}{\mathrm{d}t}+s=1$.

下面我们举几个例子，说明常微分方程是如何从物理学和几何学方面的问题引导出来的.

例1　在力 f 的作用下，质量为 m 的物体做直线运动，设经过时间 t 后物体的运动路程为 $s(t)$，则由牛顿第二定律可得下面的微分方程

$$m\frac{\mathrm{d}^2s}{\mathrm{d}t^2}=f.$$

例2　已知一条曲线通过点(1,2)，且在该曲线上任意一点 $M(x,y)$ 处切线的斜率为 $2x$，要求这条曲线方程.在数学上该问题归结为求满足微分方程

$$\frac{\mathrm{d}y}{\mathrm{d}x}=2x$$

和条件 $y|_{x=1}=2$ 的函数 $y=y(x)$.

例3　列车在直线轨道上以20 m/s的速度行驶，制动时列车获得的加速度为$-0.4\ \mathrm{m/s^2}$，求列车开始制动后行驶路程 $s(t)$ 与时间 t 的关系.

此问题相当于求满足微分方程

$$\frac{\mathrm{d}^2s}{\mathrm{d}t^2}=-0.4$$

和条件 $s|_{t=0}=0, s'|_{t=0}=20$ 的函数 $s=s(t)$.

常微分方程中出现的未知函数的最高阶导数(或微分)的阶数称为此方程的阶.例如，①、②、③ 均为一阶方程，④ 为二阶方程.

若用 $F(x_1,x_2,\cdots,x_n)$ 表示含有变量 $x_1,x_2,\cdots,x_n$ 的一个表达式，则自变量为 x，未知函数为 y 的 n 阶微分方程的一般表达式可写作

$$F(x,y,y',\cdots,y^{(n)})=0.$$

如果 $F(x,y,y',\cdots,y^{(n)})$ 为 y 及 $y',\cdots,y^{(n)}$ 的一次有理整式，则称 n 阶微分方程

$$F(x,y,y',\cdots,y^{(n)})=0$$

为 n 阶线性常微分方程;否则,称为非线性方程.如,①②④ 均是线性方程,而 ③ 是非线性方程.

在线性微分方程中,不含有未知函数及其导数的项称为自由项.当自由项为零时,方程称为齐次线性微分方程;否则,称为非齐次线性微分方程.如 ① 是齐次线性的,而 ②④ 是非齐次线性的.

当某个函数具有某微分方程中所需的各阶导数,且将其代入该微分方程时,能使之成为恒等式,则称这个函数是该微分方程的解.与代数方程不同,微分方程的解一般来说是一族含任意常数的函数.例如,我们容易验证,对于任意常数 C,函数 $y=Cx$ 均为一阶方程 ① 的解;对于任意独立常数 C_1,C_2,函数 $s=1+(C_1t+C_2t)e^t$ 均为二阶方程 ④ 的解.一般地,当微分方程的解中所包含的独立的任意常数的个数与该方程的阶数相等时,我们称这样的解为此方程的通解.微分方程的通解所确定的曲线称为方程的积分曲线.于是,n 阶微分方程的通解在几何上表示一族以 n 个独立的任意常数为参数的曲线.

有时候,我们往往要求方程的解满足某些特定条件,这种解称为特解,这些特定条件称为定解条件.若定解条件由自变量取某确定的值来决定,则称这定解条件为初始条件.例如,前面的例 2、例 3 就是求特解的问题.

求微分方程通解或特解的过程称为解微分方程.从 17 世纪到 18 世纪初,常微分方程研究的中心问题是如何通过初等积分法求出通解表达式,但是到了 19 世纪中叶人们就发现,能够通过初等积分法把通解求出来的微分方程只是极少数,即使像 ③ 那样简单的一阶方程,要想通过求积分把方程的通解用已知函数表示出来也是办不到的.所以,我们在本章只介绍一些特殊类型方程的求解方法和技巧.

为方便起见,在无特别说明的情况下,本章中的 C 和 $C_i(i\in\mathbf{N})$ 均表示常数.

第二节　一阶微分方程及其解法

一阶微分方程的一般形式为

$$F(x,y,y')=0. \tag{6.1}$$

若可解出 y',则方程(6.1)可写成显式方程

$$y'=f(x,y) \tag{6.2}$$

或

$$M(x,y)\mathrm{d}x+N(x,y)\mathrm{d}y=0. \tag{6.3}$$

若方程(6.2)中右端不含 y,即

$$y'=f(x),$$

则由积分学可知,当 $f(x)$ 在某一区间上可积时,其解存在,且

$$y=\int f(x)\mathrm{d}x+C.$$

下面我们讨论几种特殊类型的一阶微分方程的求解方法.

一、可分离变量方程

形如

$$y' = f(x)g(y) \tag{6.4}$$

的方程，称为可分离变量方程. 这里 $f(x)$，$g(y)$ 分别是 x，y 的函数.

当 $g(y) \neq 0$ 时，方程(6.4)可写成

$$\frac{\mathrm{d}y}{g(y)} = f(x)\mathrm{d}x. \tag{6.5}$$

在式(6.5)中，$\mathrm{d}x$ 的系数只与变量 x 有关，$\mathrm{d}y$ 的系数只与变量 y 有关，此时方程(6.4)的变量已被分离.

将式(6.5)两端积分(如果可积)，得

$$\int \frac{1}{g(y)}\mathrm{d}y = \int f(x)\mathrm{d}x. \tag{6.6}$$

由式(6.6)解出 $y = \varphi(x,C)$，就是方程(6.4)的通解.

又若存在 y_0 使 $g(y_0) = 0$，则易证 $y = y_0$ 也是方程(6.4)的一个解. 事实上，将 $y = y_0$ 代入方程(6.4)，两端全为 0，方程(6.4)成为恒等式. 因此，方程(6.4)除了通积分(6.6)之外，还可能有一些常数解.

例 1　求方程 $\frac{\mathrm{d}y}{\mathrm{d}x} = 2\sqrt{y}$ 的所有解.

解　将变量分离，得

$$\frac{1}{2\sqrt{y}}\mathrm{d}y = \mathrm{d}x.$$

两边积分，得

$$\sqrt{y} = x + C.$$

通解为 $y = (x + C)^2$.

此外，还有解 $y = 0$. 无论 C 取怎样的常数，解 $y = 0$ 均不能由通解表达式 $y = (x + C)^2$ 得出，即直线 $y = 0$ (x 轴) 虽然是原方程的一条积分曲线，但它并不属于这方程的通解所确定的积分曲线族 $y = (x + C)^2$ (抛物线)，我们称这样的解为方程的奇解.

例 2　求微分方程

$$\frac{\mathrm{d}y}{\mathrm{d}x} = 2xy$$

的通解.

解　将方程化为

$$\frac{\mathrm{d}y}{y} = 2x\mathrm{d}x.$$

两端积分，得

$$\int \frac{\mathrm{d}y}{y} = \int 2x\mathrm{d}x,$$

即

$$\ln y = x^2 + C.$$

解出 y，得到通解

$$y = C\mathrm{e}^{x^2}.$$

例 3　解初值问题

$$\begin{cases} (1 + x^2)y' = x, \\ y(0) = 0. \end{cases}$$

解　分离变量，得

$$\mathrm{d}y = \frac{x}{1+x^2}\mathrm{d}x.$$

所以

$$y = \frac{1}{2}\ln(1+x^2)+C.$$

代入初始条件，得 $C=0$，故所求特解为

$$y = \frac{1}{2}\ln(1+x^2).$$

二、一阶线性微分方程

由线性微分方程的定义，一阶线性微分方程可写成

$$\frac{\mathrm{d}y}{\mathrm{d}x}+p(x)y=q(x). \tag{6.7}$$

如果 $q(x)\equiv 0$，则方程(6.7)称为一阶齐次线性微分方程；如果 $q(x)\neq 0$，则方程(6.7)称为一阶非齐次线性微分方程.

先考虑齐次线性方程

$$\frac{\mathrm{d}y}{\mathrm{d}x}+p(x)y=0, \tag{6.8}$$

显然，$y=0$ 是它的解.

当 $y\neq 0$ 时，分离变量得

$$\frac{\mathrm{d}y}{y}=-p(x)\mathrm{d}x.$$

积分得

$$\ln|y|=-\int p(x)\mathrm{d}x+\ln|C| \quad (C\neq 0),$$

此式可写成

$$y=C\mathrm{e}^{-\int p(x)\mathrm{d}x}(C\neq 0).$$

但因为 $y=0$ 是解，故方程(6.8)的通解为

$$y=C\mathrm{e}^{-\int p(x)\mathrm{d}x}(C\text{ 为任意常数}). \tag{6.9}$$

下面求非齐次线性方程(6.7)的解.我们采用“常数变易法”.其方法是将式(6.9)中的 C 换成 x 的待定函数 $C(x)$，即令

$$y=C(x)\mathrm{e}^{-\int p(x)\mathrm{d}x}, \tag{6.10}$$

将式(6.10)代入方程(6.7)，得

$$[C(x)\mathrm{e}^{-\int p(x)\mathrm{d}x}]'+p(x)C(x)\mathrm{e}^{-\int p(x)\mathrm{d}x}=q(x).$$

化简，得

$$C'(x)=q(x)\mathrm{e}^{\int p(x)\mathrm{d}x},$$

积分后得

$$C(x)=\int q(x)\mathrm{e}^{\int p(x)\mathrm{d}x}\mathrm{d}x+C.$$

将上式代入式(6.10),便得方程(6.7)的通解为

$$y=\mathrm{e}^{-\int p(x)\mathrm{d}x}\left(\int q(x)\mathrm{e}^{\int p(x)\mathrm{d}x}\mathrm{d}x+C\right). \tag{6.11}$$

例 4　求方程

$$\frac{\mathrm{d}y}{\mathrm{d}x}-\frac{2y}{x+1}=\mathrm{e}^x\ (x+1)^2$$

的通解.

解　利用式(6.11),此时 $p(x)=-\dfrac{2}{x+1}$,$q(x)=\mathrm{e}^x\ (x+1)^2$,得方程的通解为

$$\begin{aligned}y&=\mathrm{e}^{\int\frac{2}{x+1}\mathrm{d}x}\left(\int \mathrm{e}^x\ (x+1)^2\mathrm{e}^{-\int\frac{2}{x+1}\mathrm{d}x}\mathrm{d}x+C\right)\\&=(x+1)^2(\mathrm{e}^x+C).\end{aligned}$$

例 5　求解初值问题

$$\begin{cases}\dfrac{\mathrm{d}y}{\mathrm{d}x}=\dfrac{1}{x+y}\\ y|_{x=1}=0.\end{cases}$$

解　原方程关于 $y,\dfrac{\mathrm{d}y}{\mathrm{d}x}$ 不是线性的,但若视 y 为自变量,即 x 为 y 的函数,方程关于 $x,\dfrac{\mathrm{d}x}{\mathrm{d}y}$ 是线性的,为此将方程改写为

$$\frac{\mathrm{d}x}{\mathrm{d}y}-x=y,$$

则 $p(y)=-1,q(y)=y$,故通解为

$$x=\mathrm{e}^{-\int -1\mathrm{d}y}\left(\int\frac{1}{y}\mathrm{e}^{\int -1\mathrm{d}y}\mathrm{d}y+C\right)=-y-1+C\mathrm{e}^y,$$

将初始条件 $y|_{x=1}=0$ 代入上式得 $C=1$,故所求特解为 $x=-y-1+\mathrm{e}^y$.

三*、伯努利方程

我们把形如

$$y'+p(x)y=q(x)y^n\,(n\neq 0,1) \tag{6.12}$$

的方程称为伯努利(Bernoulli)方程.对此类方程,只需作变换

$$u=y^{1-n},$$

即可化为线性方程

$$\frac{\mathrm{d}u}{\mathrm{d}x}+(1-n)p(x)u=(1-n)q(x).$$

求出这方程的通解后,以 y^{1-n} 代 u 便得到伯努利方程的通解.

例 6　求微分方程

$$\frac{\mathrm{d}y}{\mathrm{d}x}+\frac{y}{x}=(\ln x)y^2$$

的通解.

解　令 $u=y^{1-2}=y^{-1}$,则原方程化为

$$\frac{\mathrm{d}u}{\mathrm{d}x}-\frac{1}{x}u=-\ln x.$$

这是线性方程,用求解式(6.11)求得

$$u = e^{\int \frac{1}{x}dx}\left[\int(-\ln x)e^{-\int \frac{1}{x}dx}dx + C\right] = x\left[C - \frac{1}{2}(\ln x)^2\right].$$

代回原变量,得通解

$$xy\left[C - \frac{1}{2}(\ln x)^2\right] = 1.$$

另外,$y = 0$ 也是原方程的解.

例 7　求方程 $xy' - y\ln y = x^2 y$ 的通解.

解　将方程变形得

$$\frac{1}{y}y' - \frac{1}{x}\ln y = x.$$

因为方程中含 $\ln y$ 及它的导数,于是作变换 $u = \ln y$,则原方程可化为

$$u' - \frac{1}{x}u = x,$$

所以

$$u = e^{\int \frac{1}{x}dx}\left[\int x e^{-\int \frac{1}{x}dx}dx + C\right].$$

代回原变量,便得原方程的通解为 $\ln y = x(x + C)$ 或 $y = e^{x(x+c)}$.

第三节* 微分方程的降阶法

从这一节起我们将讨论二阶及二阶以上的微分方程,即所谓高阶微分方程.对于有些高阶微分方程,我们可采用降阶法求解.

下面介绍三种容易降阶的高阶微分方程的求解方法.

一、$y^{(n)} = f(x)$ 型方程

这种方程我们只需逐次积分 n 次即可求得其通解.

例 1　求微分方程

$$y''' = \sin x + e^{2x}$$

的通解.

解　逐次积分,得

$$y'' = -\cos x + \frac{1}{2}e^{2x} + C_1,$$

$$y' = -\sin x + \frac{1}{4}e^{2x} + C_1 x + C_2,$$

$$y = \cos x + \frac{1}{8}e^{2x} + \frac{1}{2}C_1 x^2 + C_2 x + C_3.$$

这就是所求的通解.

例 2　质量为 m 的质点受水平力 $\boldsymbol{F}$ 的作用沿力 $\boldsymbol{F}$ 的方向做直线运动,力 $\boldsymbol{F}$ 的大小为时间 t 的函数 $F(t) = \sin t$.设开始时($t = 0$)质点位于原点,且初始速度为零,求这质点的运动规律.

解　设 $s = s(t)$ 表示在时刻 t 时质点的位置,由牛顿第二定律,质点运动方程为

$$m\frac{d^2 s}{dt^2} = \sin t,$$

初始条件为 $s\Big|_{t=0}=0,\dfrac{\mathrm{d}s}{\mathrm{d}t}\Big|_{t=0}=0$. 将方程两端积分，得

$$\frac{\mathrm{d}s}{\mathrm{d}t}=-\frac{1}{m}\cos t+C_1.$$

将 $\dfrac{\mathrm{d}s}{\mathrm{d}t}\Big|_{t=0}=0$ 代入，得 $C_1=\dfrac{1}{m}$，于是

$$\frac{\mathrm{d}s}{\mathrm{d}t}=-\frac{1}{m}\cos t+\frac{1}{m}.$$

积分，得

$$s=-\frac{1}{m}\sin t+\frac{1}{m}t+C_2.$$

将 $s\Big|_{t=0}=0$ 代入，得 $C_2=0$. 故所求质点运动规律为

$$s=\frac{1}{m}(t-\sin t).$$

二、不显含未知函数的方程

形如

$$y''=f(x,y') \tag{6.13}$$

的方程的一个特点是不显含未知函数 y. 在这种情形下，若作变换

$$y'=p,$$

则原方程可化为一个关于变量 x,p 的一阶微分方程

$$\frac{\mathrm{d}p}{\mathrm{d}x}=f(x,p). \tag{6.14}$$

若方程(6.14) 可解，设通解为 $p=\varphi(x,C_1)$，则有

$$\frac{\mathrm{d}y}{\mathrm{d}x}=\varphi(x,C_1).$$

积分便得方程(6.13) 的通解为

$$y=\int\varphi(x,C_1)\mathrm{d}x+C_2.$$

对于更高阶的不显含未知函数的方程，可采用类似的降阶法(见例 4).

例 3　求方程 $(1+x^2)y''=2xy'$ 满足初始条件 $y|_{x=0}=1,y'|_{x=0}=3$ 的特解.

解　令 $y'=p$，代入方程并分离变量，得

$$\frac{\mathrm{d}p}{p}=\frac{2x}{1+x^2}\mathrm{d}x.$$

积分，得

$$p=y'=C_1(1+x^2).$$

由条件 $y'|_{x=0}=3$，得 $C_1=3$，故有

$$y'=3(1+x^2).$$

再积分，得

$$y=x^3+3x+C_2.$$

又由条件 $y|_{x=0}=1$，得 $C_2=1$.

因此，所求特解为

$$y = x^3 + 3x + 1.$$

例 4　求方程$\frac{d^4 y}{dx^4} - \frac{1}{x}\frac{d^3 y}{dx^3} = 0$ 的通解.

解　方程为 4 阶方程，但它仍是不显含未知函数的方程，可用例 3 中类似的方法求解.

令 $p = \frac{d^3 y}{dx^3}$，则原方程化为一阶方程

$$p' - \frac{1}{x}p = 0,$$

从而

$$p = Cx,$$

即

$$y''' = Cx.$$

逐次积分，得通解

$$y = C_1 x^4 + C_2 x^2 + C_3 x + C_4.$$

三、不显含自变量的方程

形如

$$y'' = f(y, y') \tag{6.15}$$

的方程的一个特点是不显含自变量 x. 在这种情形下，可设 $y' = p$，把 p 当作新的未知函数，把 y 当作自变量. 此时，

$$y'' = \frac{dp}{dx} = \frac{dp}{dy} \cdot \frac{dy}{dx} = p\frac{dp}{dy}.$$

代入方程(6.15)，有

$$p\frac{dp}{dy} = f(y, p).$$

如果此微分方程是可解的，设其通解为

$$p = \frac{dy}{dx} = \varphi(y, C_1).$$

分离变量后再积分，便得方程(6.15) 的通解

$$x = \int \frac{1}{\varphi(y, C_1)} dy + C_2.$$

例 5　求微分方程

$$yy'' - (y')^2 + (y')^3 = 0$$

的通解.

解　此方程不显含自变量 x，设 $y' = p$，则

$$y'' = p\frac{dp}{dy},$$

代入原方程，得

$$p\left(y\frac{dp}{dy} - p + p^2\right) = 0,$$

从而

$$p=0 \text{ 或 } y\frac{\mathrm{d}p}{\mathrm{d}y}-p+p^2=0.$$

前者对应解 $y=C$,后者对应方程

$$\frac{\mathrm{d}p}{p(1-p)}=\frac{\mathrm{d}y}{y}.$$

两端积分,得

$$\frac{p}{1-p}=Cy,$$

即

$$\frac{\mathrm{d}y}{\mathrm{d}x}=p=\frac{Cy}{1+Cy}$$

再分离变量并两端积分,得

$$y+C_1\ln|y|=x+C_2\ (\text{其中 } C_1=C),$$

因此原方程的解为

$$y+C_1\ln|y|=x+C_2 \text{ 及 } y=C.$$

第四节 线性微分方程解的结构

前面我们已经讨论了一阶线性微分方程,现在我们来研究更高阶的线性微分方程.

n 阶线性微分方程的一般形式可写为

$$y^{(n)}+p_1(x)y^{(n-1)}+\cdots+p_{n-1}(x)y'+p_n(x)y=f(x). \tag{6.16}$$

它所对应的齐次方程为

$$y^{(n)}+p_1(x)y^{(n-1)}+\cdots+p_{n-1}(x)y'+p_n(x)y=0. \tag{6.17}$$

本节我们着重研究二阶线性微分方程

$$y''+p(x)y'+q(x)y=f(x) \tag{6.18}$$

及它所对应的齐次方程

$$y''+p(x)y'+q(x)y=0. \tag{6.19}$$

一、函数组的线性相关与线性无关

定义 设 $y_i=f_i(x)\,(i=1,2,\cdots,n)$ 是定义在区间 I 上的一组函数,如果存在 n 个不全为零的常数 $k_i\,(i=1,2,\cdots,n)$,使得对任意的 $x\in I$,等式

$$k_1y_1+k_2y_2+\cdots+k_ny_n=0$$

恒成立,则称 $y_1,y_2,\cdots,y_n$ 在区间 I 上是线性相关的,否则称它们是线性无关的.

由上面定义易证,对于两个非零函数 y_1,y_2 在区间 I 上线性相关等价于它们的比值是一个常数,即 $\frac{y_2}{y_1}\equiv C$(常数),若 $\frac{y_2}{y_1}\neq C$,则 y_1,y_2 线性无关.

例 1 判断下列函数组的线性相关性:

(1) $y_1=1,y_2=\sin^2x,y_3=\cos^2x,x\in(-\infty,+\infty)$;

(2) $y_1=1,y_2=x,\cdots,y_n=x^{n-1},x\in(-\infty,+\infty)$.

解 (1) 因为取 $k_1=1,k_2=k_3=-1$,就有

$$k_1y_1+k_2y_2+k_3y_3=1-\sin^2x-\cos^2x\equiv 0,$$

所以 $1,\sin^2x,\cos^2x$ 在 $(-\infty,+\infty)$ 上是线性相关的.

(2) 若 $1,x,\cdots,x^{n-1}$ 线性相关,则将有 n 个不全为零的常数 $k_1,k_2,\cdots,k_n$ 使得对一切 $x\in(-\infty,+\infty)$ 有

$$k_1+k_2x+\cdots+k_nx^{n-1}\equiv 0.$$

这是不可能的,因为根据代数学基本定理,多项式 $k_1+k_2x+\cdots+k_nx^{n-1}$ 最多只有 $n-1$ 个零点,故该函数组在 $(-\infty,+\infty)$ 上线性无关.

二、线性微分方程解的结构

我们就二阶的情况进行讨论,更高阶的情形不难以此类推.

1. 二阶齐次线性微分方程解的结构

定理 1(叠加原理)　如果 y_1,y_2 是方程(6.19)的两个解,则它们的线性组合

$$y=C_1y_1+C_2y_2 \tag{6.20}$$

也是方程(6.19)的解,其中 C_1,C_2 是任意常数.

证　只需将式(6.20)代入方程(6.19)直接验证.

此叠加原理对一般的 n 阶齐次线性方程同样成立.

另外,值得注意的是,虽然式(6.20)是方程(6.19)的解,且从形式上看也含有两个任意常数,但它不一定是通解.例如,设 y_1 是方程(6.19)的解,则 $y_2=2y_1$ 也是方程(6.19)的解,而

$$y=C_1y_1+C_2y_2=(C_1+2C_2)y_1=Cy_1$$

显然不是方程(6.19)的通解,其中 $C=C_1+2C_2$ 为任意常数.

那么,在什么条件下 $y=C_1y_1+C_2y_2$ 才是方程(6.19)的通解呢?我们有下面的定理.

定理 2　如果 y_1,y_2 是方程(6.19)的两个线性无关的解(亦称基本解组),则

$$y=C_1y_1+C_2y_2$$

为方程(6.19)的通解,其中 C_1,C_2 是任意常数.

由定理 2 可知,求齐次方程(6.19)的通解关键是找到两个线性无关的特解.例如,方程 $y''+y=0$ 是二阶齐次线性方程.容易验证,$y_1=\sin x$ 与 $y_2=\cos x$ 是所给方程的两个解,且 $\dfrac{y_1}{y_2}=\dfrac{\sin x}{\cos x}=\tan x\neq$ 常数,即它们是线性无关的.因此,方程 $y''+y=0$ 的通解为

$$y=C_1\sin x+C_2\cos x.$$

2. 二阶非齐次线性微分方程的解的结构

定理 3　设 y^* 是非齐次线性方程(6.18)的任一特解,$\bar{y}=C_1y_1+C_2y_2$ 是方程(6.18)所对应的齐次方程(6.19)的通解,则

$$y=\bar{y}+y^*=C_1y_1+C_2y_2+y^*$$

是方程(6.18)的通解.

证　将 $y=C_1y_1+C_2y_2+y^*$ 代入方程(6.18),容易验证它是方程(6.18)的解,又此解中含有两个独立的任意常数,故是通解.

定理 3 可以推广到任意阶线性方程,即任意 n 阶非齐次线性方程的通解等于它的任意一个特解与它所对应的齐次方程通解之和.

例 2　已知某一个二阶非齐次线性方程具有三个特解

$$y_1 = x, y_2 = x + e^x \text{ 和 } y_3 = 1 + x + e^x,$$

试求这个方程的通解.

解　首先我们容易验证这样的事实,非齐次方程(6.18)的任意两个解之差均是齐次方程(6.19)的解.这样,函数

$$y_2 - y_1 = e^x \text{ 和 } y_3 - y_2 = 1$$

都是对应的齐次方程的解,而且这两个函数显然是线性无关的,所以由定理 2 及定理 3 可知所求方程的通解为

$$y = C_1 + C_2 e^x + x.$$

定理 4　若 y_1^* 与 y_2^* 分别是方程

$$y'' + p(x)y' + q(x)y = f_1(x) \text{ 与 } y'' + p(x)y' + q(x)y = f_2(x)$$

的解,则 $y^* = y_1^* + y_2^*$ 是方程

$$y'' + p(x)y' + q(x)y = f_1(x) + f_2(x)$$

的解.

请读者自己完成证明.

这一定理通常称为线性微分方程的解的叠加原理.

第五节　二阶常系数线性微分方程

上一节我们对二阶线性方程

$$y'' + p(x)y' + q(x)y = f(x)$$

的解的结构进行了讨论.本节专门研究系数是常数的二阶线性方程

$$y'' + py' + qy = f(x) \tag{6.21}$$

(其中 p,q 为常数)的求解问题.显然方程(6.21)是方程(6.18)的特殊情况.

一、二阶常系数齐次线性微分方程

考虑二阶常系数齐次线性微分方程

$$y'' + py' + qy = 0, \tag{6.22}$$

其中 p,q 是常数.

由于指数函数求导后仍为指数函数,利用这个性质,可假设方程(6.22)具有形如 $y = e^{rx}$(r 为常数)的解,将 y,y',y'' 代入方程(6.22),使得

$$(r^2 + pr + q)e^{rx} = 0. \tag{6.23}$$

由于式(6.23)成立当且仅当

$$r^2 + pr + q = 0, \tag{6.24}$$

从而 $y = e^{rx}$ 是方程(6.22)的解的充要条件为 r 是代数方程(6.24)的根.方程(6.24)称为方程(6.22)的特征方程,其根称为方程(6.22)的特征根.

根据方程(6.24)的根的不同情形,我们分三种情形来考虑.

(1) 如果特征方程(6.24)有两个相异实根 r_1 与 r_2,

$$r_{1,2}=-\frac{p}{2}\pm\frac{1}{2}\sqrt{p^2-4q}\,(p^2>4q),$$

这时可得方程(6.22)的两个线性无关的解

$$y_1=e^{r_1x},y_2=e^{r_2x}.$$

根据上一节定理2,此时方程(6.22)的通解为

$$y=C_1y_1+C_2y_2=C_1e^{r_1x}+C_2e^{r_2x}.$$

(2) 如果特征方程(6.24)有重根

$$r_1=r_2=r=-\frac{1}{2}p\,(p^2=4q),$$

这时可得到方程(6.22)的一个解

$$y_1=e^{rx}.$$

另外,可验证 $y_2=xe^{rx}$ 是方程(6.22)的特解,且 y_2 与 y_1 线性无关,因此方程(6.22)的通解为

$$y=(C_1+C_2x)e^{rx}.$$

(3) 如果特征方程(6.24)有共轭复根

$$r_{1,2}=\alpha\pm i\beta=\frac{p}{2}\pm i\frac{\sqrt{4q-p^2}}{2}\,(p^2<4q),$$

则方程(6.22)有两个线性无关的解

$$y_1=e^{(\alpha+i\beta)x},y_2=e^{(\alpha-i\beta)x}.$$

这种复数形式的解使用不方便,为了得到实值解,我们利用欧拉(Euler)公式

$$e^{\pm i\theta}=\cos\theta\pm i\sin\theta$$

将 y_1 与 y_2 分别写成

$$y_1=e^{\alpha x}(\cos\beta x+i\sin\beta x),$$

$$y_2=e^{\alpha x}(\cos\beta x-i\sin\beta x).$$

由齐次线性微分方程解的叠加原理知

$$y_1^*=\frac{1}{2}(y_1+y_2)=e^{\alpha x}\cos\beta x,$$

$$y_2^*=\frac{1}{2i}(y_1-y_2)=e^{\alpha x}\sin\beta x$$

也是方程(6.22)的解,显然它们是线性无关的,于是方程(6.22)的通解为

$$y=e^{\alpha x}(C_1\cos\beta x+C_2\sin\beta x).$$

例1 求微分方程 $y''-2y'-3y=0$ 的通解.

解 所给微分方程的特征方程为

$$r^2-2r-3=0,$$

其根 $r_1=-1,r_2=3$ 是两个不相等的实根,因此所求通解为

$$y=C_1e^{-x}+C_2e^{3x}.$$

例2 求方程 $y''-10y'+25y=0$ 满足初始条件 $y(0)=1,y'(0)=2$ 的特解.

解 所给微分方程的特征方程为

$$r^2-10r+25=0,$$

其根 $r_1=r_2=5$ 是两个相等的实根,因此所求微分方程的通解为

$$y = (C_1 + C_2 x)e^{5x}.$$

由初始条件 $y(0) = 1$ 得 $C_1 = 1$. 再由 $y'(0) = 2$ 得 $C_2 + 5C_1 = 2$，故 $C_2 = -3$. 从而所求初值问题的解为

$$y = (1 - 3x)e^{5x}.$$

例 3 求微分方程 $4y'' + 4y' + 5y = 0$ 的通解.

解 所给微分方程的特征方程为

$$4r^2 + 4r + 5 = 0.$$

它具有共轭复根 $r_{1,2} = -\dfrac{1}{2} \pm \mathrm{i}$，因此所求方程的通解为

$$y = e^{-\frac{1}{2}x}(C_1 \cos x + C_2 \sin x).$$

二、二阶常系数非齐次线性微分方程

由前一节定理 3 知，二阶常系数非齐次线性方程

$$y'' + py' + qy = f(x)$$

（其中 p,q 是常数，$f(x)$ 是已知的连续函数）的通解是它的一个特解与它所对应的齐次线性方程

$$y'' + py' + qy = 0$$

的通解之和. 而二阶常系数齐次线性微分方程的通解问题在上面已经完全解决了. 因此，求二阶常系数非齐次线性微分方程的通解关键是求出它的一个特解 y^*.

下面介绍 $f(x)$ 具有几种特殊形式时 y^* 的求法.

类型 I $f(x) = e^{\lambda x} p_m(x)$，这里 λ 是常数，$p_m(x)$ 是 m 次多项式.

由于指数函数与多项式之积的导数仍是同类型的函数，而现在微分方程右端正好是这种类型的函数. 因此，我们不妨假设方程(6.21) 的特解为

$$y^* = Q(x)e^{\lambda x},$$

其中 $Q(x)$ 是 x 的多项式，将 y^* 代入方程(6.21) 并消去 $e^{\lambda x}$，得

$$Q'' + (2\lambda + p)Q' + (\lambda^2 + p\lambda + q)Q \equiv p_m(x) \tag{6.25}$$

(1) 若 λ 不是方程(6.21) 的特征方程 $r^2 + pr + q = 0$ 的根，那么 $\lambda^2 + p\lambda + q \neq 0$，这时 $Q(x)$ 与 $p_m(x)$ 应同次，于是可令

$$Q(x) = Q_m(x) = a_0 x^m + a_1 x^{m-1} + \cdots + a_{m-1}x + a_m.$$

将 $Q(x)$ 代入方程(6.25)，比较等式两端 x 同次幂的系数，就得到含 $a_0, a_1, \cdots, a_m$ 的 $m+1$ 个方程的联立方程组，从而可以定出这些系数 $a_i (i = 0,1,\cdots,m)$，并求得特解 $y^* = Q_m(x)e^{\lambda x}$.

(2) 若 λ 是特征方程 $r^2 + pr + q = 0$ 的单根，那么有 $\lambda^2 + p\lambda + q = 0$，而 $2\lambda + p \neq 0$，此时，$Q'(x)$ 应是 m 次多项式，故可令

$$Q(x) = xQ_m(x).$$

(3) 若 λ 是特征方程 $r^2 + pr + q = 0$ 的重根，即有 $\lambda^2 + p\lambda + q = 0$，且 $2\lambda + p = 0$，这时 $Q''(x)$ 应是 m 次多项式，故可令

$$Q(x) = x^2 Q_m(x).$$

综上所述，有如下结论：

如果 $f(x) = e^{\lambda x} p_m(x)$，则方程(6.21) 具有形如

$$y^* = x^k Q_m(x) e^{\lambda x} \tag{6.26}$$

的特解，其中 $Q_m(x)$ 是与 $p_m(x)$ 同次的待定多项式，而 k 按 λ 不是特征方程的根，是特征方程的单根或者是特征方程的重根依次取 0,1 或 2.

例 4　求微分方程 $y''-2y'+y=1+x+x^2$ 的通解.

解　先求齐次方程 $y''-2y'+y=0$ 的通解.

因为特征方程 $r^2-2r+1=0$ 有二重根 $r=1$，故所求齐次方程通解为

$$\overline{y}=(C_1+C_2x)e^x.$$

再求非齐次方程的一个特解 y^*.

因 $f(x)=1+x+x^2$，故 $\lambda=0$，而 0 不是特征方程的根，从而可设

$$y^*=a_2x^2+a_1x+a_0.$$

代入原方程并比较同次幂的系数可得

$$\begin{cases}2a_2-2a_1+a_0=1,\\ a_1-4a_2=1,\\ a_2=1.\end{cases}$$

解得

$$a_0=9,a_1=5,a_2=1,$$

故有

$$y^*=x^2+5x+9.$$

从而原方程的通解为

$$y=\overline{y}+y^*=(C_1+C_2x)e^x+x^2+5x+9.$$

例 5　求方程 $y''-2y'+y=e^x$ 的一个特解.

解　此时 $\lambda=1$ 是特征方程 $r^2-2r+1=0$ 的二重根，又 $p_m(x)\equiv 1$ 即 $m=0$，故可设

$$y^*=Ax^2e^x.$$

代入原方程，得

$$2Ae^x=e^x,$$

故 $A=\dfrac{1}{2}$，从而所求特解为

$$y^*=\frac{1}{2}x^2e^x.$$

例 6　给出方程 $y''-2y'+y=e^x+1+x$ 的特解形式.

解　由例 4、例 5 及第四节定理 4 即知，所求特解为

$$y^*=ax+b+cx^2e^x.$$

类型 Ⅱ　$f(x)=e^{\alpha x}p_m(x)\cos\beta x$ 或 $f(x)=e^{\alpha x}p_m(x)\sin\beta x$，这里 α,β 为实常数，$p_m(x)$ 是 m 次实系数多项式.

此时我们可用前面的办法先求出实系数(p,q 为实数) 方程

$$y''+py'+qy=e^{(\alpha+i\beta)x}p_m(x)$$

的特解 $y^*=y_1^*+iy_2^*$，可以证明 y^* 的实部 y_1^* 和虚部 y_2^* 分别是方程

$$y''+py'+qy=e^{\alpha x}p_m(x)\cos\beta x$$

和

$$y''+py'+qy=e^{\alpha x}p_m(x)\sin\beta x$$

的解.

例 7　求方程 $y''+y=x\cos 2x$ 的一个特解.

解　此时 $m=1,\alpha=0,\beta=2$,我们首先求方程

$$y''+y=xe^{(0+2i)x}$$

的一个特解.

因 2i 不是特征方程 $r^2+1=0$ 的根,所以可以设上述方程的特解 $\overline{y}^*$ 为

$$\overline{y}^*=(ax+b)e^{2ix}.$$

代入方程,得

$$[-3(ax+b)+4ai]e^{2ix}=xe^{2ix}.$$

从而

$$-3a=1,-3b+4ai=0.$$

故

$$a=-\frac{1}{3},b=-\frac{4}{9}i,$$

即

$$\overline{y}^*=\left(-\frac{1}{3}x-\frac{4}{9}i\right)e^{2ix}=-\frac{1}{3}x\cos 2x+\frac{4}{9}\sin 2x-i\left(\frac{1}{3}x\sin 2x+\frac{4}{9}\cos 2x\right).$$

$\overline{y}^*$ 的实部即为原方程的一个特解,即

$$y^*=-\frac{1}{3}x\cos 2x+\frac{4}{9}\sin 2x$$

为原方程的一个特解.

作为一种更特殊的情况,若 $f(x)=A\sin\beta x$ 或 $f(x)=B\cos\beta x$,βi 不是特征方程的根,且方程左端又不出现 y' 时,利用正弦(或余弦)函数的二阶导数仍为正弦(或余弦)函数这一性质,可设特解为

$$y^*=a\sin\beta x\ (\text{或}\ y^*=b\cos\beta x).$$

例 8　求 $y''+3y=\sin 2x$ 的一个特解.

解　令 $y^*=a\sin 2x$,则 $(y^*)''=-4a\sin 2x$. 代入原方程,得

$$-a\sin 2x=\sin 2x,$$

所以 $a=-1$,从而求得方程的一个特解为

$$y^*=-\sin 2x.$$

类型 Ⅲ*　$f(x)=e^{\alpha x}[p_n(x)\cos\beta x+p_m(x)\sin\beta x]$ 型,其中 α,β 为实常数,$p_n(x)$,$p_m(x)$ 分别是 n,m 次实系数多项式.

这种类型完全可以用类型 Ⅱ 中的方法先分别求出自由项为 $f_1(x)=e^{\alpha x}p_n(x)\cos\beta x$ 与 $f_2(x)=e^{\alpha x}p_m(x)\sin\beta x$ 的方程的特解 y_1^* 与 y_2^*,然后利用第四节定理 4 得到所需求的特解 $y^*=y_1^*+y_2^*$,但也可直接用待定系数的方法求一个特解 y^*,这时方程的特解形式为

$$y^*=x^k e^{\alpha x}[R_l(x)\cos\beta x+S_l(x)\sin\beta x],\tag{6.27}$$

其中 $R_l(x),S_l(x)$ 都是 l 次待定多项式,$l=\max\{m,n\}$,而 k 按 $\alpha\pm i\beta$ 不是特征方程的根,或是特征方程的单根依次取 0 或 1.

式(6.27)的推导比较繁杂,这里从略.

例 9 求方程 $y''+y=\cos x+x\sin x$ 的一个特解.

解 此时 $\alpha=0,\beta=1,\alpha\pm i\beta$ 是特征方程 $\lambda^2+1=0$ 的根,因此可设

$$y^*=x[(ax+b)\cos x+(cx+d)\sin x].$$

代入原方程,比较两端同类项系数,得

$$\begin{cases}4c=0,\\2a+2d=1,\\-4a=1,\\2c-2b=0.\end{cases}$$

解这个方程组,得

$$a=-\frac{1}{4},b=c=0,d=\frac{3}{4}.$$

故求得一个特解

$$y^*=-\frac{1}{4}x^2\cos x+\frac{3}{4}x\sin x.$$

例 10 写出方程 $y''-4y'+4y=e^{2x}+\sin 2x+8x^2$ 的一个特解 y^* 的形式.

解 令 $f_1(x)=8x^2,f_2(x)=e^{2x},f_3(x)=\sin 2x$. 因对应齐次方程的特征方程为

$$r^2-4r+4=0,$$

且有二重根 $r=2$,于是

方程 $y''-4y'+4y=f_1(x)$ 的特解形式是 $y_1^*=Ax^2+Bx+C$;

方程 $y''-4y'+4y=f_2(x)$ 的特解形式是 $y_2^*=Dx^2e^{2x}$;

方程 $y''-4y'+4y=f_3(x)$ 的特解形式是 $y_3^*=E\cos 2x+F\sin 2x$.

再根据第四节定理 4 即知原方程的特解形式是

$$y^*=y_1^*+y_2^*+y_3^*=Ax^2+Bx+C+Dx^2e^{2x}+E\cos 2x+F\sin 2x,$$

其中 A,B,C,D,E,F 为常数.

第六节* n 阶常系数线性微分方程

我们已讨论了二阶常系数线性微分方程的解法,本节我们将前面的方法推广到一般 n 阶常系数线性微分方程.

考察 n 阶常系数齐次线性微分方程

$$y^{(n)}+P_1y^{(n-1)}+\cdots+P_{n-1}y'+P_ny=0 \tag{6.28}$$

与 n 阶常系数非齐次线性微分方程

$$y^{(n)}+P_1y^{(n-1)}+\cdots+P_{n-1}y'+P_ny=f(x), \tag{6.29}$$

其中 $P_i(i=1,2,\cdots,n)$ 均为实常数.

一、n 阶常系数齐次线性微分方程的解法

我们称方程

$$r^n+P_1r^{n-1}+\cdots+P_{n-1}r+P_n=0 \tag{6.30}$$

为方程(6.28)和方程(6.29)的特征方程.如果特征方程(6.30)的所有根能求出,则我们可得到方程(6.28)的 n 个线性无关解,将其作为基本解组,然后把基本解组线性组合而得通解.利用特征方程的根确定方程(6.28)的基本解组的具体法则如下(证明略).

(1) 若 r 为方程(6.30)的 $k(1\leqslant k\leqslant n)$ 重实根,则方程(6.28)的基本解组中对应有 k 个线性无关解:

$$y_1=e^{rx},y_2=xe^{rx},\cdots,y_k=x^{k-1}e^{rx}.$$

(2) 若 $r=\alpha\pm i\beta$ 为方程(6.30)的 $k\left(1\leqslant k\leqslant\dfrac{n}{2}\right)$ 重共轭复根,则方程(6.28)的基本解组中对应有 $2k$ 个线性无关解:

$$\begin{aligned}
&y_1=e^{rx}\cos\beta x, &&y_2=e^{rx}\sin\beta x,\\
&y_3=xe^{rx}\cos\beta x, &&y_4=xe^{rx}\sin\beta x,\\
&\quad\vdots &&\quad\vdots\\
&y_{2k-1}=x^{k-1}e^{rx}\cos\beta x, &&y_{2k}=x^{k-1}e^{rx}\sin\beta x.
\end{aligned}$$

由代数学基本定理,特征方程(6.30)在复数范围内一定存在 n 个根(按根的重数计),因此由(1),(2)我们总可得到方程(6.28)相应的 n 个解,可以证明这 n 个解是线性无关的,从而它们构成(6.28)的基本解组.

例 1　求方程 $y^{(5)}-y^{(4)}+y'''-y''=0$ 的通解.

解　特征方程为

$$r^5-r^4+r^3-r^2=r^2(r-1)(r^2+1)=0.$$

它的根为 $r_1=r_2=0,r_3=1,r_4=i,r_5=-i$,因此原方程具有基本解组

$$y_1=1,y_2=x,y_3=e^x,y_4=\cos x,y_5=\sin x,$$

从而,原方程的通解为

$$y=C_1+C_2x+C_3e^x+C_4\cos x+C_5\sin x.$$

例 2　求方程 $y^{(4)}+2y''+y=0$ 的通解.

解　特征方程为

$$r^4+2r^2+1=0.$$

它的根 $r_{1,2}=r_{3,4}=\pm i$ 是一对二重共轭复根.因此,方程有基本解组

$$y_1=\cos x,y_2=x\cos x,y_3=\sin x,y_4=x\sin x.$$

故通解为

$$y=(C_1+C_2x)\cos x+(C_3+C_4x)\sin x.$$

二、n 阶常系数非齐次线性微分方程的解法

与二阶常系数非齐次线性微分方程解法类似,我们讨论方程(6.29)中 $f(x)$ 具有下面两种特殊形式时求 y^* 的方法.

类型 Ⅰ　$f(x)=e^{\alpha x}P_m(x)$,这里 α 是常数,$P_m(x)$ 是 m 次实系数多项式.

此时方程(6.29)具有形如

$$y^*=x^ke^{\alpha x}Q_m(x)$$

的特解,其中 k 是 α 作为特征方程(6.30)的根的重数(当 α 不是特征根时,取 $k=0$;当 α 为单根

时,取 $k=1$),而 $Q_m(x)$ 是 m 次待定多项式,可以通过比较系数的方法来确定.

类型 Ⅱ $f(x)=e^{\alpha x}[P_l(x)\cos\beta x+Q_n(x)\sin\beta x]$,这里 α 是常数,$P_l(x)$,$Q_n(x)$ 分别是 l,n 次多项式.

此时方程(6.29)具有如下形式的特解:

$$y^*=x^k e^{\alpha x}[R_m^{(1)}(x)\cos\beta x+R_m^{(2)}(x)\sin\beta x],$$

这里 k 为 $\alpha\pm i\beta$ 作为特征方程(6.30)的根的重数(当 $\alpha\pm i\beta$ 不是特征根时,取 $k=0$;当 $\alpha\pm i\beta$ 为单根时,取 $k=1$),$R_m^{(1)}(x)$,$R_m^{(2)}(x)$ 是 m 次待定多项式,$m=\max\{l,n\}$,同样可用比较系数的方法来确定.

例 3 求方程 $y'''+3y''+3y'+y=e^{-x}(x-5)$ 的通解.

解 特征方程是

$$r^3+3r^2+3r+1=0,$$

其根是 $r_1=r_2=r_3=-1$.因 $\lambda=-1$ 是特征方程的 3 重根,故原方程具有如下形式的特解:

$$y^*=x^3e^{-x}(ax+b)\ (a,b\text{ 为待定常数}).$$

将上式代入方程得

$$6b+24ax=x-5.$$

比较系数求得

$$a=\frac{1}{24},b=-\frac{5}{6}.$$

从而

$$y^*=\frac{1}{24}x^3e^{-x}(x-20),$$

故原方程的通解为

$$y=(C_1+C_2x+C_3x^2)e^{-x}+\frac{1}{24}x^3e^{-x}(x-20).$$

例 4 求方程 $y^{(4)}+2y''+y=\sin 2x$ 的通解.

解 由例 2 知原方程对应的齐次方程的通解为

$$\overline{y}=(C_1+C_2x)\cos x+(C_3+C_4x)\sin x.$$

原方程中 $f(x)=\sin 2x$,属于类型 Ⅱ,$\alpha=0$,$P_l(x)\equiv 0$,$Q_n(x)\equiv 1$,$\beta=2$ 且 $\alpha\pm i\beta=\pm 2i$ 不是特征根,故可设原方程有如下形式的特解:

$$y^*=a\cos 2x+b\sin 2x.$$

代入原方程,比较同类项系数得

$$a=0,b=\frac{1}{9}.$$

故特解为

$$y^*=\frac{1}{9}\sin 2x.$$

因此,原方程的通解是

$$y=(C_1+C_2x)\cos x+(C_3+C_4x)\sin x+\frac{1}{9}\sin 2x$$

习　题　六

1. 指出下列各微分方程的阶数：

(1) $x(y')^2-2yy'+x=0$；　(2) $x^2y''-xy'+y=0$；

(3) $xy'''+2y''+x^2y=0$；　(4) $(7x-6y)\mathrm{d}x+(x+y)\mathrm{d}y=0$.

2. 指出下列各题中的函数是否为所给微分方程的解：

(1) $xy'=2y, y=5x^2$；

(2) $y''+y=0, y=3\sin x-4\cos x$；

(3) $y''-2y'+y=0, y=x^2\mathrm{e}^x$；

(4) $y''-(\lambda_1+\lambda_2)y'+\lambda_1\lambda_2y=0, y=C_1\mathrm{e}^{\lambda_1x}+C_2\mathrm{e}^{\lambda_2x}$.

3. 在下列各题中，验证所给二元方程为所给微分方程的解：

(1) $(x-2y)y'=2x-y, x^2-xy+y^2=C$；

(2) $(xy-x)y''+xy'^2+yy'-2y'=0, y=\ln(xy)$.

4. 从下列各题中的曲线族里，找出满足所给的初始条件的曲线：

(1) $x^2-y^2=C, y\Big|_{x=0}=5$；

(2) $y=(C_1+C_2x)\mathrm{e}^{2x}, y\Big|_{x=0}=0, y'\Big|_{x=0}=1$.

5. 求下列各微分方程的通解：

(1) $xy'-y\ln y=0$；　(2) $y'=\sqrt{\dfrac{1-y}{1-x}}$；

(3) $(\mathrm{e}^{x+y}-\mathrm{e}^x)\mathrm{d}x+(\mathrm{e}^{x+y}+\mathrm{e}^y)\mathrm{d}y=0$；　(4) $\cos x\sin y\mathrm{d}x+\sin x\cos y\mathrm{d}y=0$；

(5) $y'=xy$；　(6) $2x+1+y'=0$；

(7) $4x^3+2x-3y^2y'=0$；　(8) $y'=\mathrm{e}^{x+y}$.

6. 求下列各微分方程满足所给初始条件的特解：

(1) $y'=\mathrm{e}^{2x-y}, y\Big|_{x=0}=0$；　(2) $y'\sin x=y\ln y, y\Big|_{x=\frac{\pi}{2}}=\mathrm{e}$.

7. 求下列线性微分方程的通解：

(1) $y'+y=\mathrm{e}^{-x}$；　(2) $xy'+y=x^2+3x+2$；

(3) $y'+y\cos x=\mathrm{e}^{-\sin x}$；　(4) $y'=4xy+4x$；

(5) $(x-2)y'=y+2(x-2)^3$；　(6) $(x^2+1)y'+2xy=4x^2$.

8. 求下列线性微分方程满足所给初始条件的特解：

(1) $\dfrac{\mathrm{d}y}{\mathrm{d}x}+\dfrac{1}{x}y=\dfrac{1}{x}\sin x, y\Big|_{x=\pi}=1$；

(2) $y'+\dfrac{1}{x^3}(2-3x^2)y=1, y\Big|_{x=1}=0$.

9. 求下列伯努利方程的通解：

(1) $y'+y=y^2(\cos x-\sin x)$；　(2) $y'+\dfrac{1}{3}y=\dfrac{1}{3}(1-2x)y^4$.

10*. 求下列各微分方程的通解：

(1) $y''=x+\sin x$；

(2) $y'''=xe^x$；

(3) $xy''+y'=0$；

(4) $y^3y''-1=0$.

11*. 求下列各微分方程满足所给初始条件的特解：

(1) $y''=x^2+1$，$y\Big|_{x=0}=y'\Big|_{x=0}=0$；

(2) $x^2y''+xy'=1, y\Big|_{x=1}=0, y'\Big|_{x=1}=1$；

(3) $y''=3y$，$y\Big|_{x=0}=1, y'\Big|_{x=0}=2$.

12. 求下列微分方程的通解：

(1) $y''+y'-2y=0$；

(2) $y''+y=0$；

(3) $4\dfrac{d^2x}{dt^2}-20\dfrac{dx}{dt}+25x=0$；

(4) $y''-4y'+5y=0$；

(5) $y''+4y'+4y=0$；

(6) $y''-3y'+2y=0$.

13. 求下列微分方程满足所给初始条件的特解：

(1) $y''-4y'+3y=0$，$y\Big|_{x=0}=6, y'\Big|_{x=0}=10$；

(2) $4y''+4y'+y=0$，$y\Big|_{x=0}=2, y'\Big|_{x=0}=0$；

(3) $y''+4y'+29y=0$，$y\Big|_{x=0}=0, y'\Big|_{x=0}=15$；

(4) $y''+25y=0$，$y\Big|_{x=0}=2, y'\Big|_{x=0}=0$.

14. 求下列各微分方程的通解：

(1) $2y''+y'-y=2e^x$；

(2) $2y''+5y'=5x^2-2x-1$；

(3) $y''+3y'+2y=3xe^{-x}$；

(4) $y''-2y'+5y=e^x\sin 2x$；

(5) $y''+2y'+y=x$；

(6) $y''-4y'+4y=e^{2x}$.

15. 求下列各微分方程满足已给初始条件的特解：

(1) $y''+y+\sin 2x=0, y\Big|_{x=\pi}=1, y'\Big|_{x=\pi}=1$；

(2) $y''-10y'+9y=e^{2x}, y\Big|_{x=0}=\dfrac{6}{7}, y'\Big|_{x=0}=\dfrac{33}{7}$.

线性代数部分

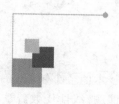

第七章 行 列 式

线性代数是一门普通的基础理论课,广泛应用于科学技术的各个领域,在计算机日益普及的今天,线性方程组的求解已成为科学研究中经常遇到的课题.线性代数着重研究应用科学中常用的矩阵、线性方程组的基本知识,另外行列式也是一个有力的工具.

本章主要介绍行列式的定义、性质及基本计算方法.此外,还介绍了用行列式求解线性方程组的克莱姆法则.

第一节 行列式的定义

一、二阶、三阶行列式

中学学过解二元一次方程组

$$\begin{cases} a_{11}x_1 + a_{12}x_2 = b_1, \\ a_{21}x_1 + a_{22}x_2 = b_2, \end{cases} \tag{1.1}$$

如果 $a_{11}a_{22} - a_{12}a_{21} \neq 0$,则方程组有唯一解

$$x_1 = \frac{b_1 a_{22} - b_2 a_{12}}{a_{11}a_{22} - a_{12}a_{21}}, \quad x_2 = \frac{b_2 a_{11} - b_1 a_{21}}{a_{11}a_{22} - a_{12}a_{21}},$$

上式中的分子、分母都是四个数分两对相乘后相减而得,为此,我们给出如下定义.

定义 1 二阶行列式

$$\begin{vmatrix} a_{11} & a_{12} \\ a_{21} & a_{22} \end{vmatrix} = a_{11}a_{22} - a_{12}a_{21} \tag{1.2}$$

是一个数,它等于主对角线两数之积减去副对角线两数之积(对角线法则).

同样,在解三元一次方程组

$$\begin{cases} a_{11}x + a_{12}y + a_{13}z = b_1, \\ a_{21}x + a_{22}y + a_{23}z = b_2, \\ a_{31}x + a_{32}y + a_{33}z = b_3 \end{cases} \tag{1.3}$$

时,要用到"三阶行列式",这里可采用如下的定义.

定义 2 三阶行列式

$$D = \begin{vmatrix} a_{11} & a_{12} & a_{13} \\ a_{21} & a_{22} & a_{23} \\ a_{31} & a_{32} & a_{33} \end{vmatrix} = a_{11}\begin{vmatrix} a_{22} & a_{23} \\ a_{32} & a_{33} \end{vmatrix} - a_{12}\begin{vmatrix} a_{21} & a_{23} \\ a_{31} & a_{33} \end{vmatrix} + a_{13}\begin{vmatrix} a_{21} & a_{22} \\ a_{31} & a_{32} \end{vmatrix} \tag{1.4}$$

其中 $a_{ij}\,(i = 1,2,3, j = 1,2,3)$ 称为 D 的元素.

例 1 计算三阶行列式

$$D=\begin{vmatrix}1 & 2 & -4\\ -2 & 2 & 1\\ -3 & 4 & -2\end{vmatrix}.$$

解

$$\begin{vmatrix}1 & 2 & -4\\ -2 & 2 & 1\\ -3 & 4 & -2\end{vmatrix}=1\times\begin{vmatrix}2 & 1\\ 4 & -2\end{vmatrix}-2\times\begin{vmatrix}-2 & 1\\ -3 & -2\end{vmatrix}+(-4)\times\begin{vmatrix}-2 & 2\\ -3 & 4\end{vmatrix}$$

$$=1\times(-4-4)-2\times(4+3)-4\times(-8+6)$$

$$=-14.$$

如果我们把 a_{ij} 所在的行(第 i 行)和列(第 j 列)$(i=1,2,3,j=1,2,3)$划去后,所剩下的二阶行列式记为 M_{ij},那么有

$$M_{11}=\begin{vmatrix}a_{22} & a_{23}\\ a_{32} & a_{33}\end{vmatrix},\ M_{12}=\begin{vmatrix}a_{21} & a_{23}\\ a_{31} & a_{33}\end{vmatrix},\ M_{13}=\begin{vmatrix}a_{21} & a_{22}\\ a_{31} & a_{32}\end{vmatrix},$$

故式(1.4)可写成

$$D=a_{11}M_{11}-a_{12}M_{12}+a_{13}M_{13},\tag{1.5}$$

M_{ij} 称为元素 a_{ij} 的余子式.若令 $A_{ij}=(-1)^{i+j}M_{ij}$,则式(1.5)又可写成

$$D=a_{11}A_{11}+a_{12}A_{12}+a_{13}A_{13}=\sum_{k=1}^{3}a_{1k}A_{1k},\tag{1.6}$$

A_{ij} 称为元素 a_{ij} 的代数余子式.

二、n 阶行列式

以上从二阶行列式到三阶行列式的定义蕴含了一种规律,我们同样用之来定义更高阶的行列式.

定义 3　由 n^2 个数排成 n 行 n 列的正方形数表,按照以下规律,可以得到一个数

$$D=\begin{vmatrix}a_{11} & a_{12} & \cdots & a_{1n}\\ a_{21} & a_{22} & \cdots & a_{2n}\\ \vdots & \vdots & & \vdots\\ a_{n1} & a_{n2} & \cdots & a_{nn}\end{vmatrix}=a_{11}A_{11}+a_{12}A_{12}+\cdots+a_{1n}A_{1n}=\sum_{k=1}^{n}a_{1k}A_{1k}\tag{1.7}$$

称为 n 阶行列式,其中 $A_{ij}=(-1)^{i+j}M_{ij}$,M_{ij} 表示 D 划去第 i 行第 j 列$(i,j=1,2,\cdots,n)$后所剩下的 $n-1$ 阶行列式.

M_{ij} 称为元素 a_{ij} 的余子式,A_{ij} 称为元素 a_{ij} 的代数余子式.

例 2　证明下列对角行列式(其对角线上的元素是 a_i,未写出的元素都为 0).

(1) $$\begin{vmatrix}a_1 & & & \\ & a_2 & & \\ & & \ddots & \\ & & & a_n\end{vmatrix}=a_1a_2\cdots a_n;$$

(2) $$\begin{vmatrix} & & & a_1\\ & & a_2 & \\ & ⋰ & & \\ a_n & & & \end{vmatrix}=(-1)^{\frac{n(n-1)}{2}}a_1a_2\cdots a_n.$$

证 (1) $\begin{vmatrix} a_1 & & & \\ & a_2 & & \\ & & \ddots & \\ & & & a_n \end{vmatrix} = a_1 \begin{vmatrix} a_2 & & & \\ & a_3 & & \\ & & \ddots & \\ & & & a_n \end{vmatrix} = a_1 a_2 \begin{vmatrix} a_3 & & \\ & \ddots & \\ & & a_n \end{vmatrix}$

$= \cdots = a_1 a_2 \cdots a_n.$

(2) $\begin{vmatrix} & & & a_1 \\ & & a_2 & \\ & \iddots & & \\ a_n & & & \end{vmatrix} = (-1)^{1+n} a_1 \begin{vmatrix} & & a_2 \\ & & a_3 \\ & \iddots & \\ a_n & & \end{vmatrix}$

$= (-1)^{1+n}(-1)^n a_1 a_2 \begin{vmatrix} & & a_3 \\ & \iddots & \\ a_n & & \end{vmatrix}$

$= \cdots = (-1)^{\frac{n(n-1)}{2}} a_1 a_2 \cdots a_n.$

例 3 证明下三角行列式

$$D = \begin{vmatrix} a_{11} & & & 0 \\ a_{21} & a_{22} & & \\ \vdots & \vdots & \ddots & \\ a_{n1} & a_{n2} & \cdots & a_{nn} \end{vmatrix} = a_{11} a_{22} \cdots a_{nn}.$$

证

$$D = a_{11} \begin{vmatrix} a_{22} & & & 0 \\ a_{32} & a_{33} & & \\ \vdots & \vdots & \ddots & \\ a_{n2} & a_{n3} & \cdots & a_{nn} \end{vmatrix} = a_{11} a_{22} \begin{vmatrix} a_{33} & & & 0 \\ a_{43} & a_{44} & & \\ \vdots & & \ddots & \\ a_{n3} & a_{n4} & \cdots & a_{nn} \end{vmatrix} = \cdots = a_{11} a_{22} \cdots a_{nn}.$$

以上 n 阶行列式的定义式(1.7),是利用行列式的第一行元素来定义行列式的,这个式子通常称为行列式按第一行元素的展开式.我们可以证明,行列式按第一列元素展开也有相同的结果,即

$$D = \begin{vmatrix} a_{11} & a_{12} & \cdots & a_{1n} \\ a_{21} & a_{22} & \cdots & a_{2n} \\ \vdots & \vdots & & \vdots \\ a_{n1} & a_{n2} & \cdots & a_{nn} \end{vmatrix} = a_{11} A_{11} + a_{21} A_{21} + \cdots + a_{n1} A_{n1} = \sum_{k=1}^{n} a_{k1} A_{k1} \tag{1.8}$$

我们还可以证明,行列式按任意行(列)展开,都有相同的结果,即有以下定理.

定理 1(Laplace 定理)

$$D = \sum_{k=1}^{n} a_{ik} A_{ik} \quad (i = 1, 2, \cdots, n), \tag{1.9}$$

$$D = \sum_{k=1}^{n} a_{kj} A_{kj} \quad (j = 1, 2, \cdots, n). \tag{1.10}$$

例 4 计算行列式

$$D=\begin{vmatrix}2&-3&1&0\\4&-1&6&2\\0&4&0&0\\5&7&-1&0\end{vmatrix}.$$

解　按第三行展开，得

$$D=4\cdot(-1)^{3+2}\begin{vmatrix}2&1&0\\4&6&2\\5&-1&0\end{vmatrix}=-4\cdot2\,(-1)^{2+3}\begin{vmatrix}2&1\\5&-1\end{vmatrix}=-56.$$

例 5　计算行列式 $D=\begin{vmatrix}1&2&3&4\\4&3&2&1\\0&1&0&-1\\3&2&4&1\end{vmatrix}$.

解　按第三行展开，得

$$\begin{aligned}D&=(-1)^5\begin{vmatrix}1&3&4\\4&2&1\\3&4&1\end{vmatrix}-1\cdot(-1)^7\begin{vmatrix}1&2&3\\4&3&2\\3&2&4\end{vmatrix}\\&=-\left(\begin{vmatrix}2&1\\4&1\end{vmatrix}-3\begin{vmatrix}4&1\\3&1\end{vmatrix}+4\begin{vmatrix}4&2\\3&4\end{vmatrix}\right)\\&\quad+\left(\begin{vmatrix}3&2\\2&4\end{vmatrix}-2\begin{vmatrix}4&2\\3&4\end{vmatrix}+3\begin{vmatrix}4&3\\3&2\end{vmatrix}\right)\\&=-(-2-3+40)+(8-20-3)=-50.\end{aligned}$$

另外，三阶行列式也有对角线法则，

$$\begin{aligned}D&=\begin{vmatrix}a_{11}&a_{12}&a_{13}\\a_{21}&a_{22}&a_{23}\\a_{31}&a_{32}&a_{33}\end{vmatrix}\\&=a_{11}a_{22}a_{33}+a_{12}a_{23}a_{31}+a_{13}a_{21}a_{32}-a_{11}a_{23}a_{32}\\&\quad-a_{12}a_{21}a_{33}-a_{13}a_{22}a_{31}.\end{aligned}$$

例 6　利用对角线法则计算例 1 中的行列式 D

解

$$\begin{aligned}D&=1\times2\times(-2)+2\times1\times(-3)+(-4)\times(-2)\times4\\&\quad-1\times1\times4-2\times(-2)\times(-2)-(-4)\times2\times(-3)\\&=-4-6+32-4-8-24=-14.\end{aligned}$$

同样，三元一次方程组(1.3)的解也可以用三阶行列式表示.

当方程组(1.3)的系数行列式 $D=\begin{vmatrix}a_{11}&a_{12}&a_{13}\\a_{21}&a_{22}&a_{23}\\a_{31}&a_{32}&a_{33}\end{vmatrix}\neq0$ 时，其解为

$$x=\frac{D_1}{D},y=\frac{D_2}{D},z=\frac{D_3}{D},\tag{1.11}$$

其中

$$D_1=\begin{vmatrix} b_1 & a_{12} & a_{13} \\ b_2 & a_{22} & a_{23} \\ b_3 & a_{32} & a_{33} \end{vmatrix},\quad D_2=\begin{vmatrix} a_{11} & b_1 & a_{13} \\ a_{21} & b_2 & a_{23} \\ a_{31} & b_3 & a_{33} \end{vmatrix},\quad D_3=\begin{vmatrix} a_{11} & a_{12} & b_1 \\ a_{21} & a_{22} & b_2 \\ a_{31} & a_{32} & b_3 \end{vmatrix}.$$

例 7 解线性方程组

$$\begin{cases} -2x+y+z=-2, \\ x+y+4z=0, \\ 3x-7y+5z=5. \end{cases}$$

解 先计算系数行列式

$$D=\begin{vmatrix} -2 & 1 & 1 \\ 1 & 1 & 4 \\ 3 & -7 & 5 \end{vmatrix}=-10+12-7-3-56-5=-69\neq 0,$$

再计算 D_1,D_2,D_3：

$$D_1=\begin{vmatrix} -2 & 1 & 1 \\ 0 & 1 & 4 \\ 5 & -7 & 5 \end{vmatrix}=-51,D_2=\begin{vmatrix} -2 & -2 & 1 \\ 1 & 0 & 4 \\ 3 & 5 & 5 \end{vmatrix}=31,D_3=\begin{vmatrix} -2 & 1 & -2 \\ 1 & 1 & 0 \\ 3 & -7 & 5 \end{vmatrix}=5.$$

代入式(1.11)得

$$x=\frac{D_1}{D}=\frac{17}{23},y=\frac{D_2}{D}=-\frac{31}{69},z=\frac{D_3}{D}=-\frac{5}{69}.$$

第二节 行列式的性质与计算

若记 $D=\begin{vmatrix} a_{11} & a_{12} & \cdots & a_{1n} \\ a_{21} & a_{21} & \cdots & a_{2n} \\ \vdots & \vdots & & \vdots \\ a_{n1} & a_{n2} & \cdots & a_{nn} \end{vmatrix}$，$D^{\mathrm{T}}=\begin{vmatrix} a_{11} & a_{21} & \cdots & a_{n1} \\ a_{12} & a_{22} & \cdots & a_{n2} \\ \vdots & \vdots & & \vdots \\ a_{1n} & a_{2n} & \cdots & a_{nn} \end{vmatrix}$，则行列式 D^{T} 称为行列式 D 的转置行列式.

性质 1 行列式与它的转置行列式相等.

由此性质可知，行与列具有同等地位，行列式关于行的性质对列也同样成立，反之亦然.

如：
$$D=\begin{vmatrix} a & b \\ c & d \end{vmatrix},D^{\mathrm{T}}=\begin{vmatrix} a & c \\ b & d \end{vmatrix},D=D^{\mathrm{T}}.$$

性质 2 互换行列式的两行(列)，行列式变号.

如：
$$D=\begin{vmatrix} a & b \\ c & d \end{vmatrix}=ad-bc,\quad \begin{vmatrix} c & d \\ a & b \end{vmatrix}=bc-ad=-D.$$

以 r_i 表示行列式的第 i 行，c_j 表示第 j 列. 交换 i,j 两行记为 $r_i\leftrightarrow r_j$，交换 i,j 两列记作 $c_i\leftrightarrow c_j$.

推论 如果行列式有两行(列) 完全相同，则此行列式等于零.

证 把这两行互换，有 $D=-D$，故 $D=0$.

性质 3 行列式的某一行(列) 中所有的元素都乘以同一个数 k，等于用数 k 乘此行列式(第 i 行乘以 k，记作 $r_i\times k$).

推论　行列式中某一行(列)的所有元素的公因子可以提到行列式符号的外面.

性质 4　若行列式中有两行(列)元素成比例,则此行列式等于零.

性质 5　若行列式的某一列(行)的元素都是两数之和,例如第 i 列的元素都是两数之和:

$$D=\begin{vmatrix} a_{11} & a_{12} & \cdots & (a_{1i}+a'_{1i}) & \cdots & a_{1n} \\ a_{21} & a_{22} & \cdots & (a_{2i}+a'_{2i}) & \cdots & a_{2n} \\ \vdots & \vdots & & \vdots & & \vdots \\ a_{n1} & a_{n2} & \cdots & (a_{ni}+a'_{ni}) & \cdots & a_{nn} \end{vmatrix},$$

则

$$D=\begin{vmatrix} a_{11} & a_{12} & \cdots & a_{1i} & \cdots & a_{1n} \\ a_{21} & a_{22} & \cdots & a_{2i} & \cdots & a_{2n} \\ \vdots & \vdots & & \vdots & & \vdots \\ a_{n1} & a_{n2} & \cdots & a_{ni} & \cdots & a_{nn} \end{vmatrix}+\begin{vmatrix} a_{11} & a_{12} & \cdots & a'_{1i} & \cdots & a_{1n} \\ a_{21} & a_{22} & \cdots & a'_{2i} & \cdots & a_{2n} \\ \vdots & \vdots & & \vdots & & \vdots \\ a_{n1} & a_{n2} & \cdots & a'_{ni} & \cdots & a_{nn} \end{vmatrix}.$$

性质 6　把行列式的某一列(行)的各元素乘以同一数,然后加到另一列(行)对应的元素上去,行列式不变.

例如,以数 k 乘第 j 列加到第 i 列上(可记作 c_i+kc_j),

$$\begin{vmatrix} a_{11} & a_{12} & \cdots & a_{1i} & \cdots & a_{1j} & \cdots & a_{1n} \\ a_{21} & a_{22} & \cdots & a_{2i} & \cdots & a_{2j} & \cdots & a_{2n} \\ \vdots & \vdots & & \vdots & & \vdots & & \vdots \\ a_{n1} & a_{n2} & \cdots & a_{ni} & \cdots & a_{nj} & \cdots & a_{nn} \end{vmatrix}$$

$$\underline{\underline{c_i+kc_j}}\begin{vmatrix} a_{11} & a_{12} & \cdots & (a_{1i}+ka_{1j}) & \cdots & a_{1j} & \cdots & a_{1n} \\ a_{21} & a_{22} & \cdots & (a_{2i}+ka_{2j}) & \cdots & a_{2j} & \cdots & a_{2n} \\ \vdots & \vdots & & \vdots & & \vdots & & \vdots \\ a_{n1} & a_{n2} & \cdots & (a_{ni}+ka_{nj}) & \cdots & a_{nj} & \cdots & a_{nn} \end{vmatrix}\quad (i\neq j).$$

性质 7　行列式的某一行(列)的元素与另一行(列)的对应元素的代数余子式乘积之和等于零,即

$$a_{i1}A_{j1}+a_{i2}A_{j2}+\cdots+a_{in}A_{jn}=0\quad (i\neq j),$$
$$a_{1i}A_{1j}+a_{2i}A_{2j}+\cdots+a_{ni}A_{nj}=0\quad (i\neq j).$$

将性质 7 与 Laplace 定理合并为下列结论:

$$\sum_{k=1}^{n}a_{ik}A_{jk}=\begin{cases}D, & i=j,\\ 0, & i\neq j\end{cases}\tag{1.12}$$

和

$$\sum_{k=1}^{n}a_{ki}A_{kj}=\begin{cases}D, & i=j,\\ 0, & i\neq j.\end{cases}\tag{1.13}$$

这些性质证明从略,利用这些性质可以简化行列式的计算.

例 1　计算 $D=\begin{vmatrix} 0 & -1 & -1 & 2 \\ 1 & -1 & 0 & 2 \\ -1 & 2 & -1 & 0 \\ 2 & 1 & 1 & 0 \end{vmatrix}$.

解 $D \xlongequal{r_1 \leftrightarrow r_2} -\begin{vmatrix} 1 & -1 & 0 & 2 \\ 0 & -1 & -1 & 2 \\ -1 & 2 & -1 & 0 \\ 2 & 1 & 1 & 0 \end{vmatrix} \xlongequal[r_3 + r_1]{r_4 + (-2)r_1} -\begin{vmatrix} 1 & -1 & 0 & 2 \\ 0 & -1 & -1 & 2 \\ 0 & 1 & -1 & 2 \\ 0 & 3 & 1 & -4 \end{vmatrix}$

$$\xlongequal[r_3 + r_2]{r_4 + 3r_2} -\begin{vmatrix} 1 & -1 & 0 & 2 \\ 0 & -1 & -1 & 2 \\ 0 & 0 & -2 & 4 \\ 0 & 0 & -2 & 2 \end{vmatrix} \xlongequal{r_4 + (-1)r_3} -\begin{vmatrix} 1 & -1 & 0 & 2 \\ 0 & -1 & -1 & 2 \\ 0 & 0 & -2 & 4 \\ 0 & 0 & 0 & -2 \end{vmatrix}$$

$$= -1 \times (-1) \times (-2) \times (-2) = 4.$$

例 2　计算 $D = \begin{vmatrix} 2 & -5 & 1 & 2 \\ -3 & 7 & -1 & 4 \\ 5 & -9 & 2 & 7 \\ 4 & -6 & 1 & 2 \end{vmatrix}$.

解 $D \xlongequal{c_1 \leftrightarrow c_3} -\begin{vmatrix} 1 & -5 & 2 & 2 \\ -1 & 7 & -3 & 4 \\ 2 & -9 & 5 & 7 \\ 1 & -6 & 4 & 2 \end{vmatrix} \xlongequal[\substack{r_3 - 2r_1 \\ r_4 - r_1}]{r_2 + r_1} -\begin{vmatrix} 1 & -5 & 2 & 2 \\ 0 & 2 & -1 & 6 \\ 0 & 1 & 1 & 3 \\ 0 & -1 & 2 & 0 \end{vmatrix}$

$$\xlongequal[r_3 + r_4]{r_2 + 2r_4} -\begin{vmatrix} 1 & -5 & 2 & 2 \\ 0 & 0 & 3 & 6 \\ 0 & 0 & 3 & 3 \\ 0 & -1 & 2 & 0 \end{vmatrix} \xlongequal{r_2 \leftrightarrow r_4} \begin{vmatrix} 1 & -5 & 2 & 2 \\ 0 & -1 & 2 & 0 \\ 0 & 0 & 3 & 3 \\ 0 & 0 & 0 & 3 \end{vmatrix} = -9.$$

例 3　计算 $D = \begin{vmatrix} 3 & 1 & 1 & 1 \\ 1 & 3 & 1 & 1 \\ 1 & 1 & 3 & 1 \\ 1 & 1 & 1 & 3 \end{vmatrix}$.

解 $D \xlongequal{r_1 + r_2 + r_3 + r_4} \begin{vmatrix} 6 & 6 & 6 & 6 \\ 1 & 3 & 1 & 1 \\ 1 & 1 & 3 & 1 \\ 1 & 1 & 1 & 3 \end{vmatrix} \xlongequal{r_1 \times \frac{1}{6}} 6\begin{vmatrix} 1 & 1 & 1 & 1 \\ 1 & 3 & 1 & 1 \\ 1 & 1 & 3 & 1 \\ 1 & 1 & 1 & 3 \end{vmatrix}$

$$\xlongequal[\substack{r_3 - r_1 \\ r_4 - r_1}]{r_2 - r_1} 6\begin{vmatrix} 1 & 1 & 1 & 1 \\ 0 & 2 & 0 & 0 \\ 0 & 0 & 2 & 0 \\ 0 & 0 & 0 & 2 \end{vmatrix} = 48.$$

例 4　证明 $\begin{vmatrix} p+q & q+r & r+p \\ p_1+q_1 & q_1+r_1 & r_1+p_1 \\ p_2+q_2 & q_2+r_2 & r_2+p_2 \end{vmatrix} = 2\begin{vmatrix} p & q & r \\ p_1 & q_1 & r_1 \\ p_2 & q_2 & r_2 \end{vmatrix}$

证

$$\text{左端}=\begin{vmatrix} p & q+r & r+p \\ p_1 & q_1+r_1 & r_1+p_1 \\ p_2 & q_2+r_2 & r_2+p_2 \end{vmatrix}+\begin{vmatrix} q & q+r & r+p \\ q_1 & q_1+r_1 & r_1+p_1 \\ q_2 & q_2+r_2 & r_2+p_2 \end{vmatrix}$$

$$=\begin{vmatrix} p & q+r & r \\ p_1 & q_1+r_1 & r_1 \\ p_2 & q_2+r_2 & r_2 \end{vmatrix}+\begin{vmatrix} q & r & r+p \\ q_1 & r_1 & r_1+p_1 \\ q_2 & r_2 & r_2+p_2 \end{vmatrix}$$

$$=\begin{vmatrix} p & q & r \\ p_1 & q_1 & r_1 \\ p_2 & q_2 & r_2 \end{vmatrix}+\begin{vmatrix} q & r & p \\ q_1 & r_1 & p_1 \\ q_2 & r_2 & p_2 \end{vmatrix}=2\begin{vmatrix} p & q & r \\ p_1 & q_1 & r_1 \\ p_2 & q_2 & r_2 \end{vmatrix},$$

故结论成立.

第三节　克莱姆法则

对于 m 个方程 n 个未知数的线性方程组

$$\begin{cases} a_{11}x_1+a_{12}x_2+\cdots+a_{1n}x_n=b_1, \\ a_{21}x_1+a_{22}x_2+\cdots+a_{2n}x_n=b_2, \\ \qquad\qquad\vdots \\ a_{m1}x_1+a_{m2}x_2+\cdots+a_{mn}x_n=b_m, \end{cases}$$

如果 $b_1,b_2,\cdots,b_m$ 不全为 0,则上式称为非齐次线性方程组,否则称为齐次线性方程组. 在这一节,我们主要讨论 n 个方程 n 个未知数的情形.

定理 1　对于 n 个方程 n 个未知数的线性方程组

$$\begin{cases} a_{11}x_1+a_{12}x_2+\cdots+a_{1n}x_n=b_1, \\ a_{21}x_1+a_{22}x_2+\cdots+a_{2n}x_n=b_2, \\ \qquad\qquad\vdots \\ a_{n1}x_1+a_{n2}x_2+\cdots+a_{nn}x_n=b_n, \end{cases} \tag{1.14}$$

如果系数行列式

$$D=\begin{vmatrix} a_{11} & a_{12} & \cdots & a_{1n} \\ a_{21} & a_{22} & \cdots & a_{2n} \\ \vdots & \vdots & & \vdots \\ a_{n1} & a_{n2} & \cdots & a_{nn} \end{vmatrix}\neq 0,$$

则方程组有唯一的解

$$x_1=\frac{D_1}{D},x_2=\frac{D_2}{D},\cdots,x_n=\frac{D_n}{D}, \tag{1.15}$$

其中

$$D_1=\begin{vmatrix} b_1 & a_{12} & \cdots & a_{1n} \\ b_2 & a_{22} & \cdots & a_{2n} \\ \vdots & \vdots & & \vdots \\ b_n & a_{n2} & \cdots & a_{nn} \end{vmatrix},D_2=\begin{vmatrix} a_{11} & b_1 & \cdots & a_{1n} \\ a_{21} & b_2 & \cdots & a_{2n} \\ \vdots & \vdots & & \vdots \\ a_{n1} & b_n & \cdots & a_{nn} \end{vmatrix},\cdots,D_n=\begin{vmatrix} a_{11} & a_{12} & \cdots & b_1 \\ a_{21} & a_{22} & \cdots & b_2 \\ \vdots & \vdots & & \vdots \\ a_{n1} & a_{n2} & \cdots & b_n \end{vmatrix}.$$

证　把方程组(1.14) 简写为

$$\sum_{j=1}^{n} a_{ij}x_j = b_i(i=1,2,\cdots,n).$$

把式(1.15)代入第 i 个方程,左端为

$$\sum_{j=1}^{n} a_{ij}\frac{D_j}{D} = \frac{1}{D}\sum_{j=1}^{n} a_{ij}D_j.$$

因为

$$D_j = b_1A_{1j} + b_2A_{2j} + \cdots + b_nA_{nj} = \sum_{s=1}^{n} b_sA_{sj},$$

所以

$$\begin{aligned}\frac{1}{D}\sum_{j=1}^{n} a_{ij}D_j &= \frac{1}{D}\sum_{j=1}^{n} a_{ij}\sum_{s=1}^{n} b_sA_{sj} = \frac{1}{D}\sum_{j=1}^{n}\sum_{s=1}^{n} a_{ij}A_{sj}b_s \\ &= \frac{1}{D}\sum_{s=1}^{n}\sum_{j=1}^{n} a_{ij}A_{sj}b_s = \frac{1}{D}\sum_{s=1}^{n}\Big(\sum_{j=1}^{n} a_{ij}A_{sj}\Big)b_s \\ &= \frac{1}{D}Db_i = b_i.\end{aligned}$$

这相当于把式(1.15)代入方程组(1.14)的每个方程使它们同时变成恒等式,因而式(1.15)确为方程组(1.14)的解.

用 D 中第 j 列元素的代数余子式 $A_{1j},A_{2j},\cdots,A_{nj}$ 依次乘方程组(1.14)的 n 个方程,再把它们相加,得

$$\Big(\sum_{k=1}^{n} a_{k1}A_{kj}\Big)x_1 + \cdots + \Big(\sum_{k=1}^{n} a_{kj}A_{kj}\Big)x_j + \cdots + \Big(\sum_{k=1}^{n} a_{kn}A_{kj}\Big)x_n = \sum_{k=1}^{n} b_kA_{kj}.$$

于是有

$$Dx_j = D_j \quad (j=1,2,\cdots,n).$$

当 $D \neq 0$ 时,所得解一定满足式(1.15).

综上所述,方程组(1.14)有唯一解.

定理 1 也称为克莱姆法则,它是求解线性方程组的一种方法,但是具有一定的局限性,并且计算量较大.在后面的章节里,我们将介绍求解线性方程组的一般方法.

例 1 解线性方程组

$$\begin{cases} x_1 + x_2 - x_3 = 1, \\ x_1 + 2x_2 + 2x_3 = 2, \\ x_1 + x_2 = 1. \end{cases}$$

解 由题得

$$D = \begin{vmatrix} 1 & 1 & -1 \\ 1 & 2 & 2 \\ 1 & 1 & 0 \end{vmatrix} = 1, \qquad D_1 = \begin{vmatrix} 1 & 1 & -1 \\ 2 & 2 & 2 \\ 1 & 1 & 0 \end{vmatrix} = 0,$$

$$D_2 = \begin{vmatrix} 1 & 1 & -1 \\ 1 & 2 & 2 \\ 1 & 1 & 0 \end{vmatrix} = 1, \qquad D_3 = \begin{vmatrix} 1 & 1 & 1 \\ 1 & 2 & 2 \\ 1 & 1 & 1 \end{vmatrix} = 0,$$

由克莱姆法则,方程组的解为

$$x_1=\frac{D_1}{D}=0,x_2=\frac{D_2}{D}=1,x_3=\frac{D_3}{D}=0.$$

根据克莱姆法则,对于 n 个方程 n 个未知数的非齐次线性方程组

$$\begin{cases}a_{11}x_1+a_{12}x_2+\cdots+a_{1n}x_n=b_1,\\a_{21}x_1+a_{22}x_2+\cdots+a_{2n}x_n=b_2,\\\qquad\qquad\vdots\\a_{n1}x_1+a_{n2}x_2+\cdots+a_{nn}x_n=b_n,\end{cases}$$

如果系数行列式 $D\neq 0$,则方程组有唯一的解,因此,要使非齐次线性方程组无解或者有无穷多组解,则系数行列式 $D=0$.

对于 n 个方程 n 个未知数的齐次线性方程组

$$\begin{cases}a_{11}x_1+a_{12}x_2+\cdots+a_{1n}x_n=0,\\a_{21}x_1+a_{22}x_2+\cdots+a_{2n}x_n=0,\\\qquad\qquad\vdots\\a_{n1}x_1+a_{n2}x_2+\cdots+a_{nn}x_n=0,\end{cases}$$

把 $x_1=0,x_2=0,\cdots,x_n=0$ 代入方程组,方程组成立,因此它是方程组的解,称之为零解.如果系数行列式 $D\neq 0$,根据克莱姆法则,则齐次方程组只有零解.要使齐次方程组有非零解,则系数行列式 $D=0$.

例 2　当 k 取何值时,下列齐次方程组有非零解?

$$\begin{cases}kx_1+x_2-x_3=0,\\x_1+kx_2+x_3=0,\\x_1+x_2-3x_3=0.\end{cases}$$

解　方程组的系数行列式为

$$|A|=\begin{vmatrix}k&1&-1\\1&k&1\\1&1&-3\end{vmatrix}=-3k^2+3,$$

要使齐次方程组有非零解,则 $|A|=0$,于是

$$-3k^2+3=0,$$

则

$$k=\pm 1.$$

习　题　七

1. 用定义计算下列各行列式.

(1) $\begin{vmatrix}0&2&0&0\\0&0&1&0\\3&0&0&0\\0&0&0&4\end{vmatrix}$;　　(2) $\begin{vmatrix}1&2&3&0\\0&0&2&0\\3&0&4&5\\0&0&0&1\end{vmatrix}$.

2. 计算下列各行列式.

(1) $\begin{vmatrix} 2 & 1 & 4 & -1 \\ 3 & -1 & 2 & -1 \\ 1 & 2 & 3 & -2 \\ 5 & 0 & 6 & -2 \end{vmatrix}$；　(2) $\begin{vmatrix} ab & -ac & -ae \\ -bd & cd & -de \\ -bf & -cf & -ef \end{vmatrix}$；

(3) $\begin{vmatrix} a & -1 & 0 & 0 \\ 1 & b & -1 & 0 \\ 0 & 1 & c & -1 \\ 0 & 0 & 1 & d \end{vmatrix}$；　(4) $\begin{vmatrix} 1 & 2 & 3 & 4 \\ 2 & 3 & 4 & 1 \\ 3 & 4 & 1 & 2 \\ 4 & 1 & 2 & 3 \end{vmatrix}$.

3. 证明下列各式.

(1) $\begin{vmatrix} a^2 & ab & b^2 \\ 2a & a+b & 2b \\ 1 & 1 & 1 \end{vmatrix} = (a-b)^3$；

(2) $\begin{vmatrix} a^2 & (a+1)^2 & (a+2)^2 & (a+3)^2 \\ b^2 & (b+1)^2 & (b+2)^2 & (b+3)^2 \\ c^2 & (c+1)^2 & (c+2)^2 & (c+3)^2 \\ d^2 & (d+1)^2 & (d+2)^2 & (d+3)^2 \end{vmatrix} = 0$；

(3) $\begin{vmatrix} 1 & a^2 & a^3 \\ 1 & b^2 & b^3 \\ 1 & c^2 & c^3 \end{vmatrix} = (ab+bc+ca)\begin{vmatrix} 1 & a & a^2 \\ 1 & b & b^2 \\ 1 & c & c^2 \end{vmatrix}$.

4. 计算下列 n 阶行列式.

(1) $D_n = \begin{vmatrix} x & 1 & \cdots & 1 \\ 1 & x & \cdots & 1 \\ \vdots & \vdots & & \vdots \\ 1 & 1 & \cdots & x \end{vmatrix}$；　(2) $D_n = \begin{vmatrix} 1 & 2 & 2 & \cdots & 2 \\ 2 & 2 & 2 & \cdots & 2 \\ 2 & 2 & 3 & \cdots & 2 \\ \vdots & \vdots & \vdots & & \vdots \\ 2 & 2 & 2 & \cdots & n \end{vmatrix}$；

(3) $D_n = \begin{vmatrix} x & y & 0 & \cdots & 0 & 0 \\ 0 & x & y & \cdots & 0 & 0 \\ \vdots & \vdots & \vdots & & \vdots & \vdots \\ 0 & 0 & 0 & \cdots & x & y \\ y & 0 & 0 & \cdots & 0 & x \end{vmatrix}$.

5. 计算 n 阶行列式(其中 $a_i \neq 0, i = 1,2,\cdots,n$)

$$D_n = \begin{vmatrix} a_1^{n-1} & a_2^{n-1} & a_3^{n-1} & \cdots & a_n^{n-1} \\ a_1^{n-2}b_1 & a_2^{n-2}b_2 & a_3^{n-2}b_3 & \cdots & a_n^{n-2}b_n \\ \vdots & \vdots & \vdots & & \vdots \\ a_1 b_1^{n-2} & a_2 b_2^{n-2} & a_3 b_3^{n-2} & \cdots & a_n b_n^{n-2} \\ b_1^{n-1} & b_2^{n-1} & b_3^{n-1} & \cdots & b_n^{n-1} \end{vmatrix}.$$

6. 已知 4 阶行列式

$$D_4=\begin{vmatrix}1&2&3&4\\3&3&4&4\\1&5&6&7\\1&1&2&2\end{vmatrix},$$

试求 $A_{41}+A_{42}+A_{43}+A_{44}$，其中 A_{4j} 为行列式 D_4 的第 4 行第 j 个元素的代数余子式.

7. 用克莱姆法则解方程组.

(1) $\begin{cases}x_1+x_2+x_3=5,\\2x_1+x_2-x_3+x_4=1,\\x_1+2x_2-x_3+x_4=2,\\x_2+2x_3+3x_4=3.\end{cases}$　　(2) $\begin{cases}5x_1+6x_2=1,\\x_1+5x_2+6x_3=0,\\x_2+5x_3+6x_4=0,\\x_3+5x_4+6x_5=0,\\x_4+5x_5=1.\end{cases}$

8. λ 和 μ 为何值时，齐次方程组

$$\begin{cases}\lambda x_1+x_2+x_3=0,\\x_1+\mu x_2+x_3=0,\\x_1+2\mu x_2+x_3=0\end{cases}$$

有非零解？

9. 问齐次线性方程组

$$\begin{cases}x_1+x_2+x_3+ax_4=0,\\x_1+2x_2+x_3+x_4=0,\\x_1+x_2-3x_3+x_4=0,\\x_1+x_2+ax_3+bx_4=0\end{cases}$$

有非零解时，a、b 必须满足什么条件？

第八章　矩阵及其运算

矩阵的应用非常广泛.线性变换、线性方程组以及二次型等许多内容都涉及矩阵的知识，还有大量的实际问题的解决也与矩阵密切相关。这一章我们将介绍矩阵的定义、矩阵的运算、逆矩阵、矩阵多项式以及分块矩阵.

第一节　矩阵的定义及其运算

一、矩阵的定义

对于 m 个方程 n 个未知数的线性方程组

$$\begin{cases} a_{11}x_1+a_{12}x_2+\cdots+a_{1n}x_n=b_1, \\ a_{21}x_1+a_{22}x_2+\cdots+a_{2n}x_n=b_2, \\ \qquad\qquad\vdots \\ a_{m1}x_1+a_{m2}x_2+\cdots+a_{mn}x_n=b_m \end{cases} \tag{8.1}$$

的系数以及常数项可以排成 m 行 $n+1$ 列的一个数表

$$\begin{matrix} a_{11} & a_{12} & \cdots & a_{1n} & b_1 \\ a_{21} & a_{22} & \cdots & a_{2n} & b_2 \\ \vdots & \vdots & & \vdots & \vdots \\ a_{m1} & a_{m2} & \cdots & a_{mn} & b_m \end{matrix},$$

这个数表完全确定了这个线性方程组，于是对方程组的研究就可以转化成对这个数表的研究，因此我们定义矩阵如下.

定义 1　设 $m\times n$ 个数 $a_{ij}(i=1,2,\cdots,m;j=1,2,\cdots,n)$，将它们排成 m 行 n 列的一个数表

$$\begin{matrix} a_{11} & a_{12} & \cdots & a_{1n} \\ a_{21} & a_{22} & \cdots & a_{2n} \\ \vdots & \vdots & & \vdots \\ a_{m1} & a_{m2} & \cdots & a_{mn} \end{matrix},$$

用括号将其括起来，称为 $m\times n$ 阶矩阵，并且用大写字母表示，即

$$\boldsymbol{A}=\begin{pmatrix} a_{11} & a_{12} & \cdots & a_{1n} \\ a_{21} & a_{22} & \cdots & a_{2n} \\ \vdots & \vdots & & \vdots \\ a_{m1} & a_{m2} & \cdots & a_{mn} \end{pmatrix}, \tag{8.2}$$

简记为 $\boldsymbol{A}=(a_{ij})_{m\times n}$ 或 $\boldsymbol{A}_{m\times n}$. 其中 a_{ij} 称为 $\boldsymbol{A}$ 的 (i,j) 元素，它位于矩阵的第 i 行第 j 列.

下面将介绍一些特殊的矩阵.

(1) 如果矩阵只有一行，这样的矩阵称为行矩阵，也称行向量，记为

$$\boldsymbol{A}=(a_1\quad a_2\quad\cdots\quad a_n)\text{或}\boldsymbol{A}=(a_1,a_2,\cdots,a_n).$$

(2) 如果矩阵只有一列，这样的矩阵称为列矩阵，也称列向量，记为

$$\boldsymbol{A}=\begin{pmatrix}a_1\\a_2\\\vdots\\a_m\end{pmatrix}.$$

(3) 如果矩阵所有的元素都为零，这样的矩阵称为零矩阵，记为 $\boldsymbol{O}$.

(4) 如果矩阵的行数与列数相同，都为 n，这样的矩阵称为 n 阶方阵，记为

$$\boldsymbol{A}_n=\begin{pmatrix}a_{11}&a_{12}&\cdots&a_{1n}\\a_{21}&a_{22}&\cdots&a_{2n}\\\vdots&\vdots&&\vdots\\a_{n1}&a_{n2}&\cdots&a_{nn}\end{pmatrix}.$$

(5) 对于 n 阶方阵，如果不在主对角线上的元素全部为零，这样的矩阵称为对角矩阵，记为

$$\boldsymbol{\Lambda}=\begin{pmatrix}\lambda_1&0&\cdots&0\\0&\lambda_2&\cdots&0\\\vdots&\vdots&&\vdots\\0&0&\cdots&\lambda_n\end{pmatrix}.$$

对角矩阵也可表示为

$$\boldsymbol{\Lambda}=\mathrm{diag}(\lambda_1\quad\lambda_2\quad\cdots\quad\lambda_n).$$

特别说明，从左上角到右下角的直线称为主对角线，从右上角到左下角的直线称为次对角线.

(6) 对于 n 阶方阵，如果主对角线上的元素全部为 1，其余的元素全部为 0，这样的矩阵称为单位矩阵，记为

$$\boldsymbol{E}=\begin{pmatrix}1&0&\cdots&0\\0&1&\cdots&0\\\vdots&\vdots&&\vdots\\0&0&\cdots&1\end{pmatrix}.$$

定义 2　如果两个矩阵的行数与列数都相等，则称它们为同型矩阵.

定义 3　如果矩阵 $\boldsymbol{A}$ 与矩阵 $\boldsymbol{B}$ 为同型矩阵，并且对应的元素相等，则称 $\boldsymbol{A}$ 与 $\boldsymbol{B}$ 相等，记作

$$\boldsymbol{A}=\boldsymbol{B}.$$

思考：两个零矩阵一定相等吗？

二、矩阵的运算

1. 矩阵的线性运算

定义 4　如果矩阵 $\boldsymbol{A}$ 与矩阵 $\boldsymbol{B}$ 都为 $m\times n$ 阶矩阵，则矩阵 $\boldsymbol{A}$ 与 $\boldsymbol{B}$ 的和记为 $\boldsymbol{A}+\boldsymbol{B}$，并且规定

$$A+B=(a_{ij}+b_{ij})_{m\times n}=\begin{pmatrix} a_{11}+b_{11} & a_{12}+b_{12} & \cdots & a_{1n}+b_{1n} \\ a_{21}+b_{21} & a_{22}+b_{22} & \cdots & a_{2n}+b_{2n} \\ \vdots & \vdots & & \vdots \\ a_{m1}+b_{m1} & a_{m2}+b_{m2} & \cdots & a_{mn}+b_{mn} \end{pmatrix}.$$

加法满足下面的运算规律：

(1) $\boldsymbol{A}+\boldsymbol{B}=\boldsymbol{B}+\boldsymbol{A}$；

(2) $(\boldsymbol{A}+\boldsymbol{B})+\boldsymbol{C}=\boldsymbol{A}+(\boldsymbol{B}+\boldsymbol{C})$.

注意：$\boldsymbol{A},\boldsymbol{B},\boldsymbol{C}$ 必须为同型矩阵.

如果 $\boldsymbol{A}=(a_{ij})_{m\times n}$，则负矩阵记为 $-\boldsymbol{A}$，并且规定

$$-\boldsymbol{A}=(-a_{ij})_{m\times n},$$

因此，矩阵的减法规定为

$$\boldsymbol{A}-\boldsymbol{B}=\boldsymbol{A}+(-\boldsymbol{B})=(a_{ij}-b_{ij})_{m\times n}=\begin{pmatrix} a_{11}-b_{11} & a_{12}-b_{12} & \cdots & a_{1n}-b_{1n} \\ a_{21}-b_{21} & a_{22}-b_{22} & \cdots & a_{2n}-b_{2n} \\ \vdots & \vdots & & \vdots \\ a_{m1}-b_{m1} & a_{m2}-b_{m2} & \cdots & a_{mn}-b_{mn} \end{pmatrix}.$$

定义 5　数 k 与矩阵 $\boldsymbol{A}$ 的乘积记为 $k\boldsymbol{A}$，并且规定

$$k\boldsymbol{A}=(ka_{ij})_{m\times n}=\begin{pmatrix} ka_{11} & ka_{12} & \cdots & ka_{1n} \\ ka_{21} & ka_{22} & \cdots & ka_{2n} \\ \vdots & \vdots & & \vdots \\ ka_{m1} & ka_{m2} & \cdots & ka_{mn} \end{pmatrix}.$$

数乘满足下面的运算规律：

(1) $(kl)\boldsymbol{A}=k(l\boldsymbol{A})$；

(2) $(k+l)\boldsymbol{A}=k\boldsymbol{A}+l\boldsymbol{A}$；

(3) $k(\boldsymbol{A}+\boldsymbol{B})=k\boldsymbol{A}+k\boldsymbol{B}$，

其中，$\boldsymbol{A},\boldsymbol{B}$ 为同型矩阵，k,l 为常数.

矩阵的加法运算与数乘运算统称为矩阵的线性运算.

2. 矩阵与矩阵的乘法

设 $\boldsymbol{A}=(a_{i1}\quad a_{i2}\quad \cdots \quad a_{is})$ 为行向量，$\boldsymbol{B}=\begin{pmatrix} b_{1j} \\ b_{2j} \\ \vdots \\ b_{sj} \end{pmatrix}$ 为列向量，则规定

$$\boldsymbol{AB}=(a_{i1}\quad a_{i2}\quad \cdots \quad a_{is})\begin{pmatrix} b_{1j} \\ b_{2j} \\ \vdots \\ b_{sj} \end{pmatrix}=a_{i1}b_{1j}+a_{i2}b_{2j}+\cdots+a_{is}b_{sj}.$$

定义 6　设 $\boldsymbol{A}=(a_{ij})_{m\times s}$，$\boldsymbol{B}=(b_{ij})_{s\times n}$ 则矩阵 $\boldsymbol{A}$ 与矩阵 $\boldsymbol{B}$ 的乘积记为 $\boldsymbol{C}=\boldsymbol{AB}$，并且规定

$$\boldsymbol{C}=\boldsymbol{AB}=(c_{ij})_{m\times n},$$

其中

$$c_{ij}=(a_{i1}\quad a_{i2}\quad \cdots\quad a_{is})\begin{pmatrix}b_{1j}\\b_{2j}\\\vdots\\b_{sj}\end{pmatrix}=a_{i1}b_{1j}+a_{i2}b_{2j}+\cdots+a_{is}b_{sj}\ (i=1,2,\cdots,m;j=1,2,\cdots,n).$$

(1) 矩阵 $\boldsymbol{A}$ 与 $\boldsymbol{B}$ 相乘的结果是一个矩阵.

(2) $\boldsymbol{A}$ 的列数与 $\boldsymbol{B}$ 的行数相等,$\boldsymbol{AB}$ 才有意义.

(3) $\boldsymbol{AB}$ 的行数为 $\boldsymbol{A}$ 的行数,$\boldsymbol{AB}$ 的列数为 $\boldsymbol{B}$ 的列数.

(4) $\boldsymbol{AB}$ 常称为 $\boldsymbol{A}$ 左乘 $\boldsymbol{B}$,或 $\boldsymbol{B}$ 右乘 $\boldsymbol{A}$.

例 1　设 $\boldsymbol{A}=(a_1\quad a_2\quad \cdots\quad a_n)$,$\boldsymbol{B}=\begin{pmatrix}b_1\\b_2\\\vdots\\b_n\end{pmatrix}$,求 $\boldsymbol{AB}$ 和 $\boldsymbol{BA}$.

解　由题得

$$\boldsymbol{AB}=(a_1b_1+a_2b_2+\cdots+a_nb_n).$$

而

$$\boldsymbol{BA}=\begin{pmatrix}b_1a_1 & b_1a_2 & \cdots & b_1a_n\\ b_2a_1 & b_2a_2 & \cdots & b_2a_n\\ \vdots & \vdots & & \vdots\\ b_na_1 & b_na_2 & \cdots & b_na_n\end{pmatrix}.$$

思考:假使 $\boldsymbol{AB}$ 与 $\boldsymbol{BA}$ 都存在,那么 $\boldsymbol{AB}=\boldsymbol{BA}$ 一定成立吗?

例 2　设 $\boldsymbol{A}=\begin{pmatrix}a_{11} & a_{12}\\ a_{21} & a_{22}\\ a_{31} & a_{32}\end{pmatrix}$,$\boldsymbol{B}=\begin{pmatrix}b_{11} & b_{12} & b_{13} & b_{14}\\ b_{21} & b_{22} & b_{23} & b_{24}\end{pmatrix}$,求 $\boldsymbol{AB}$.

解　由题得

$$\boldsymbol{AB}=\begin{pmatrix}a_{11}b_{11}+a_{12}b_{21} & a_{11}b_{12}+a_{12}b_{22} & a_{11}b_{13}+a_{12}b_{23} & a_{11}b_{14}+a_{12}b_{24}\\ a_{21}b_{11}+a_{22}b_{21} & a_{21}b_{12}+a_{22}b_{22} & a_{21}b_{13}+a_{22}b_{23} & a_{21}b_{14}+a_{22}b_{24}\\ a_{31}b_{11}+a_{32}b_{21} & a_{31}b_{12}+a_{32}b_{22} & a_{31}b_{13}+a_{32}b_{23} & a_{31}b_{14}+a_{32}b_{24}\end{pmatrix}.$$

思考:如果 $\boldsymbol{A}$ 能与 $\boldsymbol{B}$ 相乘,那么 $\boldsymbol{B}$ 与 $\boldsymbol{A}$ 一定能相乘吗?

例 3　设 $\boldsymbol{A}=\begin{pmatrix}1 & 2\\ 1 & 2\end{pmatrix}$,$\boldsymbol{B}=\begin{pmatrix}1 & -1\\ -1 & 1\end{pmatrix}$,求 $\boldsymbol{AB}$ 和 $\boldsymbol{BA}$.

解　由题得

$$\boldsymbol{AB}=\begin{pmatrix}-1 & 1\\ -1 & 1\end{pmatrix},$$

$$\boldsymbol{BA}=\begin{pmatrix}0 & 0\\ 0 & 0\end{pmatrix}.$$

思考:如果 $\boldsymbol{BA}=\boldsymbol{O}$,能够推出 $\boldsymbol{A}=\boldsymbol{O}$ 或者 $\boldsymbol{B}=\boldsymbol{O}$ 吗?

如果 $\boldsymbol{A}$ 与 $\boldsymbol{B}$ 为同阶方阵,且 $\boldsymbol{AB}=\boldsymbol{BA}$,则称 $\boldsymbol{A}$ 与 $\boldsymbol{B}$ 是可交换的.

很容易验证,对于同阶方阵 $\boldsymbol{A}$ 与单位矩阵 $\boldsymbol{E}$,有

$$\boldsymbol{AE}=\boldsymbol{EA}=\boldsymbol{E}.$$

因此,单位矩阵 $\boldsymbol{E}$ 与任何同阶方阵 $\boldsymbol{A}$ 是可交换的.

在能相乘的前提条件下，矩阵与矩阵的乘法满足下面的运算规律：

(1) $(\boldsymbol{AB})\boldsymbol{C}=\boldsymbol{A}(\boldsymbol{BC})$；

(2) $\boldsymbol{A}(\boldsymbol{B}+\boldsymbol{C})=\boldsymbol{AB}+\boldsymbol{AC}$，

$(\boldsymbol{A}+\boldsymbol{B})\boldsymbol{C}=\boldsymbol{AC}+\boldsymbol{BC}$；

(3) $k(\boldsymbol{AB})=(k\boldsymbol{A})\boldsymbol{B}=\boldsymbol{A}(k\boldsymbol{B})$；

(4) $\boldsymbol{EA}=\boldsymbol{A}$，$\boldsymbol{AE}=\boldsymbol{A}$.

注意，矩阵的乘法不满足交换律.

3. 方阵的幂

定义 7　设 $\boldsymbol{A}_{n\times n}$ 为 n 阶方阵，k 为正整数，则定义

$$\boldsymbol{A}^1=\boldsymbol{A},\boldsymbol{A}^2=\boldsymbol{A}^1\boldsymbol{A}^1,\cdots,\boldsymbol{A}^k=\boldsymbol{A}^{k-1}\boldsymbol{A},$$

$\boldsymbol{A}^k$ 称为 $\boldsymbol{A}$ 的 k 次幂.

方阵的幂满足下面的运算规律：

(1) $\boldsymbol{A}^k\boldsymbol{A}^l=\boldsymbol{A}^{k+l}$；

(2) $(\boldsymbol{A}^k)^l=\boldsymbol{A}^{kl}$.

但是，一般来说，

$$(\boldsymbol{AB})^k\neq\boldsymbol{A}^k\boldsymbol{B}^k,$$

$$(\boldsymbol{A}+\boldsymbol{B})^2\neq\boldsymbol{A}^2+2\boldsymbol{AB}+\boldsymbol{B}^2,$$

$$(\boldsymbol{A}-\boldsymbol{B})(\boldsymbol{A}+\boldsymbol{B})\neq\boldsymbol{A}^2-\boldsymbol{B}^2.$$

思考：上面三式什么情况下才成立.

例 4　设 $\boldsymbol{A}=\begin{pmatrix}1&0&1\\0&2&0\\0&0&1\end{pmatrix}$，求 $\boldsymbol{A}^k(k=2,3,\cdots)$.

解
$$\boldsymbol{A}^2=\boldsymbol{AA}=\begin{pmatrix}1&0&1\\0&2&0\\0&0&1\end{pmatrix}\begin{pmatrix}1&0&1\\0&2&0\\0&0&1\end{pmatrix}=\begin{pmatrix}1&0&2\\0&2^2&0\\0&0&1\end{pmatrix},$$

$$\boldsymbol{A}^3=\boldsymbol{A}^2\boldsymbol{A}=\begin{pmatrix}1&0&2\\0&2^2&0\\0&0&1\end{pmatrix}\begin{pmatrix}1&0&1\\0&2&0\\0&0&1\end{pmatrix}=\begin{pmatrix}1&0&3\\0&2^3&0\\0&0&1\end{pmatrix}.$$

于是很容易通过数学归纳法得到

$$\boldsymbol{A}^k=\begin{pmatrix}1&0&k\\0&2^k&0\\0&0&1\end{pmatrix}.$$

4. 矩阵的转置

定义 8　设

$$\boldsymbol{A}=\begin{pmatrix}a_{11}&a_{12}&\cdots&a_{1n}\\a_{21}&a_{22}&\cdots&a_{2n}\\\vdots&\vdots&&\vdots\\a_{m1}&a_{m2}&\cdots&a_{mn}\end{pmatrix},$$

则将 $\boldsymbol{A}$ 的行换成同序数的列,得到新的矩阵就称为 $\boldsymbol{A}$ 的转置矩阵,记为 $\boldsymbol{A}^{\mathrm{T}}$,即

$$\boldsymbol{A}^{\mathrm{T}}=\begin{pmatrix} a_{11} & a_{21} & \cdots & a_{m1} \\ a_{12} & a_{22} & \cdots & a_{m2} \\ \vdots & \vdots & & \vdots \\ a_{1n} & a_{2n} & \cdots & a_{mn} \end{pmatrix}.$$

矩阵的转置满足下列运算规律:

(1) $(\boldsymbol{A}^{\mathrm{T}})^{\mathrm{T}}=\boldsymbol{A}$;

(2) $(k\boldsymbol{A})^{\mathrm{T}}=k\boldsymbol{A}^{\mathrm{T}}$;

(3) $(\boldsymbol{A}+\boldsymbol{B})^{\mathrm{T}}=\boldsymbol{A}^{\mathrm{T}}+\boldsymbol{B}^{\mathrm{T}}$;

(4) $(\boldsymbol{AB})^{\mathrm{T}}=\boldsymbol{B}^{\mathrm{T}}\boldsymbol{A}^{\mathrm{T}}$.

例 5　设

$$\boldsymbol{A}=\begin{pmatrix} 1 & -1 & 2 \\ 1 & 0 & 3 \\ -1 & 2 & -1 \end{pmatrix},\quad \boldsymbol{B}=\begin{pmatrix} 1 & 1 \\ 2 & -1 \\ 3 & 2 \end{pmatrix},$$

求 $(\boldsymbol{AB})^{\mathrm{T}}$, $\boldsymbol{B}^{\mathrm{T}}\boldsymbol{A}^{\mathrm{T}}$.

解

$$\boldsymbol{AB}=\begin{pmatrix} 5 & 6 \\ 10 & 7 \\ 0 & -5 \end{pmatrix},$$

$$\boldsymbol{A}^{\mathrm{T}}=\begin{pmatrix} 1 & 1 & -1 \\ -1 & 0 & 2 \\ 2 & 3 & -1 \end{pmatrix},\quad \boldsymbol{B}^{\mathrm{T}}=\begin{pmatrix} 1 & 2 & 3 \\ 1 & -1 & 2 \end{pmatrix},$$

$$\boldsymbol{B}^{\mathrm{T}}\boldsymbol{A}^{\mathrm{T}}=\begin{pmatrix} 5 & 10 & 0 \\ 6 & 7 & -5 \end{pmatrix}=(\boldsymbol{AB})^{\mathrm{T}}.$$

设 n 阶方阵 $\boldsymbol{A}$ 满足 $\boldsymbol{A}^{\mathrm{T}}=\boldsymbol{A}$,则矩阵 $\boldsymbol{A}$ 称为对称矩阵,简称为对称阵.

显然,对称阵的元素满足 $a_{ij}=a_{ji}$.

例 6　设 $\boldsymbol{A}$ 是 $m\times n$ 矩阵,证明 $\boldsymbol{A}^{\mathrm{T}}\boldsymbol{A}$ 是 n 阶对称阵,$\boldsymbol{AA}^{\mathrm{T}}$ 是 m 阶对称阵.

证　因 $(\boldsymbol{A}^{\mathrm{T}}\boldsymbol{A})^{\mathrm{T}}=\boldsymbol{A}^{\mathrm{T}}(\boldsymbol{A}^{\mathrm{T}})^{\mathrm{T}}=\boldsymbol{A}^{\mathrm{T}}\boldsymbol{A}$,故 $\boldsymbol{A}^{\mathrm{T}}\boldsymbol{A}$ 是 n 阶对称阵. 同理可证,$\boldsymbol{AA}^{\mathrm{T}}$ 是 m 阶对称阵.

5. 方阵的行列式

定义 9　设 n 阶方阵 $\boldsymbol{A}$ 的各元素的位置不变,由这些元素构成的行列式称为方阵 $\boldsymbol{A}$ 的行列式,记作 $|\boldsymbol{A}|$ 或者 $\det\boldsymbol{A}$.

方阵的行列式满足下面的运算规律(设 $\boldsymbol{A}$ 为 n 阶方阵):

(1) $|\boldsymbol{A}^{\mathrm{T}}|=|\boldsymbol{A}|$;

(2) $|k\boldsymbol{A}|=k^n|\boldsymbol{A}|$;

(3) $|\boldsymbol{AB}|=|\boldsymbol{A}||\boldsymbol{B}|$;

(4) $|\boldsymbol{A}^k|=|\boldsymbol{A}|^k$.

应该注意,矩阵是数表,而行列式是数值,两者是不同的概念. 一般情况下,$\boldsymbol{AB}\neq\boldsymbol{BA}$,但是 $|\boldsymbol{AB}|=|\boldsymbol{A}||\boldsymbol{B}|$.

三、矩阵与线性变换的关系

定义 10　设 m 个变量 $y_1,y_2,\cdots,y_m$ 与 n 个变量 $x_1,x_2,\cdots,x_n$ 两者之间存在如下关系

$$\begin{cases} y_1 = a_{11}x_1 + a_{12}x_2 + \cdots + a_{1n}x_n, \\ y_2 = a_{21}x_1 + a_{22}x_2 + \cdots + a_{2n}x_n, \\ \quad\vdots \\ y_m = a_{m1}x_1 + a_{m2}x_2 + \cdots + a_{mn}x_n. \end{cases} \tag{8.3}$$

则称上式为从 $x_1,x_2,\cdots,x_n$ 到 $y_1,y_2,\cdots,y_m$ 的一个线性变换.其中矩阵

$$\boldsymbol{A} = \begin{pmatrix} a_{11} & a_{12} & \cdots & a_{1n} \\ a_{21} & a_{22} & \cdots & a_{2n} \\ \vdots & \vdots & & \vdots \\ a_{m1} & a_{m2} & \cdots & a_{mn} \end{pmatrix}$$

叫作变换的系数矩阵.

如果令 $\boldsymbol{X} = \begin{pmatrix} x_1 \\ x_2 \\ \vdots \\ x_n \end{pmatrix}$,$\boldsymbol{Y} = \begin{pmatrix} y_1 \\ y_2 \\ \vdots \\ y_m \end{pmatrix}$,则上述线性变换就可以表示成

$$\boldsymbol{Y} = \boldsymbol{AX}.$$

系数矩阵与线性变换是一个一一对应的关系.给定一个线性变换,就唯一确定了一个系数矩阵;反过来,给定一个矩阵,就唯一确定了一个线性变换.

例如,对于线性变换

$$\begin{cases} y_1 = x_1 + x_2 + x_3, \\ y_2 = x_1 - x_2 - 3x_3, \\ y_3 = 3x_1 + 2x_2 - x_3, \end{cases}$$

所对应的系数矩阵为

$$\boldsymbol{A} = \begin{pmatrix} 1 & 1 & 1 \\ 1 & -1 & -3 \\ 3 & 2 & -1 \end{pmatrix}.$$

反过来,如果给定一个矩阵

$$\boldsymbol{A} = \begin{pmatrix} 2 & 3 \\ 1 & -1 \end{pmatrix},$$

所对应的线性变换为

$$\begin{cases} y_1 = 2x_1 + 3x_2, \\ y_2 = x_1 - x_2. \end{cases}$$

如果存在线性变换

$$\begin{cases} y_1 = a_{11}x_1 + a_{12}x_2 + \cdots + a_{1n}x_n, \\ y_2 = a_{21}x_1 + a_{22}x_2 + \cdots + a_{2n}x_n, \\ \quad\vdots \\ y_m = a_{m1}x_1 + a_{m2}x_2 + \cdots + a_{mn}x_n, \end{cases}$$

即

$$Y = AX,$$

以及线性变换

$$\begin{cases} z_1 = b_{11}y_1 + b_{12}y_2 + \cdots + b_{1m}y_m, \\ z_2 = b_{21}y_1 + b_{22}y_2 + \cdots + b_{2m}y_m, \\ \quad \vdots \\ z_l = b_{l1}y_1 + b_{l2}y_2 + \cdots + b_{lm}y_m, \end{cases}$$

即

$$Z = BY,$$

则从 $x_1, x_2, \cdots, x_n$ 到 $z_1, z_2, \cdots, z_l$ 的线性变换就可以表示成

$$Z = BY = BAX.$$

四、线性方程组的表示

对于 m 个方程 n 个未知数的线性方程组

$$\begin{cases} a_{11}x_1 + a_{12}x_2 + \cdots + a_{1n}x_n = b_1, \\ a_{21}x_1 + a_{22}x_2 + \cdots + a_{2n}x_n = b_2, \\ \qquad \qquad \vdots \\ a_{m1}x_1 + a_{m2}x_2 + \cdots + a_{mn}x_n = b_m, \end{cases}$$

令

$$A = \begin{pmatrix} a_{11} & a_{12} & \cdots & a_{1n} \\ a_{21} & a_{22} & \cdots & a_{2n} \\ \vdots & \vdots & & \vdots \\ a_{m1} & a_{m2} & \cdots & a_{mn} \end{pmatrix}, X = \begin{pmatrix} x_1 \\ x_2 \\ \vdots \\ x_n \end{pmatrix}, B = \begin{pmatrix} b_1 \\ b_2 \\ \vdots \\ b_m \end{pmatrix},$$

则线性方程组可以表示成

$$AX = B.$$

我们把

$$\tilde{A} = (A \mid B) = \begin{pmatrix} a_{11} & a_{12} & \cdots & a_{1n} & b_1 \\ a_{21} & a_{22} & \cdots & a_{2n} & b_2 \\ \vdots & \vdots & & \vdots & \vdots \\ a_{m1} & a_{m2} & \cdots & a_{mn} & b_m \end{pmatrix}$$

称为方程组的增广矩阵.

例如,对于方程组

$$\begin{cases} x_1 - 2x_2 - x_3 = 0, \\ x_1 + x_2 - 3x_3 = 1, \\ 3x_1 + 2x_2 - x_3 = 2, \end{cases}$$

则方程组的系数矩阵与增广矩阵就可分别表示为

$$A = \begin{pmatrix} 1 & -2 & -1 \\ 1 & 1 & -3 \\ 3 & 2 & -1 \end{pmatrix}$$

及

$$\widetilde{\boldsymbol{A}}=(\boldsymbol{A}\mid\boldsymbol{B})=\begin{pmatrix}1&-2&-1&0\\1&1&-3&1\\3&2&-1&2\end{pmatrix}.$$

第二节　逆　矩　阵

一、逆矩阵的定义及性质

定义 1　对于方阵 $\boldsymbol{A}$ 与 $\boldsymbol{B}$，如果满足

$$\boldsymbol{AB}=\boldsymbol{BA}=\boldsymbol{E},$$

则称 $\boldsymbol{A}$ 可逆，并且称 $\boldsymbol{B}$ 为 $\boldsymbol{A}$ 的逆矩阵，记作 $\boldsymbol{A}^{-1}=\boldsymbol{B}$. 如果 $\boldsymbol{B}$ 为 $\boldsymbol{A}$ 的逆矩阵，则 $\boldsymbol{A}$ 也为 $\boldsymbol{B}$ 的逆矩阵，并且 $\boldsymbol{B}^{-1}=\boldsymbol{A}$.

定理 1　如果方阵 $\boldsymbol{A}$ 可逆，则方阵 $\boldsymbol{A}$ 的逆矩阵必唯一.

证　假设 $\boldsymbol{B}$ 与 $\boldsymbol{C}$ 都为 $\boldsymbol{A}$ 的逆矩阵，则

$$\boldsymbol{C}=\boldsymbol{CE}=\boldsymbol{C}(\boldsymbol{AB})=(\boldsymbol{CA})\boldsymbol{B}=\boldsymbol{EB}=\boldsymbol{B},$$

因此方阵 $\boldsymbol{A}$ 的逆矩阵是唯一的.

规定，$\boldsymbol{A}^0=\boldsymbol{E}$，$\boldsymbol{A}^{-k}=(\boldsymbol{A}^{-1})^k\ (k\in\mathbf{Z}^+)$ 称为 $\boldsymbol{A}$ 的负幂.

定义 2　设 $\boldsymbol{A}$ 为 n 阶方阵，记

$$\boldsymbol{A}^*=\begin{pmatrix}A_{11}&A_{21}&\cdots&A_{n1}\\A_{12}&A_{22}&\cdots&A_{n2}\\\vdots&\vdots&&\vdots\\A_{1n}&A_{2n}&\cdots&A_{nn}\end{pmatrix},\tag{8.4}$$

其中 A_{ij} 为 $\boldsymbol{A}$ 的元素 a_{ij} 的代数余子式，$\boldsymbol{A}^*$ 称为 $\boldsymbol{A}$ 的伴随矩阵.

定理 2　设 $\boldsymbol{A}^*$ 为 $\boldsymbol{A}$ 的伴随矩阵，则

$$\boldsymbol{AA}^*=\boldsymbol{A}^*\boldsymbol{A}=|\boldsymbol{A}|\boldsymbol{E}.$$

证　由于

$$a_{i1}a_{j1}+a_{i2}a_{j2}+\cdots+a_{in}a_{jn}=\begin{cases}|\boldsymbol{A}| & i=j,\\0 & i\neq j,\end{cases}$$

因此

$$\boldsymbol{AA}^*=\begin{pmatrix}a_{11}&a_{12}&\cdots&a_{1n}\\a_{21}&a_{22}&\cdots&a_{2n}\\\vdots&\vdots&&\vdots\\a_{m1}&a_{m2}&\cdots&a_{mn}\end{pmatrix}\begin{pmatrix}A_{11}&A_{21}&\cdots&A_{n1}\\A_{12}&A_{22}&\cdots&A_{n2}\\\vdots&\vdots&&\vdots\\A_{1n}&A_{2n}&\cdots&A_{nn}\end{pmatrix}$$

$$=\begin{pmatrix}|\boldsymbol{A}|&0&\cdots&0\\0&|\boldsymbol{A}|&\cdots&0\\\vdots&\vdots&&\vdots\\0&0&\cdots&|\boldsymbol{A}|\end{pmatrix}=|\boldsymbol{A}|\boldsymbol{E}.$$

同理

$$A^*A = |A|E.$$

于是

$$AA^* = A^*A = |A|E.$$

定理 3　矩阵 A 可逆的充要条件是 $|A| \neq 0$，并且

$$A^{-1} = \frac{1}{|A|}A^*,$$

其中，A^* 为 A 的伴随矩阵.

证　根据定理 2，有

$$AA^* = A^*A = |A|E,$$

又因为 $|A| \neq 0$，则

$$A\frac{1}{|A|}A^* = \frac{1}{|A|}A^*A = E.$$

因此，根据逆矩阵的定义知 A 可逆，并且

$$A^{-1} = \frac{1}{|A|}A^*.$$

说明：如果 $|A| = 0$，则 A 称为奇异矩阵；如果 $|A| \neq 0$，则 A 称为非奇异矩阵.

根据逆矩阵可逆的定义，矩阵 A 可逆的条件是

$$AB = BA = E.$$

需要验证两个等式成立，但实际上有下面的定理.

定理 4　如果 $AB = E$，则 A 可逆，并且 B 就为 A 的逆矩阵，即 $A^{-1} = B$. 同理，如果 $BA = E$，则 A 可逆，并且 B 就为 A 的逆矩阵，即 $A^{-1} = B$.

证　因为 $AB = E$，则 $|AB| = |E| = 1$，于是得到 $|A||B| = 1$，因此 $|A| \neq 0$，所以 A 可逆. 又

$$A^{-1} = A^{-1}E = A^{-1}AB = EB = B,$$

故

$$A^{-1} = B.$$

性质 1　如果 A 可逆，则 A^{-1} 也可逆，并且有 $(A^{-1})^{-1} = A$.

性质 2　如果 A 可逆，数 $\lambda \neq 0$，则 λA 也可逆，并且有 $(\lambda A)^{-1} = \frac{1}{\lambda}A$.

性质 3　如果 A 与 B 可逆，则 AB 也可逆，并且有 $(AB)^{-1} = B^{-1}A^{-1}$.

证　因为

$$(AB)(B^{-1}A^{-1}) = ABB^{-1}A^{-1} = AEA^{-1} = AA^{-1} = E.$$

于是根据定理 4 知 AB 可逆，并且有

$$(AB)^{-1} = B^{-1}A^{-1}.$$

性质 4　如果 A 可逆，则 A^{T} 也可逆，并且 $(A^{T})^{-1} = (A^{-1})^{T}$.

证　因为

$$A^{T}(A^{-1})^{T} = (A^{-1}A)^{T} = (E)^{T} = E,$$

于是根据定理 4 知 A^{T} 可逆，并且

$$(A^{T})^{-1} = (A^{-1})^{T}.$$

性质 5　如果 A 可逆，则 $|A^{-1}| = \frac{1}{|A|}$.

证 因为 $\boldsymbol{A}$ 可逆，所以 $\boldsymbol{A}^{-1}$ 存在，并且 $|\boldsymbol{A}|\neq 0$，又 $\boldsymbol{A}\boldsymbol{A}^{-1}=\boldsymbol{E}$，则 $|\boldsymbol{A}\boldsymbol{A}^{-1}|=1$，于是

$$|\boldsymbol{A}||\boldsymbol{A}^{-1}|=1,$$

因此

$$|\boldsymbol{A}^{-1}|=\frac{1}{|\boldsymbol{A}|}.$$

性质 6 如果 $\boldsymbol{A}$ 与 $\boldsymbol{B}$ 为同阶可逆矩阵，则 $\boldsymbol{A}^*=|\boldsymbol{A}|\boldsymbol{A}^{-1}$，$\boldsymbol{B}^*=|\boldsymbol{B}|\boldsymbol{B}^{-1}$，$(\boldsymbol{A}\boldsymbol{B})^*=\boldsymbol{B}^*\boldsymbol{A}^*$.

证 $(\boldsymbol{A}\boldsymbol{B})^*=|\boldsymbol{A}\boldsymbol{B}|(\boldsymbol{A}\boldsymbol{B})^{-1}=|\boldsymbol{A}||\boldsymbol{B}|\boldsymbol{B}^{-1}\boldsymbol{A}^{-1}=(|\boldsymbol{B}|\boldsymbol{B}^{-1})(|\boldsymbol{A}|\boldsymbol{A}^{-1})=\boldsymbol{B}^*\boldsymbol{A}^*$.

例 1 设 $\boldsymbol{A}=\begin{pmatrix}a & b\\ c & d\end{pmatrix}$，且 $|\boldsymbol{A}|=ad-bc\neq 0$，求 $\boldsymbol{A}^{-1}$.

解 由 $|\boldsymbol{A}|=ad-bc\neq 0$，知 $\boldsymbol{A}$ 可逆，又

$$A_{11}=d,A_{12}=-c,A_{21}=-b,A_{22}=a,$$

所以

$$\boldsymbol{A}^{-1}=\frac{1}{ad-bc}\begin{pmatrix}d & -b\\ -c & a\end{pmatrix}.$$

例 2 求方阵

$$\boldsymbol{A}=\begin{pmatrix}2 & 2 & 2\\ 1 & 2 & 3\\ 1 & 3 & 6\end{pmatrix}$$

的逆矩阵 $\boldsymbol{A}^{-1}$.

解 因为 $|\boldsymbol{A}|=2\neq 0$，所以 $\boldsymbol{A}^{-1}$ 存在，先求 $\boldsymbol{A}$ 的伴随矩阵 $\boldsymbol{A}^*$.

$$A_{11}=3,A_{12}=-3,A_{13}=1,$$
$$A_{21}=-6,A_{22}=10,A_{23}=-4,$$
$$A_{31}=2,A_{32}=-4,A_{33}=2,$$

$$\boldsymbol{A}^*=\begin{pmatrix}3 & -6 & 2\\ -3 & 10 & -4\\ 1 & -4 & 2\end{pmatrix},$$

$$\boldsymbol{A}^{-1}=\frac{1}{|\boldsymbol{A}|}\boldsymbol{A}^*=\frac{1}{2}\begin{pmatrix}3 & -6 & 2\\ -3 & 10 & -4\\ 1 & -4 & 2\end{pmatrix}.$$

例 3 设 $\boldsymbol{A}$ 满足 $\boldsymbol{A}^2-\boldsymbol{A}-3\boldsymbol{E}=\boldsymbol{O}$，求 $(\boldsymbol{A}+\boldsymbol{E})^{-1}$.

解 由 $\boldsymbol{A}^2-\boldsymbol{A}-3\boldsymbol{E}=\boldsymbol{O}$，得 $\boldsymbol{A}^2-\boldsymbol{A}-2\boldsymbol{E}=\boldsymbol{E}$，所以

$$(\boldsymbol{A}+\boldsymbol{E})(\boldsymbol{A}-2\boldsymbol{E})=\boldsymbol{E},$$

则

$$(\boldsymbol{A}+\boldsymbol{E})^{-1}=(\boldsymbol{A}-2\boldsymbol{E}).$$

二、用逆矩阵求线性方程组的解以及逆变换

对于 n 个方程 n 个未知数的线性方程组

$$\begin{cases}a_{11}x_1+a_{12}x_2+\cdots+a_{1n}x_n=b_1,\\ a_{21}x_1+a_{22}x_2+\cdots+a_{2n}x_n=b_2,\\ \qquad\vdots\\ a_{n1}x_1+a_{n2}x_2+\cdots+a_{nn}x_n=b_n,\end{cases}\tag{8.5}$$

即

$$\boldsymbol{AX}=\boldsymbol{B},$$

其中

$$\boldsymbol{A}=\begin{pmatrix}a_{11}&a_{12}&\cdots&a_{1n}\\a_{21}&a_{22}&\cdots&a_{2n}\\\vdots&\vdots&&\vdots\\a_{n1}&a_{n2}&\cdots&a_{nn}\end{pmatrix},\boldsymbol{X}=\begin{pmatrix}x_1\\x_2\\\vdots\\x_n\end{pmatrix},\boldsymbol{B}=\begin{pmatrix}b_1\\b_2\\\vdots\\b_n\end{pmatrix},$$

如果 $|\boldsymbol{A}|\neq 0$，则 $\boldsymbol{A}$ 可逆，于是在 $\boldsymbol{AX}=\boldsymbol{B}$ 两边左乘 $\boldsymbol{A}^{-1}$，则

$$\boldsymbol{A}^{-1}\boldsymbol{AX}=\boldsymbol{A}^{-1}\boldsymbol{B},$$

即

$$\boldsymbol{X}=\boldsymbol{A}^{-1}\boldsymbol{B}.$$

设 n 个变量 $y_1,y_2,\cdots,y_n$ 与 n 个变量 $x_1,x_2,\cdots,x_n$ 两者之间存在如下的线性关系

$$\begin{cases}y_1=a_{11}x_1+a_{12}x_2+\cdots+a_{1n}x_n,\\y_2=a_{21}x_1+a_{22}x_2+\cdots+a_{2n}x_n,\\\quad\vdots\\y_n=a_{n1}x_1+a_{n2}x_2+\cdots+a_{nn}x_n,\end{cases}$$

即

$$\boldsymbol{Y}=\boldsymbol{AX}.$$

如果系数矩阵

$$\boldsymbol{A}=\begin{pmatrix}a_{11}&a_{12}&\cdots&a_{1n}\\a_{21}&a_{22}&\cdots&a_{2n}\\\vdots&\vdots&&\vdots\\a_{n1}&a_{n2}&\cdots&a_{nn}\end{pmatrix}$$

的行列式不等于零，即 $|\boldsymbol{A}|\neq 0$，则存在从 $y_1,y_2,\cdots,y_n$ 到 $x_1,x_2,\cdots,x_n$ 的逆变换，且

$$\boldsymbol{X}=\boldsymbol{A}^{-1}\boldsymbol{Y}.$$

例 4　解线性方程组

$$\begin{cases}x_1+x_3=0,\\2x_1+x_2=1,\\-3x_1+2x_2-5x_3=1.\end{cases}$$

解　由题得原方程可以表示成 $\boldsymbol{AX}=\boldsymbol{B}$，其中

$$\boldsymbol{A}=\begin{pmatrix}1&0&1\\2&1&0\\-3&2&-5\end{pmatrix},\boldsymbol{B}=\begin{pmatrix}0\\1\\1\end{pmatrix},\boldsymbol{X}=\begin{pmatrix}x_1\\x_2\\x_3\end{pmatrix},$$

又 $|\boldsymbol{A}|=2\neq 0$，所以 $\boldsymbol{A}$ 可逆，且

$$\boldsymbol{A}^{-1}=\frac{1}{2}\begin{pmatrix}-5&2&-1\\10&-2&2\\7&-2&1\end{pmatrix}.$$

因此，方程的解为

$$X = A^{-1}B = \frac{1}{2}\begin{pmatrix} -5 & 2 & -1 \\ 10 & -2 & 2 \\ 7 & -2 & 1 \end{pmatrix}\begin{pmatrix} 0 \\ 1 \\ 1 \end{pmatrix} = \begin{pmatrix} \frac{1}{2} \\ 0 \\ -\frac{1}{2} \end{pmatrix}.$$

例 5　设从 x_1, x_2, x_3 到 y_1, y_2, y_3 的线性变换为

$$\begin{cases} y_1 = x_1 + x_2 + x_3, \\ y_2 = 2x_1 + 2x_2 + x_3, \\ y_3 = 3x_1 + 2x_2 + x_3. \end{cases}$$

求从 y_1, y_2, y_3 到 x_1, x_2, x_3 的线性变换.

解　线性变换可以表示为

$$Y = AX,$$

其中

$$A = \begin{pmatrix} 1 & 1 & 1 \\ 2 & 2 & 1 \\ 3 & 2 & 1 \end{pmatrix},$$

又 $|A| \neq 0$，所以 A 可逆，且

$$A^{-1} = \begin{pmatrix} 0 & -1 & 1 \\ -1 & 2 & -1 \\ 2 & -1 & 0 \end{pmatrix}.$$

所以从 y_1, y_2, y_3 到 x_1, x_2, x_3 的线性变换为 $X = A^{-1}Y$，即

$$\begin{cases} x_1 = -y_2 + y_3, \\ x_2 = -y_1 + 2y_2 - y_3, \\ x_3 = 2y_1 - y_2. \end{cases}$$

三、矩阵方程

假设存在如下的矩阵方程

$$AXB = Y,$$

其中 A, B, Y 为已知矩阵，X 为未知矩阵，并且 A, B 可逆，用 A^{-1}, B^{-1} 分别去左乘右乘上式，则有

$$X = A^{-1}YB^{-1},$$

于是就求出了未知矩阵.

例 6　解矩阵方程

$$\begin{pmatrix} 1 & 2 \\ 0 & 1 \end{pmatrix} X \begin{pmatrix} 2 & 1 \\ 3 & 2 \end{pmatrix} = \begin{pmatrix} 1 & 0 \\ 2 & -1 \end{pmatrix}.$$

解　令 $A = \begin{pmatrix} 1 & 2 \\ 0 & 1 \end{pmatrix}, B = \begin{pmatrix} 2 & 1 \\ 3 & 2 \end{pmatrix}, C = \begin{pmatrix} 1 & 0 \\ 2 & -1 \end{pmatrix}$，而 $|A| = 1, |B| = 1$，故 A, B 可逆，于是

$$X = A^{-1}CB^{-1},$$

又

$$A^{-1} = \begin{pmatrix} 1 & -2 \\ 0 & 1 \end{pmatrix}, B^{-1} = \begin{pmatrix} 2 & -1 \\ -3 & 2 \end{pmatrix},$$

因此

$$X=\begin{pmatrix}1&-2\\0&1\end{pmatrix}\begin{pmatrix}1&0\\2&-1\end{pmatrix}\begin{pmatrix}2&-1\\-3&2\end{pmatrix}=\begin{pmatrix}-12&7\\7&-4\end{pmatrix}.$$

第三节　矩阵的分块

用若干条横线和纵线将矩阵$\boldsymbol{A}$分成很多小的矩阵，这些小的矩阵称为$\boldsymbol{A}$的子矩阵，以这些小的子矩阵为元素的形式上的矩阵称为分块矩阵. 对于阶数比较高的矩阵，常常采用这种分块法，目的就是将高阶矩阵转化成低阶矩阵.

例如，

$$\boldsymbol{A}=\begin{pmatrix}a_{11}&a_{12}&a_{13}\\a_{21}&a_{22}&a_{23}\\a_{31}&a_{32}&a_{33}\\a_{41}&a_{42}&a_{43}\end{pmatrix},$$

对于$\boldsymbol{A}$可以采用很多分法，下面我们将介绍几种分法：

$$\boldsymbol{A}=\left(\begin{array}{c:c:c}a_{11}&a_{12}&a_{13}\\a_{21}&a_{22}&a_{23}\\a_{31}&a_{32}&a_{33}\\a_{41}&a_{42}&a_{43}\end{array}\right),\boldsymbol{A}=\left(\begin{array}{ccc}a_{11}&a_{12}&a_{13}\\ \hdashline a_{21}&a_{22}&a_{23}\\ \hdashline a_{31}&a_{32}&a_{33}\\ \hdashline a_{41}&a_{42}&a_{43}\end{array}\right),\boldsymbol{A}=\left(\begin{array}{cc:c}a_{11}&a_{12}&a_{13}\\ \hdashline a_{21}&a_{22}&a_{23}\\a_{31}&a_{32}&a_{33}\\ \hdashline a_{41}&a_{42}&a_{43}\end{array}\right).$$

对于最后一种分法，可以记为

$$\boldsymbol{A}=\begin{pmatrix}\boldsymbol{A}_{11}&\boldsymbol{A}_{12}\\\boldsymbol{A}_{21}&\boldsymbol{A}_{22}\\\boldsymbol{A}_{31}&\boldsymbol{A}_{32}\end{pmatrix},$$

其中

$$\boldsymbol{A}_{11}=(a_{11}\quad a_{12}),\boldsymbol{A}_{12}=(a_{13}),\boldsymbol{A}_{21}=\begin{pmatrix}a_{21}&a_{22}\\a_{31}&a_{32}\end{pmatrix},$$

$$\boldsymbol{A}_{22}=\begin{pmatrix}a_{23}\\a_{33}\end{pmatrix},\boldsymbol{A}_{31}=(a_{41}\quad a_{42}),\boldsymbol{A}_{32}=(a_{43}).$$

注意，对于同一个矩阵有不同的分法，要根据实际情况进行分块. 同行上的子块有相同的“行数”，同列上的子块有相同的“列数”.

对矩阵进行分块，有两种特别的分法比较重要，一种是按行分块，另一种是按列分块.

例如

$$\boldsymbol{A}=\begin{pmatrix}a_{11}&a_{12}&\cdots&a_{1n}\\a_{21}&a_{22}&\cdots&a_{2n}\\\vdots&\vdots&&\vdots\\a_{m1}&a_{m2}&\cdots&a_{mn}\end{pmatrix},$$

如果记

$$\boldsymbol{\alpha}_1^{\mathrm{T}}=(a_{11}\quad a_{12}\quad\cdots\quad a_{1n}),$$
$$\boldsymbol{\alpha}_2^{\mathrm{T}}=(a_{21}\quad a_{22}\quad\cdots\quad a_{2n}),$$
$$\vdots$$
$$\boldsymbol{\alpha}_m^{\mathrm{T}}=(a_{m1}\quad a_{m2}\quad\cdots\quad a_{mn}),$$

则矩阵 $\boldsymbol{A}$ 就可以表示成

$$\boldsymbol{A}=\begin{pmatrix}\boldsymbol{\alpha}_1^{\mathrm{T}}\\ \boldsymbol{\alpha}_2^{\mathrm{T}}\\ \vdots\\ \boldsymbol{\alpha}_m^{\mathrm{T}}\end{pmatrix}.$$

同样,如果记

$$\boldsymbol{\beta}_1=\begin{pmatrix}a_{11}\\ a_{21}\\ \vdots\\ a_{m1}\end{pmatrix},\boldsymbol{\beta}_2=\begin{pmatrix}a_{12}\\ a_{22}\\ \vdots\\ a_{m2}\end{pmatrix},\cdots,\boldsymbol{\beta}_n=\begin{pmatrix}a_{1n}\\ a_{2n}\\ \vdots\\ a_{mn}\end{pmatrix},$$

则矩阵 $\boldsymbol{A}$ 就可以表示成

$$\boldsymbol{A}=(\boldsymbol{\beta}_1\quad\boldsymbol{\beta}_2\quad\cdots\quad\boldsymbol{\beta}_n).$$

特别说明,今后用小写的黑体字母表示列向量,而行向量用列向量的转置来表示.

下面将介绍分块矩阵的运算法则.

(1) 设

$$\boldsymbol{A}_{m\times n}=\begin{pmatrix}\boldsymbol{A}_{11}&\cdots&\boldsymbol{A}_{1r}\\ \vdots&&\vdots\\ \boldsymbol{A}_{s1}&\cdots&\boldsymbol{A}_{sr}\end{pmatrix},\boldsymbol{B}_{m\times n}=\begin{pmatrix}\boldsymbol{B}_{11}&\cdots&\boldsymbol{B}_{1r}\\ \vdots&&\vdots\\ \boldsymbol{B}_{s1}&\cdots&\boldsymbol{B}_{sr}\end{pmatrix},$$

则

$$\boldsymbol{A}+\boldsymbol{B}=\begin{pmatrix}\boldsymbol{A}_{11}+\boldsymbol{B}_{11}&\cdots&\boldsymbol{A}_{1r}+\boldsymbol{B}_{1r}\\ \vdots&&\vdots\\ \boldsymbol{A}_{s1}+\boldsymbol{B}_{s1}&\cdots&\boldsymbol{A}_{sr}+\boldsymbol{B}_{sr}\end{pmatrix}.$$

注意:$\boldsymbol{A}$ 与 $\boldsymbol{B}$ 必须同阶,并且分法要相同.

(2) 设

$$\boldsymbol{A}_{m\times n}=\begin{pmatrix}\boldsymbol{A}_{11}&\cdots&\boldsymbol{A}_{1r}\\ \vdots&&\vdots\\ \boldsymbol{A}_{s1}&\cdots&\boldsymbol{A}_{sr}\end{pmatrix},$$

则

$$k\boldsymbol{A}_{m\times n}=\begin{pmatrix}k\boldsymbol{A}_{11}&\cdots&k\boldsymbol{A}_{1r}\\ \vdots&&\vdots\\ k\boldsymbol{A}_{s1}&\cdots&k\boldsymbol{A}_{sr}\end{pmatrix}.$$

(3) 设

$$\boldsymbol{A}_{m\times l}=\begin{pmatrix}\boldsymbol{A}_{11}&\cdots&\boldsymbol{A}_{1t}\\ \vdots&&\vdots\\ \boldsymbol{A}_{s1}&\cdots&\boldsymbol{A}_{st}\end{pmatrix},\quad\boldsymbol{B}_{l\times n}=\begin{pmatrix}\boldsymbol{B}_{11}&\cdots&\boldsymbol{B}_{1r}\\ \vdots&&\vdots\\ \boldsymbol{B}_{t1}&\cdots&\boldsymbol{B}_{tr}\end{pmatrix},$$

则

$$\boldsymbol{AB}=\begin{pmatrix}\boldsymbol{C}_{11} & \cdots & \boldsymbol{C}_{1r}\\ \vdots & & \vdots\\ \boldsymbol{C}_{s1} & \cdots & \boldsymbol{C}_{sr}\end{pmatrix},$$

其中

$$\boldsymbol{C}_{ij}=(\boldsymbol{A}_{i1}\quad\cdots\quad\boldsymbol{A}_{it})\begin{pmatrix}\boldsymbol{B}_{1j}\\ \vdots\\ \boldsymbol{B}_{tj}\end{pmatrix}=\boldsymbol{A}_{i1}\boldsymbol{B}_{1j}+\cdots+\boldsymbol{A}_{it}\boldsymbol{B}_{tj}.$$

注意:$\boldsymbol{A}$ 的列划分方式与 $\boldsymbol{B}$ 的行划分方式相同.

(4) 设

$$\boldsymbol{A}_{m\times n}=\begin{pmatrix}\boldsymbol{A}_{11} & \cdots & \boldsymbol{A}_{1r}\\ \vdots & & \vdots\\ \boldsymbol{A}_{s1} & \cdots & \boldsymbol{A}_{sr}\end{pmatrix},$$

则

$$\boldsymbol{A}^{\mathrm{T}}=\begin{pmatrix}\boldsymbol{A}_{11}^{\mathrm{T}} & \cdots & \boldsymbol{A}_{s1}^{\mathrm{T}}\\ \vdots & & \vdots\\ \boldsymbol{A}_{1r}^{\mathrm{T}} & \cdots & \boldsymbol{A}_{sr}^{\mathrm{T}}\end{pmatrix}.$$

注意:要先“大转”再“小转”.

(5) 设 $\boldsymbol{A}_1,\boldsymbol{A}_2,\cdots,\boldsymbol{A}_s$ 都是方阵，记

$$\boldsymbol{A}=\mathrm{diag}(\boldsymbol{A}_1,\boldsymbol{A}_2,\cdots,\boldsymbol{A}_s)=\begin{pmatrix}\boldsymbol{A}_1 & & & \\ & \boldsymbol{A}_2 & & \\ & & \ddots & \\ & & & \boldsymbol{A}_s\end{pmatrix},$$

则称 $\boldsymbol{A}$ 为分块对角矩阵.

分块对角矩阵具有以下性质：

(i) $|\boldsymbol{A}|=|\boldsymbol{A}_1||\boldsymbol{A}_2|\cdots|\boldsymbol{A}_s|$；

(ii) 如果 $|\boldsymbol{A}_i|\neq 0\,(i=1,2,\cdots,s)$，则 $|\boldsymbol{A}|\neq 0$，且

$$\boldsymbol{A}^{-1}=\begin{pmatrix}\boldsymbol{A}_1^{-1} & & & \\ & \boldsymbol{A}_2^{-1} & & \\ & & \ddots & \\ & & & \boldsymbol{A}_s^{-1}\end{pmatrix}.$$

例 1　设 $\boldsymbol{A}=\begin{pmatrix}2 & 0 & 0\\ 0 & 1 & 2\\ 0 & 1 & 1\end{pmatrix}$，求 $|\boldsymbol{A}|$ 及 $\boldsymbol{A}^{-1}$.

解　将 $\boldsymbol{A}$ 进行分块，则

$$\boldsymbol{A}=\begin{pmatrix}\boldsymbol{A}_1 & \boldsymbol{O}\\ \boldsymbol{O} & \boldsymbol{A}_2\end{pmatrix},$$

其中

$$A_1=(2), A_2=\begin{pmatrix}1&2\\1&1\end{pmatrix},$$

且

$$|A_1|=2, |A_2|=-1,$$

$$A_1^{-1}=\left(\frac{1}{2}\right), A_2^{-1}=\begin{pmatrix}-1&2\\1&-1\end{pmatrix}.$$

因此

$$|A|=|A_1||A_2|=-2,$$

且

$$A^{-1}=\begin{pmatrix}A_1^{-1}&O\\O&A_2^{-1}\end{pmatrix}=\begin{pmatrix}\frac{1}{2}&0&0\\0&-1&2\\0&1&-1\end{pmatrix}.$$

例 2　设 $A_{m\times m}$ 与 $B_{n\times n}$ 都可逆，且 $M=\begin{pmatrix}A&O\\C&B\end{pmatrix}$，求 M^{-1}.

解　由 $|M|=|A||B|\neq 0$，得 M 可逆. 于是设

$$M^{-1}=\begin{pmatrix}X_1&X_2\\X_3&X_4\end{pmatrix},$$

由 $MM^{-1}=E$ 得

$$\begin{pmatrix}A&O\\C&B\end{pmatrix}\begin{pmatrix}X_1&X_2\\X_3&X_4\end{pmatrix}=\begin{pmatrix}E_m&O\\O&E_n\end{pmatrix},$$

则

$$\begin{cases}AX_1=E_m,\\AX_2=O,\\CX_1+BX_3=O,\\CX_2+BX_4=E_n,\end{cases}$$

即

$$\begin{cases}X_1=A^{-1},\\X_2=O,\\X_3=-B^{-1}CA^{-1},\\X_4=B^{-1}.\end{cases}$$

因此

$$M^{-1}=\begin{pmatrix}A^{-1}&O\\-B^{-1}CA^{-1}&B^{-1}\end{pmatrix}.$$

思考：如何求 $\begin{pmatrix}1&2&0&0\\1&1&0&0\\3&-1&2&0\\2&1&1&1\end{pmatrix}$ 的逆矩阵？

习　题　八

1. 计算：

(1) $\begin{pmatrix} 1 \\ -1 \\ 2 \\ 3 \end{pmatrix}(3,2,-1,0)$；　(2) $\begin{pmatrix} 5 & 0 & 0 \\ 0 & 3 & 1 \\ 0 & 2 & 1 \end{pmatrix}\begin{pmatrix} 1 \\ -2 \\ 3 \end{pmatrix}$；

(3) $(1,2,3,4)\begin{pmatrix} 3 \\ 2 \\ 1 \\ 0 \end{pmatrix}$；　(4) $(x_1,x_2,x_3)\begin{pmatrix} a_{11} & a_{12} & a_{13} \\ a_{21} & a_{22} & a_{23} \\ a_{31} & a_{32} & a_{33} \end{pmatrix}\begin{pmatrix} x_1 \\ x_2 \\ x_3 \end{pmatrix}$.

2. 设 $\boldsymbol{A}=\begin{pmatrix} 0 & 0 & 1 \\ 0 & 1 & 0 \\ 1 & 0 & 0 \end{pmatrix}$，$\boldsymbol{B}=\begin{pmatrix} 1 & 2 \\ 2 & 3 \\ 1 & -1 \end{pmatrix}$，$\boldsymbol{C}=\begin{pmatrix} 3 & 1 & 0 \\ 1 & 2 & 1 \end{pmatrix}$，求：

(1) $2\boldsymbol{A}+\boldsymbol{BC}$；　(2) $\boldsymbol{C}^{\mathrm{T}}\boldsymbol{B}^{\mathrm{T}}$；　(3) $\boldsymbol{A}-4\boldsymbol{BC}$；　(4) $(\boldsymbol{A}-4\boldsymbol{BC})^{\mathrm{T}}$.

3. 举例说明下列命题是错误的：

(1) 若 $\boldsymbol{A}^2=\boldsymbol{O}$，则 $\boldsymbol{A}=\boldsymbol{O}$；

(2) 若 $\boldsymbol{A}^2=\boldsymbol{A}$，则 $\boldsymbol{A}=\boldsymbol{O}$ 或 $\boldsymbol{A}=\boldsymbol{E}$；

(3) 若 $\boldsymbol{AX}=\boldsymbol{AY}$，且 $\boldsymbol{A}\neq\boldsymbol{O}$，则 $\boldsymbol{X}=\boldsymbol{Y}$.

4. 设 $\boldsymbol{A}=\begin{pmatrix} 1 & \lambda \\ 0 & 1 \end{pmatrix}$，求 $\boldsymbol{A}^k$.

5. 设 $\boldsymbol{A}$、$\boldsymbol{B}$ 为 n 阶对称方阵，证明 $\boldsymbol{AB}$ 为对称阵的充分必要条件是 $\boldsymbol{AB}=\boldsymbol{BA}$.

6. $\boldsymbol{A}$ 为 n 阶对称矩阵，$\boldsymbol{B}$ 为 n 阶反对称矩阵（如果 $\boldsymbol{B}^{\mathrm{T}}=-\boldsymbol{B}$，则称方阵 $\boldsymbol{B}$ 为反对称矩阵），证明：$\boldsymbol{AB}-\boldsymbol{BA}$ 是对称矩阵，$\boldsymbol{AB}+\boldsymbol{BA}$ 是反对称矩阵.

7. 求下列矩阵的逆矩阵：

(1) $\begin{pmatrix} 1 & 2 \\ 3 & 1 \end{pmatrix}$；　(2) $\begin{pmatrix} 1 & -1 & -1 \\ 2 & -1 & -3 \\ 3 & 2 & -5 \end{pmatrix}$；　(3) $\begin{pmatrix} 1 & 0 & 0 & 0 \\ 1 & 2 & 0 & 0 \\ 2 & 1 & 3 & 0 \\ 1 & 2 & 1 & 4 \end{pmatrix}$.

8. 解下列矩阵方程：

(1) $\begin{pmatrix} 1 & -1 \\ 0 & 1 \end{pmatrix}\boldsymbol{X}=\begin{pmatrix} 1 & 4 \\ -1 & 2 \end{pmatrix}$；

(2) $\begin{pmatrix} 1 & 4 \\ -1 & 2 \end{pmatrix}\boldsymbol{X}\begin{pmatrix} 2 & 0 \\ -1 & 1 \end{pmatrix}=\begin{pmatrix} 3 & 1 \\ 0 & -1 \end{pmatrix}$.

9. 利用逆矩阵求方程组的解：

$$\begin{cases} x_1+2x_2+x_3=2, \\ 2x_1-x_2+2x_3=1, \\ x_1+x_2=0. \end{cases}$$

10. 已知从 x_1,x_2,x_3 到 y_1,y_2,y_3 的线性变换为

$$\begin{cases} y_1 = 2x_1 + x_2 + x_3, \\ y_2 = -x_1 + x_2 + x_3, \\ y_3 = x_1 - x_2 + 2x_3. \end{cases}$$

求从 y_1,y_2,y_3 到 x_1,x_2,x_3 的线性变换.

11. 已知矩阵 $\boldsymbol{X}$ 满足关系式 $\boldsymbol{XA} = \boldsymbol{B}^{\mathrm{T}} + 3\boldsymbol{X}$,其中

$$\boldsymbol{A} = \begin{pmatrix} 4 & -3 \\ 2 & 1 \end{pmatrix}, \boldsymbol{B} = \begin{pmatrix} 2 & 3 & 0 \\ 0 & -1 & 4 \end{pmatrix},$$

求 $\boldsymbol{X}$.

12. 设 $\boldsymbol{A}$ 为三阶方阵,且 $|\boldsymbol{A}| = 2$,求 $|3\boldsymbol{A}^* - 2\boldsymbol{A}^{-1}|$ 的值.

13. 已知三阶矩阵 $\boldsymbol{B}$ 满足关系式 $\boldsymbol{AB} = \boldsymbol{A} + 2\boldsymbol{B}$,其中

$$\boldsymbol{A} = \begin{pmatrix} 4 & 2 & 3 \\ 1 & 1 & 0 \\ -1 & 2 & 3 \end{pmatrix},$$

求 $\boldsymbol{B}$.

14. 设方阵 $\boldsymbol{A}$ 满足 $\boldsymbol{A}^2 - \boldsymbol{A} - 2\boldsymbol{E} = \boldsymbol{O}$,证明 $\boldsymbol{A}$ 及 $\boldsymbol{A} + 2\boldsymbol{E}$ 都可逆,并求 $\boldsymbol{A}^{-1}$ 及 $(\boldsymbol{A} + 2\boldsymbol{E})^{-1}$.

15. 设 m 次多项式 $f(x) = a_0 + a_1x + \cdots + a_mx^m$,令 $\boldsymbol{A} = \begin{pmatrix} \lambda_1 & \\ & \lambda_2 \end{pmatrix}$,记

$$f(\boldsymbol{A}) = a_0\boldsymbol{E} + a_1\boldsymbol{A} + \cdots + a_n\boldsymbol{A}^m,$$

$f(\boldsymbol{A})$ 称为方阵 $\boldsymbol{A}$ 的 m 次多项式,证明:

$$\boldsymbol{A}^k = \begin{pmatrix} \lambda_1^k & \\ & \lambda_2^k \end{pmatrix}, \ f(\boldsymbol{A}) = \begin{pmatrix} f(\lambda_1) & \\ & f(\lambda_2) \end{pmatrix}.$$

16. 已知 $\boldsymbol{A} = \begin{pmatrix} 1 & 0 \\ 3 & -1 \end{pmatrix}$,证明

(1) $\boldsymbol{A}^2 = \boldsymbol{E}$;

(2) 利用分块矩阵证明 $\boldsymbol{M}^2 = \boldsymbol{E}$,其中

$$\boldsymbol{M} = \begin{pmatrix} 1 & 0 & 0 & 0 \\ 3 & -1 & 0 & 0 \\ 1 & 0 & -1 & 0 \\ 0 & 1 & -3 & 1 \end{pmatrix}.$$

17. 设 $\boldsymbol{A} = \begin{pmatrix} 3 & 0 & 0 \\ 0 & 1 & -2 \\ 0 & 4 & 2 \end{pmatrix}$,求 $|\boldsymbol{A}|$ 及 $\boldsymbol{A}^{-1}$.

第九章　矩阵的初等变换与线性方程组

求解线性方程组是线性代数的主要内容，在实际生活和生产实践中有广泛的应用. 本章首先由线性方程组的同解变形引入矩阵的初等变换，进而介绍初等矩阵，讨论矩阵初等变换与初等矩阵的关系；建立矩阵秩的概念，并利用矩阵初等变换研究矩阵秩的特性；最后重点讲解用矩阵的初等行变换求解线性方程组的具体方法、步骤，并利用矩阵的秩讨论了线性方程组无解、有唯一解及有无穷多解的充分必要条件.

第一节　矩阵的初等变换

在第七章中我们介绍了用克莱姆法则求解线性方程组，给出了线性方程组有解的判别方法及求解的一般规则；然而克莱姆法则只针对方程组中方程的个数与未知数的个数相等的情形，并且未知量个数较多时需要计算多个高阶行列式，计算烦琐. 从本节开始，我们引进矩阵的一种非常重要的运算，即矩阵的初等变换，它在求解线性方程组、求矩阵的逆和矩阵的秩以及矩阵的理论研究中都具有十分重要的作用.

一、矩阵的初等变换的定义

我们知道，一个线性方程组经过以下变换：

(i) 变换方程组中方程的顺序；

(ii) 用一个非零数乘某个或某些个方程；

(iii) 某个方程乘以一个数后加到另一个方程上，

变为另一个方程组，变换前后的这两个方程组具有同样的解，称之为同解方程组. 下面通过具体例子引入矩阵初等变换的定义.

引例　求解线性方程组

$$\begin{cases}2x_1+2x_2+3x_3=3,\\-2x_1+4x_2+5x_3=-7,\\4x_1+7x_2+7x_3=1.\end{cases}\tag{9.1}$$

解　将第一个方程加到第二个方程，再将第一个方程乘以(−2) 加到第三个方程得

$$\begin{cases}2x_1+2x_2+3x_3=3,\\6x_2+8x_3=-4,\\3x_2+x_3=-5.\end{cases}$$

在上式中交换第二个和第三个方程，然后把第二个方程乘以(−2) 加到第三个方程得

$$\begin{cases}2x_1+2x_2+3x_3=3,\\3x_2+x_3=-5,\\6x_3=6.\end{cases}$$

再回代，得 $x_3=1,x_2=-2,x_1=2$.

分析上述消元法的过程，我们对方程组采用了三种变换，而线性方程组的解完全由增广矩阵决定，因此上述三种变换都可以归结为增广矩阵相应的变换.

定义 1　把下面三种对矩阵行的变换叫作矩阵的初等行变换：

(i) 对调矩阵的两行(对调 i,j 两行记为 $r_i\leftrightarrow r_j$)；

(ii) 用数 $k(k\neq 0)$ 乘以矩阵某一行的所有元素(第 i 行乘以 k 记为 $r_i\times k$)；

(iii) 把矩阵某行所有元素乘以一个数 k 后加到另一行对应的元素上去(第 j 行乘以 k 加到第 i 行记为 r_i+kr_j).

类似地，把定义 1 中的"行"改为"列"便得到矩阵初等列变换的定义. 对应的记号把"r"换为"c".

矩阵的初等行变换与初等列变换合称为矩阵的初等变换.

明显地，矩阵的三种初等变换都是可逆的，且其逆变换也是同一种类型的初等变换. 具体情形为：变换 $r_i\leftrightarrow r_j$ 的逆变换为其本身；变换 $r_i\times k(k\neq 0)$ 的逆变换为 $r_i\times\frac{1}{k}$；变换 r_i+kr_j 的逆变换为 $r_i+(-k)r_j$. 类似地，可写出初等列变换的逆变换.

由于增广矩阵与方程组的一一对应关系，矩阵的初等行变换过程对应方程组的同解变换过程. 下面给出矩阵等价的定义.

定义 2　若矩阵 $\boldsymbol{A}$ 经过有限次初等行变换变为矩阵 $\boldsymbol{B}$，则称矩阵 $\boldsymbol{A}$ 与矩阵 $\boldsymbol{B}$ 行等价，记为 $\boldsymbol{A}\overset{r}{\sim}\boldsymbol{B}$. 若矩阵 $\boldsymbol{A}$ 经过有限次初等列变换变为矩阵 $\boldsymbol{B}$，则称矩阵 $\boldsymbol{A}$ 与矩阵 $\boldsymbol{B}$ 列等价，记为 $\boldsymbol{A}\overset{c}{\sim}\boldsymbol{B}$. 若矩阵 $\boldsymbol{A}$ 经过有限次初等变换变为矩阵 $\boldsymbol{B}$，则称矩阵 $\boldsymbol{A}$ 与矩阵 $\boldsymbol{B}$ 等价，记为 $\boldsymbol{A}\sim\boldsymbol{B}$.

由矩阵的初等变换的可逆性可以知道，矩阵之间的等价关系具有下列性质：

(i) 反身性：$\boldsymbol{A}\sim\boldsymbol{A}$；

(ii) 对称性：若 $\boldsymbol{A}\sim\boldsymbol{B}$，则 $\boldsymbol{B}\sim\boldsymbol{A}$；

(iii) 传递性：若 $\boldsymbol{A}\sim\boldsymbol{B},\boldsymbol{B}\sim\boldsymbol{C}$，则 $\boldsymbol{A}\sim\boldsymbol{C}$.

明显地，若线性方程组 $\boldsymbol{Ax}=\boldsymbol{b}$ 的增广矩阵 $(\boldsymbol{A}\,\vdots\,\boldsymbol{b})\overset{r}{\sim}(\boldsymbol{D}\,\vdots\,\boldsymbol{d})$，则方程组 $\boldsymbol{Ax}=\boldsymbol{b}$ 与 $\boldsymbol{Dx}=\boldsymbol{d}$ 同解. 这正是高斯消元法的矩阵表示，也是我们以后解线性方程组的常用方法.

下面用矩阵的初等行变换的方法来反映线性方程组(9.1)的解的过程：

$$\widetilde{\boldsymbol{A}}=(\boldsymbol{A}\,\vdots\,\boldsymbol{b})=\left(\begin{array}{ccc:c}2&2&3&3\\-2&4&5&-7\\4&7&7&1\end{array}\right)\xrightarrow[r_3+r_1\times(-2)]{r_2+r_1}\left(\begin{array}{ccc:c}2&2&3&3\\0&6&8&-4\\0&3&1&-5\end{array}\right)$$

$$\xrightarrow{r_2\leftrightarrow r_3}\left(\begin{array}{ccc:c}2&2&3&3\\0&3&1&-5\\0&6&8&-4\end{array}\right)\xrightarrow{r_3+r_2\times(-2)}\left(\begin{array}{ccc:c}2&2&3&3\\0&3&1&-5\\0&0&6&6\end{array}\right),$$

进一步，

$$\left(\begin{array}{ccc:c}2&2&3&3\\0&3&1&-5\\0&0&6&6\end{array}\right)\xrightarrow{r_3\times\frac{1}{6}}\left(\begin{array}{ccc:c}2&2&3&3\\0&3&1&-5\\0&0&1&1\end{array}\right)\xrightarrow[r_2+r_3\times(-1)]{r_1+r_3\times(-3)}\left(\begin{array}{ccc:c}2&2&0&0\\0&3&0&-6\\0&0&1&1\end{array}\right)$$

$$\xrightarrow{r_2 \times \frac{1}{3}} \left(\begin{array}{ccc:c} 2 & 2 & 0 & 0 \\ 0 & 1 & 0 & -2 \\ 0 & 0 & 1 & 1 \end{array}\right) \xrightarrow{r_1 + r_2 \times (-2)} \left(\begin{array}{ccc:c} 2 & 0 & 0 & 4 \\ 0 & 1 & 0 & -2 \\ 0 & 0 & 1 & 1 \end{array}\right)$$

$$\xrightarrow{r_1 \times \frac{1}{2}} \left(\begin{array}{ccc:c} 1 & 0 & 0 & 2 \\ 0 & 1 & 0 & -2 \\ 0 & 0 & 1 & 1 \end{array}\right),$$

此时相应的同解方程组为

$$\begin{cases} x_1 = 2, \\ x_2 = -2, \\ x_3 = 1, \end{cases}$$

即为原方程组的解.

二、矩阵的行阶梯形、行最简形与矩阵的标准形

在上述对线性方程组(9.1)的增广矩阵 $\widetilde{\boldsymbol{A}}$ 进行初等行变换过程中，矩阵$\left(\begin{array}{ccc:c} 2 & 2 & 3 & 3 \\ 0 & 3 & 1 & -5 \\ 0 & 0 & 6 & 6 \end{array}\right)$及其后面的矩阵具有一个共同点：可画一条阶梯线，线下方的元素全为零；每个台阶只有一行，台阶数就是非零行的行数；阶梯线的竖线后面的第一个元素非零(称非零行的第一个非零元素). 这样的矩阵称为行阶梯形矩阵.

另外，行阶梯形矩阵$\begin{pmatrix} 1 & 0 & 0 & 2 \\ 0 & 1 & 0 & -2 \\ 0 & 0 & 1 & 1 \end{pmatrix}$还具有以下特点：非零行的第一个非零元素为 1，且该列的其他元素都为零，把这样的矩阵称为行最简形矩阵.

类似可以给出矩阵的列阶梯形和列最简形的叙述. 由于求解线性方程组用到的是初等行变换，所以对矩阵的列阶梯形和列最简形不重点要求.

注：任何矩阵总可以经过有限次初等行变换化为行阶梯形矩阵和行最简形矩阵，并且每个矩阵的行最简形矩阵是唯一的.

利用矩阵的初等行变换，把一个矩阵化为行阶梯形矩阵和行最简形矩阵是一种非常重要的运算，也是解线性方程组的主要方法之一.

对行最简形矩阵可以再施行初等列变换，变为形状更简单的形式. 例如，对上述的行最简形矩阵有

$$\begin{pmatrix} 1 & 0 & 0 & 2 \\ 0 & 1 & 0 & -2 \\ 0 & 0 & 1 & 1 \end{pmatrix} \xrightarrow[\substack{c_4 + c_2 \times 2 \\ c_4 + c_3 \times (-1)}]{c_4 + c_1 \times (-2)} \begin{pmatrix} 1 & 0 & 0 & 0 \\ 0 & 1 & 0 & 0 \\ 0 & 0 & 1 & 0 \end{pmatrix}.$$

矩阵$\begin{pmatrix} 1 & 0 & 0 & 0 \\ 0 & 1 & 0 & 0 \\ 0 & 0 & 1 & 0 \end{pmatrix}$具有特点：左上角是一个单位矩阵，其余元素全为零，称矩阵$\begin{pmatrix} 1 & 0 & 0 & 0 \\ 0 & 1 & 0 & 0 \\ 0 & 0 & 1 & 0 \end{pmatrix}$为矩阵 $\widetilde{\boldsymbol{A}}$ 的标准形.

对于任何矩阵 $\boldsymbol{A}_{m \times n}$，总可以经过有限次初等变换把它化为标准形

$$F=\begin{pmatrix}E_r & O\\ O & O\end{pmatrix}_{m\times n},$$

其中数 r 是 $A_{m\times n}$ 的行阶梯形中非零行的行数，是完全确定的，以后还会知道 r 有其他的意义.

特别地，若 $A\sim B$，则 A 与 B 有一样的标准形，且它们都与标准形等价.

例 1　设 $A=\begin{pmatrix}2 & 2 & 3\\ 1 & -1 & 0\\ -1 & 2 & 1\end{pmatrix}$，将矩阵 $(A\,\vdots\,E)$ 化为行最简形.

解　$(A\,\vdots\,E)=\left(\begin{array}{ccc:ccc}2 & 2 & 3 & 1 & 0 & 0\\ 1 & -1 & 0 & 0 & 1 & 0\\ -1 & 2 & 1 & 0 & 0 & 1\end{array}\right)\xrightarrow{r_1\leftrightarrow r_2}\left(\begin{array}{ccc:ccc}1 & -1 & 0 & 0 & 1 & 0\\ 2 & 2 & 3 & 1 & 0 & 0\\ -1 & 2 & 1 & 0 & 0 & 1\end{array}\right)$

$$\xrightarrow[r_3+r_1]{r_2-2r_1}\left(\begin{array}{ccc:ccc}1 & -1 & 0 & 0 & 1 & 0\\ 0 & 4 & 3 & 1 & -2 & 0\\ 0 & 1 & 1 & 0 & 1 & 1\end{array}\right)\xrightarrow{r_3\leftrightarrow r_2}\left(\begin{array}{ccc:ccc}1 & -1 & 0 & 0 & 1 & 0\\ 0 & 1 & 1 & 0 & 1 & 1\\ 0 & 4 & 3 & 1 & -2 & 0\end{array}\right)$$

$$\xrightarrow{r_3-4r_2}\left(\begin{array}{ccc:ccc}1 & -1 & 0 & 0 & 1 & 0\\ 0 & 1 & 1 & 0 & 1 & 1\\ 0 & 0 & -1 & 1 & -6 & -4\end{array}\right)\xrightarrow[r_2+r_3]{\substack{r_1+r_2\\ r_1+r_3}}\left(\begin{array}{ccc:ccc}1 & 0 & 0 & 1 & -4 & -3\\ 0 & 1 & 0 & 1 & -5 & -3\\ 0 & 0 & -1 & 1 & -6 & -4\end{array}\right)$$

$$\xrightarrow{r_3\times(-1)}\left(\begin{array}{ccc:ccc}1 & 0 & 0 & 1 & -4 & -3\\ 0 & 1 & 0 & 1 & -5 & -3\\ 0 & 0 & 1 & -1 & 6 & 4\end{array}\right),$$

即为 $(A\,\vdots\,E)$ 的行最简形.

此例告诉我们，对方阵 A，若 $(A\,\vdots\,E)$ 的行最简形为 $(E\,\vdots\,X)$，则 A 的行最简形为 E，即 $A\overset{r}{\sim}E$，并可以验证 $AX=E$，从而 $A^{-1}=X$. 这也是求方阵逆的一种有效的方法.

例 2　设 $A=\begin{pmatrix}1 & -1 & 2 & 1\\ 1 & 1 & -1 & 0\\ 2 & 0 & 1 & 1\end{pmatrix}$，求 A 的标准形.

解　对 A 先进行初等行变换再进行初等列变换如下：

$$A=\begin{pmatrix}1 & -1 & 2 & 1\\ 1 & 1 & -1 & 0\\ 2 & 0 & 1 & 1\end{pmatrix}\xrightarrow[r_3-2r_1]{r_2-r_1}\begin{pmatrix}1 & -1 & 2 & 1\\ 0 & 2 & -3 & -1\\ 0 & 2 & -3 & -1\end{pmatrix}$$

$$\xrightarrow{r_3-r_2}\begin{pmatrix}1 & -1 & 2 & 1\\ 0 & 2 & -3 & -1\\ 0 & 0 & 0 & 0\end{pmatrix}\xrightarrow{r_2\times\frac{1}{2}}\begin{pmatrix}1 & -1 & 2 & 1\\ 0 & 1 & \frac{-3}{2} & \frac{-1}{2}\\ 0 & 0 & 0 & 0\end{pmatrix}$$

$$\xrightarrow{r_1+r_2}\begin{pmatrix}1 & 0 & \frac{1}{2} & \frac{1}{2}\\ 0 & 1 & \frac{-3}{2} & \frac{-1}{2}\\ 0 & 0 & 0 & 0\end{pmatrix}\xrightarrow[c_4-\frac{1}{2}c_1+\frac{1}{2}c_2]{c_3-\frac{1}{2}c_1+\frac{3}{2}c_2}\begin{pmatrix}1 & 0 & 0 & 0\\ 0 & 1 & 0 & 0\\ 0 & 0 & 0 & 0\end{pmatrix},$$

故 A 的标准形为

$$\begin{pmatrix} 1 & 0 & 0 & 0 \\ 0 & 1 & 0 & 0 \\ 0 & 0 & 0 & 0 \end{pmatrix}.$$

第二节　初等矩阵

第一节介绍了矩阵的三种初等变换，与之对应的是本节要介绍的三种初等矩阵. 矩阵的初等变换不仅在求解线性方程组中非常有效，与之对应的初等矩阵在矩阵的理论证明中也十分有用，有必要对初等矩阵及其性质进行介绍.

一、初等矩阵

定义 1　由单位矩阵 $\boldsymbol{E}$ 经过一次初等变换得到的矩阵叫作初等矩阵. 下面介绍三种初等变换对应的三种初等矩阵.

1. 对调单位矩阵的两行或两列

把单位矩阵 $\boldsymbol{E}$ 中的第 i 行与第 j 行对调（或第 i 列与第 j 列对调），得到第一种初等矩阵，记为 $\boldsymbol{E}(i,j)$，即

$$\boldsymbol{E}(i,j)=\begin{pmatrix} 1 & & & & & & & & \\ & \ddots & & & & & & & \\ & & 1 & & & & & & \\ & & & 0 & \cdots & 1 & & & \\ & & & & 1 & & & & \\ & & & \vdots & \ddots & \vdots & & & \\ & & & & 1 & & & & \\ & & & 1 & \cdots & 0 & & & \\ & & & & & & 1 & & \\ & & & & & & & \ddots & \\ & & & & & & & & 1 \end{pmatrix}\begin{matrix} \\ \\ \\ \to \text{第 } i \text{ 行} \\ \\ \\ \\ \to \text{第 } j \text{ 行} \\ \\ \\ \\ \end{matrix}.$$

2. 用数 $k(k\neq 0)$ 乘以单位矩阵的某行或某列

用数 $k(k\neq 0)$ 乘以单位矩阵 $\boldsymbol{E}$ 的第 i 行（或第 i 列），得到第二种初等矩阵，记为 $\boldsymbol{E}(i(k))$，即

$$\boldsymbol{E}(i(k))=\begin{pmatrix} 1 & & & & & \\ & \ddots & & & & \\ & & 1 & & & \\ & & & k & & \\ & & & & 1 & \\ & & & & & \ddots & \\ & & & & & & 1 \end{pmatrix}\to \text{第 } i \text{ 行}.$$

3. 用数 k 乘以单位矩阵的某行（或某列）加到另一行（或另一列）上去

用数 k 乘以单位矩阵 $\boldsymbol{E}$ 的第 j 行加到第 i 行上去，得到的第三种初等矩阵记为 $\boldsymbol{E}(ij(k))$，即

$$\boldsymbol{E}(ij(k))=\begin{pmatrix}1&&&&&&\\&\ddots&&&&&\\&&1&\cdots&k&&\\&&&\ddots&\vdots&&\\&&&&1&&\\&&&&&\ddots&\\&&&&&&1\end{pmatrix}\begin{matrix}\\\\\to\text{第 }i\text{ 行}\\\\\to\text{第 }j\text{ 行}\\\\\\\end{matrix}.$$

那么,易得到用数 k 乘以单位矩阵 $\boldsymbol{E}$ 的第 j 列加到第 i 列上去,得到的初等矩阵为 $\boldsymbol{E}(ji(k))$.

二、初等矩阵的基本性质

容易验证 $\boldsymbol{E}(i,j)^{\mathrm{T}}=\boldsymbol{E}(i,j),\boldsymbol{E}(i(k))^{\mathrm{T}}=\boldsymbol{E}(i(k)),\boldsymbol{E}(ij(k))^{\mathrm{T}}=\boldsymbol{E}(ji(k))$,且值得注意的是,若 $\boldsymbol{A}=(a_{ij})_{m\times n}$,用 m 阶初等矩阵 $\boldsymbol{E}_m(i,j)$ 左乘矩阵 $\boldsymbol{A}$ 得到

$$\boldsymbol{E}_m(i,j)\boldsymbol{A}=\begin{pmatrix}a_{11}&a_{12}&\cdots&a_{1n}\\\vdots&\vdots&&\vdots\\a_{j1}&a_{j2}&\cdots&a_{jn}\\\vdots&\vdots&&\vdots\\a_{i1}&a_{i2}&\cdots&a_{in}\\\vdots&\vdots&&\vdots\\a_{m1}&a_{m2}&\cdots&a_{mn}\end{pmatrix}\begin{matrix}\\\\\to\text{第 }i\text{ 行}\\\\\to\text{第 }j\text{ 行}\\\\\\\end{matrix}.$$

其结果等价于对矩阵 $\boldsymbol{A}$ 施行一次初等行变换,即把矩阵 $\boldsymbol{A}$ 的第 i 行与第 j 行进行对调.类似可以验证,用 n 阶初等矩阵 $\boldsymbol{E}_n(i,j)$ 右乘矩阵 $\boldsymbol{A}$,其结果等价于对矩阵 $\boldsymbol{A}$ 施行一次初等列变换,即把矩阵 $\boldsymbol{A}$ 的第 i 列与第 j 列进行对调.

类似可以验证,用 m 阶初等矩阵 $\boldsymbol{E}_m(i(k))$ 左乘矩阵 $\boldsymbol{A}=(a_{ij})_{m\times n}$,其结果等价于用数 $k(k\neq 0)$ 乘以矩阵 $\boldsymbol{A}$ 的第 i 行,用 n 阶初等矩阵 $\boldsymbol{E}_n(i(k))$ 右乘矩阵 $\boldsymbol{A}$,其结果等价于用数 $k(k\neq 0)$ 乘以矩阵 $\boldsymbol{A}$ 的第 i 列;用 m 阶初等矩阵 $\boldsymbol{E}_m(ij(k))$ 左乘矩阵 $\boldsymbol{A}=(a_{ij})_{m\times n}$,其结果等价于用数 $k(k\neq 0)$ 乘以矩阵 $\boldsymbol{A}$ 的第 j 行加到矩阵 $\boldsymbol{A}$ 的第 i 行上去;用 n 阶初等矩阵 $\boldsymbol{E}_n(ij(k))$ 右乘矩阵 $\boldsymbol{A}$,其结果等价于用数 k 乘以矩阵 $\boldsymbol{A}$ 的第 i 列加到矩阵 $\boldsymbol{A}$ 的第 j 列上去.

把上述结果综合在一起,得到以下定理.

定理 1　设 $\boldsymbol{A}$ 是一个 $m\times n$ 矩阵,对 $\boldsymbol{A}$ 施行一次初等行变换,其结果等价于在 $\boldsymbol{A}$ 的左边乘以相应的 m 阶初等矩阵,对 $\boldsymbol{A}$ 施行一次初等列变换,其结果等价于在 $\boldsymbol{A}$ 的右边乘以相应的 n 阶初等矩阵,反之亦然.

例 1　设 $\boldsymbol{A}$ 为 3 阶方阵,将 $\boldsymbol{A}$ 的第一列与第二列交换得到 $\boldsymbol{B}$,再将 $\boldsymbol{B}$ 的第 2 列加到第 3 列上得到 $\boldsymbol{C}$.求满足 $\boldsymbol{AQ}=\boldsymbol{C}$ 的可逆矩阵 $\boldsymbol{Q}$.

解　由定理 1 可知

$$\boldsymbol{A}\begin{pmatrix}0&1&0\\1&0&0\\0&0&1\end{pmatrix}=\boldsymbol{B},\boldsymbol{B}\begin{pmatrix}1&0&0\\0&1&1\\0&0&1\end{pmatrix}=\boldsymbol{C},$$

所以

$$A\begin{pmatrix}0&1&0\\1&0&0\\0&0&1\end{pmatrix}\begin{pmatrix}1&0&0\\0&1&1\\0&0&1\end{pmatrix}=C,$$

因此

$$Q=\begin{pmatrix}0&1&0\\1&0&0\\0&0&1\end{pmatrix}\begin{pmatrix}1&0&0\\0&1&1\\0&0&1\end{pmatrix}=\begin{pmatrix}0&1&1\\1&0&0\\0&0&1\end{pmatrix}.$$

另外，由于矩阵的初等变换可逆，而初等变换对应初等矩阵，且初等变换的逆变换仍然是初等变换，容易验证初等矩阵可逆，且初等矩阵的逆矩阵是对应初等变换的逆变换所对应的初等矩阵，即

$$E(i,j)^{-1}=E(i,j);E(i(k))^{-1}=E\left(i\left(\frac{1}{k}\right)\right)(k\neq 0);E(ij(k))^{-1}=E(ij(-k)).$$

初等矩阵是可逆矩阵，那么方阵可逆与初等矩阵的关系如何呢？

定理 2　方阵 A 可逆的充分必要条件是存在有限个初等矩阵 $P_1,P_2,\cdots,P_s$，使得$A=P_1P_2\cdots P_s$.

若可逆矩阵的标准形为单位矩阵，可以把定理 2 的结果改写成

$$A=P_1P_2\cdots P_sE\quad 或\quad A=EP_1P_2\cdots P_s,$$

再结合定理 1 可以得到以下推论.

推论 1　方阵 A 可逆的充分必要条件是 $A\overset{r}{\sim}E$ 或 $A\overset{c}{\sim}E$.

推论 2　$m\times n$ 阶矩阵 A 与 B 等价当且仅当存在 m 阶可逆矩阵 P 与 n 阶可逆矩阵 Q 使得 $B=PAQ$.

推论 3　对于方阵 A，若$(A\,\vdots\,E)\overset{r}{\sim}(E\,\vdots\,X)$，则 A 可逆，且 $A^{-1}=X$.

由推论 3 可知，第一节例 1 中 A 可逆，且

$$A^{-1}=\begin{pmatrix}1&-4&-3\\1&-5&-3\\-1&6&4\end{pmatrix}.$$

推论 4　对于 n 阶矩阵 A 与 $n\times l$ 矩阵 B，若$(A\,\vdots\,E)\overset{r}{\sim}(E\,\vdots\,X)$，则 A 可逆，且 $A^{-1}B=X$. 特别地，对于 n 个方程 n 个未知数的线性方程组 $Ax=b$，如果增广矩阵 $\widetilde{A}=(A\,\vdots\,b)\overset{r}{\sim}(E\,\vdots\,X)$，则 A 可逆，且 $x=A^{-1}b$ 为方程组的唯一解.

例 2　设 $A=\begin{pmatrix}1&2&3\\2&1&2\\1&3&4\end{pmatrix}$，用初等变换法判断 A 是否可逆，若可逆，求 A^{-1}.

解　因

$$(A\,\vdots\,E)=\left(\begin{array}{ccc:ccc}1&2&3&1&0&0\\2&1&2&0&1&0\\1&3&4&0&0&1\end{array}\right)\xrightarrow[r_3-r_1]{r_2-2r_1}\left(\begin{array}{ccc:ccc}1&2&3&1&0&0\\0&-3&-4&-2&1&0\\0&1&1&-1&0&1\end{array}\right)$$

$$\xrightarrow{r_2\leftrightarrow r_3}\left(\begin{array}{ccc:ccc}1&2&3&1&0&0\\0&1&1&-1&0&1\\0&-3&-4&-2&1&0\end{array}\right)\xrightarrow[r_1-2r_2]{r_3+3r_2}\left(\begin{array}{ccc:ccc}1&0&1&3&0&-2\\0&1&1&-1&0&1\\0&0&-1&-5&1&3\end{array}\right)$$

$$\xrightarrow[r_2+r_3]{r_1+r_3}\left(\begin{array}{ccc:ccc}1&0&0&-2&1&1\\0&1&0&-6&1&4\\0&0&-1&-5&1&3\end{array}\right)\xrightarrow{r_3\times(-1)}\begin{pmatrix}1&0&0&-2&1&1\\0&1&0&-6&1&4\\0&0&1&5&-1&-3\end{pmatrix},$$

所以 $\boldsymbol{A}$ 可逆，且

$$\boldsymbol{A}^{-1}=\begin{pmatrix}-2&1&1\\-6&1&4\\5&-1&-3\end{pmatrix}.$$

例 3　设 $\boldsymbol{A}=\begin{pmatrix}2&1&-3\\1&2&-2\\-1&3&2\end{pmatrix}$，$\boldsymbol{B}=\begin{pmatrix}1&-1\\2&0\\-2&5\end{pmatrix}$，求解矩阵方程 $\boldsymbol{AX}=\boldsymbol{B}$.

解　由于

$$(\boldsymbol{A}\,\vdots\,\boldsymbol{B})=\left(\begin{array}{ccc:cc}2&1&-3&1&-1\\1&2&-2&2&0\\-1&3&2&-2&5\end{array}\right)\xrightarrow[r_3+r_1]{\substack{r_1\leftrightarrow r_2\\ r_2-2r_1}}\left(\begin{array}{ccc:cc}1&2&-2&2&0\\0&-3&1&-3&-1\\0&5&0&0&5\end{array}\right)$$

$$\xrightarrow{r_3\times\frac{1}{5}}\left(\begin{array}{ccc:cc}1&2&-2&2&0\\0&-3&1&-3&-1\\0&1&0&0&1\end{array}\right)\xrightarrow{r_2\leftrightarrow r_3}\left(\begin{array}{ccc:cc}1&2&-2&2&0\\0&1&0&0&1\\0&-3&1&-3&-1\end{array}\right)$$

$$\xrightarrow[r_1+r_2\times(-2)]{r_3+3r_2}\left(\begin{array}{ccc:cc}1&0&-2&2&-2\\0&1&0&0&1\\0&0&1&-3&2\end{array}\right)\xrightarrow{r_1+2r_3}\left(\begin{array}{ccc:cc}1&0&0&-4&2\\0&1&0&0&1\\0&0&1&-3&2\end{array}\right),$$

所以 $\boldsymbol{A}$ 可逆，由推论 4 可知

$$\boldsymbol{X}=\boldsymbol{A}^{-1}\boldsymbol{B}=\begin{pmatrix}-4&2\\0&1\\-3&2\end{pmatrix}.$$

第三节　矩阵的秩

矩阵的秩是一个很重要的概念，其理论非常丰富，应用极其广泛. 在第一节我们引入了矩阵的标准形的概念，即任意一个 $m\times n$ 矩阵 $\boldsymbol{A}$，它经过有限次初等变换后化为标准形

$$\boldsymbol{F}=\begin{pmatrix}\boldsymbol{E}_r&\boldsymbol{O}\\\boldsymbol{O}&\boldsymbol{O}\end{pmatrix}_{m\times n},$$

其标准形的左上角单位矩阵的阶数 r 决定了标准形的形式，这个数 r 也就是矩阵 $\boldsymbol{A}$ 的行阶梯形中非零行的行数，我们也把这个数称为矩阵 $\boldsymbol{A}$ 的秩. 由于这个数的唯一性我们并没有证明，且对于阶数较高的矩阵，得到其标准形的过程也较为复杂. 为了更加完整地体现线性代数的各个方面的知识，下面将用另一种方法给出矩阵秩的定义.

一、矩阵的秩

定义 1　在 $m\times n$ 矩阵 $\boldsymbol{A}$ 中，任取 k 行 k 列（$k\leqslant\min\{m,n\}$），位于这些行与列的交叉处的

k^2 个元素，按照它们在矩阵 $\boldsymbol{A}$ 中所处的行与列的位置次序构成一个 k 阶行列式，称之为矩阵 $\boldsymbol{A}$ 的一个 k 阶子式.

由排列组合知识可以知道，$m\times n$ 阶矩阵 $\boldsymbol{A}$ 的 k 阶子式共有 $C_m^kC_n^k$ 个.

定义 2　若在矩阵 $\boldsymbol{A}$ 中有一个不等于 0 的 r 阶子式 D_r，且所有 $r+1$ 阶子式(若存在)全部为 0，则称 D_r 为矩阵 $\boldsymbol{A}$ 的一个最高阶非零子式，数 r 称为矩阵 $\boldsymbol{A}$ 的秩，矩阵 $\boldsymbol{A}$ 的秩记为 $R(\boldsymbol{A})$. 规定零矩阵的秩等于 0.

① 在定义 1 中，若矩阵 $\boldsymbol{A}$ 的所有 $r+1$ 阶子式全部为 0，那么由行列式的性质可知，矩阵 $\boldsymbol{A}$ 的所有高于 $r+1$ 阶的子式也必定为 0，因此 r 阶非零子式便是矩阵 $\boldsymbol{A}$ 的最高阶非零子式. 从而矩阵 $\boldsymbol{A}$ 的秩就是矩阵 $\boldsymbol{A}$ 中非零子式的最高阶数.

② 若矩阵 $\boldsymbol{A}$ 中存在某个 r 阶子式不为零，则 $R(\boldsymbol{A})\geqslant r$，若所有 t 阶子式全为零，则 $R(\boldsymbol{A})<t$.

③ 对任意 $m\times n$ 矩阵 $\boldsymbol{A}$，$0\leqslant R(\boldsymbol{A})\leqslant \min\{m,n\}$.

④ 由于行列式与其转置行列式相等，所以对任意 $m\times n$ 矩阵 $\boldsymbol{A}$，$R(\boldsymbol{A})=R(\boldsymbol{A}^{\mathrm{T}})$.

⑤ 对 n 阶方阵 $\boldsymbol{A}$，若 $|\boldsymbol{A}|\neq 0$，则 $R(\boldsymbol{A})=n$，此时方阵 $\boldsymbol{A}$ 可逆，所以可逆矩阵又叫满秩矩阵；若 $|\boldsymbol{A}|=0$，则 $R(\boldsymbol{A})<n$，此时 $\boldsymbol{A}$ 不可逆，因此不可逆矩阵又称为降秩矩阵(或奇异矩阵).

例 1　求下列矩阵的秩：

$$\boldsymbol{A}=\begin{pmatrix}1&2&3\\2&3&4\\4&6&8\end{pmatrix},\ \boldsymbol{B}=\begin{pmatrix}3&4&0&0&1\\0&2&1&2&0\\0&0&0&4&3\\0&0&0&0&0\end{pmatrix}.$$

解　$\boldsymbol{A}$ 为方阵，在矩阵 $\boldsymbol{A}$ 中，容易看出有一个 2 阶子式 $\begin{vmatrix}1&2\\2&3\end{vmatrix}=-1\neq 0$，而 $\boldsymbol{A}$ 中第 2 行与第 3 行对应元素成比例，所以 $|\boldsymbol{A}|=0$. 因此，$R(\boldsymbol{A})=2$.

$\boldsymbol{B}$ 是一个行阶梯形矩阵，非零行的行数为 3，因此 $\boldsymbol{B}$ 的所有 4 阶子式全为 0；而以 3 个非零行的第一非零元素为对角线的 3 阶子式

$$\begin{vmatrix}3&4&0\\0&2&2\\0&0&4\end{vmatrix}$$

是一个上三角形行列式，其值为对角线上元素的乘积，显然不为 0，因此 $R(\boldsymbol{B})=3$，即行阶梯形矩阵的秩等于非零行的行数.

二、矩阵的秩与矩阵的初等变换

对于一般矩阵，当矩阵的行数与列数较高时，用定义求矩阵的秩是一件烦琐的事情. 从例 1 可以看出，当矩阵是行阶梯形矩阵时，它的秩就等于非零行的行数，一看便知. 因此，我们自然联想到用矩阵的初等行变换把一般矩阵化为行阶梯形矩阵. 但进行初等变换后，矩阵的秩是否会发生变化呢?这是我们首先要解决的问题.

定理　若矩阵 $\boldsymbol{A}$ 与 $\boldsymbol{B}$ 等价，则 $R(\boldsymbol{A})=R(\boldsymbol{B})$，反之不成立.

根据该定理可知，为求矩阵的秩，只需对矩阵进行初等行变换，把它化为行阶梯形矩阵，行阶梯形矩阵中非零行的行数即为该矩阵的秩，这是求矩阵秩的非常有效的方法.

例 2　已知 $\boldsymbol{A}=\begin{pmatrix}2&1&8&3&7\\2&-3&0&7&-5\\3&-2&5&8&0\\1&0&3&2&0\end{pmatrix}$，求矩阵 $\boldsymbol{A}$ 的秩，并求其一个最高阶非零子式.

解　先求矩阵 $\boldsymbol{A}$ 的秩. 对矩阵 $\boldsymbol{A}$ 进行初等行变换，将其化为行阶梯形矩阵：

$$\boldsymbol{A}=\begin{pmatrix}2&1&8&3&7\\2&-3&0&7&-5\\3&-2&5&8&0\\1&0&3&2&0\end{pmatrix}\xrightarrow{r_1\leftrightarrow r_4}\begin{pmatrix}1&0&3&2&0\\2&-3&0&7&-5\\3&-2&5&8&0\\2&1&8&3&7\end{pmatrix}$$

$$\xrightarrow[r_4-2r_1]{\substack{r_2-2r_1\\r_3-3r_1}}\begin{pmatrix}1&0&3&2&0\\0&-3&-6&3&-5\\0&-2&-4&2&0\\0&1&2&-1&7\end{pmatrix}\xrightarrow{r_2\leftrightarrow r_4}\begin{pmatrix}1&0&3&2&0\\0&1&2&-1&7\\0&-2&-4&2&0\\0&-3&-6&3&-5\end{pmatrix}$$

$$\xrightarrow[r_4+3r_2]{r_3+2r_2}\begin{pmatrix}1&0&3&2&0\\0&1&2&-1&7\\0&0&0&0&14\\0&0&0&0&16\end{pmatrix}\xrightarrow{\cdots}\begin{pmatrix}1&0&3&2&0\\0&1&2&-1&7\\0&0&0&0&1\\0&0&0&0&0\end{pmatrix}.$$

所以 $R(\boldsymbol{A})=3$.

再求 $\boldsymbol{A}$ 的一个最高阶非零子式，因为 $R(\boldsymbol{A})=3$，所以矩阵 $\boldsymbol{A}$ 的最高阶非零子式为 3 阶，而且 3 阶子式共有 $C_4^3C_5^3=40$ 个，从 40 个子式中找一个非零子式并不是一件轻松的事情. 由于矩阵的初等行变换不改变元素所处的列的位置，把矩阵按列分块，记

$$\boldsymbol{A}=(\boldsymbol{a}_1,\boldsymbol{a}_2,\boldsymbol{a}_3,\boldsymbol{a}_4,\boldsymbol{a}_5),$$

由于矩阵 $\boldsymbol{A}_0=(\boldsymbol{a}_1,\boldsymbol{a}_2,\boldsymbol{a}_5)$ 的行阶梯形矩阵为

$$\begin{pmatrix}1&0&0\\0&1&7\\0&0&1\\0&0&0\end{pmatrix},$$

所以 $R(\boldsymbol{A}_0)=3$，故 $\boldsymbol{A}_0$ 中必有 3 阶非零子式. 而 $\boldsymbol{A}_0$ 的 3 阶子式共有 4 个，取 $\boldsymbol{A}_0$ 的后三行构成的子式

$$\begin{vmatrix}2&-3&-5\\3&-2&0\\1&0&0\end{vmatrix}=-10\neq 0,$$

因此这个子式就是 $\boldsymbol{A}$ 的一个最高阶非零子式.

例 3　设 $\boldsymbol{A}=\begin{pmatrix}1&-2&2&-1\\1&2&-4&0\\2&-4&2&-3\\-3&6&0&6\end{pmatrix}$，$\boldsymbol{b}=\begin{pmatrix}1\\1\\3\\4\end{pmatrix}$，$\boldsymbol{B}=(\boldsymbol{A}\,\vdots\,\boldsymbol{b})$，求矩阵 $\boldsymbol{A}$ 与 $\boldsymbol{B}$ 的秩.

解　对矩阵 $\boldsymbol{B}$ 进行初等行变换，$\boldsymbol{B}$ 的行阶梯形矩阵的前 4 列就是 $\boldsymbol{A}$ 的行阶梯形矩阵.

$$\boldsymbol{B}=(\boldsymbol{A}\ \vdots\ \boldsymbol{b})=\begin{pmatrix}1&-2&2&-1&1\\1&2&-4&0&1\\2&-4&2&-3&3\\-3&6&0&6&4\end{pmatrix}\xrightarrow[r_4+3r_1]{\substack{r_2-r_1\\r_3-2r_1}}\begin{pmatrix}1&-2&2&-1&1\\0&4&-6&1&0\\0&0&-2&-1&1\\0&0&6&3&7\end{pmatrix}$$

$$\xrightarrow{r_4+3r_3}\begin{pmatrix}1&-2&2&-1&1\\0&4&-6&1&0\\0&0&-2&-1&1\\0&0&0&0&10\end{pmatrix}.$$

所以 $R(\boldsymbol{A})=3,R(\boldsymbol{B})=4$.

另外,从矩阵 $\boldsymbol{B}$ 的行阶梯形矩阵可知,本例中 $\boldsymbol{A},\boldsymbol{b}$ 所对应的线性方程组 $\boldsymbol{Ax}=\boldsymbol{b}$ 是无解的,这是因为矩阵 $\boldsymbol{B}$ 的行阶梯形矩阵的最后一行对应的方程为 $0x=10$, x 取任何值都不成立.

例 4　设 $\boldsymbol{A}=\begin{pmatrix}1&-2&3k\\-1&2k&-3\\k&-2&3\end{pmatrix}$,问 k 为何值时可使(1) $R(\boldsymbol{A})=1$;(2) $R(\boldsymbol{A})=2$;(3) $R(\boldsymbol{A})=3$?

解　对矩阵 $\boldsymbol{A}$ 进行初等行变换,化为行阶梯形矩阵

$$\boldsymbol{A}=\begin{pmatrix}1&-2&3k\\-1&2k&-3\\k&-2&3\end{pmatrix}\xrightarrow[r_3+(-k)r_1]{r_2+r_1}\begin{pmatrix}1&-2&3k\\0&2(k-1)&3(k-1)\\0&2(k-1)&-3(k^2-1)\end{pmatrix}$$

$$\xrightarrow{r_3+r_2\times(-1)}\begin{pmatrix}1&-2&3k\\0&2(k-1)&3(k-1)\\0&0&3(1-k)(2+k)\end{pmatrix}.$$

因此:(1) 当 $k=1$ 时,$R(\boldsymbol{A})=1$;(2) 当 $k=-2$ 时,$R(\boldsymbol{A})=2$;(3) 当 $k\neq1$ 且 $k\neq-2$ 时,$R(\boldsymbol{A})=3$.

三、矩阵的秩的基本性质

上面我们利用矩阵的定义及矩阵的初等行变换讨论了矩阵秩的一些性质,类似也可用矩阵的初等列变换讨论矩阵的秩的性质.我们把这些性质归纳如下:

(1) $0\leqslant R(\boldsymbol{A}_{m\times n})\leqslant\min\{m,n\}$,且 $R(\boldsymbol{A})=0$ 的充分必要条件是 $\boldsymbol{A}=\boldsymbol{O}$;

(2) $R(\boldsymbol{A})=R(\boldsymbol{A}^{\mathrm{T}})$;

(3) $R(\boldsymbol{A})=R(k\boldsymbol{A})(k\neq0,k\in\mathbf{R})$;

(4) 若 $\boldsymbol{A}\sim\boldsymbol{B}$,则 $R(\boldsymbol{A})=R(\boldsymbol{B})$;

(5) 若 $\boldsymbol{P},\boldsymbol{Q}$ 可逆,则 $R(\boldsymbol{PAQ})=R(\boldsymbol{A})$;

(6) $\max\{R(\boldsymbol{A}),R(\boldsymbol{B})\}\leqslant R(\boldsymbol{A}\ \vdots\ \boldsymbol{B})\leqslant R(\boldsymbol{A})+R(\boldsymbol{B})$,特别地,当 $\boldsymbol{B}=\boldsymbol{b}$ 为列向量时,有 $R(\boldsymbol{A})\leqslant R(\boldsymbol{A}\ \vdots\ \boldsymbol{b})\leqslant R(\boldsymbol{A})+1$;

(7) $R(\boldsymbol{A}\pm\boldsymbol{B})\leqslant R(\boldsymbol{A})+R(\boldsymbol{B})$;

(8) $R(\boldsymbol{AB})\leqslant\min\{R(\boldsymbol{A}),R(\boldsymbol{B})\}$;

(9) 若 $\boldsymbol{A}_{m\times n}\boldsymbol{B}_{n\times l}=\boldsymbol{O}$,则 $R(\boldsymbol{A})+R(\boldsymbol{B})\leqslant n$.

例 5　设 $\boldsymbol{A}$ 为 n 阶方阵,证明 $R(\boldsymbol{A}+3\boldsymbol{E})+R(\boldsymbol{A}-3\boldsymbol{E})\geqslant n$.

证　因为

$$(\boldsymbol{A}+3\boldsymbol{E})+(3\boldsymbol{E}-\boldsymbol{A})=6\boldsymbol{E},$$

所以

$$R(\boldsymbol{A}+3\boldsymbol{E})+R(3\boldsymbol{E}-\boldsymbol{A})\geqslant R(6\boldsymbol{E})=n,$$

而

$$R(3\boldsymbol{E}-\boldsymbol{A})=R(\boldsymbol{A}-3\boldsymbol{E}),$$

因此

$$R(\boldsymbol{A}+3\boldsymbol{E})+R(\boldsymbol{A}-3\boldsymbol{E})\geqslant n.$$

第四节　线性方程组的解

在本章开始时我们用一个引例介绍了利用矩阵的初等行变换解线性方程组的步骤.从引例中我们不难发现,利用矩阵的初等行变换不仅可以求出线性方程组的所有解,还可以根据线性方程组的增广矩阵的行阶梯形矩阵判断线性方程组是否有解.然而,对一般线性方程组解的情况没有给出普遍性的结论.在本节我们将结合矩阵的秩与矩阵的初等行变换给出线性方程组解的一般结论.

一、线性方程组的解的定理

为讨论方便,设含 n 个未知数 m 个方程的线性方程组的一般形式为

$$\begin{cases}a_{11}x_1+a_{12}x_2+\cdots+a_{1n}x_n=b_1,\\ a_{21}x_1+a_{22}x_2+\cdots+a_{2n}x_n=b_2,\\ \qquad\vdots\\ a_{m1}x_1+a_{m2}x_2+\cdots+a_{mn}x_n=b_m,\end{cases}\tag{9.2}$$

它的向量形式为

$$\boldsymbol{Ax}=\boldsymbol{b},\tag{9.3}$$

其中

$$\boldsymbol{A}=\begin{pmatrix}a_{11}&a_{12}&\cdots&a_{1n}\\ a_{21}&a_{22}&\cdots&a_{2n}\\ \vdots&\vdots&&\vdots\\ a_{m1}&a_{m2}&\cdots&a_{mn}\end{pmatrix},\boldsymbol{x}=\begin{pmatrix}x_1\\ x_2\\ \vdots\\ x_n\end{pmatrix},\boldsymbol{b}=\begin{pmatrix}b_1\\ b_2\\ \vdots\\ b_m\end{pmatrix},$$

方程组(9.2)的解对应向量方程(9.3)的解向量,反之亦然;以后将方程组(9.2)与其向量方程(9.3)视同一样,方程组的解与其向量方程的解向量不加区别.

结合矩阵的秩与矩阵的初等行变换,可以得出线性方程组解的一般结论.

定理 1　对于含 n 个未知数的线性方程组 $\boldsymbol{Ax}=\boldsymbol{b}$,有以下结论:

(1) 它无解的充分必要条件是 $R(\boldsymbol{A})<R(\boldsymbol{A}\,\vdots\,\boldsymbol{b})$;

(2) 它有唯一解的充分必要条件是 $R(\boldsymbol{A})=R(\boldsymbol{A}\,\vdots\,\boldsymbol{b})=n$;

(3) 它有无穷多解的充分必要条件是 $R(\boldsymbol{A})=R(\boldsymbol{A}\,\vdots\,\boldsymbol{b})<n$.

证　只证(1)(2)(3)的充分性.

设 $R(\boldsymbol{A})=r$,则 $r\leqslant R(\boldsymbol{A}\,\vdots\,\boldsymbol{b})\leqslant r+1$.利用矩阵的初等行变换与矩阵的秩的性质,为讨论方便,不妨设矩阵 $\boldsymbol{A}$ 的左上角的 r 阶子式不为0,从而增广矩阵 $\widetilde{\boldsymbol{A}}=(\boldsymbol{A}\,\vdots\,\boldsymbol{b})$ 的行最简形

$$\widetilde{\boldsymbol{A}}=\begin{pmatrix}1 & 0 & \cdots & 0 & b_{11} & \cdots & b_{1,n-r} & d_1\\ 0 & 1 & \cdots & 0 & b_{21} & \cdots & b_{2,n-r} & d_2\\ \vdots & \vdots & & \vdots & \vdots & & \vdots & \vdots\\ 0 & 0 & \cdots & 1 & b_{r1} & \cdots & b_{r,n-r} & d_r\\ 0 & 0 & \cdots & 0 & 0 & \cdots & 0 & d_{r+1}\\ 0 & 0 & \cdots & 0 & 0 & \cdots & 0 & 0\\ \vdots & \vdots & & \vdots & \vdots & & \vdots & \vdots\\ 0 & 0 & \cdots & 0 & 0 & \cdots & 0 & 0\end{pmatrix}.$$

(1) 若 $R(\boldsymbol{A})<R(\boldsymbol{A}\mid\boldsymbol{b})$，则 $R(\boldsymbol{A}\mid\boldsymbol{b})=r+1$. 从而 $\widetilde{\boldsymbol{A}}$ 中的 $d_{r+1}=1$，于是与 $\widetilde{\boldsymbol{A}}$ 对应的线性方程组的第 $r+1$ 个方程为 $0x=1$，是矛盾方程，从而线性方程组(9.2)无解.

(2) 若 $R(\boldsymbol{A})=R(\boldsymbol{A}\mid\boldsymbol{b})=n$，则 $\widetilde{\boldsymbol{A}}$ 中的 $d_{r+1}=0$(或不出现($m=n$ 时))，又矩阵 $\boldsymbol{A}$ 只有 n 列，从而 b_{ij} 都不出现. 于是与 $\widetilde{\boldsymbol{A}}$ 对应的线性方程组为

$$\begin{cases}x_1=d_1,\\ x_2=d_2,\\ \quad\vdots\\ x_n=d_n,\end{cases}$$

故方程组(9.2)有唯一解.

(3) 若 $R(\boldsymbol{A})=R(\boldsymbol{A}\mid\boldsymbol{b})=r<n$，则 $\widetilde{\boldsymbol{A}}$ 中的 $d_{r+1}=0$(或不出现($m=r$ 时))，于是 $\widetilde{\boldsymbol{A}}$ 对应的与原线性方程组同解的线性方程组为

$$\begin{cases}x_1=-b_{11}x_{r+1}-\cdots-b_{1,n-r}x_n+d_1,\\ x_2=-b_{21}x_{r+1}-\cdots-b_{2,n-r}x_n+d_2,\\ \quad\vdots\\ x_r=-b_{r1}x_{r+1}-\cdots-b_{r,n-r}x_n+d_r,\end{cases}\tag{9.4}$$

上述方程组中未知数的个数多于方程的个数，因此有些未知数可以作为自由未知数. 在(9.4)中 $x_{r+1},\cdots,x_n$ 可以作为自由未知数，令 $x_{r+1}=c_1,\cdots,x_n=c_{n-r}$，得到方程组的解为

$$\begin{pmatrix}x_1\\ \vdots\\ x_r\\ x_{r+1}\\ \vdots\\ x_n\end{pmatrix}=\begin{pmatrix}-b_{11}c_1-\cdots-b_{1,n-r}c_{n-r}+d_1\\ \vdots\\ -b_{r1}c_1-\cdots-b_{r,n-r}c_{n-r}+d_r\\ c_1\\ \vdots\\ c_{n-r}\end{pmatrix},$$

写成向量线性组合形式，即为

$$\begin{pmatrix}x_1\\ \vdots\\ x_r\\ x_{r+1}\\ \vdots\\ x_n\end{pmatrix}=c_1\begin{pmatrix}-b_{11}\\ \vdots\\ -b_{r1}\\ 1\\ \vdots\\ 0\end{pmatrix}+\cdots+c_{n-r}\begin{pmatrix}-b_{1,n-r}\\ \vdots\\ -b_{r,n-r}\\ 0\\ \vdots\\ 1\end{pmatrix}+\begin{pmatrix}d_1\\ \vdots\\ d_r\\ 0\\ \vdots\\ 0\end{pmatrix},\tag{9.5}$$

其中 $c_1,\cdots,c_{n-r}$ 为任意常数. 这就是原方程组的解，由于 $c_1,\cdots,c_{n-r}$ 可以任意取值，所以原方程

组有无穷多解.由于式(9.5)表示了方程组(9.4)的所有解,因此也表示了原方程组的所有解,也称式(9.5)是线性方程组(9.2)的通解.

注意:当 $R(\mathbf{A})=R(\mathbf{A}\mid \boldsymbol{b})=r<n$,对应线性方程组 $\mathbf{A}\boldsymbol{x}=\boldsymbol{b}$ 中有 $n-r$ 个自由未知数.

二、求解线性方程组

把定理1的证明过程进行归纳,可以得到求解线性方程组的步骤,具体如下.

(1) 对非齐次线性方程组 $\mathbf{A}\boldsymbol{x}=\boldsymbol{b}$,写出其增广矩阵 $\widetilde{\mathbf{A}}=(\mathbf{A}\mid \boldsymbol{b})$,然后对其进行初等行变换,化 $\widetilde{\mathbf{A}}=(\mathbf{A}\mid \boldsymbol{b})$ 为行阶梯形矩阵 $\widetilde{\mathbf{A}}$.

(2) 根据 $\widetilde{\mathbf{A}}=(\mathbf{A}\mid \boldsymbol{b})$ 的行阶梯形矩阵 $\widetilde{\mathbf{A}}$ 可以看出 $R(\mathbf{A}),R(\widetilde{\mathbf{A}})$,若 $R(\mathbf{A})\neq R(\widetilde{\mathbf{A}})$(即 $R(\mathbf{A})<R(\widetilde{\mathbf{A}})$),则方程组无解.

(3) 若 $R(\mathbf{A})=R(\widetilde{\mathbf{A}})$,再把 $\widetilde{\mathbf{A}}=(\mathbf{A}\mid \boldsymbol{b})$ 的行阶梯形矩阵 $\widetilde{\mathbf{A}}$ 进一步化为行最简形矩阵;若 $R(\mathbf{A})=R(\widetilde{\mathbf{A}})=n$($n$ 为未知数的个数),则由行最简形矩阵立即可以写出方程组的唯一解;若 $R(\mathbf{A})=R(\mathbf{A}\mid \boldsymbol{b})=r<n$,把矩阵 $\mathbf{A}$ 的行最简形矩阵中 r 个非零行的第一个非零元素所对应的未知数作为非自由未知数,其余 $n-r$ 个未知数作为自由未知数,令这 $n-r$ 个自由未知数分别为任意常数 $c_1,\cdots,c_{n-r}$,即可得方程组的通解.

特别地,对齐次线性方程组 $\mathbf{A}\boldsymbol{x}=\mathbf{0}$,只需把系数矩阵 $\mathbf{A}$ 化为行最简形矩阵即可得到它的解或通解.

例1　求解齐次线性方程组

$$\begin{cases}x_1+x_2+2x_3-x_4=0,\\2x_1+x_2+x_3-x_4=0,\\2x_1+2x_2+x_3+2x_4=0.\end{cases}$$

解　把系数矩阵 $\mathbf{A}$ 化为行最简形,

$$\mathbf{A}=\begin{pmatrix}1&1&2&-1\\2&1&1&-1\\2&2&1&2\end{pmatrix}\xrightarrow[r_3-2r_1]{r_2-2r_1}\begin{pmatrix}1&1&2&-1\\0&-1&-3&1\\0&0&-3&4\end{pmatrix}$$

$$\xrightarrow[r_3\times\left(-\frac{1}{3}\right)]{r_2\times(-1)}\begin{pmatrix}1&1&2&-1\\0&1&3&-1\\0&0&1&\frac{-4}{3}\end{pmatrix}\xrightarrow[r_2+r_3\times(-3)]{r_1+r_2\times(-1)}\begin{pmatrix}1&0&-1&0\\0&1&0&3\\0&0&1&\frac{-4}{3}\end{pmatrix}$$

$$\xrightarrow{r_1+r_3}\begin{pmatrix}1&0&0&\frac{-4}{3}\\0&1&0&3\\0&0&1&\frac{-4}{3}\end{pmatrix}.$$

易知可取 x_4 为自由未知数,令 $x_4=c$ 即得方程组的通解为

$$\begin{cases}x_1=\dfrac{4c}{3},\\x_2=-3c,\\x_3=\dfrac{4c}{3},\\x_4=c,\end{cases}$$

写成向量形式为

$$\begin{pmatrix} x_1 \\ x_2 \\ x_3 \\ x_4 \end{pmatrix} = c\begin{pmatrix} \frac{4}{3} \\ -3 \\ \frac{4}{3} \\ 1 \end{pmatrix}\ (c\text{ 为任意常数}).$$

例 2　解非齐次线性方程组

$$\begin{cases} x_1 - x_2 + 3x_3 - x_4 = 1, \\ 2x_1 - x_2 - x_3 + 4x_4 = 2, \\ 3x_1 - 2x_2 + 2x_3 + 3x_4 = 3, \\ x_1 - 4x_3 + 5x_4 = -1. \end{cases}$$

解　写出增广矩阵

$$\widetilde{\boldsymbol{A}} = \left(\begin{array}{cccc:c} 1 & -1 & 3 & -1 & 1 \\ 2 & -1 & -1 & 4 & 2 \\ 3 & -2 & 2 & 3 & 3 \\ 1 & 0 & -4 & 5 & -1 \end{array}\right),$$

对 $\widetilde{\boldsymbol{A}}$ 进行初等行变换，把其化为

$$\left(\begin{array}{cccc:c} 1 & -1 & 3 & -1 & 1 \\ 0 & 1 & -7 & 6 & 0 \\ 0 & 0 & 0 & 0 & 0 \\ 0 & 0 & 0 & 0 & -2 \end{array}\right)$$

由此断定系数矩阵的秩(为 2) 与增广矩阵的秩(为 3) 不相等，所以方程组无解.

例 3　求解非齐次线性方程组

$$\begin{cases} 2x_1 + x_2 - x_3 + x_4 = 1, \\ 4x_1 + 2x_2 - 2x_3 + x_4 = 2, \\ 2x_1 + x_2 - x_3 - x_4 = 1. \end{cases}$$

解　对方程组的增广矩阵 $\widetilde{\boldsymbol{A}} = (\boldsymbol{A} \mid \boldsymbol{b})$ 进行初等行变换，

$$\widetilde{\boldsymbol{A}} = (\boldsymbol{A} \mid \boldsymbol{b}) = \left(\begin{array}{cccc:c} 2 & 1 & -1 & 1 & 1 \\ 4 & 2 & -2 & 1 & 2 \\ 2 & 1 & -1 & -1 & 1 \end{array}\right) \xrightarrow[r_3 - r_1]{r_2 - 2r_1} \left(\begin{array}{cccc:c} 2 & 1 & -1 & 1 & 1 \\ 0 & 0 & 0 & -1 & 0 \\ 0 & 0 & 0 & -2 & 0 \end{array}\right)$$

$$\xrightarrow[r_2 \times (-1)]{r_3 - 2r_2,\, r_1 + r_2} \left(\begin{array}{cccc:c} 2 & 1 & -1 & 0 & 1 \\ 0 & 0 & 0 & 1 & 0 \\ 0 & 0 & 0 & 0 & 0 \end{array}\right),$$

因 $R(\boldsymbol{A}) = R(\widetilde{\boldsymbol{A}}) = R(\boldsymbol{A} \mid \boldsymbol{b}) = 2 < 4$，所以方程组有无穷多解. 原方程组等价于方程组

$$\begin{cases} 2x_1 + x_2 - x_3 = 1, \\ x_4 = 0, \end{cases}$$

取 x_1, x_3 为自由未知数，令 $x_1 = c_1, x_3 = c_2$，得方程组的通解为

$$\begin{pmatrix}x_1\\x_2\\x_3\\x_4\end{pmatrix}=\begin{pmatrix}c_1\\1-2c_1+c_2\\c_2\\0\end{pmatrix}=c_1\begin{pmatrix}1\\-2\\0\\0\end{pmatrix}+c_2\begin{pmatrix}0\\1\\1\\0\end{pmatrix}+\begin{pmatrix}0\\1\\0\\0\end{pmatrix}\text{（其中 }c_1,c_2\text{ 为任意常数）.}$$

例 4 问 λ 为何值时，非齐次线性方程组

$$\begin{cases}\lambda x_1+x_2+x_3=1,\\x_1+\lambda x_2+x_3=\lambda,\\x_1+x_2+\lambda x_3=\lambda^2,\end{cases}$$

(1) 有唯一解，(2) 无解，(3) 有无穷多解？并在有无穷多解时求其通解.

解法一 对方程组的增广矩阵 $\widetilde{\boldsymbol{A}}=(\boldsymbol{A}\mid\boldsymbol{b})$ 进行初等行变换，将其化为行阶梯形，

$$\widetilde{\boldsymbol{A}}=(\boldsymbol{A}\mid\boldsymbol{b})=\begin{pmatrix}\lambda&1&1&1\\1&\lambda&1&\lambda\\1&1&\lambda&\lambda^2\end{pmatrix}\xrightarrow{r_3\leftrightarrow r_1}\begin{pmatrix}1&1&\lambda&\lambda^2\\1&\lambda&1&\lambda\\\lambda&1&1&1\end{pmatrix}$$

$$\xrightarrow[r_3-\lambda r_1]{r_2-r_1}\begin{pmatrix}1&1&\lambda&\lambda^2\\0&\lambda-1&1-\lambda&\lambda(1-\lambda)\\0&1-\lambda&1-\lambda^2&1-\lambda^3\end{pmatrix}$$

$$\xrightarrow{r_3+r_2}\begin{pmatrix}1&1&\lambda&\lambda^2\\0&\lambda-1&1-\lambda&\lambda(1-\lambda)\\0&0&(1-\lambda)(2+\lambda)&(1-\lambda)(1+\lambda)^2\end{pmatrix}.$$

因此，由定理 1 可知：

(1) 当 $\lambda\neq1$ 且 $\lambda\neq-2$ 时，$R(\boldsymbol{A})=R(\widetilde{\boldsymbol{A}})=R(\boldsymbol{A}\mid\boldsymbol{b})=3$，方程组有唯一解；

(2) 当 $\lambda=-2$ 时，$R(\boldsymbol{A})=2<R(\widetilde{\boldsymbol{A}})=R(\boldsymbol{A}\mid\boldsymbol{b})=3$，方程组无解；

(3) 当 $\lambda=1$ 时，$R(\boldsymbol{A})=R(\widetilde{\boldsymbol{A}})=R(\boldsymbol{A}\mid\boldsymbol{b})=1<3$，方程组有无穷多解，此时

$$\widetilde{\boldsymbol{A}}\overset{r}{\leftrightarrow}\begin{pmatrix}1&1&1&1\\0&0&0&0\\0&0&0&0\end{pmatrix},$$

与之对应的方程组为 $x_1=1-x_2-x_3$，取 x_2,x_3 为自由未知数，令 $x_2=c_1,x_3=c_2$，得方程组的通解为

$$\begin{pmatrix}x_1\\x_2\\x_3\end{pmatrix}=\begin{pmatrix}1-c_1-c_2\\c_1\\c_2\end{pmatrix}=c_1\begin{pmatrix}-1\\1\\0\end{pmatrix}+c_2\begin{pmatrix}-1\\0\\1\end{pmatrix}+\begin{pmatrix}1\\0\\0\end{pmatrix}\text{（其中 }c_1,c_2\text{ 为任意常数）.}$$

解法二 由于该题方程组中方程的个数与未知数的个数相等，所以也可以考虑系数矩阵的行列式，具体如下：

$$D=\begin{vmatrix}\lambda&1&1\\1&\lambda&1\\1&1&\lambda\end{vmatrix}=(\lambda-1)^2(\lambda+2),$$

(1) 当 $\lambda\neq1$ 且 $\lambda\neq-2$ 时，$D\neq0$，由克莱姆法则，方程组有唯一解；

(2) 当 $\lambda=-2$ 时，

$$\widetilde{A}=(A\mid b)=\begin{pmatrix}-2&1&1&1\\1&-2&1&-2\\1&1&-2&4\end{pmatrix}\xrightarrow{r}\begin{pmatrix}1&1&-2&4\\0&-3&3&-6\\0&0&0&3\end{pmatrix},$$

$R(A)=2<R(\widetilde{A})=R(A\mid b)=3$,方程组无解；

(3) 当 $\lambda=1$ 时，

$$\widetilde{A}=(A\mid b)=\begin{pmatrix}1&1&1&1\\1&1&1&1\\1&1&1&1\end{pmatrix}\xrightarrow{r}\begin{pmatrix}1&1&1&1\\0&0&0&0\\0&0&0&0\end{pmatrix},$$

$R(A)=R(\widetilde{A})=R(A\mid b)=1<3$,方程组有无穷多解,且通解为

$$\begin{pmatrix}x_1\\x_2\\x_3\end{pmatrix}=\begin{pmatrix}1-c_1-c_2\\c_1\\c_2\end{pmatrix}=c_1\begin{pmatrix}-1\\1\\0\end{pmatrix}+c_2\begin{pmatrix}-1\\0\\1\end{pmatrix}+\begin{pmatrix}1\\0\\0\end{pmatrix}$$（其中 c_1,c_2 为任意常数）.

习　题　九

1. 把下列矩阵化为行最简形矩阵：

(1) $\begin{pmatrix}1&2&-1&-2\\2&-1&-1&1\\3&1&-2&-1\end{pmatrix}$；　(2) $\begin{pmatrix}2&4&-1&1\\1&-3&2&3\\3&1&1&4\end{pmatrix}$；

(3) $\begin{pmatrix}1&3&1&5\\2&1&1&2\\1&1&5&-7\end{pmatrix}$；　(4) $\begin{pmatrix}3&6&-9&7&9\\2&4&-6&4&8\\1&1&-2&1&4\\8&-12&4&-4&8\end{pmatrix}$.

2. 利用矩阵的初等行变换求下列方阵的逆：

(1) $\begin{pmatrix}1&2&-1\\3&1&0\\-1&0&-2\end{pmatrix}$；　(2) $\begin{pmatrix}3&-2&0&-1\\0&2&2&1\\1&-2&-3&-2\\0&1&2&1\end{pmatrix}$.

3. 利用矩阵的初等行变换求解下列矩阵方程.

(1) $A=\begin{pmatrix}4&1&-2\\2&2&1\\3&1&-1\end{pmatrix}$,$B=\begin{pmatrix}1&-3\\2&2\\3&-1\end{pmatrix}$,求矩阵 X 使得 $AX=B$.

(2) $A=\begin{pmatrix}0&2&1\\2&-1&3\\-3&3&-4\end{pmatrix}$,$B=\begin{pmatrix}1&2&3\\2&-3&1\end{pmatrix}$,求矩阵 X 使得 $XA=B$.

4. $A=\begin{pmatrix}1&-1&0\\0&1&-1\\-1&0&1\end{pmatrix}$,求矩阵 X 使得 $2X+A=AX$.

5. 解矩阵方程 $\begin{pmatrix}0&1&0\\1&0&0\\0&0&1\end{pmatrix}\boldsymbol{X}\begin{pmatrix}1&0&0\\0&0&1\\0&1&0\end{pmatrix}=\begin{pmatrix}1&-4&3\\2&0&-1\\3&-1&2\end{pmatrix}$.

6. 求下列矩阵的秩,并求其一个最高阶非零子式:

(1) $\begin{pmatrix}1&1&2&3\\1&2&3&5\\0&1&1&2\end{pmatrix}$;　(2) $\begin{pmatrix}3&2&-1&-3&-1\\2&-1&3&1&-3\\7&0&5&-1&-8\end{pmatrix}$;

(3) $\begin{pmatrix}3&6&-9&7&9\\2&-1&-1&1&2\\1&1&-2&1&4\\2&-3&1&-1&2\end{pmatrix}$.

7. 设 $\boldsymbol{A}=\begin{pmatrix}k&1&1&1\\1&k&1&1\\1&1&k&1\\1&1&1&k\end{pmatrix}$,$R(\boldsymbol{A})=3$,求 k 的值.

8. 设 $\boldsymbol{A}=\begin{pmatrix}1&\lambda&-1&2\\2&-1&\lambda&5\\1&10&-6&1\end{pmatrix}$,讨论矩阵 $\boldsymbol{A}$ 的秩.

9. 证明:同型矩阵 $\boldsymbol{A},\boldsymbol{B}$ 等价的充分必要条件是 $R(\boldsymbol{A})=R(\boldsymbol{B})$.

10. 用矩阵的初等行变换求解下列齐次线性方程组:

(1) $\begin{cases}x_1+x_2-3x_3-x_4=0,\\3x_1-x_2-3x_3+4x_4=0,\\x_1+5x_2-9x_3-8x_4=0;\end{cases}$　(2) $\begin{cases}2x_1-4x_2+5x_3+3x_4=0,\\3x_1-6x_2+4x_3+2x_4=0,\\4x_1-8x_2+17x_3+11x_4=0;\end{cases}$

(3) $\begin{cases}2x+3y-z+5w=0,\\3x+y+2z-7w=0,\\x-2y+4z-7w=0,\\4x-y-3z+6w=0;\end{cases}$　(4) $\begin{cases}3x+4y-5z+7w=0,\\2x-3y+3z-2w=0,\\4x+11y-13z+16w=0,\\7x-2y+z+3w=0.\end{cases}$

11. 用矩阵的初等行变换求解下列非齐次线性方程组:

(1) $\begin{cases}4x+2y-z=2,\\3x-y+2z=10,\\11x+3y=8;\end{cases}$　(2) $\begin{cases}x_1+x_2-3x_3-x_4=1,\\3x_1-x_2-3x_3+4x_4=3,\\x_1+5x_2-9x_3-8x_4=1;\end{cases}$

(3) $\begin{cases}2x+3y+z=4,\\x-2y+4z=-5,\\3x+8y-2z=13,\\4x-y+9z=-6;\end{cases}$　(4) $\begin{cases}x_1+2x_2+3x_3+x_4=3,\\2x_1+9x_2+8x_3+3x_4=7,\\3x_1+7x_2+7x_3+2x_4=12.\end{cases}$

12. 构造一个以

$$\boldsymbol{x}=c_1\begin{pmatrix}2\\-2\\1\\0\end{pmatrix}+c_2\begin{pmatrix}-2\\3\\0\\1\end{pmatrix}\quad(c_1,c_2\text{ 为任意常数})$$

为通解的齐次线性方程组.

13. 讨论 λ 为何值时,线性方程组

$$\begin{cases}(1+\lambda)x+y+z=0,\\ x+(1+\lambda)y+z=3,\\ x+y+(1+\lambda)z=\lambda,\end{cases}$$

(1) 有唯一解;(2) 无解;(3) 有无穷多解,并在此情形下求出其解.

14. 已知平面上三条不同直线分别为 $l_1:ax+by+c=0$,$l_2:bx+cy+a=0$,$l_3:cx+ay+b=0$,证明这三条直线交于一点的充分必要条件是 $a+b+c=0$.

15. 当 a,b 为何值时,线性方程组

$$\begin{cases}x+y-2z+3w=0,\\ 2x+y-6z+4w=-1,\\ 3x+2y+az+7w=-1,\\ x-y-6z-w=b\end{cases}$$

有解,并求其解.

16. 证明 $R(\boldsymbol{A})=1$ 的充分必要条件是存在非零列向量 $\boldsymbol{a}$ 与非零行向量 $\boldsymbol{b}^{\mathrm{T}}$ 使得 $\boldsymbol{A}=\boldsymbol{a}\boldsymbol{b}^{\mathrm{T}}$.

第十章　向量组的线性相关性

本章在介绍 n 维向量及其有关概念的基础上，讨论向量组的线性相关性及线性无关性，引入最大无关组和向量组的秩的概念，由向量组的秩和矩阵的秩之间的关系讨论线性方程组的解的结构，最后给出向量空间的概念.

第一节　n 维向量

在平面几何中，坐标平面上每个点的位置可以用它的坐标来描述，点的坐标是一个有序数对 (x,y). 一个 n 元方程

$$a_1x_1+a_2x_2+\cdots+a_nx_n=b$$

可以用一个 $n+1$ 元有序数组

$$(a_1,a_2,\cdots,a_n,b)$$

来表示. $1\times n$ 矩阵和 $n\times 1$ 矩阵也可以看作有序数组. 一个企业一年中从 1 月到 12 月每月的产值也可用一个有序数组 $(a_1,a_2,\cdots,a_{12})$ 来表示. 有序数组的应用非常广泛，有必要对它们进行深入的讨论.

定义 1　n 个数组成的有序数组

$$(a_1,a_2,\cdots,a_n) \tag{10.1}$$

或

$$\begin{bmatrix} a_1 \\ a_2 \\ \vdots \\ a_n \end{bmatrix} \tag{10.2}$$

称为一个 n 维向量，简称向量.

一般，我们用小写的粗黑体字母，如 $\boldsymbol{\alpha},\boldsymbol{\beta},\boldsymbol{\gamma},\cdots$ 来表示向量，式(10.1) 称为一个行向量，式(10.2) 称为一个列向量. 在讨论向量的概念和性质时，行向量和列向量是完全一样的，本书中所讨论的向量在没有指明是行向量还是列向量时，都当作列向量. 数 $a_1,a_2,\cdots,a_n$ 称为这个向量的分量. a_i 称为这个向量的第 i 个分量或坐标. 分量都是实数的向量称为实向量，分量是复数的向量称为复向量.

实际上，n 维行向量可以看成 $1\times n$ 矩阵，n 维列向量也常看成 $n\times 1$ 矩阵.

下面我们只讨论实向量. 设 k 和 l 为两个任意的常数. $\boldsymbol{\alpha},\boldsymbol{\beta}$ 和 $\boldsymbol{\gamma}$ 为三个任意的 n 维向量，其中

$$\boldsymbol{\alpha}=(a_1,a_2,\cdots,a_n),\quad \boldsymbol{\beta}=(b_1,b_2,\cdots,b_n).$$

定义 2　如果 $\boldsymbol{\alpha}$ 和 $\boldsymbol{\beta}$ 对应的分量都相等，即

$$a_i = b_i (i = 1, 2, \cdots, n),$$

就称这两个向量相等，记为 $\boldsymbol{\alpha} = \boldsymbol{\beta}$.

定义 3　向量

$$(a_1 + b_1, a_2 + b_2, \cdots, a_n + b_n)$$

称为 $\boldsymbol{\alpha}$ 与 $\boldsymbol{\beta}$ 的和，记为 $\boldsymbol{\alpha} + \boldsymbol{\beta}$. 称向量

$$(ka_1, ka_2, \cdots, ka_n)$$

为 $\boldsymbol{\alpha}$ 与 k 的数量乘积，简称数乘，记为 $k\boldsymbol{\alpha}$.

定义 4　分量全为零的向量

$$(0, 0, \cdots, 0)$$

称为零向量，记为 $\mathbf{0}$.

$\boldsymbol{\alpha}$ 与 -1 的数乘

$$(-1)\boldsymbol{\alpha} = (-a_1, -a_2, \cdots, -a_n)$$

称为 $\boldsymbol{\alpha}$ 的负向量，记为 $-\boldsymbol{\alpha}$. 向量的减法定义为

$$\boldsymbol{\alpha} - \boldsymbol{\beta} = \boldsymbol{\alpha} + (-\boldsymbol{\beta}).$$

第二节　线性相关与线性无关

通常把维数相同的一组向量简称为一个向量组. 例如，n 维行量组 A：$\boldsymbol{\alpha}_1, \boldsymbol{\alpha}_2, \cdots, \boldsymbol{\alpha}_s$ 可以排列成一个 $s \times n$ 分块矩阵

$$\mathbf{A} = \begin{bmatrix} \boldsymbol{\alpha}_1 \\ \boldsymbol{\alpha}_2 \\ \vdots \\ \boldsymbol{\alpha}_s \end{bmatrix},$$

其中 $\boldsymbol{\alpha}_i$ 为由 $\mathbf{A}$ 的第 i 行形成的子块，$\boldsymbol{\alpha}_1, \boldsymbol{\alpha}_2, \cdots, \boldsymbol{\alpha}_s$ 称为 $\mathbf{A}$ 的行向量组.

n 维列向量组 B：$\boldsymbol{\beta}_1, \boldsymbol{\beta}_2, \cdots, \boldsymbol{\beta}_s$ 可以排成一个 $n \times s$ 矩阵

$$\mathbf{B} = (\boldsymbol{\beta}_1, \boldsymbol{\beta}_2, \cdots, \boldsymbol{\beta}_s),$$

其中 $\boldsymbol{\beta}_j$ 为 $\mathbf{B}$ 的第 j 列形成的子块，$\boldsymbol{\beta}_1, \boldsymbol{\beta}_2, \cdots, \boldsymbol{\beta}_s$ 称为 $\mathbf{B}$ 的列向量组. 很多情况下，对矩阵的讨论都归结于对它们的行向量组或列向量组的讨论.

定义 1　向量组 $\boldsymbol{\alpha}_1, \boldsymbol{\alpha}_2, \cdots, \boldsymbol{\alpha}_s$ 是线性相关的，如果有不全为零的数 $k_1, k_2, \cdots, k_s$ 使

$$\sum_{i=1}^{s} k_i \boldsymbol{\alpha}_i = k_1\boldsymbol{\alpha}_1 + k_2\boldsymbol{\alpha}_2 + \cdots + k_s\boldsymbol{\alpha}_s = \mathbf{0}. \tag{10.3}$$

反之，如果只有在 $k_1 = k_2 = \cdots = k_s = 0$ 时，式(10.3)才成立，就称 $\boldsymbol{\alpha}_1, \boldsymbol{\alpha}_2, \cdots, \boldsymbol{\alpha}_s$ 线性无关.

换言之，向量组 $\boldsymbol{\alpha}_1, \boldsymbol{\alpha}_2, \cdots, \boldsymbol{\alpha}_s$ 线性相关，就是齐次线性方程组

$$x_1\boldsymbol{\alpha}_1 + x_2\boldsymbol{\alpha}_2 + \cdots + x_s\boldsymbol{\alpha}_s = \mathbf{0}$$

有非零解.

反之，向量组 $\boldsymbol{\alpha}_1, \boldsymbol{\alpha}_2, \cdots, \boldsymbol{\alpha}_s$ 线性无关，就是齐次线性方程组

$$x_1\boldsymbol{\alpha}_1 + x_2\boldsymbol{\alpha}_2 + \cdots + x_s\boldsymbol{\alpha}_s = \mathbf{0}$$

只有零解.

显然,含有零向量的向量组一定是线性相关的.

例 1　判断向量组

$$\boldsymbol{\alpha}_1=(1,1,1),\quad \boldsymbol{\alpha}_2=(0,2,5),\quad \boldsymbol{\alpha}_3=(1,3,6)$$

的线性相关性.

解　设有常数 x_1,x_2,x_3 使

$$x_1\boldsymbol{\alpha}_1+x_2\boldsymbol{\alpha}_2+x_3\boldsymbol{\alpha}_3=\mathbf{0},$$

即

$$\begin{cases}x_1+x_3=0,\\x_1+2x_2+3x_3=0,\\x_1+5x_2+6x_3=0.\end{cases}$$

由于

$$x_1=1,x_2=1,x_3=-1$$

满足上述的方程组,因此

$$1\boldsymbol{\alpha}_1+1\boldsymbol{\alpha}_2+(-1)\boldsymbol{\alpha}_3=\boldsymbol{\alpha}_1+\boldsymbol{\alpha}_2-\boldsymbol{\alpha}_3=\mathbf{0}.$$

所以 $\boldsymbol{\alpha}_1,\boldsymbol{\alpha}_2,\boldsymbol{\alpha}_3$ 线性相关.

例 2　设向量组 $\boldsymbol{\alpha}_1,\boldsymbol{\alpha}_2,\boldsymbol{\alpha}_3$ 线性无关,$\boldsymbol{b}_1=\boldsymbol{\alpha}_1+\boldsymbol{\alpha}_2,\boldsymbol{b}_2=\boldsymbol{\alpha}_2+\boldsymbol{\alpha}_3,\boldsymbol{b}_3=\boldsymbol{\alpha}_3+\boldsymbol{\alpha}_1$,试证向量组 $\boldsymbol{b}_1,\boldsymbol{b}_2,\boldsymbol{b}_3$ 也线性无关.

证　设有常数 x_1,x_2,x_3 使

$$x_1\boldsymbol{b}_1+x_2\boldsymbol{b}_2+x_3\boldsymbol{b}_3=\mathbf{0},$$

即

$$(x_1+x_3)\boldsymbol{\alpha}_1+(x_1+x_2)\boldsymbol{\alpha}_2+(x_2+x_3)\boldsymbol{\alpha}_3=\mathbf{0},$$

因 $\boldsymbol{\alpha}_1,\boldsymbol{\alpha}_2,\boldsymbol{\alpha}_3$ 线性无关,故有

$$\begin{cases}x_1+x_3=0,\\x_1+x_2=0,\\x_2+x_3=0.\end{cases}$$

由于此方程组的系数行列式

$$\begin{vmatrix}1&0&1\\1&1&0\\0&1&1\end{vmatrix}=2\neq0,$$

故方程组只有零解 $x_1=x_2=x_3=0$,所以向量组 $\boldsymbol{b}_1,\boldsymbol{b}_2,\boldsymbol{b}_3$ 线性无关.

定义 2　向量 $\boldsymbol{\alpha}$ 称为向量组 $\boldsymbol{\beta}_1,\boldsymbol{\beta}_2,\cdots,\boldsymbol{\beta}_t$ 的一个线性组合,或者说 $\boldsymbol{\alpha}$ 可由向量组 $\boldsymbol{\beta}_1,\boldsymbol{\beta}_2,\cdots,\boldsymbol{\beta}_t$ 线性表出(示),如果有常数 $k_1,k_2,\cdots,k_t$ 使

$$\boldsymbol{\alpha}=k_1\boldsymbol{\beta}_1+k_2\boldsymbol{\beta}_2+\cdots+k_t\boldsymbol{\beta}_t.$$

此时,也记 $\boldsymbol{\alpha}=\sum\limits_{i=1}^{t}k_i\boldsymbol{\beta}_i$.

换言之,向量 $\boldsymbol{\alpha}$ 可由向量组 $\boldsymbol{\beta}_1,\boldsymbol{\beta}_2,\cdots,\boldsymbol{\beta}_t$ 线性表示,就是线性方程组

$$x_1\boldsymbol{\beta}_1+x_2\boldsymbol{\beta}_2+\cdots+x_t\boldsymbol{\beta}_t=\boldsymbol{\alpha}$$

有解.

例 3　设 $\boldsymbol{\beta}_1=(1,1,1,1),\boldsymbol{\beta}_2=(1,1,-1,-1),\boldsymbol{\beta}_3=(1,-1,1,-1),\boldsymbol{\beta}_4=(1,-1,-1,1),\boldsymbol{\alpha}=(1,2,1,1)$. 试问 $\boldsymbol{\beta}$ 能否由 $\boldsymbol{\alpha}_1,\boldsymbol{\alpha}_2,\boldsymbol{\alpha}_3,\boldsymbol{\alpha}_4$ 线性表出?若能,写出具体表达式.

解　设有常数 x_1,x_2,x_3,x_4 使

$$x_1\boldsymbol{\beta}_1+x_2\boldsymbol{\beta}_2+x_3\boldsymbol{\beta}_3+x_4\boldsymbol{\beta}_4=\boldsymbol{\alpha},$$

即

$$\begin{cases}x_1+x_2+x_3+x_4=1,\\x_1+x_2-x_3-x_4=2,\\x_1-x_2+x_3-x_4=1,\\x_1-x_2-x_3+x_4=1.\end{cases}$$

由于此方程组的系数行列式

$$D=\begin{vmatrix}1&1&1&1\\1&1&-1&-1\\1&-1&1&-1\\1&-1&-1&1\end{vmatrix}=-16\neq0,$$

由克莱姆法则得

$$x_1=\frac{5}{4},x_2=\frac{1}{4},x_3=-\frac{1}{4},x_4=-\frac{1}{4}$$

所以

$$\boldsymbol{\alpha}=\frac{5}{4}\boldsymbol{\beta}_1+\frac{1}{4}\boldsymbol{\beta}_2-\frac{1}{4}\boldsymbol{\beta}_3-\frac{1}{4}\boldsymbol{\beta}_4,$$

即 $\boldsymbol{\alpha}$ 能由 $\boldsymbol{\beta}_1,\boldsymbol{\beta}_2,\boldsymbol{\beta}_3,\boldsymbol{\beta}_4$ 线性表出.

例 4　设 $\boldsymbol{\alpha}=(2,-3,0),\boldsymbol{\beta}=(0,-1,2),\boldsymbol{\gamma}=(0,-7,-4)$，试问 $\boldsymbol{\gamma}$ 能否由 $\boldsymbol{\alpha},\boldsymbol{\beta}$ 线性表出？

解　设有常数 x_1,x_2 使

$$\boldsymbol{\gamma}=x_1\boldsymbol{\alpha}+x_2\boldsymbol{\beta},$$

即

$$\begin{cases}2x_1=0,\\-3x_1-x_2=-7,\\2x_2=-4.\end{cases}$$

由第一个方程得 $x_1=0$，代入第二个方程得 $x_2=7$，但 x_2 不满足第三个方程，故方程组无解，所以 $\boldsymbol{\gamma}$ 不能由 $\boldsymbol{\alpha},\boldsymbol{\beta}$ 线性表出.

定理 1　向量组 $\boldsymbol{\alpha}_1,\boldsymbol{\alpha}_2,\cdots,\boldsymbol{\alpha}_s(s\geqslant2)$ 线性相关的充要条件是其中至少有一个向量能由其他向量线性表出.

证　设 $\boldsymbol{\alpha}_1,\boldsymbol{\alpha}_2,\cdots,\boldsymbol{\alpha}_s$ 中有一个向量能由其他向量线性表出，不妨设

$$\boldsymbol{\alpha}_1=k_2\boldsymbol{\alpha}_2+k_3\boldsymbol{\alpha}_3+\cdots+k_s\boldsymbol{\alpha}_s,$$

那么

$$-\boldsymbol{\alpha}_1+k_2\boldsymbol{\alpha}_2+\cdots+k_s\boldsymbol{\alpha}_s=\mathbf{0},$$

所以 $\boldsymbol{\alpha}_1,\boldsymbol{\alpha}_2,\cdots,\boldsymbol{\alpha}_s$ 线性相关. 反过来，如果 $\boldsymbol{\alpha}_1,\boldsymbol{\alpha}_2,\cdots,\boldsymbol{\alpha}_s$ 线性相关，就有不全为零的数 $k_1,k_2,\cdots,k_s$，使

$$k_1\boldsymbol{\alpha}_1+k_2\boldsymbol{\alpha}_2+\cdots+k_s\boldsymbol{\alpha}_s=\mathbf{0}.$$

不妨设 $k_1\neq0$，那么

$$\boldsymbol{\alpha}_1=-\frac{k_2}{k_1}\boldsymbol{\alpha}_2-\frac{k_3}{k_1}\boldsymbol{\alpha}_3-\cdots-\frac{k_s}{k_1}\boldsymbol{\alpha}_s,$$

即 $\boldsymbol{\alpha}_1$ 能由 $\boldsymbol{\alpha}_2,\boldsymbol{\alpha}_3,\cdots,\boldsymbol{\alpha}_s$ 线性表出.

例如,向量组

$$\boldsymbol{\alpha}_1=(2,-1,3,1),\boldsymbol{\alpha}_2=(4,-2,5,4),\boldsymbol{\alpha}_3=(2,-1,4,-1)$$

是线性相关的,因为

$$\boldsymbol{\alpha}_3=3\boldsymbol{\alpha}_1-\boldsymbol{\alpha}_2.$$

显然,向量组 $\boldsymbol{\alpha}_1,\boldsymbol{\alpha}_2$ 线性相关就表示 $\boldsymbol{\alpha}_1=k\boldsymbol{\alpha}_2$ 或者 $\boldsymbol{\alpha}_2=k\boldsymbol{\alpha}_1$(这两个式子不一定能同时成立). 此时,两向量的分量成正比例. 在三维的情形下,这就表示向量 $\boldsymbol{\alpha}_1$ 与 $\boldsymbol{\alpha}_2$ 共线. 三个向量 $\boldsymbol{\alpha}_1,\boldsymbol{\alpha}_2,\boldsymbol{\alpha}_3$ 线性相关的几何意义就是它们共面.

定理 2 设向量组 $\boldsymbol{\beta}_1,\boldsymbol{\beta}_2,\cdots,\boldsymbol{\beta}_t$ 线性无关,而向量组 $\boldsymbol{\beta}_1,\boldsymbol{\beta}_2,\cdots,\boldsymbol{\beta}_t,\boldsymbol{\alpha}$ 线性相关,则 $\boldsymbol{\alpha}$ 能由向量组 $\boldsymbol{\beta}_1,\boldsymbol{\beta}_2,\cdots,\boldsymbol{\beta}_t$ 线性表出,且表示式是唯一的.

证 由于 $\boldsymbol{\beta}_1,\boldsymbol{\beta}_2,\cdots,\boldsymbol{\beta}_t,\boldsymbol{\alpha}$ 线性相关,就有不全为零的数 $k_1,k_2,\cdots,k_t,k$ 使

$$k_1\boldsymbol{\beta}_1+k_2\boldsymbol{\beta}_2+\cdots+k_t\boldsymbol{\beta}_t+k\boldsymbol{\alpha}=\mathbf{0}.$$

由 $\boldsymbol{\beta}_1,\boldsymbol{\beta}_2,\cdots,\boldsymbol{\beta}_t$ 线性无关可以知道 $k\neq 0$,因此

$$\boldsymbol{\alpha}=-\frac{k_1}{k}\boldsymbol{\beta}_1-\frac{k_2}{k}\boldsymbol{\beta}_2-\cdots-\frac{k_t}{k}\boldsymbol{\beta}_t,$$

即 $\boldsymbol{\alpha}$ 可由 $\boldsymbol{\beta}_1,\boldsymbol{\beta}_2,\cdots,\boldsymbol{\beta}_t$ 线性表出. 设

$$\boldsymbol{\alpha}=l_1\boldsymbol{\beta}_1+l_2\boldsymbol{\beta}_2+\cdots+l_t\boldsymbol{\beta}_t=h_1\boldsymbol{\beta}_1+h_2\boldsymbol{\beta}_2+\cdots+h_t\boldsymbol{\beta}_t$$

为两个表示式. 由

$$\begin{aligned}\boldsymbol{\alpha}-\boldsymbol{\alpha}&=(l_1\boldsymbol{\beta}_1+l_2\boldsymbol{\beta}_2+\cdots+l_t\boldsymbol{\beta}_t)-(h_1\boldsymbol{\beta}_1+h_2\boldsymbol{\beta}_2+\cdots+h_t\boldsymbol{\beta}_t)\\&=(l_1-h_1)\boldsymbol{\beta}_1+(l_2-h_2)\boldsymbol{\beta}_2+\cdots+(l_t-h_t)\boldsymbol{\beta}_t=\mathbf{0}\end{aligned}$$

和 $\boldsymbol{\beta}_1,\boldsymbol{\beta}_2,\cdots,\boldsymbol{\beta}_t$ 线性无关可以得到

$$l_1=h_1,l_2=h_2,\cdots,l_t=h_t,$$

因此表示式是唯一的.

定义 3 如果向量组 $\boldsymbol{\alpha}_1,\boldsymbol{\alpha}_2,\cdots,\boldsymbol{\alpha}_s$ 中每个向量都可由 $\boldsymbol{\beta}_1,\boldsymbol{\beta}_2,\cdots,\boldsymbol{\beta}_t$ 线性表出,就称向量组 $\boldsymbol{\alpha}_1,\boldsymbol{\alpha}_2,\cdots,\boldsymbol{\alpha}_s$ 可由 $\boldsymbol{\beta}_1,\boldsymbol{\beta}_2,\cdots,\boldsymbol{\beta}_t$ 线性表出,如果两个向量组互相可以线性表出,就称它们等价.

向量组的等价具有下述性质.

(i) 反身性　向量组 $\boldsymbol{\alpha}_1,\boldsymbol{\alpha}_2,\cdots,\boldsymbol{\alpha}_s$ 与它自己等价.

(ii) 对称性　如果向量组 $\boldsymbol{\alpha}_1,\boldsymbol{\alpha}_2,\cdots,\boldsymbol{\alpha}_s$ 与 $\boldsymbol{\beta}_1,\boldsymbol{\beta}_2,\cdots,\boldsymbol{\beta}_t$ 等价,那么 $\boldsymbol{\beta}_1,\boldsymbol{\beta}_2,\cdots,\boldsymbol{\beta}_t$ 也与 $\boldsymbol{\alpha}_1,\boldsymbol{\alpha}_2,\cdots,\boldsymbol{\alpha}_s$ 等价.

(iii) 传递性　如果向量组 $\boldsymbol{\alpha}_1,\boldsymbol{\alpha}_2,\cdots,\boldsymbol{\alpha}_s$ 与 $\boldsymbol{\beta}_1,\boldsymbol{\beta}_2,\cdots,\boldsymbol{\beta}_t$ 等价,而向量组 $\boldsymbol{\beta}_1,\boldsymbol{\beta}_2,\cdots,\boldsymbol{\beta}_t$ 又与 $\boldsymbol{\gamma}_1,\boldsymbol{\gamma}_2,\cdots,\boldsymbol{\gamma}_p$ 等价,那么 $\boldsymbol{\alpha}_1,\boldsymbol{\alpha}_2,\cdots,\boldsymbol{\alpha}_s$ 与 $\boldsymbol{\gamma}_1,\boldsymbol{\gamma}_2,\cdots,\boldsymbol{\gamma}_p$ 等价.

利用定义判断向量组的线性相关性往往比较复杂,我们有时可以直接利用向量组的特点来判断它的线性相关性,通常称一个向量组中的一部分向量组为原向量组的部分组.

定理 3 有一个部分组线性相关的向量组线性相关.

证 设向量组 $\boldsymbol{\alpha}_1,\boldsymbol{\alpha}_2,\cdots,\boldsymbol{\alpha}_s$ 有一个部分组线性相关. 不妨设这个部分组为 $\boldsymbol{\alpha}_1,\boldsymbol{\alpha}_2,\cdots,\boldsymbol{\alpha}_r$,则有不全为零的数 $k_1,k_2,\cdots,k_r$ 使

$$\sum_{i=1}^{s}k_i\boldsymbol{\alpha}_i=\sum_{i=1}^{r}k_i\boldsymbol{\alpha}_i+\sum_{j=r+1}^{s}0\boldsymbol{\alpha}_j=\mathbf{0},$$

因此 $\boldsymbol{\alpha}_1,\boldsymbol{\alpha}_2,\cdots,\boldsymbol{\alpha}_s$ 也线性相关.

第三节　向量组的秩

一、极大线性无关组

定义 1　一向量组的一个部分组称为一个极大线性无关组，如果这个部分组本身是线性无关的，并且从这向量组中向这部分组任意添一个向量(如果还有的话)，所得的部分组都线性相关.

例 1　在向量组 A：$\boldsymbol{\alpha}_1=(2,-1,3,1)$，$\boldsymbol{\alpha}_2=(4,-2,5,4)$，$\boldsymbol{\alpha}_3=(2,-1,4,-1)$ 中，$\boldsymbol{\alpha}_1$，$\boldsymbol{\alpha}_2$ 为它的一个极大线性无关组. 首先，因为 $\boldsymbol{\alpha}_1$ 与 $\boldsymbol{\alpha}_2$ 的分量不成比例，所以 $\boldsymbol{\alpha}_1$，$\boldsymbol{\alpha}_2$ 线性无关，再添入 $\boldsymbol{\alpha}_3$ 以后，由

$$\boldsymbol{\alpha}_3=3\boldsymbol{\alpha}_1-\boldsymbol{\alpha}_2$$

可知所得部分组线性相关，不难验证 $\boldsymbol{\alpha}_2$，$\boldsymbol{\alpha}_3$ 也为一个极大线性无关组.

我们容易证明定义 1 与下列定义 1′ 等价.

定义 1′　一向量组的一个部分组称为一个极大线性无关组，如果这个部分组本身是线性无关的，并且这向量组中任意向量都可由这部分组线性表出.

向量组的极大线性无关组具有以下性质.

性质 1　一向量组的极大线性无关组与向量组本身等价.

性质 2　一向量组的任意两个极大线性无关组都等价.

性质 3　一向量组的极大线性无关组都含有相同个数的向量.

性质 3 表明极大线性无关组所含向量的个数是一个确定的数，与极大线性无关组的选择无关.

二、向量组的秩

定义 2　向量组 A：$\boldsymbol{\alpha}_1,\boldsymbol{\alpha}_2,\cdots,\boldsymbol{\alpha}_m$ 的极大线性无关组所含向量的个数 r 称为向量组 A 的秩，记作 $R_A=r$ 或 $R(\boldsymbol{\alpha}_1,\boldsymbol{\alpha}_2,\cdots,\boldsymbol{\alpha}_m)=r$.

例如，例 1 中向量组 A：$\boldsymbol{\alpha}_1,\boldsymbol{\alpha}_2,\boldsymbol{\alpha}_3$ 的秩为 2，记作 $R_A=2$ 或 $R(\boldsymbol{\alpha}_1,\boldsymbol{\alpha}_2,\boldsymbol{\alpha}_3)=2$.

注：(1) 向量组线性无关的充要条件为它的秩与它所含向量的个数相同.

(2) 等价的向量组秩相等.

如果向量组 A：$\boldsymbol{\alpha}_1,\boldsymbol{\alpha}_2,\cdots,\boldsymbol{\alpha}_s$ 能由向量组 B：$\boldsymbol{\beta}_1,\boldsymbol{\beta}_2,\cdots,\boldsymbol{\beta}_t$ 线性表出，那么 $\boldsymbol{\alpha}_1,\boldsymbol{\alpha}_2,\cdots,\boldsymbol{\alpha}_s$ 的极大线性无关组可由 $\boldsymbol{\beta}_1,\boldsymbol{\beta}_2,\cdots,\boldsymbol{\beta}_t$ 的极大线性无关组线性表出. 因此，$\boldsymbol{\alpha}_1,\boldsymbol{\alpha}_2,\cdots,\boldsymbol{\alpha}_s$ 的秩不超过 $\boldsymbol{\beta}_1,\boldsymbol{\beta}_2,\cdots,\boldsymbol{\beta}_t$ 的秩.

定义 3　矩阵的行秩是指它的行向量组的秩，矩阵的列秩是指它的列向量组的秩.

定理 1　矩阵的秩等于它的行秩，也等于它的列秩.

证明从略.

定理 2　如果矩阵 $\boldsymbol{A}$ 经过有限次初等行变换变为矩阵 $\boldsymbol{B}$，则矩阵 $\boldsymbol{A}$ 的行向量组与矩阵 $\boldsymbol{B}$ 的行向量组等价，而矩阵 $\boldsymbol{A}$ 的任意 k 个列向量与矩阵 $\boldsymbol{B}$ 中对应的 k 个列向量有相同的线性关系.

证　当矩阵 $\boldsymbol{A}$ 经过一次初等行变换变为矩阵 $\boldsymbol{B}$ 时，矩阵 $\boldsymbol{B}$ 的行向量组显然可由矩阵 $\boldsymbol{A}$ 的行向量组线性表出，对矩阵 $\boldsymbol{A}$ 的任意 k 个列向量 $\boldsymbol{a}_1,\boldsymbol{a}_2,\cdots,\boldsymbol{a}_k$，设它们所对应的矩阵 $\boldsymbol{B}$ 的列向量

依次为 $\boldsymbol{a}'_1,\boldsymbol{a}'_2,\cdots,\boldsymbol{a}'_k$，如果 $\boldsymbol{a}_1,\boldsymbol{a}_2,\cdots,\boldsymbol{a}_k$ 线性相关，就有不全为零的常数 $l_1,l_2,\cdots,l_k$ 使

$$l_1\boldsymbol{a}_1+l_2\boldsymbol{a}_2+\cdots+l_k\boldsymbol{a}_k=\boldsymbol{0}.$$

由 $\boldsymbol{a}'_1,\boldsymbol{a}'_2,\cdots,\boldsymbol{a}'_k$ 各分量与 $\boldsymbol{a}_1,\boldsymbol{a}_2,\cdots,\boldsymbol{a}_k$ 各分量的关系容易得出

$$l_1\boldsymbol{a}'_1+l_2\boldsymbol{a}'_2+\cdots+l_k\boldsymbol{a}'_k=\boldsymbol{0},$$

因此 $\boldsymbol{a}'_1,\boldsymbol{a}'_2,\cdots,\boldsymbol{a}'_k$ 也线性相关. 由初等行变换的逆变换也是初等行变换可以知道，$\boldsymbol{A}$ 的行向量组也可由 $\boldsymbol{B}$ 的行向量组线性表出，并且由 $\boldsymbol{a}'_1,\boldsymbol{a}'_2,\cdots,\boldsymbol{a}'_k$ 线性相关也可以导出 $\boldsymbol{a}_1,\boldsymbol{a}_2,\cdots,\boldsymbol{a}_k$ 线性相关，此时命题成立. 当 $\boldsymbol{A}$ 要经若干次初等变换变为 $\boldsymbol{B}$ 时，用数学归纳法容易证明命题也成立.

注：通常习惯用初等行变换将矩阵 $\boldsymbol{A}$ 化为阶梯形矩阵 $\boldsymbol{B}$，当阶梯形矩阵 $\boldsymbol{B}$ 的秩为 r 时，矩阵 $\boldsymbol{B}$ 的非零行中第一个非零元素所在的 r 个列向量是线性无关的.

例 2　求向量组 A：$\boldsymbol{\alpha}_1=(1,-2,2,3)^{\mathrm{T}}$，$\boldsymbol{\alpha}_2=(-2,4,-1,3)^{\mathrm{T}}$，$\boldsymbol{\alpha}_3=(-1,2,0,3)^{\mathrm{T}}$，$\boldsymbol{\alpha}_4=(0,6,2,3)^{\mathrm{T}}$，$\boldsymbol{\alpha}_5=(2,-6,3,4)^{\mathrm{T}}$ 的一个极大线性无关组与秩.

解

$$(\boldsymbol{\alpha}_1,\boldsymbol{\alpha}_2,\boldsymbol{\alpha}_3,\boldsymbol{\alpha}_4,\boldsymbol{\alpha}_5)=\begin{bmatrix}1&-2&-1&0&2\\-2&4&2&6&-6\\2&-1&0&2&3\\3&3&3&3&4\end{bmatrix}\xrightarrow[r_4-3r_1]{\substack{r_2+2r_1\\r_3-2r_1}}\begin{bmatrix}1&-2&-1&0&2\\0&0&0&6&-2\\0&3&2&2&-1\\0&9&6&3&-2\end{bmatrix}$$

$$\xrightarrow[r_3\leftrightarrow r_4]{r_2\leftrightarrow r_3}\begin{bmatrix}1&-2&-1&0&2\\0&3&2&2&-1\\0&9&6&3&-2\\0&0&0&6&-2\end{bmatrix}\xrightarrow{r_3-3r_2}\begin{bmatrix}1&-2&-1&0&2\\0&3&2&2&-1\\0&0&0&-3&1\\0&0&0&6&-2\end{bmatrix}$$

$$\xrightarrow{r_4+2r_3}\begin{bmatrix}1&-2&-1&0&2\\0&3&2&2&-1\\0&0&0&-3&1\\0&0&0&0&0\end{bmatrix}\xlongequal{\triangle}(\boldsymbol{\beta}_1,\boldsymbol{\beta}_2,\boldsymbol{\beta}_3,\boldsymbol{\beta}_4,\boldsymbol{\beta}_5).$$

显然在向量组 $\boldsymbol{\beta}_1,\boldsymbol{\beta}_2,\boldsymbol{\beta}_3,\boldsymbol{\beta}_4,\boldsymbol{\beta}_5$ 中，$\boldsymbol{\beta}_1,\boldsymbol{\beta}_2,\boldsymbol{\beta}_4$ 为一个极大线性无关组，所以 $\boldsymbol{\alpha}_1,\boldsymbol{\alpha}_2,\boldsymbol{\alpha}_4$ 为向量组 A 的一个极大线性无关组，因此 $R_A=3$。

例 3　求向量组 A：$\boldsymbol{\alpha}_1=(1,4,1,0,2)^{\mathrm{T}}$，$\boldsymbol{\alpha}_2=(2,5,-1,-3,2)^{\mathrm{T}}$，$\boldsymbol{\alpha}_3=(0,2,2,-1,0)^{\mathrm{T}}$，$\boldsymbol{\alpha}_4=(-1,2,5,6,2)^{\mathrm{T}}$ 的一个极大线性无关组与秩，并把不属于极大无关组的向量用该极大线性无关组线性表出.

解　把向量组按列排成矩阵 $\boldsymbol{A}$，利用初等行变换把矩阵 $\boldsymbol{A}$ 化为行最简形矩阵 $\boldsymbol{B}$.

$$\boldsymbol{A}=(\boldsymbol{\alpha}_1,\boldsymbol{\alpha}_2,\boldsymbol{\alpha}_3,\boldsymbol{\alpha}_4)=\begin{bmatrix}1&2&0&-1\\4&5&2&2\\1&-1&2&5\\0&-3&-1&6\\2&2&0&2\end{bmatrix}\xrightarrow{r}\begin{bmatrix}1&2&0&-1\\0&-1&0&2\\0&0&1&0\\0&0&0&0\\0&0&0&0\end{bmatrix}$$

$$\xrightarrow{r}\begin{bmatrix}1&0&0&3\\0&1&0&-2\\0&0&1&0\\0&0&0&0\\0&0&0&0\end{bmatrix}\xlongequal{\triangle}(\boldsymbol{\beta}_1,\boldsymbol{\beta}_2,\boldsymbol{\beta}_3,\boldsymbol{\beta}_4)$$

显然在向量组 $\boldsymbol{\beta}_1,\boldsymbol{\beta}_2,\boldsymbol{\beta}_3,\boldsymbol{\beta}_4$ 中，$\boldsymbol{\beta}_1,\boldsymbol{\beta}_2,\boldsymbol{\beta}_3$ 为极大线性无关组，且

$$\boldsymbol{\beta}_4 = 3\boldsymbol{\beta}_1 - 2\boldsymbol{\beta}_2,$$

从而，在原向量组中 $\boldsymbol{\alpha}_1,\boldsymbol{\alpha}_2,\boldsymbol{\alpha}_3$ 为极大线性无关组，因此 $R_A = 3$，且有 $\boldsymbol{\alpha}_4 = 3\boldsymbol{\alpha}_1 - 2\boldsymbol{\alpha}_2$.

第四节　线性方程组的解的结构

线性方程组的解的理论和求解方法，是线性代数的核心内容. 本节将利用向量组的线性相关性理论，讨论线性方程组的理论，即解的性质和解的结构，并给出它的通解表示法.

一、齐次线性方程组解的性质与结构

下面我们用向量组的线性相关性理论来讨论齐次线性方程组

$$\begin{cases} a_{11}x_1 + a_{12}x_2 + \cdots + a_{1n}x_n = 0, \\ a_{21}x_1 + a_{22}x_2 + \cdots + a_{2n}x_n = 0, \\ \qquad\qquad\vdots \\ a_{m1}x_1 + a_{m2}x_2 + \cdots + a_{mn}x_n = 0. \end{cases} \tag{10.4}$$

其矩阵形式为

$$\boldsymbol{A}\boldsymbol{x} = \boldsymbol{0}. \tag{10.5}$$

记

$$\boldsymbol{\alpha}_1 = \begin{pmatrix} a_{11} \\ a_{21} \\ \vdots \\ a_{m1} \end{pmatrix}, \boldsymbol{\alpha}_2 = \begin{pmatrix} a_{12} \\ a_{22} \\ \vdots \\ a_{m2} \end{pmatrix}, \cdots, \boldsymbol{\alpha}_n = \begin{pmatrix} a_{1n} \\ a_{2n} \\ \vdots \\ a_{mn} \end{pmatrix},$$

则其向量形式为

$$x_1\boldsymbol{\alpha}_1 + x_2\boldsymbol{\alpha}_2 + \cdots + x_n\boldsymbol{\alpha}_n = \boldsymbol{0}. \tag{10.6}$$

若 $x_1 = \xi_{11}, x_2 = \xi_{21}, \cdots, x_n = \xi_{n1}$ 为方程组(10.4)的解，则

$$\boldsymbol{x} = \boldsymbol{\xi}_1 = \begin{pmatrix} \xi_{11} \\ \xi_{21} \\ \vdots \\ \xi_{n1} \end{pmatrix}$$

称为方程组(10.4)的解向量，也就是方程组(10.5)和方程组(10.6)的解.

性质 1　齐次线性方程组 $\boldsymbol{A}\boldsymbol{x} = \boldsymbol{0}$ 的任意两解之和仍是它的解.

性质 2　齐次线性方程组 $\boldsymbol{A}\boldsymbol{x} = \boldsymbol{0}$ 的任意解的实数倍仍是它的解.

定义 1　设 $\boldsymbol{\alpha}_1,\boldsymbol{\alpha}_2,\cdots,\boldsymbol{\alpha}_r$ 是齐次线性方程组 $\boldsymbol{A}\boldsymbol{x} = \boldsymbol{0}$ 的 r 个解向量，如果满足下列条件：

(i) $\boldsymbol{\alpha}_1,\boldsymbol{\alpha}_2,\cdots,\boldsymbol{\alpha}_r$ 线性无关；

(ii) 方程组 $\boldsymbol{A}\boldsymbol{x} = \boldsymbol{0}$ 的任意一个解向量 $\boldsymbol{\alpha}$ 都能由 $\boldsymbol{\alpha}_1,\boldsymbol{\alpha}_2,\cdots,\boldsymbol{\alpha}_r$ 线性表出.

则 $\boldsymbol{\alpha}_1,\boldsymbol{\alpha}_2,\cdots,\boldsymbol{\alpha}_r$ 称为齐次线性方程组 $\boldsymbol{A}\boldsymbol{x} = \boldsymbol{0}$ 的基础解系.

易见，基础解系可看成解向量组的一个极大线性无关组.

定理1 若齐次线性方程组$\mathbf{A}\mathbf{x}=\mathbf{0}$有非零解，则它一定有基础解系，且基础解系所含解向量的个数等于$n-r$，其中r是系数矩阵的秩.

证 设齐次线性方程组$\mathbf{A}\mathbf{x}=\mathbf{0}$的系数矩阵为

$$\mathbf{A}=\begin{bmatrix} a_{11} & a_{12} & \cdots & a_{1n} \\ a_{21} & a_{22} & \cdots & a_{2n} \\ \vdots & \vdots & & \vdots \\ a_{m1} & a_{m2} & \cdots & a_{mn} \end{bmatrix},$$

因齐次线性方程组$\mathbf{A}\mathbf{x}=\mathbf{0}$有非零解，所以$R(\mathbf{A})<n$.

对矩阵$\mathbf{A}$进行行初等变换，矩阵$\mathbf{A}$可化为

$$\begin{bmatrix} 1 & 0 & 0 & \cdots & 0 & c_{1,r+1} & \cdots & c_{1n} \\ 0 & 1 & 0 & \cdots & 0 & c_{2,r+1} & \cdots & c_{2n} \\ \vdots & \vdots & \vdots & & \vdots & \vdots & & \vdots \\ 0 & 0 & 0 & \cdots & 1 & c_{r,r+1} & \cdots & c_{rn} \\ 0 & 0 & 0 & \cdots & 0 & 0 & \cdots & 0 \\ \vdots & \vdots & \vdots & & \vdots & \vdots & & \vdots \\ 0 & 0 & 0 & \cdots & 0 & 0 & \cdots & 0 \end{bmatrix},$$

与之对应的方程组为

$$\begin{cases} x_1+c_{1,r+1}x_{r+1}+\cdots+c_{1n}x_n=0, \\ x_2+c_{2,r+1}x_{r+1}+\cdots+c_{2n}x_n=0, \\ \qquad\qquad\vdots \\ x_r+c_{r,r+1}x_{r+1}+\cdots+c_{rn}x_n=0. \end{cases}$$

令$x_{r+1},x_{r+2},\cdots,x_n$为自由未知量，得

$$\begin{cases} x_1=-c_{1,r+1}x_{r+1}-\cdots-c_{1n}x_n, \\ x_2=-c_{2,r+1}x_{r+1}-\cdots-c_{2n}x_n, \\ \quad\vdots \\ x_r=-c_{r,r+1}x_{r+1}-\cdots-c_{rn}x_n. \end{cases} \tag{10.7}$$

我们对自由未知量$x_{r+1},x_{r+2},\cdots,x_n$取$n-r$组值：

$$\begin{bmatrix} x_{r+1} \\ x_{r+2} \\ \vdots \\ x_n \end{bmatrix}=\begin{bmatrix} 1 \\ 0 \\ \vdots \\ 0 \end{bmatrix},\begin{bmatrix} 0 \\ 1 \\ \vdots \\ 0 \end{bmatrix},\cdots,\begin{bmatrix} 0 \\ 0 \\ \vdots \\ 1 \end{bmatrix},$$

依次可得

$$\begin{bmatrix} x_1 \\ x_2 \\ \vdots \\ x_r \end{bmatrix}=\begin{bmatrix} -c_{1,r+1} \\ -c_{2,r+1} \\ \vdots \\ -c_{r,r+1} \end{bmatrix},\begin{bmatrix} -c_{1,r+2} \\ -c_{2,r+2} \\ \vdots \\ -c_{r,r+2} \end{bmatrix},\cdots,\begin{bmatrix} -c_{1n} \\ -c_{2n} \\ \vdots \\ -c_{rn} \end{bmatrix},$$

从而可得方程组(10.7)，即方程组(10.4)的$n-r$个解

$$\boldsymbol{\xi}_1=\begin{bmatrix}-c_{1,r+1}\\-c_{2,r+1}\\\vdots\\-c_{r,r+1}\\1\\0\\\vdots\\0\end{bmatrix},\boldsymbol{\xi}_2=\begin{bmatrix}-c_{1,r+2}\\-c_{2,r+2}\\\vdots\\-c_{r,r+2}\\0\\1\\\vdots\\0\end{bmatrix},\cdots,\boldsymbol{\xi}_{n-r}=\begin{bmatrix}-c_{1n}\\-c_{2n}\\\vdots\\-c_{rn}\\0\\0\\\vdots\\1\end{bmatrix}.$$

下面我们证明 $\boldsymbol{\xi}_1,\boldsymbol{\xi}_2,\cdots,\boldsymbol{\xi}_{n-r}$ 就是方程组(10.4)的一个基础解系.

首先,这 $n-r$ 个解向量显然线性无关.

其次,设$(k_1,k_2,\cdots,k_n)$是方程组(10.7)的任意解,代入方程组(10.7)得

$$\begin{cases}k_1=-c_{1,r+1}k_{r+1}-\cdots-c_{1n}k_n,\\k_2=-c_{2,r+1}k_{r+1}-\cdots-c_{2n}k_n,\\\quad\vdots\\k_r=-c_{r,r+1}k_{r+1}-\cdots-c_{rn}k_n,\\k_{r+1}=k_{r+1},\\\quad\vdots\\k_n=k_n.\end{cases}$$

于是

$$\begin{bmatrix}k_1\\k_2\\\vdots\\k_n\end{bmatrix}=k_{r+1}\boldsymbol{\xi}_1+k_{r+2}\boldsymbol{\xi}_2+\cdots+k_n\boldsymbol{\xi}_{n-r}.$$

因此方程组(10.7)的每一个解向量,都可以由这 $n-r$ 个解向量 $\boldsymbol{\xi}_1,\boldsymbol{\xi}_2,\cdots,\boldsymbol{\xi}_{n-r}$ 线性表示,所以 $\boldsymbol{\xi}_1,\boldsymbol{\xi}_2,\cdots,\boldsymbol{\xi}_{n-r}$ 是方程组(10.7)的一个基础解系.由于方程组(10.4)与方程组(10.7)同解,所以 $\boldsymbol{\xi}_1,\boldsymbol{\xi}_2,\cdots,\boldsymbol{\xi}_{n-r}$ 也是方程组(10.4)的基础解系.

定理1实际上指出了求齐次线性方程组的基础解系的一种方法.

定义2　若 $\boldsymbol{\xi}_1,\boldsymbol{\xi}_2,\cdots,\boldsymbol{\xi}_{n-r}$ 是齐次线性方程组 $\boldsymbol{Ax}=\boldsymbol{0}$ 的一个基础解系,我们称

$$\boldsymbol{x}=k_1\boldsymbol{\xi}_1+k_2\boldsymbol{\xi}_2+\cdots+k_{n-r}\boldsymbol{\xi}_{n-r}(k_1,k_2,\cdots,k_{n-r}\in\mathbf{R})$$

为 $\boldsymbol{Ax}=\boldsymbol{0}$ 的通解.

例1　求齐次线性方程组

$$\begin{cases}x_1-x_2+x_3-x_4=0,\\x_1-x_2-x_3+x_4=0,\\x_1-x_2-2x_3+2x_4=0\end{cases}$$

的基础解系与通解.

解　对系数矩阵 $\boldsymbol{A}$ 进行初等行变换有

$$\boldsymbol{A}=\begin{bmatrix}1&-1&1&-1\\1&-1&-1&1\\1&-1&-2&2\end{bmatrix}\xrightarrow{r}\begin{bmatrix}1&-1&0&0\\0&0&-1&1\\0&0&0&0\end{bmatrix},$$

故有

$$\begin{cases}x_1-x_2=0,\\-x_3+x_4=0.\end{cases}$$

把 x_1,x_4 看作自由未知量，令 $\begin{bmatrix}x_1\\x_4\end{bmatrix}=\begin{bmatrix}1\\0\end{bmatrix},\begin{bmatrix}0\\1\end{bmatrix}$，得 $\begin{bmatrix}x_2\\x_3\end{bmatrix}=\begin{bmatrix}1\\0\end{bmatrix},\begin{bmatrix}0\\1\end{bmatrix}$.

从而得基础解系

$$\boldsymbol{\xi}_1=\begin{bmatrix}1\\1\\0\\0\end{bmatrix},\quad \boldsymbol{\xi}_2=\begin{bmatrix}0\\0\\1\\1\end{bmatrix}.$$

于是，所求通解为 $\boldsymbol{x}=k_1\boldsymbol{\xi}_1+k_2\boldsymbol{\xi}_2(k_1,k_2\in\mathbf{R})$.

例 2 λ 取何值时，方程组

$$\begin{cases}x_1+x_2+\lambda x_3=0,\\-x_1+\lambda x_2+x_3=0,\\x_1-x_2+2x_3=0\end{cases}$$

有非零解，并求其通解.

解 因为齐次线性方程组有非零解，所以系数行列式

$$|\boldsymbol{A}|=\begin{vmatrix}1&1&\lambda\\-1&\lambda&1\\1&-1&2\end{vmatrix}=(\lambda+1)(4-\lambda)=0,$$

解得 $\lambda=-1$ 或 4.

将 $\lambda=-1$ 代入原方程，得

$$\begin{cases}x_1+x_2-x_3=0,\\-x_1-x_2+x_3=0,\\x_1-x_2+2x_3=0,\end{cases}$$

方程组的系数矩阵

$$\boldsymbol{A}=\begin{bmatrix}1&1&-1\\-1&-1&1\\1&-1&2\end{bmatrix}\xrightarrow{r}\begin{bmatrix}1&0&\frac{1}{2}\\0&1&-\frac{3}{2}\\0&0&0\end{bmatrix},$$

得同解方程组

$$\begin{cases}x_1+\frac{1}{2}x_3=0,\\x_2-\frac{3}{2}x_3=0.\end{cases}$$

把 x_3 看作自由未知量，令 $x_3=2$ 得

$$x_1=-1, x_2=3,$$

从而得基础解系

$$\boldsymbol{\xi}=\begin{bmatrix}-1\\3\\2\end{bmatrix}.$$

所以,方程组的通解为 $\boldsymbol{x}=k\boldsymbol{\xi}\ (k\in\mathbf{R})$.

同理,当 $\lambda=4$ 时,可求得方程组的通解为

$$\boldsymbol{x}=k\begin{bmatrix}-3\\-1\\1\end{bmatrix}\quad(k\in\mathbf{R}).$$

二、齐次线性方程组解的性质与结构

非齐次线性方程组

$$\begin{cases}a_{11}x_1+a_{12}x_2+\cdots+a_{1n}x_n=b_1,\\a_{21}x_1+a_{22}x_2+\cdots+a_{2n}x_n=b_2,\\\qquad\qquad\vdots\\a_{m1}x_1+a_{m2}x_2+\cdots+a_{mn}x_n=b_m\end{cases}\tag{10.8}$$

可写成向量方程

$$\boldsymbol{Ax}=\boldsymbol{b}.\tag{10.9}$$

如果把它的常数项都换成0,就得到相应的齐次线性方程组 $\boldsymbol{Ax}=\mathbf{0}$,称它为非齐次线性方程组(10.9)的导出方程组,简称导出组.非齐次线性方程组(10.9)的解与它的导出组的解之间有如下关系.

性质 3　若非齐次线性方程组 $\boldsymbol{Ax}=\boldsymbol{b}$ 有解,则任意两解之差是它的导出组 $\boldsymbol{Ax}=\mathbf{0}$ 的解.

性质 4　若非齐次线性方程组 $\boldsymbol{Ax}=\boldsymbol{b}$ 有解,则 $\boldsymbol{Ax}=\boldsymbol{b}$ 的任一解与它的导出组 $\boldsymbol{Ax}=\mathbf{0}$ 的任一解之和是 $\boldsymbol{Ax}=\boldsymbol{b}$ 的解.

根据性质4,若导出组 $\boldsymbol{Ax}=\mathbf{0}$ 的通解为

$$\boldsymbol{x}=k_1\boldsymbol{\xi}_1+k_2\boldsymbol{\xi}_2+\cdots+k_{n-r}\boldsymbol{\xi}_{n-r}\ (k_1,k_2,\cdots,k_{n-r}\in\mathbf{R}),$$

则方程组 $\boldsymbol{Ax}=\boldsymbol{b}$ 的任一解都可表示为

$$\boldsymbol{x}=k_1\boldsymbol{\xi}_1+k_2\boldsymbol{\xi}_2+\cdots+k_{n-r}\boldsymbol{\xi}_{n-r}+\boldsymbol{\eta}^*$$

$(k_1,k_2,\cdots,k_{n-r}\in\mathbf{R},\boldsymbol{\eta}^*$ 是方程组 $\boldsymbol{Ax}=\boldsymbol{b}$ 的一个特解),

我们称它为方程组 $\boldsymbol{Ax}=\boldsymbol{b}$ 的通解.

由此,对于非齐次线性方程组 $\boldsymbol{Ax}=\boldsymbol{b}$ 有解时,我们只需先求得它的一个特解 $\boldsymbol{\eta}^*$,然后再求它的导出组 $\boldsymbol{Ax}=\mathbf{0}$ 的通解,由此便可得 $\boldsymbol{Ax}=\boldsymbol{b}$ 的通解.一般求 $\boldsymbol{Ax}=\boldsymbol{b}$ 的一个特解与求它的导出组的通解可同时进行.

例 3　求方程组

$$\begin{cases}x_1+3x_2-x_3+2x_4+4x_5=3,\\2x_1-x_2+8x_3+7x_4+2x_5=9,\\4x_1+5x_2+6x_3+11x_4+10x_5=15\end{cases}$$

的通解.

解　对增广矩阵进行初等行变换

$$(\boldsymbol{A}\mid\boldsymbol{b})=\begin{bmatrix}1&3&-1&2&4&3\\2&-1&8&7&2&9\\4&5&6&11&10&15\end{bmatrix}\xrightarrow{r}\begin{bmatrix}1&0&\frac{23}{7}&\frac{23}{7}&\frac{10}{7}&\frac{30}{7}\\0&1&-\frac{10}{7}&-\frac{3}{7}&\frac{6}{7}&-\frac{3}{7}\\0&0&0&0&0&0\end{bmatrix}.$$

$R(\boldsymbol{A})=R(\boldsymbol{A}\mid\boldsymbol{b})=2<5$,所以方程组有无穷多个解.

由前述知,它的导出组的基础解系为

$$\boldsymbol{\xi}_1=\begin{bmatrix}-\frac{23}{7}\\\frac{10}{7}\\1\\0\\0\end{bmatrix},\boldsymbol{\xi}_2=\begin{bmatrix}-\frac{23}{7}\\\frac{3}{7}\\0\\1\\0\end{bmatrix},\boldsymbol{\xi}_3=\begin{bmatrix}-\frac{10}{7}\\-\frac{6}{7}\\0\\0\\1\end{bmatrix}.$$

令 $x_3=x_4=x_5=0$,得原方程组的一个特解为

$$\boldsymbol{\eta}^*=\left(\frac{30}{7},-\frac{3}{7},0,0,0\right)^{\mathrm{T}},$$

于是原方程组通解为

$$\boldsymbol{x}=k_1\boldsymbol{\xi}_1+k_2\boldsymbol{\xi}_2+k_3\boldsymbol{\xi}_3+\boldsymbol{\eta}^*\ (k_1,k_2,k_3\in\mathbf{R}).$$

注:在求方程组的特解与它的导出组的基础解系时,一定要小心常数列的处理.最好把特解与基础解系中的解分别代入两个方程组进行验证.

*第五节　向量空间

定义1　设 V 为 n 维向量组成的集合.如果 V 非空,且对于向量加法及数乘运算封闭,即对任意的 $\boldsymbol{\alpha},\boldsymbol{\beta}\in V$ 和常数 k 都有

$$\boldsymbol{\alpha}+\boldsymbol{\beta}\in V,k\boldsymbol{\alpha}\in V,$$

就称集合 V 为一个向量空间.

例1　n 维向量的全体 $\mathbf{R}^n$ 构成一个向量空间.特别地,三维向量可以用有向线段来表示,所以 $\mathbf{R}^3$ 也可以看作以坐标原点为起点的有向线段的全体.

例2　n 维零向量所形成的集合 $\{0\}$ 构成一个向量空间.

例3　集合 $V=\{(0,x_2,x_3,\cdots,x_n)\mid x_2,x_3,\cdots,x_n\in\mathbf{R}\}$ 构成一个向量空间.

例4　集合 $V=\{(x_1,x_2,\cdots,x_n)\mid x_1+x_2+\cdots+x_n=1\}$ 不构成向量空间.

例5　设 $\boldsymbol{\alpha}_1,\boldsymbol{\alpha}_2,\cdots,\boldsymbol{\alpha}_m$ 为一个 n 维向量组,它们的线性组合

$$V=\{k_1\boldsymbol{\alpha}_1+k_2\boldsymbol{\alpha}_2+\cdots+k_m\boldsymbol{\alpha}_m\mid k_1,k_2,\cdots,k_m\in\mathbf{R}\}$$

构成一个向量空间.这个向量空间称为由 $\boldsymbol{\alpha}_1,\boldsymbol{\alpha}_2,\cdots,\boldsymbol{\alpha}_m$ 所生成的向量空间,记为

$$L(\boldsymbol{\alpha}_1,\boldsymbol{\alpha}_2,\cdots,\boldsymbol{\alpha}_m)=\{k_1\boldsymbol{\alpha}_1+k_2\boldsymbol{\alpha}_2+\cdots+k_m\boldsymbol{\alpha}_m\mid k_1,k_2,\cdots,k_m\in\mathbf{R}\}.$$

例6　证明:由等价的向量组生成的向量空间必相等.

证　设 $\boldsymbol{\alpha}_1,\boldsymbol{\alpha}_2,\cdots,\boldsymbol{\alpha}_m$ 和 $\boldsymbol{\beta}_1,\boldsymbol{\beta}_2,\cdots,\boldsymbol{\beta}_s$ 是两个等价的向量组.任意的 $\boldsymbol{\alpha}\in L(\boldsymbol{\alpha}_1,\boldsymbol{\alpha}_2,\cdots,\boldsymbol{\alpha}_m)$

都可经 $\boldsymbol{\alpha}_1,\boldsymbol{\alpha}_2,\cdots,\boldsymbol{\alpha}_m$ 线性表出. 由向量组 $\boldsymbol{\alpha}_1,\boldsymbol{\alpha}_2,\cdots,\boldsymbol{\alpha}_m$ 又可经 $\boldsymbol{\beta}_1,\boldsymbol{\beta}_2,\cdots,\boldsymbol{\beta}_s$ 线性表出可以知道，$\boldsymbol{\alpha}$ 也能经 $\boldsymbol{\beta}_1,\boldsymbol{\beta}_2,\cdots,\boldsymbol{\beta}_s$ 线性表出，即有 $\boldsymbol{\alpha}\in L(\boldsymbol{\beta}_1,\boldsymbol{\beta}_2,\cdots,\boldsymbol{\beta}_s)$. 由 $\boldsymbol{\alpha}$ 的任意性得

$$L(\boldsymbol{\alpha}_1,\boldsymbol{\alpha}_2,\cdots,\boldsymbol{\alpha}_m)\subseteq L(\boldsymbol{\beta}_1,\boldsymbol{\beta}_2,\cdots,\boldsymbol{\beta}_s).$$

同理可证

$$L(\boldsymbol{\beta}_1,\boldsymbol{\beta}_2,\cdots,\boldsymbol{\beta}_s)\subseteq L(\boldsymbol{\alpha}_1,\boldsymbol{\alpha}_2,\cdots,\boldsymbol{\alpha}_m),$$

于是

$$L(\boldsymbol{\alpha}_1,\boldsymbol{\alpha}_2,\cdots,\boldsymbol{\alpha}_m)=L(\boldsymbol{\beta}_1,\boldsymbol{\beta}_2,\cdots,\boldsymbol{\beta}_s).$$

定义 2　如果 V_1 和 V_2 都是向量空间且 $V_1\subseteq V_2$，就称 V_1 是 V_2 的子空间.

任何由 n 维向量所组成的向量空间都是 $\mathbf{R}^n$ 的子空间. $\mathbf{R}^n$ 和 $\{0\}$ 称为 $\mathbf{R}^n$ 的平凡子空间，其他子空间称为 $\mathbf{R}^n$ 的非平凡子空间.

定义 3　设 V 为一个向量空间. 如果 V 中的向量组 $\boldsymbol{\alpha}_1,\boldsymbol{\alpha}_2,\cdots,\boldsymbol{\alpha}_r$ 满足

(1) $\boldsymbol{\alpha}_1,\boldsymbol{\alpha}_2,\cdots,\boldsymbol{\alpha}_r$ 线性无关；

(2) V 中任意向量都可经 $\boldsymbol{\alpha}_1,\boldsymbol{\alpha}_2,\cdots,\boldsymbol{\alpha}_r$ 线性表出，那么，向量组 $\boldsymbol{\alpha}_1,\boldsymbol{\alpha}_2,\cdots,\boldsymbol{\alpha}_r$ 就称为 V 的一个基，r 称为 V 的维数，并称 V 为一个 r 维向量空间.

如果向量空间 V 没有基，就说 V 的维数为 0，0 维向量空间只含一个零向量.

如果把向量空间 V 看作向量组，那么 V 的基就是它的极大线性无关组，V 的维数就是它的秩. 当 V 由 n 维向量组成时，它的维数不会超过 n.

习　题　十

1. 设 $\boldsymbol{\alpha}_1=(1,1,0)$，$\boldsymbol{\alpha}_2=(0,1,1)$，$\boldsymbol{\alpha}_3=(3,4,0)$. 求 $\boldsymbol{\alpha}_1-\boldsymbol{\alpha}_2$，$3\boldsymbol{\alpha}_1+2\boldsymbol{\alpha}_2$ 及 $\boldsymbol{\alpha}_2-\boldsymbol{\alpha}_3$.

2. 判断下列命题是否正确.

(1) 若向量组 $\boldsymbol{\alpha}_1,\boldsymbol{\alpha}_2,\cdots,\boldsymbol{\alpha}_m$ 线性相关，那么其中每个向量可经其他向量线性表示.

(2) 若当且仅当 $\lambda_1=\lambda_2=\cdots=\lambda_m=0$ 时才有

$$\lambda_1\boldsymbol{\alpha}_1+\lambda_2\boldsymbol{\alpha}_2+\cdots+\lambda_m\boldsymbol{\alpha}_m+\lambda_1\boldsymbol{\beta}_1+\lambda_2\boldsymbol{\beta}_2+\cdots+\lambda_m\boldsymbol{\beta}_m=\mathbf{0},$$

那么 $\boldsymbol{\alpha}_1,\boldsymbol{\alpha}_2,\cdots,\boldsymbol{\alpha}_m$ 线性无关且 $\boldsymbol{\beta}_1,\boldsymbol{\beta}_2,\cdots,\boldsymbol{\beta}_m$ 也线性无关.

(3) 若 $\boldsymbol{\alpha}_1,\boldsymbol{\alpha}_2,\cdots,\boldsymbol{\alpha}_m$ 线性相关，$\boldsymbol{\beta}_1,\boldsymbol{\beta}_2,\cdots,\boldsymbol{\beta}_m$ 也线性相关，则有不全为 0 的数 $\lambda_1,\lambda_2,\cdots,\lambda_m$，使 $\lambda_1\boldsymbol{\alpha}_1+\lambda_2\boldsymbol{\alpha}_2+\cdots+\lambda_m\boldsymbol{\alpha}_m=\lambda_1\boldsymbol{\beta}_1+\lambda_2\boldsymbol{\beta}_2+\cdots+\lambda_m\boldsymbol{\beta}_m=\mathbf{0}$.

3. 判别下列向量组的线性相关性.

(1) $\boldsymbol{\alpha}_1=(2,5)$，$\boldsymbol{\alpha}_2=(-1,3)$；　　(2) $\boldsymbol{\alpha}_1=(1,2)$，$\boldsymbol{\alpha}_2=(2,3)$，$\boldsymbol{\alpha}_3=(4,3)$；

(3) $\boldsymbol{\alpha}_1=(1,1,3,1)$，$\boldsymbol{\alpha}_2=(4,1,-3,2)$，$\boldsymbol{\alpha}_3=(1,0,-1,2)$.

4. 如果 $\boldsymbol{\beta}_1=\boldsymbol{\alpha}_1+\boldsymbol{\alpha}_2$，$\boldsymbol{\beta}_2=\boldsymbol{\alpha}_2+\boldsymbol{\alpha}_3$，$\boldsymbol{\beta}_3=\boldsymbol{\alpha}_3+\boldsymbol{\alpha}_4$，$\boldsymbol{\beta}_4=\boldsymbol{\alpha}_4+\boldsymbol{\alpha}_1$，求证：向量组 $\boldsymbol{\beta}_1,\boldsymbol{\beta}_2,\boldsymbol{\beta}_3,\boldsymbol{\beta}_4$ 线性相关.

5. 设向量组 $\boldsymbol{\alpha}_1,\boldsymbol{\alpha}_2,\cdots,\boldsymbol{\alpha}_r$ 线性无关，求证：向量组 $\boldsymbol{\beta}_1,\boldsymbol{\beta}_2,\cdots,\boldsymbol{\beta}_r$ 也线性无关，这里 $\boldsymbol{\beta}_i=\boldsymbol{\alpha}_1+\boldsymbol{\alpha}_2+\cdots+\boldsymbol{\alpha}_i$.

6. 设 $\boldsymbol{\alpha}_1,\boldsymbol{\alpha}_2,\cdots,\boldsymbol{\alpha}_n$ 为一组 n 维向量，求证：$\boldsymbol{\alpha}_1,\boldsymbol{\alpha}_2,\cdots,\boldsymbol{\alpha}_n$ 线性无关的充要条件是任一 n 维向量都可由它们线性表出.

7. 设 $\boldsymbol{\alpha}_1,\boldsymbol{\alpha}_2,\cdots,\boldsymbol{\alpha}_s$ 的秩为 r 且其中每个向量都可经 $\boldsymbol{\alpha}_1,\boldsymbol{\alpha}_2,\cdots,\boldsymbol{\alpha}_r$ 线性表出. 求证：$\boldsymbol{\alpha}_1,\boldsymbol{\alpha}_2,\cdots,\boldsymbol{\alpha}_r$ 为 $\boldsymbol{\alpha}_1,\boldsymbol{\alpha}_2,\cdots,\boldsymbol{\alpha}_s$ 的一个极大线性无关组.

8. 设向量组 $\boldsymbol{\alpha}_1,\boldsymbol{\alpha}_2,\cdots,\boldsymbol{\alpha}_m$ 与 $\boldsymbol{\beta}_1,\boldsymbol{\beta}_2,\cdots,\boldsymbol{\beta}_s$ 秩相同且 $\boldsymbol{\alpha}_1,\boldsymbol{\alpha}_2,\cdots,\boldsymbol{\alpha}_m$ 能经 $\boldsymbol{\beta}_1,\boldsymbol{\beta}_2,\cdots,\boldsymbol{\beta}_s$ 线性表出. 求证: $\boldsymbol{\alpha}_1,\boldsymbol{\alpha}_2,\cdots,\boldsymbol{\alpha}_m$ 与 $\boldsymbol{\beta}_1,\boldsymbol{\beta}_2,\cdots,\boldsymbol{\beta}_s$ 等价.

9. 求向量组 $\boldsymbol{\alpha}_1=(1,1,1,k)$, $\boldsymbol{\alpha}_2=(1,1,k,1)$, $\boldsymbol{\alpha}_3=(1,2,1,1)$ 的秩和一个极大无关组.

10. 确定向量 $\boldsymbol{\beta}_3=(2,a,b)$, 使向量组 $\boldsymbol{\beta}_1=(1,1,0)$, $\boldsymbol{\beta}_2=(1,1,1)$, $\boldsymbol{\beta}_3$ 与向量组 $\boldsymbol{\alpha}_1=(0,1,1)$, $\boldsymbol{\alpha}_2=(1,2,1)$, $\boldsymbol{\alpha}_3=(1,0,-1)$ 的秩相同, 且 $\boldsymbol{\beta}_3$ 可由 $\boldsymbol{\alpha}_1,\boldsymbol{\alpha}_2,\boldsymbol{\alpha}_3$ 线性表出.

11. 求下列向量组的秩与一个极大线性无关组.

(1) $\boldsymbol{\alpha}_1^{\mathrm{T}}=(1,2,1,3)$, $\boldsymbol{\alpha}_2^{\mathrm{T}}=(4,-1,-5,-6)$, $\boldsymbol{\alpha}_3^{\mathrm{T}}=(1,-3,-4,-7)$;

(2) $\boldsymbol{\alpha}_1^{\mathrm{T}}=(1,2,-1,4)$, $\boldsymbol{\alpha}_2^{\mathrm{T}}=(9,100,10,4)$, $\boldsymbol{\alpha}_3^{\mathrm{T}}=(-2,-4,2,-8)$.

12. 求下列齐次线性方程组的基础解系.

(1) $\begin{cases}x_1+3x_2+2x_3=0,\\x_1+5x_2+x_3=0,\\3x_1+5x_2+8x_3=0;\end{cases}$

(2) $\begin{cases}x_1-x_2+5x_3-x_4=0,\\x_1+x_2-2x_3+3x_4=0,\\3x_1-x_2+8x_3+x_4=0,\\x_1+3x_2-9x_3+7x_4=0;\end{cases}$

(3) $\begin{cases}x_1+x_2+2x_3+2x_4+7x_5=0,\\2x_1+3x_2+4x_3+5x_4=0,\\3x_1+5x_2+6x_3+8x_4=0.\end{cases}$

13. 解下列非齐次线性方程组.

(1) $\begin{cases}x_1+x_2+2x_3=1,\\2x_1-x_2+2x_3=4,\\x_1-2x_2=3,\\4x_1+x_2+4x_3=2;\end{cases}$

(2) $\begin{cases}2x_1+x_2-x_3+x_4=1,\\4x_1+2x_2-2x_3+x_4=2,\\2x_1+x_2-x_3-x_4=1;\end{cases}$

(3) $\begin{cases}x_1-2x_2+x_3+x_4=1,\\x_1-2x_2+x_3-x_4=-1,\\x_1-2x_2+x_3+x_4=5.\end{cases}$

*14. 集合 $V_1=\{(\boldsymbol{x}_1,\boldsymbol{x}_2,\cdots,\boldsymbol{x}_n)\mid \boldsymbol{x}_1,\boldsymbol{x}_2,\cdots,\boldsymbol{x}_n\in\mathbf{R}$ 且 $\boldsymbol{x}_1+\boldsymbol{x}_2+\cdots+\boldsymbol{x}_n=\mathbf{0}\}$ 是否构成向量空间?为什么?

*15. 试证:由 $\boldsymbol{\alpha}_1=(1,1,0)$, $\boldsymbol{\alpha}_2=(1,0,1)$, $\boldsymbol{\alpha}_3=(0,1,1)$ 生成的向量空间恰为 $\mathbf{R}^3$.

*16. 求由向量 $\boldsymbol{\alpha}_1=(1,2,1,0)$, $\boldsymbol{\alpha}_2=(1,1,1,2)$, $\boldsymbol{\alpha}_3=(3,4,3,4)$, $\boldsymbol{\alpha}_4=(1,1,2,1)$, $\boldsymbol{\alpha}_5=(4,5,6,4)$ 所生成的向量空间的一组基及其维数.

*17. 设 $\boldsymbol{\alpha}_1=(1,1,0,0)$, $\boldsymbol{\alpha}_2=(1,0,1,1)$, $\boldsymbol{\beta}_1=(2,-1,3,3)$, $\boldsymbol{\beta}_2=(0,1,-1,-1)$, 证明: $L(\boldsymbol{\alpha}_1,\boldsymbol{\alpha}_2)=L(\boldsymbol{\beta}_1,\boldsymbol{\beta}_2)$.

第十一章　方阵的特征值与对角化

矩阵的特征值与特征向量是矩阵论中的一个重要部分，在理论研究中有重要作用，并且有着广泛的实际应用背景. 例如数学以及物理中涉及的微分方程问题和方阵的对角化问题，动力学系统和结构系统中的振动问题和稳定性问题等，常常可归结为求一个矩阵的特征值和特征向量的问题. 方阵的对角化是线性代数的一个重要内容，它与矩阵相似有着密切的联系，在实际中也有着广泛的应用. 本章介绍矩阵的特征值与特征向量的概念、性质以及相似矩阵，并研究实对称矩阵的对角化问题.

第一节　方阵的特征值与特征向量

一、特征值与特征向量的基本概念

定义 1　设 $\boldsymbol{A}$ 是 n 阶矩阵，如果数 λ 和 n 维非零列向量 $\boldsymbol{x}$，使得

$$\boldsymbol{Ax}=\lambda\boldsymbol{x} \tag{11.1}$$

成立，那么，这样的数 λ 称为方阵 $\boldsymbol{A}$ 的特征值，非零向量 $\boldsymbol{x}$ 称为方阵 $\boldsymbol{A}$ 的对应于特征值 λ 的特征向量.

注意：特征向量 $\boldsymbol{x}\neq\boldsymbol{0}$；特征值问题是针对方阵而言的.

根据定义 1，n 阶矩阵 $\boldsymbol{A}$ 的特征值就是使式(11.1) 即齐次线性方程组

$$(\boldsymbol{A}-\lambda\boldsymbol{E})\boldsymbol{x}=\boldsymbol{0} \tag{11.2}$$

有非零解的 λ 值，而式(11.2) 有非零解的充要条件是系数行列式为零，即

$$|\boldsymbol{A}-\lambda\boldsymbol{E}|=0, \tag{11.3}$$

从而满足方程(11.3) 的 λ 都是矩阵 $\boldsymbol{A}$ 的特征值. 因此，矩阵 $\boldsymbol{A}$ 的特征值是方程(11.3) 的根，矩阵 $\boldsymbol{A}$ 的对应于特征值 λ 的特征向量是齐次线性方程组(11.2) 的非零解.

定义 2　设 $\boldsymbol{A}=(a_{ij})_{n\times n}$，称

$$f(\lambda)=|\boldsymbol{A}-\lambda\boldsymbol{E}|=\begin{vmatrix} a_{11}-\lambda & a_{12} & \cdots & a_{1n} \\ a_{21} & a_{22}-\lambda & \cdots & a_{2n} \\ \vdots & \vdots & & \vdots \\ a_{n1} & a_{n2} & \cdots & a_{nn}-\lambda \end{vmatrix}$$

为方阵 $\boldsymbol{A}$ 的特征多项式，式(11.3) 称为 $\boldsymbol{A}$ 的特征方程.

由 n 阶行列式的定义知，方阵 $\boldsymbol{A}$ 的特征多项式是 λ 的 n 次多项式，矩阵 $\boldsymbol{A}$ 的特征值就是特征方程的根. 根据代数基本定理知，n 次多项式在复数范围内恒有解，其解的个数为方程的次数(重根按重数计算). 因此，n 阶方阵在复数范围内有 n 个特征值.

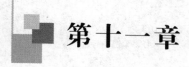

例 1 求矩阵 $\boldsymbol{A}=\begin{pmatrix}3 & -1\\ -1 & 3\end{pmatrix}$的特征值和特征向量.

解 矩阵 $\boldsymbol{A}$ 的特征方程为

$$|\boldsymbol{A}-\lambda\boldsymbol{E}|=\begin{vmatrix}3-\lambda & -1\\ -1 & 3-\lambda\end{vmatrix}=(2-\lambda)(4-\lambda)=0,$$

所以矩阵 $\boldsymbol{A}$ 的特征值为 $\lambda_1=2,\lambda_2=4$.

当 $\lambda_1=2$ 时,对应的特征向量应满足

$$\begin{pmatrix}3-2 & -1\\ -1 & 3-2\end{pmatrix}\begin{pmatrix}x_1\\ x_2\end{pmatrix}=\begin{pmatrix}0\\ 0\end{pmatrix},$$

即

$$\begin{cases}x_1-x_2=0,\\ -x_1+x_2=0.\end{cases}$$

解得 $x_1=x_2$,所以对应的特征向量可取为

$$\boldsymbol{p}_1=\begin{pmatrix}1\\ 1\end{pmatrix}.$$

当 $\lambda_2=4$ 时,由

$$\begin{pmatrix}3-4 & -1\\ -1 & 3-4\end{pmatrix}\begin{pmatrix}x_1\\ x_2\end{pmatrix}=\begin{pmatrix}0\\ 0\end{pmatrix},\text{即}\begin{pmatrix}-1 & -1\\ -1 & -1\end{pmatrix}\begin{pmatrix}x_1\\ x_2\end{pmatrix}=\begin{pmatrix}0\\ 0\end{pmatrix}.$$

解得 $x_1=-x_2$,所以对应的特征向量可取为

$$\boldsymbol{p}_2=\begin{pmatrix}-1\\ 1\end{pmatrix}.$$

注:若 $\boldsymbol{p}_i$ 是矩阵 $\boldsymbol{A}$ 的对应于特征值 λ_i 的特征向量,则 $k\boldsymbol{p}_i(k\neq 0)$ 也是对应于 λ_i 的特征向量.

例 2 求矩阵 $\boldsymbol{A}=\begin{pmatrix}1 & 0 & 0\\ 1 & 2 & 2\\ 1 & 1 & 3\end{pmatrix}$的特征值和特征向量.

解 矩阵 $\boldsymbol{A}$ 的特征方程为

$$|\boldsymbol{A}-\lambda\boldsymbol{E}|=\begin{vmatrix}1-\lambda & 0 & 0\\ 1 & 2-\lambda & 2\\ 1 & 1 & 3-\lambda\end{vmatrix}=(4-\lambda)(1-\lambda)^2=0,$$

所以矩阵 $\boldsymbol{A}$ 的特征值为 $\lambda_1=4,\lambda_2=\lambda_3=1$.

当 $\lambda_1=4$ 时,解方程$(\boldsymbol{A}-4\boldsymbol{E})\boldsymbol{x}=\boldsymbol{0}$. 由

$$\boldsymbol{A}-4\boldsymbol{E}=\begin{pmatrix}-3 & 0 & 0\\ 1 & -2 & 2\\ 1 & 1 & -1\end{pmatrix}\xrightarrow{r}\begin{pmatrix}1 & 0 & 0\\ 0 & 1 & -1\\ 0 & 0 & 0\end{pmatrix},$$

得基础解系 $\boldsymbol{p}_1=\begin{pmatrix}0\\ 1\\ 1\end{pmatrix}$,所以 $k_1\boldsymbol{p}_1(k_1\neq 0)$ 是对应于 $\lambda_1=4$ 的全部特征向量.

当 $\lambda_2=\lambda_3=1$ 时, 解方程$(\boldsymbol{A}-\boldsymbol{E})\boldsymbol{x}=\boldsymbol{0}$. 由

$$\boldsymbol{A}-\boldsymbol{E}=\begin{pmatrix}0 & 0 & 0\\ 1 & 1 & 2\\ 1 & 1 & 2\end{pmatrix}\xrightarrow{r}\begin{pmatrix}1 & 1 & 2\\ 0 & 0 & 0\\ 0 & 0 & 0\end{pmatrix},$$

得基础解系 $\boldsymbol{p}_2=\begin{pmatrix}-1\\1\\0\end{pmatrix}$，$\boldsymbol{p}_3=\begin{pmatrix}-2\\0\\1\end{pmatrix}$，所以 $k_2\boldsymbol{p}_2+k_3\boldsymbol{p}_3(k_2k_3\neq 0)$ 是对应于 $\lambda_2=\lambda_3=1$ 的全部特征向量.

例 3　求矩阵 $\boldsymbol{A}=\begin{pmatrix}2&3&2\\1&4&2\\1&-3&1\end{pmatrix}$ 的特征值和特征向量.

解　矩阵 $\boldsymbol{A}$ 的特征方程为

$$|\boldsymbol{A}-\lambda\boldsymbol{E}|=\begin{vmatrix}2-\lambda&3&2\\1&4-\lambda&2\\1&-3&1-\lambda\end{vmatrix}=(1-\lambda)(3-\lambda)^2=0,$$

所以矩阵 $\boldsymbol{A}$ 的特征值为 $\lambda_1=1$，$\lambda_2=\lambda_3=3$.

当 $\lambda_1=1$ 时，解方程 $(\boldsymbol{A}-\boldsymbol{E})\boldsymbol{x}=\boldsymbol{0}$. 由

$$\boldsymbol{A}-\boldsymbol{E}=\begin{pmatrix}1&3&2\\1&3&2\\1&-3&0\end{pmatrix}\xrightarrow{r}\begin{pmatrix}1&0&1\\0&1&\frac{1}{3}\\0&0&0\end{pmatrix},$$

得基础解系 $\boldsymbol{p}_1=\begin{pmatrix}-1\\-\frac{1}{3}\\1\end{pmatrix}$，所以 $k_1\boldsymbol{p}_1(k_1\neq 0)$ 是对应于 $\lambda_1=1$ 的全部特征向量.

当 $\lambda_2=\lambda_3=3$ 时，解方程 $(\boldsymbol{A}-3\boldsymbol{E})\boldsymbol{x}=\boldsymbol{0}$. 由

$$\boldsymbol{A}-3\boldsymbol{E}=\begin{pmatrix}-1&3&2\\1&1&2\\1&-3&-2\end{pmatrix}\xrightarrow{r}\begin{pmatrix}1&0&1\\0&1&1\\0&0&0\end{pmatrix},$$

得基础解系 $\boldsymbol{p}_2=\begin{pmatrix}-1\\-1\\1\end{pmatrix}$，所以 $k_2\boldsymbol{p}_2(k_2\neq 0)$ 是对应于 $\lambda_2=\lambda_3=3$ 的全部特征向量.

注：在例 2 中，对应 2 重特征值 $\lambda_2=\lambda_3=1$，有两个线性无关的特征向量；而在例 3 中，对应 2 重特征值 $\lambda_2=\lambda_3=3$ 只有一个线性无关的特征向量.

若 λ 为矩阵 $\boldsymbol{A}$ 的一个特征值，则 λ 一定是特征方程 $|\boldsymbol{A}-\lambda\boldsymbol{E}|=0$ 的根，因此又称特征根. 求矩阵 $\boldsymbol{A}$ 的全部特征值和特征向量的步骤如下.

第一步：计算矩阵 $\boldsymbol{A}$ 的特征多项式 $|\boldsymbol{A}-\lambda\boldsymbol{E}|$.

第二步：求出特征方程 $|\boldsymbol{A}-\lambda\boldsymbol{E}|=0$ 的全部根，即为矩阵 $\boldsymbol{A}$ 的全部特征值.

第三步：对于矩阵 $\boldsymbol{A}$ 的每一个特征值 λ，求出齐次线性方程组：

$$(\boldsymbol{A}-\lambda\boldsymbol{E})\boldsymbol{x}=\boldsymbol{0}$$

的一个基础解系 $\boldsymbol{p}_1,\boldsymbol{p}_2,\cdots,\boldsymbol{p}_s$，则矩阵 $\boldsymbol{A}$ 的对应于特征值 λ 的全部特征向量是 $k_1\boldsymbol{p}_1+k_2\boldsymbol{p}_2+\cdots+k_s\boldsymbol{p}_s$（其中 $k_1,k_2,\cdots,k_s$ 不全为零）.

二、方阵的特征值与特征向量的基本性质

性质 1　若 λ 是方阵 $\boldsymbol{A}$ 的特征值,则

(i) $k\lambda(k \neq 0)$ 是 $k\boldsymbol{A}$ 的特征值.

(ii) $\lambda^m(m \in \mathbf{N})$ 是 $\boldsymbol{A}^m$ 的特征值.

(iii) 当 $\boldsymbol{A}$ 可逆时,λ^{-1} 是 $\boldsymbol{A}^{-1}$ 的特征值.

证　(1) 因 λ 是方阵 $\boldsymbol{A}$ 的特征值,故存在非零向量 $\boldsymbol{x}$,使得 $\boldsymbol{Ax} = \lambda\boldsymbol{x}$. 于是

$$k\boldsymbol{Ax} = k\lambda\boldsymbol{x}, \text{即}(k\boldsymbol{A})\boldsymbol{x} = (k\lambda)\boldsymbol{x},$$

所以 $k\lambda$ 是 $k\boldsymbol{A}$ 的特征值.

(2) 由 $\boldsymbol{Ax} = \lambda\boldsymbol{x}(\boldsymbol{x} \neq \boldsymbol{0})$,可得 $\boldsymbol{AAx} = \boldsymbol{A}\lambda\boldsymbol{x}$,即

$$\boldsymbol{A}^2\boldsymbol{x} = \lambda^2\boldsymbol{x},$$

再继续施行上述步骤,可得

$$\boldsymbol{A}^m\boldsymbol{x} = \lambda^m\boldsymbol{x}(m \text{ 为正整数}),$$

故 λ^m 是 $\boldsymbol{A}^m$ 的特征值.

(3) 当 $\boldsymbol{A}$ 可逆时,由 $\boldsymbol{Ax} = \lambda\boldsymbol{x}$ 得 $\boldsymbol{x} = \lambda\boldsymbol{A}^{-1}\boldsymbol{x}$,显然 $\lambda \neq 0$(否则的话 $\boldsymbol{x} = \boldsymbol{0}$),故

$$\boldsymbol{A}^{-1}\boldsymbol{x} = \lambda^{-1}\boldsymbol{x},$$

所以 λ^{-1} 是 $\boldsymbol{A}^{-1}$ 的特征值.

性质 2　设 $\boldsymbol{A} = (a_{ij})_{n\times n}$ 的 n 个特征值为 $\lambda_1,\lambda_2,\cdots,\lambda_n$, 则

(1) $a_{11} + a_{22} + \cdots + a_{nn} = \lambda_1 + \lambda_2 + \cdots + \lambda_n$;

(2) $\det\boldsymbol{A} = \lambda_1\lambda_2\cdots\lambda_n$.

注:我们将 $a_{11} + a_{22} + \cdots + a_{nn}$ 称为矩阵 $\boldsymbol{A}$ 的迹,记作 $\mathrm{tr}\boldsymbol{A}$.

性质 3　方阵 $\boldsymbol{A}$ 与其转置矩阵 $\boldsymbol{A}^{\mathrm{T}}$ 的特征值相同.

由前面的例题可知,对于方阵 $\boldsymbol{A}$ 的每一个特征值,我们都可以求出其全部的特征向量. 但对于属于不同特征值的特征向量,它们之间到底存在什么关系呢?这一问题的讨论在对角化理论中有着很重要的作用. 对此我们给出以下结论:

定理 1　设 $\boldsymbol{A}_{n\times n}$ 的互异特征值为 $\lambda_1,\lambda_2,\cdots,\lambda_m$, 对应的特征向量依次为 $\boldsymbol{p}_1,\boldsymbol{p}_2,\cdots,\boldsymbol{p}_m$, 则向量组 $\boldsymbol{p}_1,\boldsymbol{p}_2,\cdots,\boldsymbol{p}_m$ 线性无关.

证　对特征值的个数 m,用数学归纳法证明.

当 $m = 1$ 时, 由于特征向量 $\boldsymbol{p}_1 \neq \boldsymbol{0}$,而只含一个非零向量的向量组线性无关,故向量组 $\boldsymbol{p}_1$ 线性无关.

假设当 $m = k - 1$ 时结论成立,即 $\boldsymbol{Ap}_i = \lambda_i\boldsymbol{p}_i(i = 1,2,\cdots,k-1)$,当 $\lambda_1,\lambda_2,\cdots,\lambda_{k-1}$ 互不相同时,向量组 $\boldsymbol{p}_1,\boldsymbol{p}_2,\cdots,\boldsymbol{p}_{k-1}$ 线性无关. 下面证明 $m = k$ 时结论也成立,即要证向量组 $\boldsymbol{p}_1,\boldsymbol{p}_2,\cdots,\boldsymbol{p}_k$ 线性无关.

设有一组数 $x_1,x_2\cdots,x_k$,使得

$$x_1\boldsymbol{p}_1 + x_2\boldsymbol{p}_2 + \cdots + x_k\boldsymbol{p}_k = \boldsymbol{0}, \tag{11.4}$$

在式(11.4)两端的左边乘以方阵 $\boldsymbol{A}$, 得 $x_1\boldsymbol{Ap}_1 + x_2\boldsymbol{Ap}_2 + \cdots + x_k\boldsymbol{Ap}_k = \boldsymbol{0}$,接着利用 $\boldsymbol{Ap}_i = \lambda_i\boldsymbol{p}_i$ 可得

$$x_1\lambda_1\boldsymbol{p}_1 + x_2\lambda_2\boldsymbol{p}_2 + \cdots + x_k\lambda_k\boldsymbol{p}_k = \boldsymbol{0}, \tag{11.5}$$

再用式(11.5)的两端分别减式(11.4)的 λ_k 倍,得

$$x_1(\lambda_1-\lambda_k)\boldsymbol{p}_1+x_2(\lambda_2-\lambda_k)\boldsymbol{p}_2+\cdots+x_{k-1}(\lambda_{k-1}-\lambda_k)\boldsymbol{p}_{k-1}=\boldsymbol{0},$$

由归纳法假设知，$\boldsymbol{p}_1,\boldsymbol{p}_2,\cdots,\boldsymbol{p}_{k-1}$ 线性无关，所以

$$x_i(\lambda_i-\lambda_k)=0(i=1,2,\cdots,k-1).$$

又根据已知条件知，$\lambda_1,\lambda_2,\cdots,\lambda_{k-1},\lambda_k$ 互不相等，因此 $\lambda_i-\lambda_k\neq 0$，于是 $x_i=0(i=1,2,\cdots,k-1)$. 将此结果代入式(11.4)得 $x_k\boldsymbol{p}_k=0$，而 $\boldsymbol{p}_k\neq\boldsymbol{0}$，故 $x_k=0$. 因此，当且仅当 $x_1=x_2=\cdots=x_k=0$ 时，式(11.4)才成立，故向量组 $\boldsymbol{p}_1,\boldsymbol{p}_2,\cdots,\boldsymbol{p}_k$ 线性无关.

根据归纳法原理，对于任意正整数 m，结论成立.

由此定理知，当 n 阶方阵的 n 个特征值互不相同时，有 n 个线性无关的特征向量.

定理 2　设 λ 是方阵 $\boldsymbol{A}$ 的特征值，则

(1) $\varphi(\lambda)$ 是 $\varphi(\boldsymbol{A})$ 的特征值.（其中 $\varphi(\lambda)=a_0+a_1\lambda+\cdots+a_m\lambda^m$ 是关于 λ 的一元多项式，我们称 $\varphi(\boldsymbol{x})=a_0\boldsymbol{E}+a_1\boldsymbol{A}+\cdots+a_m\boldsymbol{A}^m$ 是方阵 $\boldsymbol{A}$ 的多项式.）

(2) 如果 $\varphi(\boldsymbol{A})=\boldsymbol{O}$，则有 $\varphi(\lambda)=0$.

证　(1) 根据性质 1 可知 λ^m 是 $\boldsymbol{A}^m$（m 是正整数）的特征值，故存在非零向量 $\boldsymbol{x}$，使得

$$\boldsymbol{A}^m\boldsymbol{x}=\lambda^m\boldsymbol{x}(\text{其中 } m \text{ 是正整数}).$$

因此

$$\begin{aligned}\varphi(\boldsymbol{A})\boldsymbol{x}&=(a_0\boldsymbol{E}+a_1\boldsymbol{A}+\cdots+a_m\boldsymbol{A}^m)\boldsymbol{x}=a_0\boldsymbol{E}\boldsymbol{x}+a_1\boldsymbol{A}\boldsymbol{x}+\cdots+a_m\boldsymbol{A}^m\boldsymbol{x}\\&=a_0\boldsymbol{x}+a_1\lambda\boldsymbol{x}+\cdots+a_m\lambda^m\boldsymbol{x}=(a_0+a_1\lambda+\cdots+a_m\lambda^m)\boldsymbol{x}\\&=\varphi(\lambda)\boldsymbol{x},\end{aligned}$$

故 $\varphi(\lambda)$ 是 $\varphi(\boldsymbol{A})$ 的特征值.

(2) 由(1)知存在非零向量 $\boldsymbol{x}$，使

$$\varphi(\boldsymbol{A})\boldsymbol{x}=\varphi(\lambda)\boldsymbol{x},$$

现在 $\varphi(\boldsymbol{A})=\boldsymbol{O}$，所以

$$\varphi(\lambda)\boldsymbol{x}=\varphi(\boldsymbol{A})\boldsymbol{x}=\boldsymbol{O}\boldsymbol{x}=\boldsymbol{0}.$$

又 $\boldsymbol{x}\neq\boldsymbol{0}$，故 $\varphi(\lambda)=0$.

例 4　设 3 阶方阵 $\boldsymbol{A}$ 的特征值是 $1,2,-3$，求 $|\boldsymbol{A}^*+3\boldsymbol{A}+2\boldsymbol{E}|$.

解　设 λ 是 $\boldsymbol{A}$ 的特征值，则 $\lambda=1,2,-3$. 由

$$|\boldsymbol{A}|=1\times2\times(-3)=-6\neq0$$

知 $\boldsymbol{A}$ 可逆，故由 $\boldsymbol{A}\boldsymbol{A}^*=|\boldsymbol{A}|\boldsymbol{E}$，得

$$\boldsymbol{A}^*=|\boldsymbol{A}|\boldsymbol{A}^{-1}=-6\boldsymbol{A}^{-1},$$

所以

$$\boldsymbol{A}^*+3\boldsymbol{A}+2\boldsymbol{E}=-6\boldsymbol{A}^{-1}+3\boldsymbol{A}+2\boldsymbol{E}.$$

将上式记作 $\varphi(\boldsymbol{A})$，并设 $\varphi(\lambda)=-6\lambda^{-1}+3\lambda+2$. 故 $\varphi(\boldsymbol{A})$ 的三个特征值分别为 $\varphi(1),\varphi(2),\varphi(-3)$. 于是

$$|\boldsymbol{A}^*+3\boldsymbol{A}+2\boldsymbol{E}|=\varphi(1)\varphi(2)\varphi(-3)=-1\times5\times(-5)=25.$$

说明，这里 $\varphi(\boldsymbol{A})$ 虽然不是矩阵多项式，但也具有矩阵多项式的特性.

第二节　相似矩阵

我们在这一节中要讨论矩阵之间的另一种关系——相似关系，其中介绍相似矩阵的概念

和性质,并给出方阵相似于对角矩阵的条件.

一、相似矩阵

定义 1 设 $\boldsymbol{A}$、$\boldsymbol{B}$ 都是 n 阶方阵,若存在可逆矩阵 $\boldsymbol{P}$,使

$$\boldsymbol{P}^{-1}\boldsymbol{A}\boldsymbol{P}=\boldsymbol{B},$$

则称 $\boldsymbol{A}$ 是 $\boldsymbol{B}$ 的相似矩阵,或说矩阵 $\boldsymbol{A}$ 与 $\boldsymbol{B}$ 相似. 对 $\boldsymbol{A}$ 进行运算 $\boldsymbol{P}^{-1}\boldsymbol{A}\boldsymbol{P}$ 称为对 $\boldsymbol{A}$ 进行相似变换,可逆矩阵 $\boldsymbol{P}$ 称为把 $\boldsymbol{A}$ 变成 $\boldsymbol{B}$ 的相似变换矩阵.

定理 1 若 n 阶方阵 $\boldsymbol{A}$ 与 $\boldsymbol{B}$ 相似,则 $\boldsymbol{A}$ 与 $\boldsymbol{B}$ 的特征多项式相同,从而 $\boldsymbol{A}$ 与 $\boldsymbol{B}$ 相似的特征值也相同.

证 因为 $\boldsymbol{A}$ 与 $\boldsymbol{B}$ 相似,所以存在可逆方阵 $\boldsymbol{P}$,使

$$\boldsymbol{P}^{-1}\boldsymbol{A}\boldsymbol{P}=\boldsymbol{B}.$$

故

$$|\boldsymbol{B}-\lambda\boldsymbol{E}|=|\boldsymbol{P}^{-1}\boldsymbol{A}\boldsymbol{P}-\boldsymbol{P}^{-1}(\lambda\boldsymbol{E})\boldsymbol{P}|=|\boldsymbol{P}^{-1}(\boldsymbol{A}-\lambda\boldsymbol{E})\boldsymbol{P}|=|\boldsymbol{P}^{-1}||\boldsymbol{A}-\lambda\boldsymbol{E}||\boldsymbol{P}|=|\boldsymbol{A}-\lambda\boldsymbol{E}|.$$

这表明 $\boldsymbol{A}$ 与 $\boldsymbol{B}$ 的特征多项式相同,所以它们的特征值也相同.

由定理 1 知,相似矩阵的特征值相同,但特征值相同的矩阵不一定相似. 例如 $\boldsymbol{A}=\begin{pmatrix}1&2\\0&1\end{pmatrix}$, $\boldsymbol{E}=\begin{pmatrix}1&0\\0&1\end{pmatrix}$, 1 是 $\boldsymbol{E}$ 和 $\boldsymbol{A}$ 的二重特征值,但对任何可逆矩阵 $\boldsymbol{P}$,都有 $\boldsymbol{P}^{-1}\boldsymbol{E}\boldsymbol{P}=\boldsymbol{E}\neq\boldsymbol{A}$,即 $\boldsymbol{A}$ 与 $\boldsymbol{E}$ 不相似.

推论 1 若 n 阶方阵 $\boldsymbol{A}$ 与对角阵

$$\boldsymbol{\Lambda}=\begin{pmatrix}\lambda_1&&&\\&\lambda_2&&\\&&\ddots&\\&&&\lambda_n\end{pmatrix}$$

相似, 则 $\lambda_1,\lambda_2,\cdots,\lambda_n$ 是 $\boldsymbol{A}$ 的 n 个特征值.

证 因 $|\boldsymbol{\Lambda}-\lambda\boldsymbol{E}|=\begin{vmatrix}\lambda_1-\lambda&&&\\&\lambda_2-\lambda&&\\&&\ddots&\\&&&\lambda_n-\lambda\end{vmatrix}=(\lambda_1-\lambda)(\lambda_2-\lambda)\cdots(\lambda_n-\lambda)$,

所以 $\lambda_1,\lambda_2,\cdots,\lambda_n$ 是 $\boldsymbol{\Lambda}$ 的 n 个特征值. 由定理 1 知 $\lambda_1,\lambda_2,\cdots,\lambda_n$ 也是 $\boldsymbol{A}$ 的 n 个特征值.

定理 2 设 $\boldsymbol{\xi}$ 是方阵 $\boldsymbol{A}$ 的对应于特征值 λ 的特征向量,且 $\boldsymbol{A}$ 与 $\boldsymbol{B}$ 相似,即存在可逆矩阵 $\boldsymbol{P}$,使

$$\boldsymbol{P}^{-1}\boldsymbol{A}\boldsymbol{P}=\boldsymbol{B},$$

则 $\boldsymbol{\eta}=\boldsymbol{P}^{-1}\boldsymbol{\xi}$ 是方阵 $\boldsymbol{B}$ 的对应于特征值 λ 的特征向量.

二、相似对角化

在矩阵运算中,对角矩阵的运算相对来说比较简便,如果一个矩阵能够相似于一个对角矩阵,那么我们就说它可以相似对角化.

对一般情形,如果 $\boldsymbol{P}^{-1}\boldsymbol{A}\boldsymbol{P}=\boldsymbol{B}$,那么

$$\boldsymbol{B}^k=\boldsymbol{P}^{-1}\boldsymbol{A}^k\boldsymbol{P},\boldsymbol{A}^k=\boldsymbol{P}\boldsymbol{B}^k\boldsymbol{P}^{-1},$$

$\boldsymbol{A}$ 的多项式 $\varphi(\boldsymbol{A})=\boldsymbol{P}\varphi(\boldsymbol{B})\boldsymbol{P}^{-1}$.

特别地,若有可逆矩阵 $\boldsymbol{P}$,使 $\boldsymbol{P}^{-1}\boldsymbol{A}\boldsymbol{P}=\boldsymbol{\Lambda}$ 为对角阵,则

$$\boldsymbol{A}^k=\boldsymbol{P}\boldsymbol{\Lambda}^k\boldsymbol{P}^{-1},\varphi(\boldsymbol{A})=\boldsymbol{P}\varphi(\boldsymbol{\Lambda})\boldsymbol{P}^{-1}.$$

其中 $\boldsymbol{\Lambda}^k=\begin{pmatrix}\lambda_1^k & & & \\ & \lambda_2^k & & \\ & & \ddots & \\ & & & \lambda_n^k\end{pmatrix},\varphi(\boldsymbol{\Lambda})=\begin{pmatrix}\varphi(\lambda_1) & & & \\ & \varphi(\lambda_2) & & \\ & & \ddots & \\ & & & \varphi(\lambda_n)\end{pmatrix}$.

我们下面要讨论的主要问题是:对 n 阶方阵 $\boldsymbol{A}$,寻求相似变换矩阵 $\boldsymbol{P}$,使 $\boldsymbol{P}^{-1}\boldsymbol{A}\boldsymbol{P}=\boldsymbol{\Lambda}$ 为对角阵.

定理 3　n 阶方阵 $\boldsymbol{A}$ 与对角阵相似(即 $\boldsymbol{A}$ 能对角化)的充分必要条件是 $\boldsymbol{A}$ 有 n 个线性无关的特征向量.

证　必要性.设 $\boldsymbol{A}$ 与对角阵相似,即存在可逆矩阵 $\boldsymbol{P}$,使

$$\boldsymbol{P}^{-1}\boldsymbol{A}\boldsymbol{P}=\boldsymbol{\Lambda}=\begin{pmatrix}\lambda_1 & & & \\ & \lambda_2 & & \\ & & \ddots & \\ & & & \lambda_n\end{pmatrix},$$

其中 $\lambda_1,\lambda_2,\cdots,\lambda_n$ 为 $\boldsymbol{A}$ 的特征值,

将上式左乘 $\boldsymbol{P}$,得

$$\boldsymbol{A}\boldsymbol{P}=\boldsymbol{P}\boldsymbol{\Lambda}.$$

再将矩阵 $\boldsymbol{P}$ 按列进行分块,表示成

$$\boldsymbol{P}=(\boldsymbol{P}_1,\boldsymbol{P}_2,\cdots,\boldsymbol{P}_n),$$

则

$$\begin{aligned}\boldsymbol{A}(\boldsymbol{P}_1,\boldsymbol{P}_2,\cdots,\boldsymbol{P}_n)&=(\boldsymbol{P}_1,\boldsymbol{P}_2,\cdots,\boldsymbol{P}_n)\begin{pmatrix}\lambda_1 & & & \\ & \lambda_2 & & \\ & & \ddots & \\ & & & \lambda_n\end{pmatrix}\\&=(\lambda_1\boldsymbol{P}_1,\lambda_2\boldsymbol{P}_2,\cdots,\lambda_n\boldsymbol{P}_n).\end{aligned}$$

于是

$$\boldsymbol{A}\boldsymbol{P}_i=\lambda_i\boldsymbol{P}_i(i=1,2,\cdots,n).\tag{11.6}$$

由于 $\boldsymbol{P}$ 可逆,所以 $\boldsymbol{P}_1,\boldsymbol{P}_2,\cdots,\boldsymbol{P}_n$ 都是非零向量且线性无关.再由式(11.6)知 $\boldsymbol{P}_1,\boldsymbol{P}_2,\cdots,\boldsymbol{P}_n$ 是 $\boldsymbol{A}$ 的分别对应于特征值 $\lambda_1,\lambda_2,\cdots,\lambda_n$ 的特征向量,故 $\boldsymbol{A}$ 有 n 个线性无关的特征向量.

充分性.设矩阵 $\boldsymbol{A}$ 有 n 个线性无关的特征向量 $\boldsymbol{P}_1,\boldsymbol{P}_2,\cdots,\boldsymbol{P}_n$,它们分别对应于特征值 λ_1,$\lambda_2,\cdots,\lambda_n$,即

$$\boldsymbol{A}\boldsymbol{P}_i=\lambda_i\boldsymbol{P}_i(i=1,2,\cdots,n).$$

以特征向量 $\boldsymbol{P}_1,\boldsymbol{P}_2,\cdots,\boldsymbol{P}_n$ 为列向量构造矩阵 $\boldsymbol{P}$,即

$$\boldsymbol{P}=(\boldsymbol{P}_1,\boldsymbol{P}_2,\cdots,\boldsymbol{P}_n),$$

因为 $\boldsymbol{P}_1,\boldsymbol{P}_2,\cdots,\boldsymbol{P}_n$ 线性无关,故 $\boldsymbol{P}$ 为可逆矩阵,又

$$\begin{aligned}\boldsymbol{A}\boldsymbol{P}&=\boldsymbol{A}(\boldsymbol{P}_1,\boldsymbol{P}_2,\cdots,\boldsymbol{P}_n)=(\boldsymbol{A}\boldsymbol{P}_1,\boldsymbol{A}\boldsymbol{P}_2,\cdots,\boldsymbol{A}\boldsymbol{P}_n)\\&=(\lambda_1\boldsymbol{P}_1,\lambda_2\boldsymbol{P}_2,\cdots,\lambda_n\boldsymbol{P}_n)\end{aligned}$$

$$= (\boldsymbol{P}_1, \boldsymbol{P}_2, \cdots, \boldsymbol{P}_n)\begin{pmatrix} \lambda_1 & & & \\ & \lambda_2 & & \\ & & \ddots & \\ & & & \lambda_n \end{pmatrix}$$

$$= \boldsymbol{P}\begin{pmatrix} \lambda_1 & & & \\ & \lambda_2 & & \\ & & \ddots & \\ & & & \lambda_n \end{pmatrix} = \boldsymbol{P\Lambda},$$

用 $\boldsymbol{P}^{-1}$ 左乘上式两端,得

$$\boldsymbol{P}^{-1}\boldsymbol{AP} = \boldsymbol{\Lambda},$$

故矩阵 $\boldsymbol{A}$ 与对角阵相似.

由定理 3 可知,对于 n 阶方阵 $\boldsymbol{A}$ 能否与对角阵相似,关键在于 $\boldsymbol{A}$ 是否有 n 个线性无关的特征向量. 如果 $\boldsymbol{A}$ 有 n 个线性无关的特征向量 $\boldsymbol{P}_1, \boldsymbol{P}_2, \cdots, \boldsymbol{P}_n$,则以这 n 个向量 $\boldsymbol{P}_1, \boldsymbol{P}_2, \cdots, \boldsymbol{P}_n$ 为列向量构成的可逆矩阵 $\boldsymbol{P}$,可使得 $\boldsymbol{P}^{-1}\boldsymbol{AP} = \boldsymbol{\Lambda}$ 为对角阵,并且 $\boldsymbol{\Lambda}$ 的对角元素就是这些特征向量依次所对应的特征值. 但是并不是每一个 n 阶方阵都有 n 个线性无关的特征向量,也就是说,并不是每一个 n 阶方阵都可以对角化.

推论 2　若 n 阶方阵 $\boldsymbol{A}$ 有 n 个互不相同的特征值,则 $\boldsymbol{A}$ 可以对角化.

注:n 阶方阵 $\boldsymbol{A}$ 有 n 个互不相同的特征值是可以对角化的充分条件而不是必要条件.

就特征方程来考虑,当 $\boldsymbol{A}$ 的特征方程都是单根时, $\boldsymbol{A}$ 可以对角化;当 $\boldsymbol{A}$ 的特征方程有重根时,就不一定有 n 个线性无关的特征向量,从而不一定能对角化. 例如第一节例 3 中 $\boldsymbol{A}$ 的特征方程有重根,但找不到 3 个线性无关的特征向量,因此 $\boldsymbol{A}$ 不能对角化;而在第一节例 2 中 $\boldsymbol{A}$ 的特征方程有重根,但能找到 3 个线性无关的特征向量,因此 $\boldsymbol{A}$ 能对角化.

例 1　设 $\boldsymbol{A} = \begin{pmatrix} 2 & -1 & 2 \\ 5 & -3 & 3 \\ -1 & 0 & -2 \end{pmatrix}$,问 $\boldsymbol{A}$ 能否对角化?

解　因为

$$|\boldsymbol{A} - \lambda\boldsymbol{E}| = \begin{vmatrix} 2-\lambda & -1 & 2 \\ 5 & -3-\lambda & 3 \\ -1 & 0 & -2-\lambda \end{vmatrix} = -(\lambda+1)^3,$$

所以 $\boldsymbol{A}$ 的特征值是 $\lambda_1 = \lambda_2 = \lambda_3 = -1$.

当 $\lambda_1 = \lambda_2 = \lambda_3 = -1$ 时,解齐次线性方程组 $(\boldsymbol{A} + \boldsymbol{E})\boldsymbol{x} = \boldsymbol{0}$,由

$$\boldsymbol{A} + \boldsymbol{E} = \begin{pmatrix} 3 & -1 & 2 \\ 5 & -2 & 3 \\ -1 & 0 & -1 \end{pmatrix} \overset{r}{\sim} \begin{pmatrix} 1 & 0 & 1 \\ 0 & 1 & 1 \\ 0 & 0 & 0 \end{pmatrix},$$

得基础解系 $\boldsymbol{P} = \begin{pmatrix} -1 \\ -1 \\ 1 \end{pmatrix}$.

由于 $\boldsymbol{A}$ 只有一个线性无关的特征向量,故 $\boldsymbol{A}$ 不能对角化.

例 2　设 $A=\begin{pmatrix}0&0&1\\1&1&x\\1&0&0\end{pmatrix}$,问 x 为何值时,矩阵 A 能对角化?

解　由

$$|A-\lambda E|=\begin{vmatrix}-\lambda&0&1\\1&1-\lambda&x\\1&0&-\lambda\end{vmatrix}=-(\lambda-1)^2(\lambda+1),$$

得 A 的特征值为 $\lambda_1=-1,\lambda_2=\lambda_3=1$.

对应单根 $\lambda_1=-1$,可求得线性无关的特征向量恰有 1 个,故 A 可对角化的充分必要条件是对应重根 $\lambda_2=\lambda_3=1$ 有 2 个线性无关的特征向量,即方程 $(A-E)x=0$ 有 2 个线性无关的解向量,亦即 $R(A-E)=1$.

由于

$$A-E=\begin{pmatrix}-1&0&1\\1&0&x\\1&0&-1\end{pmatrix}\xrightarrow{r}\begin{pmatrix}1&0&-1\\0&0&x+1\\0&0&0\end{pmatrix},$$

要使 $R(A-E)=1$,则 $x+1=0$,即 $x=-1$.

因此,当 $x=-1$ 时,矩阵 A 能对角化.

例 3　设矩阵 $A=\begin{pmatrix}2&2&1\\2&5&2\\3&6&4\end{pmatrix}$,问 A 是否能对角化,若能对角化,找一可逆矩阵 P,使 $P^{-1}AP$ 为对角阵.

解　因为

$$|A-\lambda E|=\begin{vmatrix}2-\lambda&2&1\\2&5-\lambda&2\\3&6&4-\lambda\end{vmatrix}=(1-\lambda)^2(9-\lambda),$$

所以 A 的特征值是 $\lambda_1=\lambda_2=1,\lambda_3=9$.

当 $\lambda_1=\lambda_2=1$ 时,解线性方程 $(A-E)x=0$,由

$$A-E=\begin{pmatrix}1&2&1\\2&4&2\\3&6&3\end{pmatrix}\overset{r}{\sim}\begin{pmatrix}1&2&1\\0&0&0\\0&0&0\end{pmatrix},$$

得基础解系 $P_1=\begin{pmatrix}-2\\1\\0\end{pmatrix},P_2=\begin{pmatrix}-1\\0\\1\end{pmatrix}$.

当 $\lambda_3=9$ 时,解线性方程 $(A-9E)x=0$,由

$$A-9E=\begin{pmatrix}-7&2&1\\2&-4&2\\3&6&-5\end{pmatrix}\overset{r}{\sim}\begin{pmatrix}1&0&-1/3\\0&1&-2/3\\0&0&0\end{pmatrix},$$

得基础解系 $P_3=\begin{pmatrix}1\\2\\3\end{pmatrix}$.

因为矩阵 $\boldsymbol{A}$ 有 3 个线性无关的特征向量，故矩阵 $\boldsymbol{A}$ 可以对角化.

令

$$\boldsymbol{P}=(\boldsymbol{P}_1,\boldsymbol{P}_2,\boldsymbol{P}_3)=\begin{pmatrix}-2 & -1 & 1\\ 1 & 0 & 2\\ 0 & 1 & 3\end{pmatrix},$$

则 $\boldsymbol{P}$ 为可逆矩阵，且使得

$$\boldsymbol{P}^{-1}\boldsymbol{A}\boldsymbol{P}=\begin{pmatrix}1 & & \\ & 1 & \\ & & 9\end{pmatrix}$$

为对角阵.

第三节　实对称矩阵的对角化

一个 n 阶矩阵具备什么条件才能对角化呢?这是一个较复杂的问题，我们对此不进行一般性的讨论，仅讨论 n 阶矩阵 $\boldsymbol{A}$ 为实对称矩阵的情形.

一、实对称矩阵的特征值与特征向量

实矩阵的特征多项式虽说是实系数多项式，但其特征值可能是复数，所相应的特征向量也可能是复向量. 但是实对称矩阵的特征值全是实数，相应的特征向量可以取为实向量，并且不同特征值所对应的特征向量是正交的. 下面给予证明.

定理 1　实对称矩阵的特征值为实数.

证　设复数 λ 是实对称矩阵 $\boldsymbol{A}$ 的特征值，复向量 $\boldsymbol{x}$ 是其对应的特征向量，即

$$\boldsymbol{A}\boldsymbol{x}=\lambda\boldsymbol{x}\,(\boldsymbol{x}\neq\boldsymbol{0}),$$

用 $\bar{\lambda}$ 表示 λ 的共轭复数，$\bar{\boldsymbol{x}}$ 表示 $\boldsymbol{x}$ 的共轭复向量. 由矩阵 $\boldsymbol{A}$ 为实矩阵，得

$$\bar{\boldsymbol{A}}=\boldsymbol{A},$$

所以

$$\boldsymbol{A}\bar{\boldsymbol{x}}=\bar{\boldsymbol{A}}\bar{\boldsymbol{x}}=\overline{(\boldsymbol{A}\boldsymbol{x})}=\overline{\lambda\boldsymbol{x}}=\bar{\lambda}\bar{\boldsymbol{x}},$$

于是有

$$\bar{\boldsymbol{x}}^{\mathrm{T}}\boldsymbol{A}\boldsymbol{x}=\bar{\boldsymbol{x}}^{\mathrm{T}}(\boldsymbol{A}\boldsymbol{x})=\bar{\boldsymbol{x}}^{\mathrm{T}}(\lambda\boldsymbol{x})=\lambda(\bar{\boldsymbol{x}}^{\mathrm{T}}\boldsymbol{x}).\tag{11.7}$$

又矩阵 $\boldsymbol{A}$ 为对称矩阵，所以

$$\bar{\boldsymbol{x}}^{\mathrm{T}}\boldsymbol{A}\boldsymbol{x}=(\bar{\boldsymbol{x}}^{\mathrm{T}}\boldsymbol{A}^{\mathrm{T}})\boldsymbol{x}=(\boldsymbol{A}\bar{\boldsymbol{x}})^{\mathrm{T}}\boldsymbol{x}=(\bar{\lambda}\bar{\boldsymbol{x}})^{\mathrm{T}}\boldsymbol{x}=\bar{\lambda}(\bar{\boldsymbol{x}}^{\mathrm{T}}\boldsymbol{x}),\tag{11.8}$$

式(11.7) 减去式(11.8) 并移项，得

$$(\lambda-\bar{\lambda})\bar{\boldsymbol{x}}^{\mathrm{T}}\boldsymbol{x}=\boldsymbol{0}.$$

设 $\boldsymbol{x}=(x_1,x_2,\cdots,x_n)^{\mathrm{T}}$，由 $\boldsymbol{x}\neq\boldsymbol{0}$，得

$$\bar{\boldsymbol{x}}^{\mathrm{T}}\boldsymbol{x}=\sum_{i=1}^{n}\bar{x}_i x_i=\sum_{i=1}^{n}|x_i|^2\neq 0.$$

故 $\lambda-\bar{\lambda}=0$，即 $\lambda=\bar{\lambda}$，这就说明矩阵 $\boldsymbol{A}$ 的特征值 λ 是实数.

定理 2　设矩阵 $\boldsymbol{A}$ 是一个实对称矩阵，则矩阵 $\boldsymbol{A}$ 的不同特征值所对应的特征向量一定正交.

证　设 λ_1,λ_2 是 $\boldsymbol{A}$ 的两个不同特征值，$\boldsymbol{p}_1,\boldsymbol{p}_2$ 是对应的特征向量，即

$$\boldsymbol{A}\boldsymbol{p}_1 = \lambda_1\boldsymbol{p}_1, \boldsymbol{A}\boldsymbol{p}_2 = \lambda_2\boldsymbol{p}_2,$$

则

$$(\boldsymbol{A}\boldsymbol{p}_1)^{\mathrm{T}}\boldsymbol{p}_2 = (\lambda_1\boldsymbol{p}_1)^{\mathrm{T}}\boldsymbol{p}_2 = \lambda_1(\boldsymbol{p}_1^{\mathrm{T}}\boldsymbol{p}_2). \tag{11.9}$$

由 $\boldsymbol{A}$ 为对称矩阵得

$$(\boldsymbol{A}\boldsymbol{p}_1)^{\mathrm{T}}\boldsymbol{p}_2 = \boldsymbol{p}_1^{\mathrm{T}}\boldsymbol{A}^{\mathrm{T}}\boldsymbol{p}_2 = \boldsymbol{p}_1^{\mathrm{T}}(\boldsymbol{A}\boldsymbol{p}_2) = \boldsymbol{p}_1^{\mathrm{T}}\lambda_2\boldsymbol{p}_2 = \lambda_2(\boldsymbol{p}_1^{\mathrm{T}}\boldsymbol{p}_2), \tag{11.10}$$

式(11.9)减去式(11.10)并移项，得

$$(\lambda_1 - \lambda_2)(\boldsymbol{p}_1^{\mathrm{T}}\boldsymbol{p}_2) = \mathbf{0}.$$

因 $\lambda_1 \neq \lambda_2$，故 $\boldsymbol{p}_1^{\mathrm{T}}\boldsymbol{p}_2 = 0$，即 $\boldsymbol{p}_1$ 与 $\boldsymbol{p}_2$ 正交.

二、实对称矩阵的对角化

定理 3　设 $\boldsymbol{A}$ 为 n 阶实对称矩阵，则存在 n 阶正交矩阵 $\boldsymbol{P}$，使

$$\boldsymbol{P}^{-1}\boldsymbol{A}\boldsymbol{P} = \boldsymbol{P}^{\mathrm{T}}\boldsymbol{A}\boldsymbol{P} = \boldsymbol{\Lambda} = \mathrm{diag}(\lambda_1, \lambda_2, \cdots, \lambda_n)$$

为对角阵，其中 $\lambda_1, \lambda_2, \cdots, \lambda_n$ 是 $\boldsymbol{A}$ 的全部特征值.(证明从略)

推论　设 $\boldsymbol{A}$ 为 n 阶实对称矩阵，λ 是 $\boldsymbol{A}$ 的 k 重特征根，则 $R(\boldsymbol{A} - \lambda\boldsymbol{E}) = n - k$，从而对应特征值 λ 恰有 k 个线性无关的特征向量.

证　由定理 3 知，存在正交矩阵 $\boldsymbol{P}$，使

$$\boldsymbol{P}^{-1}\boldsymbol{A}\boldsymbol{P} = \boldsymbol{\Lambda} = \mathrm{diag}(\lambda_1, \lambda_2, \cdots, \lambda_n),$$

于是

$$\boldsymbol{P}^{-1}(\boldsymbol{A} - \lambda\boldsymbol{E})\boldsymbol{P} = \boldsymbol{P}^{-1}\boldsymbol{A}\boldsymbol{P} - \lambda\boldsymbol{E} = \boldsymbol{\Lambda} - \lambda\boldsymbol{E},$$

由此得

$$R(\boldsymbol{A} - \lambda\boldsymbol{E}) = R(\boldsymbol{\Lambda} - \lambda\boldsymbol{E}).$$

当 λ 是 $\boldsymbol{A}$ 的 k 重特征值时，$\lambda_1, \lambda_2, \cdots, \lambda_n$ 这 n 个特征值中有 k 个等于 λ，有 $n-k$ 个不等于 λ，从而对角阵 $\boldsymbol{\Lambda} - \lambda\boldsymbol{E}$ 的对角元素中恰有 k 个等于零，$n-k$ 个不等于零，所以 $R(\boldsymbol{A} - \lambda\boldsymbol{E}) = R(\boldsymbol{\Lambda} - \lambda\boldsymbol{E}) = n - k$. 因齐次线性方程组 $(\boldsymbol{A} - \lambda\boldsymbol{E})\boldsymbol{x} = \mathbf{0}$ 的基础解系中含有 k 个解向量，故对应于特征值 λ 恰有 k 个线性无关的特征向量.

根据定理 3 和推论，对于给定的实对称矩阵 $\boldsymbol{A}$，求正交矩阵 $\boldsymbol{P}$，使 $\boldsymbol{P}^{-1}\boldsymbol{A}\boldsymbol{P} = \boldsymbol{P}^{\mathrm{T}}\boldsymbol{A}\boldsymbol{P} = \boldsymbol{\Lambda}$ 为对角阵的方法归纳如下.

(1) 求出 $\boldsymbol{A}$ 的全部互不相等的特征值 $\lambda_1, \lambda_2, \cdots, \lambda_s$，它们的重数依次为 $k_1, k_2, \cdots, k_s$ $(k_1 + k_2 + \cdots + k_s = n)$.

(2) 对每个 k_i 重特征值 λ_i，求齐次方程 $(\boldsymbol{A} - \lambda_i\boldsymbol{E})\boldsymbol{x} = \mathbf{0}$ 的基础解系，得 k_i 个线性无关的特征向量.

(3) 将每个 λ_i 对应的 k_i 个线性无关的特征向量正交化、单位化，得 k_i 个两两正交的单位特征向量. 若对应 λ_i 只有一个线性无关的特征向量，则只需将这个向量单位化就可以了. 由于 $k_1 + k_2 + \cdots + k_s = n$，故总共可得 n 个两两正交的单位特征向量.

(4) 以这 n 个两两正交的单位特征向量为列向量构成一个矩阵，就是要求的正交矩阵 $\boldsymbol{P}$，且有 $\boldsymbol{P}^{-1}\boldsymbol{A}\boldsymbol{P} = \boldsymbol{\Lambda}$ 为对角阵.

注：对角阵中对角元素的排列顺序与矩阵 $\boldsymbol{P}$ 中列向量的排列顺序保持一致.

例 1　已知矩阵

$$A = \begin{pmatrix} 1 & 2 & 3 \\ 2 & 1 & 3 \\ 3 & 3 & 6 \end{pmatrix},$$

求一个正交矩阵 $\boldsymbol{P}$,使 $\boldsymbol{P}^{-1}\boldsymbol{AP} = \boldsymbol{\Lambda}$ 为对角阵.

解　因为

$$|\boldsymbol{A} - \lambda \boldsymbol{E}| = \begin{vmatrix} 1-\lambda & 2 & 3 \\ 2 & 1-\lambda & 3 \\ 3 & 3 & 6-\lambda \end{vmatrix} = \lambda(\lambda+1)(9-\lambda),$$

所以 $\boldsymbol{A}$ 的特征值是 $\lambda_1 = -1, \lambda_2 = 0, \lambda_3 = 9$.

当 $\lambda_1 = -1$ 时,解方程 $(\boldsymbol{A} - (-1)\boldsymbol{E})\boldsymbol{x} = \boldsymbol{0}$,由

$$\boldsymbol{A} + \boldsymbol{E} = \begin{pmatrix} 2 & 2 & 3 \\ 2 & 2 & 3 \\ 3 & 3 & 7 \end{pmatrix} \xrightarrow{r} \begin{pmatrix} 1 & 1 & 0 \\ 0 & 0 & 1 \\ 0 & 0 & 0 \end{pmatrix},$$

得基础解系 $\boldsymbol{\xi}_1 = \begin{pmatrix} -1 \\ 1 \\ 0 \end{pmatrix}$.

当 $\lambda_2 = 0$ 时,解方程 $(\boldsymbol{A} - 0\boldsymbol{E})\boldsymbol{x} = \boldsymbol{0}$,由

$$\boldsymbol{A} - 0\boldsymbol{E} = \begin{pmatrix} 1 & 2 & 3 \\ 2 & 1 & 3 \\ 3 & 3 & 6 \end{pmatrix} \xrightarrow{r} \begin{pmatrix} 1 & 0 & 1 \\ 0 & 1 & 1 \\ 0 & 0 & 0 \end{pmatrix},$$

得基础解系 $\boldsymbol{\xi}_2 = \begin{pmatrix} -1 \\ -1 \\ 1 \end{pmatrix}$.

当 $\lambda_3 = 9$ 时,解方程 $(\boldsymbol{A} - 9\boldsymbol{E})\boldsymbol{x} = \boldsymbol{0}$,由

$$\boldsymbol{A} - 9\boldsymbol{E} = \begin{pmatrix} -8 & 2 & 3 \\ 2 & -8 & 3 \\ 3 & 3 & -3 \end{pmatrix} \xrightarrow{r} \begin{pmatrix} 1 & 0 & -1/2 \\ 0 & 1 & -1/2 \\ 0 & 0 & 0 \end{pmatrix},$$

得基础解系 $\boldsymbol{\xi}_3 = \begin{pmatrix} 1 \\ 1 \\ 2 \end{pmatrix}$.

因为 $\boldsymbol{\xi}_1, \boldsymbol{\xi}_2, \boldsymbol{\xi}_3$ 两两正交,故只需将 $\boldsymbol{\xi}_1, \boldsymbol{\xi}_2, \boldsymbol{\xi}_3$ 单位化,得单位特征向量

$$\boldsymbol{p}_1 = \frac{1}{\sqrt{2}}\begin{pmatrix} -1 \\ 1 \\ 0 \end{pmatrix}, \boldsymbol{p}_2 = \frac{1}{\sqrt{3}}\begin{pmatrix} -1 \\ -1 \\ 1 \end{pmatrix}, \boldsymbol{p}_3 = \frac{1}{\sqrt{6}}\begin{pmatrix} 1 \\ 1 \\ 2 \end{pmatrix}.$$

于是得正交矩阵

$$\boldsymbol{P} = (\boldsymbol{p}_1, \boldsymbol{p}_2, \boldsymbol{p}_3) = \begin{pmatrix} -\frac{1}{\sqrt{2}} & \frac{-1}{\sqrt{3}} & \frac{1}{\sqrt{6}} \\ -\frac{1}{\sqrt{2}} & \frac{-1}{\sqrt{3}} & \frac{1}{\sqrt{6}} \\ 0 & \frac{1}{\sqrt{3}} & \frac{2}{\sqrt{6}} \end{pmatrix},$$

且有

$$P^{-1}AQ=\begin{pmatrix}-1&&\\&0&\\&&9\end{pmatrix}.$$

例 2　设 $A=\begin{pmatrix}0&-1&1\\-1&0&1\\1&1&0\end{pmatrix}$，求一个正交矩阵 P，使 $P^{-1}AP=\Lambda$ 为对角阵.

解　因为

$$|A-\lambda E|=\begin{vmatrix}-\lambda&-1&1\\-1&-\lambda&1\\1&1&-\lambda\end{vmatrix}=-(\lambda-1)^2(\lambda+2),$$

所以 A 的特征值是 $\lambda_1=-2,\lambda_2=\lambda_3=1$.

当 $\lambda_1=-2$ 时，解方程 $(A-(-2)E)x=0$，由

$$A+2E=\begin{pmatrix}2&-1&1\\-1&2&1\\1&1&2\end{pmatrix}\xrightarrow{r}\begin{pmatrix}1&0&1\\0&1&1\\0&0&0\end{pmatrix},$$

得基础解系 $\xi_1=\begin{pmatrix}-1\\-1\\1\end{pmatrix}$. 将 ξ_1 单位化，得 $p_1=\dfrac{1}{\sqrt{3}}\begin{pmatrix}-1\\-1\\1\end{pmatrix}$.

对应 $\lambda_2=\lambda_3=1$，解方程 $(A-E)x=0$，由

$$A-E=\begin{pmatrix}-1&-1&1\\-1&-1&1\\1&1&-1\end{pmatrix}\xrightarrow{r}\begin{pmatrix}1&1&-1\\0&0&0\\0&0&0\end{pmatrix},$$

得基础解系 $\xi_2=\begin{pmatrix}-1\\1\\0\end{pmatrix},\xi_3=\begin{pmatrix}1\\0\\1\end{pmatrix}$.

将 ξ_2,ξ_3 正交化，取 $\eta_2=\xi_2$，

$$\eta_3=\xi_3-\frac{[\eta_2,\xi_3]}{[\eta_2,\eta_2]}\eta_2=\begin{pmatrix}1\\0\\1\end{pmatrix}+\frac{1}{2}\begin{pmatrix}-1\\1\\0\end{pmatrix}=\frac{1}{2}\begin{pmatrix}1\\1\\2\end{pmatrix},$$

再将 η_2,η_3 单位化，得 $p_2=\dfrac{1}{\sqrt{2}}\begin{pmatrix}-1\\1\\0\end{pmatrix},p_3=\dfrac{1}{\sqrt{6}}\begin{pmatrix}1\\1\\2\end{pmatrix}$,

于是得正交矩阵

$$P=(p_1,p_2,p_3)=\begin{pmatrix}-\frac{1}{\sqrt{3}}&-\frac{1}{\sqrt{2}}&\frac{1}{\sqrt{6}}\\-\frac{1}{\sqrt{3}}&\frac{1}{\sqrt{2}}&\frac{1}{\sqrt{6}}\\\frac{1}{\sqrt{3}}&0&\frac{2}{\sqrt{6}}\end{pmatrix},$$

且有

$$P^{-1}AP = P^{T}AP = \Lambda = \begin{pmatrix} -2 & & \\ & 1 & \\ & & 1 \end{pmatrix}.$$

例 3 设 $A = \begin{pmatrix} 2 & -1 \\ -1 & 2 \end{pmatrix}$,求 A^n.

解 因 A 是实对称矩阵,故可对角化,即有可逆矩阵 P 及对角阵 Λ,使 $P^{-1}AP = \Lambda$. 于是 $A = P\Lambda P^{-1}$,从而 $A^n = P\Lambda^n P^{-1}$.

因为

$$|A - \lambda E| = \begin{vmatrix} 2-\lambda & -1 \\ -1 & 2-\lambda \end{vmatrix} = (\lambda - 1)(\lambda - 3),$$

所以 A 的特征值是 $\lambda_1 = 1, \lambda_2 = 3$. 于是

$$\Lambda = \begin{pmatrix} 1 & 0 \\ 0 & 3 \end{pmatrix}, \Lambda^n = \begin{pmatrix} 1 & 0 \\ 0 & 3^n \end{pmatrix}.$$

当 $\lambda_1 = 1$ 时,解方程 $(A - E)x = 0$,由

$$A - E = \begin{pmatrix} 1 & -1 \\ -1 & 1 \end{pmatrix} \xrightarrow{r} \begin{pmatrix} 1 & -1 \\ 0 & 0 \end{pmatrix},$$

得基础解系 $p_1 = \begin{pmatrix} 1 \\ 1 \end{pmatrix}$.

当 $\lambda_1 = 3$ 时,解方程 $(A - 3E)x = 0$,由

$$A - 3E = \begin{pmatrix} -1 & -1 \\ -1 & -1 \end{pmatrix} \xrightarrow{r} \begin{pmatrix} 1 & 1 \\ 0 & 0 \end{pmatrix},$$

得基础解系 $p_2 = \begin{pmatrix} 1 \\ -1 \end{pmatrix}$,并有 $P = (p_1, p_2) = \begin{pmatrix} 1 & 1 \\ 1 & -1 \end{pmatrix}$. 再求出 $P^{-1} = \dfrac{1}{2}\begin{pmatrix} 1 & 1 \\ 1 & -1 \end{pmatrix}$. 于是

$$A^n = P\Lambda^n P^{-1} = \frac{1}{2}\begin{pmatrix} 1 & 1 \\ 1 & -1 \end{pmatrix}\begin{pmatrix} 1 & 0 \\ 0 & 3^n \end{pmatrix}\begin{pmatrix} 1 & 1 \\ 1 & -1 \end{pmatrix} = \frac{1}{2}\begin{pmatrix} 1+3^n & 1-3^n \\ 1-3^n & 1+3^n \end{pmatrix}.$$

习 题 十 一

1. 求下列矩阵的特征值和特征向量:

(1) $\begin{pmatrix} 2 & -1 \\ -1 & 2 \end{pmatrix}$; (2) $\begin{pmatrix} 0 & 1 & 1 \\ 1 & 0 & 1 \\ 1 & 1 & 0 \end{pmatrix}$; (3) $\begin{pmatrix} 1 & 2 & 3 \\ 2 & 1 & 3 \\ 3 & 3 & 6 \end{pmatrix}$; (4) $\begin{pmatrix} 0 & 0 & 0 & 1 \\ 0 & 0 & 1 & 0 \\ 0 & 1 & 0 & 0 \\ 1 & 0 & 0 & 0 \end{pmatrix}$.

2. 设方阵 A 满足 $A^2 = A$,证明:A 的特征值只能取 0 或 1.

3. 设 λ_1 和 λ_2 是方阵 A 的两个不同的特征值,x_1 和 x_2 分别是对应的特征向量. 证明 $x_1 + x_2$ 不是 A 的特征向量.

4. 已知三阶方阵 A 的特征值为 1,2,3,求 $|A^3 - 4A^2 - E|$.

5. 已知三阶方阵 A 的特征值为 1,−1,2,求 $|A^* - 2A + 3E|$.

6. 设 $\boldsymbol{A},\boldsymbol{B}$ 都是 n 阶矩阵，且 $\boldsymbol{A}$ 可逆，证明 $\boldsymbol{AB}$ 与 $\boldsymbol{BA}$ 相似.

7. 设 $\boldsymbol{A}=\begin{pmatrix}2&-1&0\\1&x&0\\-1&0&2\end{pmatrix}$，$\boldsymbol{B}=\begin{pmatrix}y&1&0\\0&1&0\\0&0&2\end{pmatrix}$，并且 $\boldsymbol{A}$ 与 $\boldsymbol{B}$ 相似，求 x 和 y .

8. 设矩阵 $\boldsymbol{A}=\begin{pmatrix}0&0&1\\1&1&x\\1&0&0\end{pmatrix}$ 可相似对角化，求 x.

9. 已知 $\boldsymbol{p}=\begin{pmatrix}1\\1\\-1\end{pmatrix}$ 是矩阵 $\boldsymbol{A}=\begin{pmatrix}2&-1&2\\5&a&3\\-1&b&-2\end{pmatrix}$ 的一个特征向量.

(1) 求参数 a,b 及特征向量 $\boldsymbol{p}$ 所对应的特征值；

(2) $\boldsymbol{A}$ 是否能对角化？并说明理由.

10. 设矩阵 $\boldsymbol{A}=\begin{pmatrix}1&4&2\\0&-3&4\\0&4&3\end{pmatrix}$，求 $\boldsymbol{A}^{100}$.

11. 设 $\boldsymbol{A}=\begin{pmatrix}4&6&0\\-3&-5&0\\-3&-6&1\end{pmatrix}$，问 $\boldsymbol{A}$ 能否对角化？若能对角化，则求出可逆矩阵 $\boldsymbol{P}$，使得 $\boldsymbol{P}^{-1}\boldsymbol{AP}$ 为对角阵.

12. 试求一个正交相似变换矩阵，将下列对称阵化为对角阵.

(1) $\begin{pmatrix}2&0&0\\0&3&2\\0&2&3\end{pmatrix}$；　(2) $\begin{pmatrix}1&1&1&1\\1&1&-1&-1\\1&-1&1&-1\\1&-1&-1&1\end{pmatrix}$.

13. 设三阶方阵 $\boldsymbol{A}$ 的特征值 $\lambda_1=1,\lambda_2=2,\lambda_3=3$，对应的特征向量依次为

$$\boldsymbol{p}_1=\begin{pmatrix}1\\0\\1\end{pmatrix},\boldsymbol{p}_2=\begin{pmatrix}0\\1\\1\end{pmatrix},\boldsymbol{p}_3=\begin{pmatrix}-1\\1\\1\end{pmatrix},$$

求矩阵 $\boldsymbol{A}$.

14. 设三阶对称阵 $\boldsymbol{A}$ 的特征值为 $\lambda_1=6,\lambda_2=\lambda_3=3$，与 $\lambda_1=6$ 对应的特征向量为 $\boldsymbol{p}_1=\begin{pmatrix}1\\1\\1\end{pmatrix}$，求矩阵 $\boldsymbol{A}$.

15. 设 $\boldsymbol{A}=\begin{pmatrix}3&-2\\-2&3\end{pmatrix}$，求 $\varphi(\boldsymbol{A})=\boldsymbol{A}^{10}-5\boldsymbol{A}^9$.

16. 设 $\boldsymbol{\alpha}=(a_1,a_2,\cdots,a_n)^{\mathrm{T}},a_1\neq 0,\boldsymbol{A}=\boldsymbol{\alpha\alpha}^{\mathrm{T}}$.

(1) 证明 $\lambda=0$ 是 $\boldsymbol{A}$ 的 $n-1$ 重特征值；

(2) 求 $\boldsymbol{A}$ 的非零特征值及 n 个线性无关的特征向量.

17. 设 $\boldsymbol{A}=\begin{pmatrix}1&1&a\\1&a&1\\a&1&1\end{pmatrix}$，$\boldsymbol{\beta}=\begin{pmatrix}1\\1\\-2\end{pmatrix}$. 已知线性方程组 $\boldsymbol{Ax}=\boldsymbol{\beta}$ 有解但是不唯一，试求

(1) a 的值；

(2) 正交矩阵 $\boldsymbol{P}$，使得 $\boldsymbol{P}^{-1}\boldsymbol{AP}$ 为对角阵.

18. 设三阶实对称矩阵 $\boldsymbol{A}$ 的秩为 2，$\lambda_1=\lambda_2=6$ 是 $\boldsymbol{A}$ 的二重特征值，若 $\boldsymbol{\alpha}_1=(1,1,0)^{\mathrm{T}}$，$\boldsymbol{\alpha}_2=(2,1,1)^{\mathrm{T}}$，$\boldsymbol{\alpha}_3=(-1,2,-3)^{\mathrm{T}}$ 都是 $\boldsymbol{A}$ 的对应于特征值 6 的特征向量.

(1) 求 $\boldsymbol{A}$ 的另一特征值和对应的特征向量；

(2) 求矩阵 $\boldsymbol{A}$.

概率论部分

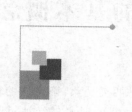

第十二章　概率论的基本概念

在现实世界中发生的现象千姿百态，概括起来无非是两类现象：确定性的和随机性的. 例如：水在通常条件下温度达到 100 ℃ 时必然沸腾，温度为 0 ℃ 时必然结冰；同性电荷相互排斥，异性电荷相互吸引，等等. 这类现象称为确定性现象，它们在一定的条件下一定会发生. 另有一类现象，在一定条件下，试验有多种可能的结果，但事先又不能预测会出现哪一种结果，此类现象称为随机现象. 例如：测量一个物体的长度，其测量误差的大小；从一批电视机中随便取一台，电视机的寿命长短等都是随机现象. 概率论与数理统计就是研究和揭示随机现象统计规律性的一门基础学科.

随机现象是与一定的条件密切联系的. 例如：在城市交通的某一路口，指定的一小时内，汽车的流量多少就是一个随机现象，而“指定的一小时内”就是条件，若换成 2 小时内或 5 小时内，流量就会不同. 如将汽车的流量换成自行车流量，差别就会更大，故随机现象与一定的条件是有密切联系的.

概率论与数理统计的应用是很广泛的，几乎渗透到所有科学技术领域，如工业、农业、国防与国民经济的各个部门. 例如，工业生产中，可以应用概率统计方法进行质量控制、工业试验设计、产品的抽样检查等. 还可使用概率统计方法进行气象预报、水文预报和地震预报等. 另外，概率统计的理论与方法正在向各基础学科、工程学科、经济学科渗透，产生了各种边缘性的应用学科，如排队论、计量经济学、信息论、控制论、时间序列分析等.

第一节　样本空间、随机事件

一、随机试验

人们是通过试验去研究随机现象的，为对随机现象加以研究所进行的观察或实验，称为试验. 若一个试验具有下列三个特点：

(i) 可以在相同的条件下重复地进行；

(ii) 每次试验的可能结果不止一个，并且事先可以明确试验所有可能出现的结果；

(iii) 进行一次试验之前不能确定哪一个结果会出现，

则称这一试验为随机试验，记为 E.

下面举一些随机试验的例子.

E_1：抛一枚硬币，观察正面 H 和反面 T 出现的情况.

E_2：掷两颗骰子，观察出现的点数.

E_3：在一批电视机中任意抽取一台，测试它的使用寿命.

E_4：城市某一交通路口，指定一小时内的汽车流量.

E_5：记录某一地区一昼夜的最高温度和最低温度.

二、样本空间与随机事件

在一个试验中，不论可能的结果有多少，总可以从中找出一组基本结果，满足：

(i) 每进行一次试验，必然出现且只能出现其中的一个基本结果；

(ii) 任何结果，都是由其中的一些基本结果所组成.

随机试验 E 的所有基本结果组成的集合称为样本空间，记为 Ω. 样本空间的元素，即 E 的每个基本结果，称为样本点. 下面写出前面提到的试验 $E_k(k=1,2,3,4,5)$ 的样本空间 Ω_k：

$\Omega_1=(H,T)$；

$\Omega_2=\{(i,j)\mid i,j=1,2,3,4,5,6\}$；

$\Omega_3=\{t\mid t\geqslant 0\}$；

$\Omega_4=\{0,1,2,3,\cdots\}$；

$\Omega_5=\{(x,y)\mid T_0\leqslant x<y\leqslant T_1\}$，这里 x 表示最低温度，y 表示最高温度，并设这一地区温度不会低于 T_0 也不会高于 T_1.

随机试验 E 的样本空间 Ω 的子集称为 E 的随机事件，简称事件①，通常用大写字母 $A,B,C,\cdots$ 表示. 在每次试验中，当且仅当这一子集中的一个样本点出现时，称这一事件发生. 例如，在掷骰子的试验中，可以用 A 表示"出现点数为偶数"这个事件，若试验结果是"出现 6 点"，就称事件 A 发生.

特别地，由一个样本点组成的单点集，称为基本事件. 例如：试验 E_1 有两个基本事件 $\{H\}$、$\{T\}$；试验 E_2 有 36 个基本事件 $\{(1,1)\},\{(1,2)\},\cdots,\{(6,6)\}$.

每次试验中都必然发生的事件，称为必然事件. 样本空间 Ω 包含所有的样本点，它是 Ω 自身的子集，每次试验中都必然发生，故它就是一个必然事件. 因而，必然事件我们也用 Ω 表示. 在每次试验中不可能发生的事件称为不可能事件. 空集 $\varnothing$ 不包含任何样本点，它作为样本空间的子集，在每次试验中都不可能发生，故它就是一个不可能事件. 因而，不可能事件我们也用 $\varnothing$ 表示.

三、事件之间的关系及其运算

事件是一个集合，因而事件间的关系与运算可以用集合之间的关系与运算来处理. 下面我们讨论事件之间的关系及运算.

(1) 如果事件 A 发生必然导致事件 B 发生，则称事件 A 包含于事件 B（或称事件 B 包含事件 A），记作 $A\subset B$（或 $B\supset A$）.

$A\subset B$ 的一个等价说法是，如果事件 B 不发生，则事件 A 必然不发生.

若 $A\subset B$ 且 $B\supset A$，则称事件 A 与 B 相等（或等价），记为 $A=B$.

为了方便起见，规定对于任一事件 A，有 $\varnothing\subset A$. 显然，对于任一事件 A，有 $A\subset\Omega$.

(2) "事件 A 与 B 中至少有一个发生"的事件称为 A 与 B 的并（和），记为 $A\cup B$.

由事件并的定义可得，对任一事件 A，有

① 严格地说，事件是指 Ω 中满足某些条件的子集. 当 Ω 是由有限个元素或由无穷可列个元素组成时，每个子集都可作为一个事件. 若 Ω 是由不可列无限个元素组成时，某些子集必须排除在外. 幸而这种不可容许的子集在实际应用中几乎不会遇到. 今后，我们讲的事件都是指它是容许考虑的那种子集.

$$A \cup \Omega = \Omega; A \cup \varnothing = A.$$

$A = \bigcup\limits_{i=1}^{n} A_i$ 表示“$A_1, A_2, \cdots, A_n$ 中至少有一个事件发生”这一事件.

$A = \bigcup\limits_{i=1}^{\infty} A_i$ 表示“可列无穷多个事件 A_i 中至少有一个发生”这一事件.

(3)“事件 A 与 B 同时发生”的事件称为 A 与 B 的交(积)，记为 $A \cap B$ 或(AB).

由事件交的定义可得，对任一事件 A，有

$$A \cap \Omega = A; A \cap \varnothing = \varnothing.$$

$B = \bigcap\limits_{i=1}^{n} B_i$ 表示“$B_1, B_2, \cdots, B_n n$ 个事件同时发生”这一事件.

$B = \bigcap\limits_{i=1}^{\infty} B_i$ 表示“可列无穷多个事件 B_i 同时发生”这一事件.

(4)“事件 A 发生而 B 不发生”的事件称为 A 与 B 的差，记为 $A - B$.

由事件差的定义可得，对任一事件 A，有

$$A - A = \varnothing;\ A - \varnothing = A;\ A - \Omega = \varnothing.$$

(5) 如果两个事件 A 与 B 不可能同时发生，则称事件 A 与 B 为互不相容(互斥)，记作

$$A \cap B = \varnothing.$$

基本事件是两两互不相容的.

(6) 若 $A \cup B = \Omega$ 且 $A \cap B = \varnothing$，则称事件 A 与事件 B 互为逆事件(对立事件). A 的对立事件记为 $\overline{A}$，$\overline{A}$ 是由所有不属于 A 的样本点组成的事件，它表示“A 不发生”这样一个事件. 显然 $\overline{A} = \Omega - A$.

在一次试验中，若 A 发生，则 $\overline{A}$ 必不发生(反之亦然)，即在一次试验中，A 与 $\overline{A}$ 二者只能发生其中之一，并且也必然发生其中之一. 显然有 $\overline{\overline{A}} = A$.

对立事件必为互不相容事件，反之，互不相容事件未必为对立事件.

以上事件之间的关系及运算可以用文氏图来直观地描述. 若用平面上一个矩形表示样本空间 Ω，矩形内的点表示样本点，圆 A 与圆 B 分别表示事件 A 与事件 B，则 A 与 B 的各种关系及运算如图 12-1 ～ 图 12-6 所示.

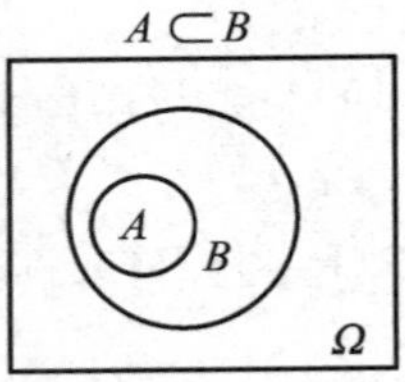

图 12-1

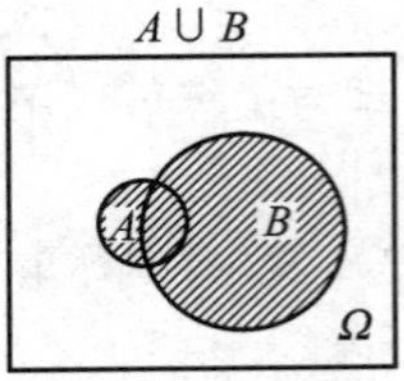

图 12-2

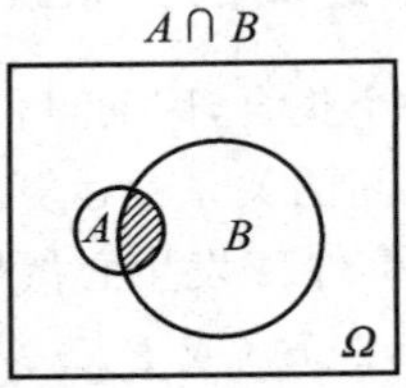

图 12-3

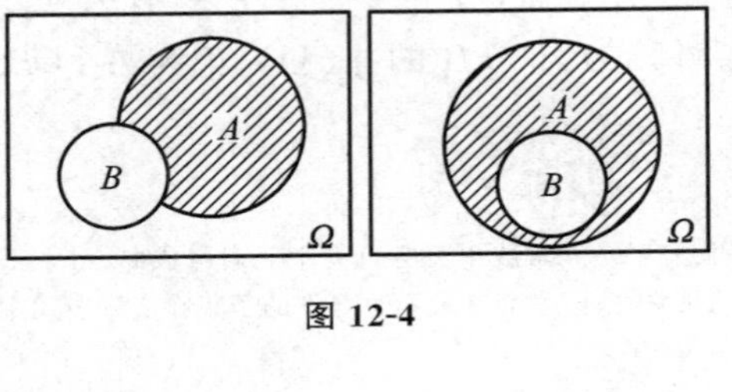

图 12-4

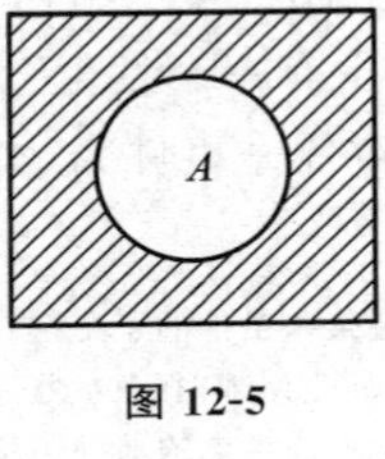

图 12-5

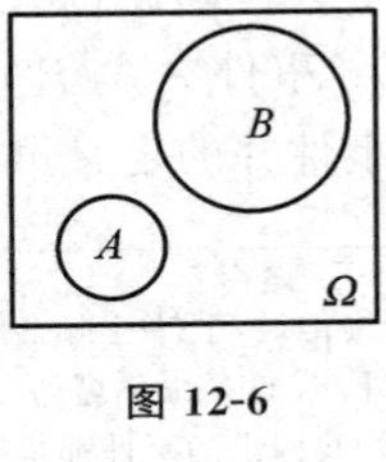

图 12-6

可以验证一般事件的运算满足如下关系：

(i) 交换律 $A\cup B=B\cup A$，$A\cap B=B\cap A$；

(ii) 结合律 $A\cup(B\cup C)=(A\cup B)\cup C$，$A\cap(B\cap C)=(A\cap B)\cap C$；

(iii) 分配律　$A\cup(B\cap C)=(A\cup B)\cap(A\cup C)$，$A\cap(B\cup C)=(A\cap B)\cup(A\cap C)$，分配律可以推广到有穷或可列无穷的情形，即

$$A\cap(\bigcup_{i=1}^{n}A_i)=\bigcup_{i=1}^{n}(A\cap A_i),A\cup(\bigcap_{i=1}^{n}A_i)=\bigcap_{i=1}^{n}(A\cup A_i),$$

$$A\cap(\bigcup_{i=1}^{\infty}A_i)=\bigcup_{i=1}^{\infty}(A\cap A_i),A\cup(\bigcap_{i=1}^{\infty}A_i)=\bigcap_{i=1}^{\infty}(A\cup A_i);$$

(iv) $A-B=A\overline{B}=A-AB$；

(v) 对有穷个或可列无穷个 A_i，恒有

$$\overline{\bigcup_{i=1}^{n}A_i}=\bigcap_{i=1}^{n}\overline{A_i},\overline{\bigcap_{i=1}^{n}A_i}=\bigcup_{i=1}^{n}\overline{A_i};$$

$$\overline{\bigcup_{i=1}^{\infty}A_i}=\bigcap_{i=1}^{\infty}\overline{A_i},\overline{\bigcap_{i=1}^{\infty}A_i}=\bigcup_{i=1}^{\infty}\overline{A_i}.$$

例 1　设 A,B,C 为三个事件，用 A,B,C 的运算式表示下列事件：

(1) A 发生而 B 与 C 都不发生：$A\overline{B}\overline{C}$ 或 $A-B-C$ 或 $A-(B\cup C)$.

(2) A,B 都发生而 C 不发生：$AB\overline{C}$ 或 $AB-C$.

(3) A,B,C 至少有一个事件发生：$A\cup B\cup C$.

(4) A,B,C 至少有两个事件发生：$(AB)\cup(AC)\cup(BC)$.

(5) A,B,C 恰好有两个事件发生：$(AB\overline{C})\cup(AC\overline{B})\cup(BC\overline{A})$.

(6) A,B,C 恰好有一个事件发生：$(A\overline{B}\,\overline{C})\cup(B\overline{A}\,\overline{C})\cup(C\overline{A}\,\overline{B})$.

(7) A,B 至少有一个发生而 C 不发生：$(A\cup B)\overline{C}$.

(8) A,B,C 都不发生：$\overline{A\cup B\cup C}$ 或 $\overline{A}\,\overline{B}\,\overline{C}$.

例 2　在数学系的学生中任选一名学生. 若事件 A 表示被选学生是男生，事件 B 表示该生是三年级学生，事件 C 表示该生是运动员.

(1) 叙述 $AB\overline{C}$ 的意义.

(2) 在什么条件下 $ABC=C$ 成立？

(3) 在什么条件下 $\overline{A}\subset B$ 成立？

解　(1) 该生是三年级男生，但不是运动员.

(2) 全系运动员都是三年级男生.

(3) 全系女生都在三年级.

例 3　设事件 A 表示"甲种产品畅销，乙种产品滞销"，求其对立事件 $\overline{A}$.

解　设 $B=$"甲种产品畅销"，$C=$"乙种产品滞销"，则 $A=BC$，故

$$\overline{A}=\overline{BC}=\overline{B}\cup\overline{C}=\text{"甲种产品滞销或乙种产品畅销"}.$$

第二节　概率、古典概型

除必然事件与不可能事件外，任一随机事件在一次试验中都有可能发生，也有可能不发生. 人们常常希望了解某些事件在一次试验中发生的可能性的大小. 为此，我们首先引入频率

的概念，它描述了事件发生的频繁程度，进而我们再引出表示事件在一次试验中发生的可能性大小 —— 概率.

一、频率

定义 1　设在相同的条件下，进行了 n 次试验. 若随机事件 A 在 n 次试验中发生了 k 次，则比值 $\frac{k}{n}$ 称为事件 A 在这 n 次试验中发生的频率，记为

$$f_n(A)=\frac{k}{n}.$$

由定义 1 容易推知，频率具有以下性质：

(i) 对任一事件 A，有 $0\leqslant f_n(A)\leqslant 1$；

(ii) 对必然事件 Ω，有 $f_n(\Omega)=1$；

(iii) 若事件 A,B 互不相容，则

$$f_n(A\cup B)=f_n(A)+f_n(B).$$

一般地，若事件 $A_1,A_2,\cdots,A_m$ 两两互不相容，则

$$f_n(\bigcup_{i=1}^{m}A_i)=\sum_{i=1}^{m}f_n(A_i).$$

事件 A 发生的频率 $f_n(A)$ 表示 A 发生的频繁程度，频率大，事件 A 发生就频繁，在一次试验中，A 发生的可能性也就大，反之亦然. 因而，直观的想法是用 $f_n(A)$ 表示 A 在一次试验中发生可能性的大小. 但是，由于试验的随机性，即使同样是进行 n 次试验，$f_n(A)$ 的值也不一定相同. 但大量实验证实，随着重复试验次数 n 的增加，频率 $f_n(A)$ 会逐渐稳定于某个常数附近，而偏离的可能性很小. 频率具有“稳定性”这一事实，说明了刻画事件 A 发生可能性大小 —— 概率具有一定的客观存在性.

历史上有一些著名的试验，德·摩根、蒲丰和皮尔逊曾进行过大量掷硬币试验，所得结果如表 12-1 所示.

表 12-1

试验者	掷硬币次数	出现正面次数	出现正面的频率
德·摩根	2048	1061	0.5181
蒲丰	4040	2048	0.5069
皮尔逊	12000	6019	0.5016
皮尔逊	24000	12012	0.5005

可见出现正面的频率总在 0.5 附近摆动，随着试验次数增加，它逐渐稳定于 0.5. 这个 0.5 就反映正面出现的可能性的大小.

每个事件都存在一个这样的常数与之对应，因而可将频率 $f_n(A)$ 在 n 无限增大时逐渐趋向稳定的这个常数定义为事件 A 发生的概率. 这就是概率的定义.

定义 2　设事件 A 在 n 次重复试验中发生的次数为 k，当 n 很大时，频率 $\frac{k}{n}$ 在某一数值 p 的附近摆动，而随着试验次数 n 的增加，发生较大摆动的可能性越来越小，则称数 p 为事件 A

发生的概率，记为

$$P(A)=p.$$

为了理论研究的需要，我们从频率的稳定性和频率的性质得到启发，给出概率的公理化定义.

二、概率的公理化定义

定义 3　设 Ω 为样本空间，A 为事件，对于每一个事件 A 赋予一个实数，记作 $P(A)$，如果 $P(A)$ 满足以下条件：

(i) 非负性　$P(A)\geqslant 0$；

(ii) 规范性　$P(\Omega)=1$；

(iii) 可列可加性　对于两两互不相容的可列无穷多个事件 $A_1,A_2,\cdots,A_n,\cdots$，有

$$P\left(\bigcup_{n=1}^{\infty}A_n\right)=\sum_{n=1}^{\infty}P(A_n),$$

则称实数 $P(A)$ 为事件 A 的概率.

当 $n\to\infty$ 时频率 $f_n(A)$ 在一定意义下接近于概率 $P(A)$. 基于这一事实，我们就有理由用概率 $P(A)$ 来表示事件 A 在一次试验中发生的可能性的大小. 由概率公理化定义，可以推出概率的一些性质.

性质 1　$P(\varnothing)=0$.

这个性质说明：不可能事件的概率为 0. 但逆命题不一定成立，我们将在第十三章加以说明.

性质 2（有限可加性）　若 $A_1,A_2,\cdots,A_n$ 为两两互不相容事件，则有

$$P\left(\bigcup_{k=1}^{n}A_k\right)=\sum_{k=1}^{n}P(A_k).$$

性质 3　设 A,B 是两个事件，若 $A\subset B$，则有

$$P(B-A)=P(B)-P(A)\quad\text{或}\quad P(A)\leqslant P(B).$$

证　由 $A\subset B$，知 $B=A\cup(B-A)$ 且 $A\cap(B-A)=\varnothing$.

再由概率的有限可加性有

$$P(B)=P(A\cup(B-A))=P(A)+P(B-A),$$

即

$$P(B-A)=P(B)-P(A);$$

又由 $P(B-A)\geqslant 0$，得 $P(A)\leqslant P(B)$.

性质 4　对于任一事件 A，$P(A)\leqslant 1$.

证　因为 $A\subset\Omega$，由性质 3 得 $P(A)\leqslant P(\Omega)=1$.

性质 5　对于任一事件 A，有

$$P(\overline{A})=1-P(A).$$

证　因为 $\overline{A}\cup A=\Omega,\overline{A}\cap A=\varnothing$，由有限可加性，得

$$1=P(\Omega)=P(\overline{A}\cup A)=P(\overline{A})+P(A),$$

即

$$P(\overline{A})=1-P(A).$$

性质 6(加法公式)　对于任意两个事件 A,B 有

$$P(A\cup B)=P(A)+P(B)-P(AB).$$

证　因为 $A\cup B=A\cup(B-AB)$ 且 $A\cap(B-AB)=\varnothing$,由性质 2 和性质 3 得

$$P(A\cup B)=P(A\cup(B-AB))=P(A)+P(B-AB)=P(A)+P(B)-P(AB).$$

性质 6 还可推广到三个事件的情形. 例如,设 A_1,A_2,A_3 为任意三个事件,则有

$$P(A_1\cup A_2\cup A_3)=$$

$$P(A_1)+P(A_2)+P(A_3)-P(A_1A_2)-P(A_1A_3)-P(A_2A_3)+P(A_1A_2A_3).$$

一般地,设 $A_1,A_2,\cdots,A_n$ 为任意 n 个事件,可由归纳法证得

$$P(A_1\cup A_2\cup A_3)$$

$$=\sum_{i=1}^{n}P(A_i)-\sum_{1\leqslant i<j\leqslant n}P(A_iA_j)+\sum_{1\leqslant i<j<k\leqslant n}P(A_iA_jA_k)-\cdots+(-1)^{n-1}P(A_1A_2\cdots A_n).$$

例 1　设 A,B 为两事件,$P(A)=0.5$,$P(B)=0.3$,$P(AB)=0.1$,求:

(1) A 发生但 B 不发生的概率;

(2) A 不发生但 B 发生的概率;

(3) 至少有一个事件发生的概率;

(4) A,B 都不发生的概率;

(5) 至少有一个事件不发生的概率.

解　(1) $P(A\overline{B})=P(A-B)=P(A-AB)=P(A)-P(AB)=0.4$;

(2) $P(\overline{A}B)=P(B-AB)=P(B)-P(AB)=0.2$;

(3) $P(A\cup B)=0.5+0.3-0.1=0.7$;

(4) $P(\overline{A}\overline{B})=P(\overline{A\cup B})=1-P(A\cup B)=1-0.7=0.3$;

(5) $P(\overline{A}\cup\overline{B})=P(\overline{AB})=1-P(AB)=1-0.1=0.9$.

三、古典概型

定义 4　若随机试验 E 满足以下条件:

(i) 试验的样本空间 Ω 只有有限个样本点,即

$$\Omega=\{\omega_1,\omega_2,\cdots,\omega_n\};$$

(ii) 试验中每个基本事件的发生是等可能的,即

$$P(\{\omega_1\})=P(\{\omega_2\})=\cdots=P(\{\omega_n\}),$$

则称此试验为古典概型,或称为等可能概型.

由定义可知 $\{\omega_1\},\{\omega_2\},\cdots,\{\omega_n\}$ 是两两互不相容的,故有

$$1=P(\Omega)=P(\{\omega_1\}\cup\cdots\cup\{\omega_n\})=P(\{\omega_1\})+\cdots+P(\{\omega_n\}),$$

又每个基本事件发生的可能性相同,即

$$P(\{\omega_1\})=P(\{\omega_2\})=\cdots=P(\{\omega_n\}),$$

故

$$P(\{\omega_i\})=\frac{1}{n}\ (i=1,2,\cdots,n).$$

设事件 A 包含 k 个基本事件,即

$$A=\{\omega_{i1}\}\cup\{\omega_{i2}\}\cup\cdots\cup\{\omega_{ik}\},$$

则有

$$P(A)=P(\{\omega_{i1}\}\cup\{\omega_{i2}\}\cup\cdots\cup\{\omega_{ik}\})=P(\{\omega_{i1}\})+P(\{\omega_{i2}\})+\cdots+P(\{\omega_{ik}\})$$
$$=\underbrace{\frac{1}{n}+\frac{1}{n}+\cdots+\frac{1}{n}}_{k个}=\frac{k}{n}.$$

由此，得到古典概型中事件 A 的概率计算公式为

$$P(A)=\frac{k}{n}=\frac{A\,所包含的样本点数}{\Omega\,中样本点总数},\tag{12.1}$$

称古典概型中事件A的概率为古典概率.一般地，可利用排列、组合及乘法原理、加法原理的知识计算 k 和 n，进而求得相应的概率.

例 2　将一枚硬币抛掷三次，求：

(1) 恰有一次出现正面的概率；

(2) 至少有一次出现正面的概率.

解　将一枚硬币抛掷三次的样本空间

$$\Omega=\{HHH,HHT,HTH,THH,HTT,THT,TTH,TTT\},$$

Ω 中包含有限个元素，且由对称性知每个基本事件发生的可能性相同.

(1) 设 A 表示“恰有一次出现正面”的事件，则 $A=\{HTT,THT,TTH\}$，故有

$$P(A)=\frac{3}{8}.$$

(2) 设 B 表示“至少有一次出现正面”的事件，由 $\overline{B}=\{TTT\}$，得

$$P(B)=1-P(\overline{B})=1-\frac{1}{8}=\frac{7}{8}.$$

当样本空间的元素较多时，我们一般不再将Ω中的元素一一列出，而只需分别求出Ω中与 A 中包含的元素的个数(即基本事件的个数)，再由式(12.1)求出 A 的概率.

例 3　一口袋装有 6 只球，其中 4 只白球，2 只红球.从袋中取球两次，每次随机地取一只.考虑两种取球方式：

(a) 第一次取一只球，观察其颜色后放回袋中，搅匀后再任取一球.这种取球方式叫作有放回抽取.

(b) 第一次取一球后不放回袋中，第二次从剩余的球中再取一球.这种取球方式叫作不放回抽取.

试分别就上面两种情形，求取到的两只球都是白球的概率.

解　(a) 有放回抽取的情形：

第一次从袋中取球有 6 只球可供抽取，第二次也有 6 只球可供抽取.由乘法原理知，共有 6×6 种取法，即基本事件总数为6×6.对于本题要求的事件A而言，由于第一次有4只白球可供抽取，第二次也有 4 只白球可供抽取，由乘法原理知，共有 4×4 种取法，即 A 中包含 4×4 个元素.于是

$$P(A)=\frac{4\times 4}{6\times 6}=\frac{4}{9}.$$

(b) 不放回抽取的情形：

第一次从 6 只球中抽取，第二次只能从剩下的 5 只球中抽取，故共有 6×5 种取法，即样本

点总数为 6×5. 对于事件 A 而言,第一次从 4 只白球中抽取,第二次从剩下的 3 只白球中抽取,故共有 4×3 种取法,即 A 中包含 4×3 个元素,于是

$$P(A)=\frac{4\times3}{6\times5}=\frac{2}{5}.$$

例 4　箱中装有 a 只白球,b 只黑球,现做不放回抽取,每次一只.

(1) 任取 $m+n$ 只,恰有 m 只白球,n 只黑球的概率($m\leqslant a,n\leqslant b$);

(2) 第 k 次才取到白球的概率($k\leqslant b+1$);

(3) 第 k 次恰取到白球的概率.

解　(1) 可看作一次取出 $m+n$ 只球,与次序无关,是组合问题. 从 $a+b$ 只球中任取 $m+n$ 只,所有可能的取法共有 C_{a+b}^{m+n} 种,每一种取法为一基本事件且由对称性知,每个基本事件发生的可能性相同. 从 a 只白球中取 m 只,共有 C_a^m 种不同的取法,从 b 只黑球中取 n 只,共有 C_b^n 种不同的取法. 由乘法原理知,取到 m 只白球 n 只黑球的取法共 $C_a^mC_b^n$ 种,于是所求概率为

$$p_1=\frac{C_a^mC_b^n}{C_{a+b}^{m+n}}.$$

(2) 抽取与次序有关. 每次取一只,取后不放回,一共取 k 次,每种取法即是从 $a+b$ 个不同元素中任取 k 个不同元素的一个排列,每种取法是一个基本事件,共有 P_{a+b}^k 个基本事件,且由对称性知,每个基本事件发生的可能性相同. 前 $k-1$ 次都取到黑球,从 b 只黑球中任取 $k-1$ 只的排法种数,有 P_b^{k-1} 种,第 k 次抽取的白球可为 a 只白球中任一只,有 P_a^1 种不同的取法. 由乘法原理,前 $k-1$ 次都取到黑球,第 k 次取到白球的取法共有 $P_b^{k-1}P_a^1$ 种,于是所求概率为

$$p_2=\frac{P_b^{k-1}P_a^1}{P_{a+b}^k}.$$

(3) 基本事件总数仍为 P_{a+b}^k. 第 k 次必取到白球,可为 a 只白球中任一只,有 P_a^1 种不同的取法,其余被取的 $k-1$ 只球可以是其余 $a+b-1$ 只球中的任意 $k-1$ 只,共有 P_{a+b-1}^{k-1} 种不同的取法,由乘法原理,第 k 次恰取到白球的取法有 $P_a^1P_{a+b-1}^{k-1}$ 种,故所求概率为

$$p_3=\frac{P_a^1P_{a+b-1}^{k-1}}{P_{a+b}^k}=\frac{a}{a+b}.$$

例 4(3) 中值得注意的是,p_3 与 k 无关,也就是说,其中任一次抽球,抽到白球的概率都跟第一次抽到白球的概率相同,为 $\dfrac{a}{a+b}$,而跟抽球的先后次序无关(例如购买福利彩票时,尽管购买的先后次序不同,但各人得奖的机会是一样的).

例 5　有 n 个人,每个人都以同样的概率 $\dfrac{1}{N}$ 被分配在 $N(n<N)$ 间房中的任一间中,求恰好有 n 个房间,其中各住一人的概率.

解　每个人都有 N 种分法,这是可重复排列问题,n 个人共有 N^n 种不同分法. 因为没有指定是哪几间房,所以首先选出 n 间房,有 C_N^n 种选法. 对于其中每一种选法,每间房各住一人,共有 $n!$ 种分法,故所求概率为

$$p=\frac{C_N^nn!}{N^n}.$$

许多直观背景很不相同的实际问题,都和本例具有相同的数学模型. 比如生日问题:假设每人的生日在一年 365 天中的任一天是等可能的,那么随机选取 $n(n\leqslant365)$ 个人,他们的生日

各不相同的概率为

$$p_1 = \frac{C_{365}^n n!}{365^n},$$

因而 n 个人中至少有两个人生日相同的概率为

$$p_2 = 1 - \frac{C_{365}^n n!}{365^n}.$$

例如 $n = 64$ 时 $p_2 = 0.997$，这表示在仅有 64 人的班级里，“至少有两人生日相同”的概率与 1 相差无几，因此几乎总是会出现的. 这个结果也许会让大多数人惊奇，因为“一个班级中至少有两人生日相同”的概率并不如人们直觉中想象得那样小，而是相当大. 这也告诉我们，“直觉”并不很可靠，说明研究随机现象统计规律是非常重要的.

四、几何概型

上述古典概型的计算，只适用于具有等可能性的有限样本空间，若试验结果无穷多，它显然已不适合. 为了克服有限的局限性，可将古典概型的计算加以推广.

设试验具有以下特点：

(1) 样本空间 Ω 是一个几何区域，这个区域大小可以度量(如长度、面积、体积等)，并把 Ω 的度量，记作 $m(\Omega)$.

(2) 向区域 Ω 内任意投掷一个点，落在区域内任一个点处都是“等可能的”，或者设落在 Ω 中的区域 A 内的可能性与 A 的度量 $m(A)$ 成正比，与 A 的位置和形状无关.

不妨也用 A 表示“掷点落在区域 A 内”的事件，那么事件 A 的概率可用下列公式计算：

$$P(A) = \frac{m(A)}{m(\Omega)},$$

称它为几何概率.

例 6　在区间 $(0,1)$ 内任取两个数，求这两个数的乘积小于 0.25 的概率.

解　设在 $(0,1)$ 内任取两个数为 x, y，则

$$0 < x < 1, 0 < y < 1,$$

即样本空间是由点 (x,y) 边长为 1 的正方形 Ω，其面积为 1.

令 A 表示“两个数乘积小于 0.25”，则

$$A = \{(x,y) \mid 0 < xy < 0.25, 0 < x < 1, 0 < y < 1\},$$

事件 A 所围成的区域见图 12-7，则所求概率

$$P(A) = \frac{1 - \int_{1/4}^{1} \mathrm{d}x \int_{1/4x}^{1} \mathrm{d}y}{1} = \frac{1 - \int_{1/4}^{1} (1 - \frac{1}{4x}) \mathrm{d}x}{1}$$

$$= 1 - \frac{3}{4} + \int_{1/4}^{1} \frac{1}{4x} \mathrm{d}x = \frac{1}{4} + \frac{1}{2}\ln 2.$$

例 7　两人相约在某天下午 2:00—3:00 在预定地方见面，先到者要等候 20 分钟，过时则离去. 如果每人在这指定的一小时内任一时刻到达是等可能的，求约会的两人能会到面的概率.

解　设 x, y 为两人到达预定地点的时刻，那么，两人到达时间的一切可能结果落在边长为 60 的正方形内，这个正方形就是样本空间 Ω，而两人能会面的充要条件是 $|x - y| \leqslant 20$，即

$$x-y \leqslant 20 \text{ 且 } y-x \leqslant 20.$$

令事件 A 表示“两人能会到面”，该区域如图 12-8 所示，则

$$P(A)=\frac{m(A)}{m(\Omega)}=\frac{60^2-40^2}{60^2}=\frac{5}{9}.$$

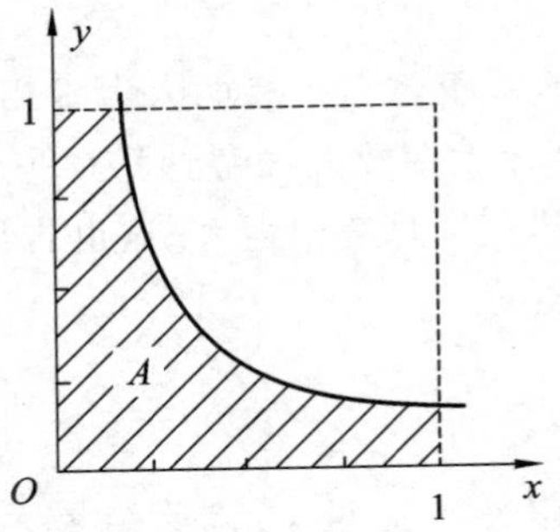

图 12-7

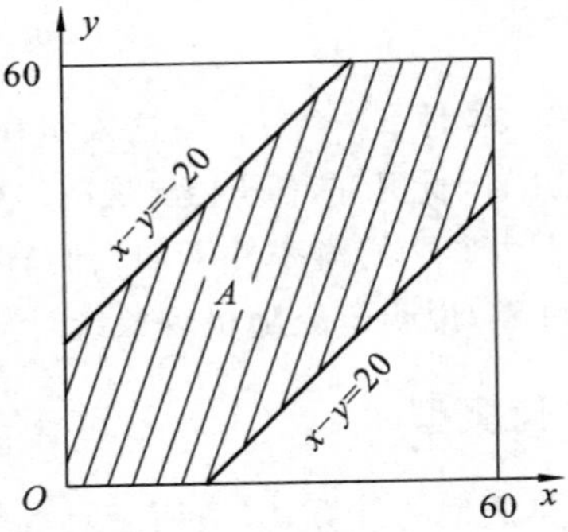

图 12-8

第三节　条件概率、全概率公式

一、条件概率的定义

定义 1　设 A,B 为两个事件，且 $P(B)>0$，则称$\frac{P(AB)}{P(B)}$为事件 B 已发生的条件下事件 A 发生的条件概率，记为 $P(A \mid B)$，即

$$P(A \mid B)=\frac{P(AB)}{P(B)}.$$

易验证，$P(A \mid B)$ 符合概率定义的三条公理，即：

(i) 对于任一事件 A，有 $P(A \mid B) \geqslant 0$；

(ii) $P(\Omega \mid B)=1$；

(iii) $P(\bigcup\limits_{i=1}^{\infty} A_i \mid B)=\sum\limits_{i=1}^{\infty} P(A \mid B)$，

其中 $A_1,A_2,\cdots,A_n,\cdots$ 为两两互不相容事件.

这说明条件概率符合定义 1 中概率应满足的三个条件，故对概率已证明的结果都适用于条件概率. 例如，对于任意事件 A_1,A_2，有

$$P(A_1 \cup A_2 \mid B)=P(A_1 \mid B)+P(A_2 \mid B)-P(A_1A_2 \mid B).$$

又如，对于任意事件 A，有

$$P(\overline{A} \mid B)=1-P(A \mid B).$$

例 1　某电子元件厂有职工 180 人，男职工有 100 人，女职工有 80 人，男、女职工中非熟练工人分别有 20 人与 5 人. 现从该厂中任选一名职工，求：

(1) 该职工为非熟练工人的概率是多少?

(2) 若已知被选出的是女职工，她是非熟练工人的概率又是多少?

解　(1) 设 A 表示“任选一名职工为非熟练工人”的事件，则

$$P(A)=\frac{25}{180}=\frac{5}{36}.$$

(2) 设 B 表示“选出女职工”的事件，则有

$$P(A\mid B)=\frac{P(AB)}{P(B)}=\frac{\frac{5}{180}}{\frac{80}{180}}=\frac{1}{16}.$$

例 2　某科动物出生之后活到 20 岁的概率为 0.7，活到 25 岁的概率为 0.56，求现年为 20 岁的动物活到 25 岁的概率.

解　设 A 表示“活到 20 岁以上”的事件，B 表示“活到 25 岁以上”的事件，则有 $P(A)=0.7$，$P(B)=0.56$ 且 $B\subset A$. 得

$$P(B\mid A)=\frac{P(AB)}{P(A)}=\frac{P(B)}{P(A)}=0.8.$$

例 3　一盒中装有 5 只产品，其中有 3 只正品，2 只次品，从中取产品两次，每次取一只，做不放回抽样. 求在第一次取到正品条件下，第二次取到的也是正品的概率.

解　设 A 表示“第一次取到正品”的事件，B 表示“第二次取到正品”的事件，由条件得

$$P(A)=\frac{3}{5},$$

$$P(AB)=\frac{3\times 2}{5\times 4}=\frac{3}{10},$$

故有

$$P(A\mid B)=\frac{P(AB)}{P(B)}=\frac{\frac{3}{10}}{\frac{3}{5}}=\frac{1}{2}.$$

此题也可按产品编号来做，设 1,2,3 号为正品，4,5 号为次品，则样本空间为 $\Omega=\{1,2,3,4,5\}$，若 A 已发生，即在 1,2,3 中抽走一个，于是第二次抽取所有可能结果的集合中共有 4 只产品，其中有 2 只正品，故得

$$P(A\mid B)=\frac{1}{2}.$$

二、乘法定理

由条件概率定义

$$P(B\mid A)=\frac{P(AB)}{P(A)},P(A)>0,$$

两边同乘以 $P(A)$ 可得

$$P(AB)=P(A)P(B\mid A),$$

由此可得乘法定理.

定理 1（乘法定理）　设 $P(A)>0$，则有

$$P(AB)=P(A)P(B\mid A).$$

易知，若 $P(B)>0$，则有

$$P(AB)=P(B)P(A\mid B).$$

乘法定理可推广到三个事件的情况，例如，设 A,B,C 为三个事件，且 $P(AB)>0$，则有

$$P(ABC)=P(C\mid AB)P(AB)=P(C\mid AB)P(B\mid A)P(A).$$

一般地，设 n 个事件为 $A_1,A_2,\cdots,A_n$，若 $P(A_1A_2\cdots A_n)>0$，则有

$$P(A_1A_2\cdots A_n)=P(A_1)P(A_2\mid A_1)P(A_3\mid A_1A_2)\cdots P(A_n\mid A_1A_2\cdots A_{n-1}).$$

事实上，由 $A_1\supset A_1A_2\supset\cdots\supset A_1A_2\cdots A_{n-1}$，有

$$P(A_1)\geqslant P(A_1A_2)\geqslant\cdots\geqslant P(A_1A_2\cdots A_{n-1})>0,$$

故公式右边的条件概率每一个都有意义. 由条件概率定义可知

$$\begin{aligned}&P(A_1)P(A_2\mid A_1)P(A_3\mid A_1A_2)\cdots P(A_n\mid A_1A_2\cdots A_{n-1})\\&=P(A_1)\frac{P(A_1A_2)}{P(A_1)}\cdot\frac{P(A_1A_2A_3)}{P(A_1A_2)}\cdot\cdots\cdot\frac{P(A_1A_2\cdots A_n)}{P(A_1A_2\cdots A_{n-1})}\\&=P(A_1A_2\cdots A_n).\end{aligned}$$

例 4　一批彩电，共 100 台，其中有 10 台次品，采用不放回抽样依次抽取 3 次，每次抽一台，求第 3 次才抽到合格品的概率.

解　设 $A_i(i=1,2,3)$ 为第 i 次抽到合格品的事件，则有

$$P(\overline{A_1}\,\overline{A_2}A_3)=P(\overline{A_1})P(\overline{A_2}\mid\overline{A_1})P(A_3\mid\overline{A_1}\,\overline{A_2})=\frac{10}{100}\times\frac{9}{99}\times\frac{90}{98}\approx 0.0083.$$

例 5　设盒中有 m 只红球，n 只白球，每次从盒中任取一只球，看后放回，再放入 k 只与所取颜色相同的球. 若在盒中连取四次，试求第一次、第二次取到红球，第三次、第四次取到白球的概率.

解　设 $R_i(i=1,2,3,4)$ 表示第 i 次取到红球的事件，$\overline{R_i}(i=1,2,3,4)$ 表示第 i 次取到白球的事件. 则有

$$\begin{aligned}P(R_1R_2\overline{R_3}\,\overline{R_4})&=P(R_1)P(R_2\mid R_1)P(\overline{R_3}\mid R_1R_2)P(\overline{R_4}\mid R_1R_2\overline{R}_3)\\&=\frac{m}{m+n}\cdot\frac{m+k}{m+n+k}\cdot\frac{n}{m+n+2k}\cdot\frac{n+k}{m+n+3k}.\end{aligned}$$

例 6　袋中有 n 个球，其中 $n-1$ 个红球，1 个白球. n 个人依次从袋中各取一球，每人取一球后不再放回袋中，求第 $i(i=1,2,\cdots,n)$ 人取到白球的概率.

解　设 A_i 表示"第 i 人取到白球"$(i=1,2,\cdots,n)$ 的事件，显然

$$P(A_1)=\frac{1}{n},$$

由 $\overline{A_1}\supset A_2$，故 $A_2=\overline{A_1}A_2$，于是

$$P(A_2)=P(\overline{A_1}A_2)=P(\overline{A_1})P(A_2\mid\overline{A_1})=\frac{n-1}{n}\,\frac{1}{n-1}=\frac{1}{n},$$

类似有

$$P(A_3)=P(\overline{A_1}\,\overline{A_2}A_3)=P(\overline{A_1})P(\overline{A_2}\mid\overline{A_1})P(A_3\mid\overline{A_1}\,\overline{A_2})=\frac{n-1}{n}\cdot\frac{n-2}{n-1}\cdot\frac{1}{n-2}=\frac{1}{n},$$

$$P(A_n)=P(\overline{A_1}\,\overline{A_2}\cdots\overline{A_{n-1}}A_n)=\frac{n-1}{n}\cdot\frac{n-2}{n-1}\cdot\cdots\cdot\frac{1}{2}\cdot 1=\frac{1}{n}.$$

因此，第 $i(i=1,2,\cdots,n)$ 个人取到白球的概率与 i 无关，都是 $\frac{1}{n}$.

三、全概率公式和贝叶斯公式

为建立两个用来计算概率的重要公式，我们先引入样本空间 Ω 的划分的定义.

定义 2　设 Ω 为样本空间，$A_1, A_2, \cdots, A_n$ 为 Ω 的一组事件，若满足

(i) $A_iA_j = \varnothing,\ i \neq j, i, j = 1, 2, \cdots, n$,

(ii) $\bigcup\limits_{i=1}^{n} A_i = \Omega$,

则称 $A_1, A_2, \cdots, A_n$ 为样本空间 Ω 的一个划分.

例如：$A, \overline{A}$ 就是 Ω 的一个划分.

若 $A_1, A_2, \cdots, A_n$ 是 Ω 的一个划分，那么，对每次试验，事件 $A_1, A_2, \cdots, A_n$ 中必有一个且仅有一个发生.

定理 2（全概率公式）　设 B 为样本空间 Ω 中的任一事件，$A_1, A_2, \cdots, A_n$ 为 Ω 的一个划分，且 $P(A_i) > 0 (i = 1, 2, \cdots, n)$，则有

$$P(B) = P(A_1)P(B \mid A_1) + P(A_2)P(B \mid A_2) + \cdots + P(A_n)P(B \mid A_n) = \sum_{i=1}^{n} P(A_i)P(B \mid A_i),$$

称上述公式为全概率公式.

全概率公式表明，在许多实际问题中事件 B 的概率不易直接求得，如果容易找到 Ω 的一个划分 $A_1, A_2, \cdots, A_n$，且 $P(A_i)$ 和 $P(B \mid A_i)$ 为已知，或容易求得，那么就可以根据全概率公式求出 $P(B)$.

证

$$\begin{aligned} P(B) &= P(B(A_1 \cup A_2 \cup \cdots \cup A_n)) = P(BA_1 \cup BA_2 \cup \cdots \cup BA_n) \\ &= P(BA_1) + P(BA_2) + \cdots + P(BA_n) \\ &= P(A_1)P(B \mid A_1) + P(A_2)P(B \mid A_2) + \cdots + P(A_n)P(B \mid A_n) \end{aligned}$$

另一个重要公式叫作贝叶斯公式.

定理 3（贝叶斯公式）　设样本空间为 Ω，B 为 Ω 中的事件，$A_1, A_2, \cdots, A_n$ 为 Ω 的一个划分，且 $P(B) > 0, P(A_i) > 0\ (i = 1, 2, \cdots, n)$，则有

$$P(A_i \mid B) = \frac{P(B \mid A_i)P(A_i)}{\sum\limits_{j=1}^{n} P(B \mid A_j)P(A_j)}\ (i = 1, 2, \cdots, n),$$

称上式为贝叶斯公式.

证　由条件概率公式有

$$P(A_i \mid B) = \frac{P(A_iB)}{P(B)} = \frac{P(A_i)P(B \mid A_i)}{\sum\limits_{j=1}^{n} P(B \mid A_j)P(A_j)}\ (i = 1, 2, \cdots, n).$$

例 7　某工厂生产的产品以 100 件为一批，假定每一批产品中的次品数最多不超过 4 件，且具有如下的概率：

一批产品中的次品数	0	1	2	3	4
概率	0.1	0.2	0.4	0.2	0.1

现进行抽样检验，从每批中随机取出 10 件来检验，若发现其中有次品，则认为该批产品不合格，求一批产品通过检验的概率.

解　以 A_i 表示一批产品中有 i 件次品，$i = 0, 1, 2, 3, 4$，B 表示通过检验，则由题意得

$$P(A_0) = 0.1, P(B \mid A_0) = 1,$$

$$P(A_1) = 0.2, P(B \mid A_1) = \frac{C_{99}^{10}}{C_{100}^{10}} = 0.9,$$

$$P(A_2)=0.4, P(B\mid A_2)=\frac{C_{98}^{10}}{C_{100}^{10}}=0.809,$$

$$P(A_3)=0.2, P(B\mid A_3)=\frac{C_{97}^{10}}{C_{100}^{10}}=0.727,$$

$$P(A_4)=0.1, P(B\mid A_4)=\frac{C_{96}^{10}}{C_{100}^{10}}=0.652.$$

由全概率公式,得

$$\begin{aligned}P(B)&=\sum_{i=0}^{4}P(A_i)P(B\mid A_i)\\&=0.1\times1+0.2\times0.9+0.4\times0.809+0.2\times0.727+0.1\times0.652\approx0.814.\end{aligned}$$

例 8 设某工厂有甲、乙、丙 3 个车间生产同一种产品,产量依次占全厂的 45%,35%,20%,且各车间的次品率分别为 4%,2%,5%. 现在从一批产品中检查出 1 个次品,问该次品是由哪个车间生产的可能性最大?

解 设 A_1,A_2,A_3 表示产品来自甲、乙、丙三个车间,B 表示"产品为次品"的事件,易知 A_1,A_2,A_3 是样本空间 Ω 的一个划分,且有

$$P(A_1)=0.45,\quad P(A_2)=0.35,\quad P(A_3)=0.20,$$

$$P(B\mid A_1)=0.04, P(B\mid A_2)=0.02, P(B\mid A_3)=0.05.$$

由全概率公式得

$$\begin{aligned}P(B)&=P(A_1)P(B\mid A_1)+P(A_2)P(B\mid A_2)+P(A_3)P(B\mid A_3)\\&=0.45\times0.04+0.35\times0.02+0.20\times0.05=0.035.\end{aligned}$$

由贝叶斯公式得

$$P(A_1\mid B)=\frac{0.45\times0.04}{0.035}=0.514,$$

$$P(A_2\mid B)=\frac{0.35\times0.02}{0.035}=0.200,$$

$$P(A_3\mid B)=\frac{0.20\times0.05}{0.035}=0.286.$$

由此可见,该次品由甲车间生产的可能性最大.

例 9 由以往的临床记录,某种诊断癌症的试验具有如下效果:被诊断者有癌症,试验反应为阳性的概率为 0.95;被诊断者没有癌症,试验反应为阴性的概率为 0.95. 现对自然人群进行普查,设被试验的人群中患有癌症的概率为 0.005,求:已知试验反应为阳性,该被诊断者确有癌症的概率.

解 设 A 表示"患有癌症",$\overline{A}$ 表示"没有癌症",B 表示"试验反应为阳性",则由条件得

$$P(A)=0.005,\quad P(\overline{A})=1-P(A)=0.995,$$

$$P(B\mid A)=0.95,\quad P(\overline{B}\mid\overline{A})=0.95.$$

由此

$$P(B\mid\overline{A})=1-0.95=0.05.$$

由贝叶斯公式得

$$P(A\mid B)=\frac{P(A)P(B|A)}{P(A)P(B|A)+P(\overline{A})P(B|\overline{A})}=0.087.$$

这就是说,根据以往的数据分析可以得到,患有癌症的被诊断者,试验反应为阳性的概率

为 95%，没有患癌症的被诊断者，试验反应为阴性的概率为 95%，都叫作先验概率. 而在得到试验结果反应为阳性，该被诊断者确有癌症重新加以修正的概率 0.087 叫作后验概率. 此项试验也表明，用它作为普查，正确性诊断只有 8.7%（即 1000 人具有阳性反应的人中大约只有 87 人的确患有癌症），由此可看出，若把 $P(B \mid A)$ 和 $P(A \mid B)$ 搞混淆就会造成误诊的不良后果.

概率乘法公式、全概率公式、贝叶斯公式是条件概率的三个重要公式. 它们在解决某些复杂事件的概率问题中起到十分重要的作用.

第四节　独　立　性

一、事件的独立性

独立性是概率统计中的一个重要概念，在讲独立性的概念之前先介绍一个例题.

例 1　某公司有工作人员 100 名，其中 35 岁以下的青年人 40 名，该公司每天在所有工作人员中随机选出一人为当天的值班员，而不论其是否在前一天刚好值过班. 求：

(1) 已知第一天选出的是青年人，试求第二天选出青年人的概率；

(2) 已知第一天选出的不是青年人，试求第二天选出青年人的概率；

(3) 第二天选出青年人的概率.

解　以事件 A_1, A_2 表示第一天，第二天选出青年人，则

$$P(A_1) = \frac{40}{100} = 0.4,$$

$$P(A_1A_2) = \frac{40}{100} \times \frac{40}{100} = 0.16,$$

故

(1) $P(A_2 \mid A_1) = \dfrac{P(A_1A_2)}{P(A_1)} = 0.4.$

(2) $P(A_2 \mid \overline{A}_1) = \dfrac{P(\overline{A}_1A_2)}{P(\overline{A}_1)} = 0.4,$

(3) $P(A_2) = P(A_1A_2) + P(\overline{A}_1A_2) = 0.4 \times 0.4 + 0.6 \times 0.4 = 0.4.$

设 A_1, A_2 为两个事件，若 $P(A_1) > 0$，则可定义 $P(A_2 \mid A_1)$. 一般情形下，$P(A_2) \neq P(A_2 \mid A_1)$，即事件 A_1 的发生对事件 A_2 发生的概率是有影响的. 在特殊情况下，一个事件的发生对另一事件发生的概率没有影响，如例 1 有

$$P(A_2) = P(A_2 \mid A_1) = P(A_2 \mid \overline{A}_1).$$

此时乘法公式 $P(A_1A_2) = P(A_1)P(A_2 \mid A_1) = P(A_1)P(A_2)$.

定义 1　若事件 A_1, A_2 满足

$$P(A_1A_2) = P(A_1)P(A_2),$$

则称事件 A_1, A_2 是相互独立的.

容易知道，若 $P(A) > 0, P(B) > 0$，则如果 A, B 相互独立，就有 $P(AB) = P(A)P(B) > 0$，故 $AB \neq \varnothing$，即 A, B 相容. 反之，如果 A, B 互不相容，即 $AB = \varnothing$，则 $P(AB) = 0$，而 $P(A)P(B) > 0$，所以 $P(AB) \neq P(A)P(B)$，即 A 与 B 不独立. 这就是说，当 $P(A) > 0$ 且 $P(B) > 0$ 时，A, B 相互独立与 A, B 互不相容不能同时成立.

定理 1　若事件 A 与 B 相互独立,则下列各对事件也相互独立:

$$A \text{ 与 } \overline{B}, \overline{A} \text{ 与 } B, \overline{A} \text{ 与 } \overline{B}.$$

证　因为 $A = A\Omega = A(B \cup \overline{B}) = AB \cup A\overline{B}$,显然

$$AB \cap A\overline{B} = \varnothing,$$

故

$$P(A) = P(AB \cup A\overline{B}) = P(AB) + P(A\overline{B}) = P(A)P(B) + P(A\overline{B}),$$

于是

$$P(A\overline{B}) = P(A) - P(A)P(B) = P(A)[1 - P(B)] = P(A)P(\overline{B}).$$

即 A 与 $\overline{B}$ 相互独立. 由此可立即推出,$\overline{A}$ 与 $\overline{B}$ 相互独立,再由 $\overline{\overline{B}} = B$,又推出 $\overline{A}$ 与 B 相互独立.

定理 2　若事件 A,B 相互独立,且 $0 < P(A) < 1$,则

$$P(B \mid A) = P(B \mid \overline{A}) = P(B).$$

定理的正确性由乘法公式、相互独立性定义容易推出.

在实际应用中,还经常遇到多个事件之间的相互独立问题,例如:对三个事件的独立性可作如下定义.

定义 2　设 A_1, A_2, A_3 是三个事件,如果满足等式

$$P(A_1A_2) = P(A_1)P(A_2),$$
$$P(A_1A_3) = P(A_1)P(A_3),$$
$$P(A_2A_3) = P(A_2)P(A_3),$$
$$P(A_1A_2A_3) = P(A_1)P(A_2)P(A_3),$$

则称 A_1, A_2, A_3 为相互独立的事件.

这里要注意,若事件 A_1, A_2, A_3 仅满足定义中前三个等式,则称 A_1, A_2, A_3 是两两独立的. 由此可知,A_1, A_2, A_3 相互独立,则 A_1, A_2, A_3 是两两独立的. 但反过来,则不一定成立.

例 2　设一个盒中装有四张卡片,四张卡片上依次标有下列各组字母:

$$XXY, XYX, YXX, YYY.$$

从盒中任取一张卡片,用 A_i 表示"取到的卡片第 i 位上的字母为 X"$(i = 1,2,3)$ 的事件. 求证:A_1, A_2, A_3 两两独立,但 A_1, A_2, A_3 并不相互独立.

证　易求出

$$P(A_1) = \frac{1}{2},\ P(A_2) = \frac{1}{2},\ P(A_3) = \frac{1}{2},$$

$$P(A_1A_2) = \frac{1}{4},\ P(A_1A_3) = \frac{1}{4},\ P(A_2A_3) = \frac{1}{4},$$

故 A_1, A_2, A_3 是两两独立的.

但 $P(A_1A_2A_3) = 0$,而 $P(A_1)P(A_2)P(A_3) = \dfrac{1}{8}$,故

$$P(A_1A_2A_3) \neq P(A_1)P(A_2)P(A_3).$$

因此,A_1, A_2, A_3 不是相互独立的.

定义 3　对 n 个事件 $A_1, A_2, \cdots, A_n$,若以下 $2^n - n - 1$ 个等式成立:

$$P(A_iA_j) = P(A_i)P(A_j), 1 \leqslant i < j \leqslant n;$$
$$P(A_iA_jA_k) = P(A_i)P(A_j)P(A_k), 1 \leqslant i < j < k \leqslant n;$$
$$\vdots$$
$$P(A_1A_2\cdots A_n) = P(A_1)P(A_2)\cdots P(A_n),$$

则称 $A_1, A_2, \cdots, A_n$ 是相互独立的事件.

由定义可知,

(1) 若事件 $A_1, A_2, \cdots, A_n (n \geqslant 2)$ 相互独立,则其中任意 $k(2 \leqslant k \leqslant n)$ 个事件也相互独立.

(2) 若n个事件$A_1, A_2, \cdots, A_n (n \geqslant 2)$相互独立,则将$A_1, A_2, \cdots, A_n$中任意多个事件换成它们的对立事件,所得的 n 个事件仍相互独立.

在实际应用中,对于事件的相互独立性,我们往往不是根据定义来判断的,而是按实际意义来确定的.

例 3　设高射炮每次击中飞机的概率为 0.2,问至少需要多少门这种高射炮同时独立发射(每门射一次)才能使击中飞机的概率达到 95% 以上.

解　设需要 n 门高射炮,A 表示飞机被击中,A_i 表示第$i(i=1,2,\cdots,n)$门高射炮击中飞机,则

$$\begin{aligned}P(A) &= P(A_1 \cup A_2 \cup \cdots \cup A_n) \\ &= 1 - P(\overline{A_1 \cup A_2 \cup \cdots \cup A_n}) = 1 - P(\overline{A}_1)P(\overline{A}_2)\cdots P(\overline{A}_n) \\ &= 1-(1-0.2)^n.\end{aligned}$$

令 $1-(1-0.2)^n \geqslant 0.95$,得$0.8^n \leqslant 0.05$,即 $n \geqslant 14$,至少需要 14 门高射炮才能有 95% 以上的把握击中飞机.

例 4　设电路如图 12-9 所示,其中 1,2,3,4,5 为继电器接点,设各继电器接点闭合与否相互独立,且每一继电器闭合的概率为 p,求 L 至 R 为通路的概率.

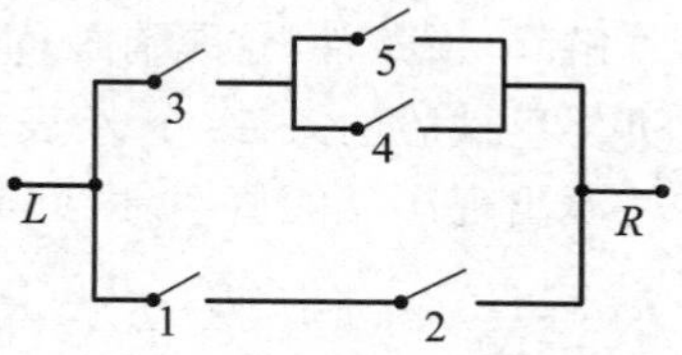

图 12-9

解　设事件$A_i(i=1,2,3,4,5)$表示"第i个继电器接点闭合",于是

$$A = (A_1A_2) \cup (A_3A_4) \cup (A_3A_5).$$

设 A 表示"L 至 R 为通路",则

$$\begin{aligned}P(A) &= P((A_1A_2) \cup (A_3A_4) \cup (A_3A_5)) \\ &= P(A_1A_2) + P(A_3A_4) + P(A_3A_5) - P(A_1A_2A_3A_4) \\ &\quad - P(A_1A_2A_3A_5) - P(A_3A_4A_5) + P(A_1A_2A_3A_4A_5).\end{aligned}$$

由 A_1, A_2, A_3, A_4, A_5 相互独立可知

$$P(A) = 3p^2 - 2p^4 - p^3 + p^5.$$

二、贝努里试验

随机现象的统计规律性只有在大量重复试验(在相同条件下)中表现出来.将一个试验重复独立地进行 n 次,这是一种非常重要的概率模型.

若试验 E 只有两个可能结果, 即 A 及 $\overline{A}$, 则称 E 为贝努里试验. 设 $P(A) = p(0<p<1)$,此时$P(\overline{A})=1-p$.将E独立地重复进行n次,则称这一串重复的独立试验为 n 重贝努里试验.

这里"重复"是指每次试验在相同的条件下进行,在每次试验中 $P(A)=p$ 保持不变;"独立"是指各次试验的结果互不影响,即若以 C_i 记第 i 次试验的结果,C_i 为 A 或 $\overline{A}$,"独立"是指

$$P(C_1C_2\cdots C_n) = P(C_1)P(C_2)\cdots P(C_n).$$

n 重贝努里试验在实际中有广泛的应用，是研究最多的模型之一. 例如，将一枚硬币抛掷一次，观察出现的是正面还是反面，这是一个贝努里试验. 若将一枚硬币抛 n 次，就是 n 重贝努里试验. 又如抛掷一颗骰子，若 A 表示得到“6 点”，则 $\overline{A}$ 表示得到“非 6 点”，这是一个贝努里试验. 将骰子抛 n 次，就是 n 重贝努里试验. 再如在 N 件产品中有 M 件次品，现从中任取一件，检测其是否是次品，这是一个贝努里试验. 如有放回地抽取 n 次，就是 n 重贝努里试验.

对于贝努里概型，我们关心的是 n 重试验中，A 出现 $k(0\leqslant k\leqslant n)$ 次的概率是多少. 我们用 $P_n(k)$ 表示 n 重贝努里试验中，A 出现 k 次的概率.

由

$$P(A)=p,\quad P(\overline{A})=1-p,$$

又因为

$$\underbrace{AA\cdots A}_{k\text{个}}\underbrace{\overline{A}\overline{A}\cdots\overline{A}}_{n-k\text{个}}\cup\underbrace{AA\cdots A}_{k-1\text{个}}\overline{A}A\underbrace{\overline{A}\cdots\overline{A}}_{n-k-1\text{个}}\cup\cdots\cup\underbrace{\overline{A}\overline{A}\cdots\overline{A}}_{n-k\text{个}}\underbrace{AA\cdots A}_{k\text{个}}$$

表示 C_n^k 个互不相容事件的并，由独立性可知，每一项的概率为 $p^k(1-p)^{n-k}$，再由有限可加性，可得

$$p_n(k)=C_n^k p^k(1-p)^{n-k}(k=0,1,2,\cdots,n).$$

这就是 n 重贝努里试验中 A 出现 k 次的概率计算公式.

例 5 设在 N 件产品中有 M 件次品，现进行 n 次有放回的检查抽样，试求抽得 k 件次品的概率.

解 由条件，这是有放回抽样，可知每次试验是在相同条件下重复进行的，故本题符合 n 重贝努里试验的条件. 令 A 表示“抽到一件次品”的事件，则以 $p_n(k)$ 表示 n 次有放回抽样中，有 k 次出现次品的概率. 由贝努里概型计算公式，可知

$$p_n(k)=C_n^k\left(\frac{M}{N}\right)^k\left(1-\frac{M}{N}\right)^{n-k}\quad(k=0,1,2,\cdots,n).$$

例 6 设某个车间里共有 5 台车床，每台车床使用电力是间歇性的，平均起来每小时约有 6 分钟使用电力. 假设车工们工作是相互独立的，求在同一时刻：

(1) 恰有两台车床被使用的概率；

(2) 至少有三台车床被使用的概率；

(3) 至多有三台车床被使用的概率；

(4) 至少有一台车床被使用的概率.

解 A 表示“使用电力”，即车床被使用，则

$$P(A)=p=\frac{6}{60}=0.1,\quad P(\overline{A})=1-p=0.9.$$

故

(1) $p_1=P_5(2)=C_5^2(0.1)^2(0.9)^3=0.0729.$

(2) $p_2=P_5(3)+P_5(4)+P_5(5)$

$\quad=C_5^3(0.1)^3(0.9)^2+C_5^4(0.1)^4(0.9)+(0.1)^5=0.00856.$

(3) $p_3=1-P_5(4)-P_5(5)$

$\quad=1-C_5^4(0.1)^4(0.9)-(0.1)^5=0.99954.$

(4) $p_4=1-P_5(0)$

$\quad=1-(0.9)^5=0.40951.$

例 7　一张英语试卷，有 10 道选择填空题，每题有 4 个选择答案，且其中只有一个是正确答案. 某同学投机取巧，随意填空，试问他至少填对 6 道的概率是多大？

解　设 B 表示"他至少填对 6 道"，A 表示"答对"，则 $\overline{A}$ 表示"答错"，$P(A)=\dfrac{1}{4}$，故做 10 道题就是 10 重贝努里试验，$n=10$，所求概率为

$$\begin{aligned}P(B)&=\sum_{k=6}^{10}P_{10}(k)=\sum_{k=6}^{10}C_{10}^{k}\left(\frac{1}{4}\right)^{k}\left(1-\frac{1}{4}\right)^{10-k}\\&=C_{10}^{6}\left(\frac{1}{4}\right)^{6}\left(\frac{3}{4}\right)^{4}+C_{10}^{7}\left(\frac{1}{4}\right)^{7}\left(\frac{3}{4}\right)^{3}+C_{10}^{8}\left(\frac{1}{4}\right)^{8}\left(\frac{3}{4}\right)^{2}+C_{10}^{9}\left(\frac{1}{4}\right)^{9}\left(\frac{3}{4}\right)+\left(\frac{1}{4}\right)^{10}\\&=0.019\,73.\end{aligned}$$

人们在长期实践中总结得出"概率很小的事件在一次试验中实际上几乎是不发生的"(称之为实际推断原理)，如本例所说，该同学随意猜测，能在 10 道题中猜对 6 道以上的概率是很小的，在实际中几乎是不会发生的.

习题十二

1. 写出下列随机试验的样本空间及下列事件包含的样本点.

(1) 掷 1 颗骰子，出现奇数点.

(2) 掷 2 颗骰子，

事件 A 表示"出现点数之和为奇数，且恰好其中有一个 1 点".

事件 B 表示"出现点数之和为偶数，但没有一颗骰子出现 1 点".

(3) 将一枚硬币抛两次，

事件 A 表示"第一次出现正面".

事件 B 表示"至少有一次出现正面".

事件 C 表示"两次出现同一面".

2. 设 A,B,C 为三个事件，试用 A,B,C 的运算关系式表示下列事件：

(1) A 发生，B,C 都不发生；

(2) A 与 B 发生，C 不发生；

(3) A,B,C 都发生；

(4) A,B,C 至少有一个发生；

(5) A,B,C 都不发生；

(6) A,B,C 不都发生；

(7) A,B,C 至多有 2 个发生；

(8) A,B,C 至少有 2 个发生.

3. 指出下列等式命题是否成立，并说明理由.

(1) $A\cup B=(AB)\cap B$；

(2) $\overline{A}B=A\cup B$；

(3) $\overline{A\cup B}\cap C=\overline{ABC}$；

(4) $(AB)(\overline{AB})=\varnothing$；

(5) 若 $A\subset B$，则 $A=AB$；

(6) 若 $AB=\varnothing$，且 $C\subset A$，则 $BC=\varnothing$；

(7) 若 $A\subset B$，则 $\overline{B}\supset\overline{A}$；

(8) 若 $B\subset A$，则 $A\cup B=A$.

4. 设 A,B 为随机事件，且 $P(A)=0.7$，$P(A-B)=0.3$，求 $P(\overline{AB})$.

5. 设 A,B 是两事件，且 $P(A)=0.6$，$P(B)=0.7$，求：

(1) 在什么条件下 $P(AB)$ 取到最大值？

(2) 在什么条件下 $P(AB)$ 取到最小值？

6. 设 A,B,C 为三事件，且 $P(A)=P(B)=1/4$，$P(C)=1/3$ 且 $P(AB)=P(BC)=0$，$P(AC)=1/12$，求 A,B,C 至少有一事件发生的概率.

7. 从 52 张扑克牌中任意取出 13 张，问有 5 张黑桃、3 张红心、3 张方块、2 张梅花的概率是多少？

8. 对一个五人学习小组考虑生日问题：

(1) 求五个人的生日都在星期日的概率；

(2) 求五个人的生日都不在星期日的概率；

(3) 求五个人的生日不都在星期日的概率.

9. 从一批由 45 件正品、5 件次品组成的产品中任取 3 件，求其中恰有一件次品的概率.

10. 一批产品共 N 件，其中 M 件正品. 从中随机地取出 n 件($n<N$). 试求其中恰有 m 件($m\leqslant M$) 正品(记为 A) 的概率. 如果：

(1) n 件是同时取出的；

(2) n 件是无放回逐件取出的；

(3) n 件是有放回逐件取出的.

11. 在电话号码簿中任取一电话号码，求后面四个数全不相同的概率(设后面四个数中的每一个数都是等可能地取自 $0,1,\cdots,9$).

12. 一个袋内装有大小相同的 7 个球，其中 4 个是白球，3 个是黑球，从中一次抽取 3 个，计算至少有两个是白球的概率.

13. 有甲、乙两批种子，发芽率分别为 0.8 和 0.7，在两批种子中各随机取一粒，求：

(1) 两粒都发芽的概率；

(2) 至少有一粒发芽的概率；

(3) 恰有一粒发芽的概率.

14. 掷一枚均匀硬币直到出现 3 次正面才停止.

(1) 问正好在第 6 次停止的概率；

(2) 问正好在第 6 次停止的情况下，第 5 次也是出现正面的概率.

15. 某地某天下雪的概率为 0.3，下雨的概率为 0.5，既下雪又下雨的概率为 0.1，求：

(1) 在下雨条件下下雪的概率；

(2) 这天下雨或下雪的概率.

16. 已知一个家庭有 3 个小孩，且其中一个为女孩，求至少有一个男孩的概率(小孩为男为女是等可能的).

17. 已知 5% 的男人和 0.25% 的女人是色盲，现随机地挑选一人，此人恰为色盲，问此人是男人的概率(假设男人和女人各占人数的一半).

18. 两人约定上午 9:00—10:00 在公园会面，求一人要等另一人半小时以上的概率.

19. 从(0,1) 中随机地取两个数，求：

(1) 两个数之和小于 6/5 的概率；

(2) 两个数之积小于 1/4 的概率.

20. 设 $P(\overline{A}) = 0.3, P(B) = 0.4, P(A\overline{B}) = 0.5$，求 $P(B \mid A \cup \overline{B})$.

21. 在一个盒中装有 15 个乒乓球，其中有 9 个新球，在第一次比赛中任意取出 3 个球，比赛后放回原盒中；第二次比赛同样任意取出 3 个球，求第二次取出的 3 个球均为新球的概率.

22. 在已有两个球的箱子中再放一白球，然后任意取出一球，若发现这球为白球，试求箱子中原有一白球的概率(箱中原有什么球是等可能的，颜色只有黑、白两种).

23. 某工厂生产的产品中 96% 是合格品，检查产品时，一个合格品被误认为是次品的概率为 0.02，一个次品被误认为是合格品的概率为 0.05，求在被检查后认为是合格品的产品确是合格品的概率.

24. 某保险公司把被保险人分为三类："谨慎的"，"一般的"，"冒失的". 统计资料表明，上述三种人在一年内发生事故的概率依次为 0.05，0.15 和 0.30；如果"谨慎的"被保险人占 20%，"一般的"占 50%，"冒失的"占 30%，现知某被保险人在一年内出了事故，则他是"谨慎的"的概率是多少?

25. 设每次射击的命中率为 0.2，问至少必须进行多少次独立射击才能使至少击中一次的概率不小于 0.9?

26. 三人独立地破译一个密码，他们能破译的概率分别为 1/5，1/3，1/4，求将此密码破译出的概率.

27. 甲、乙、丙三人独立地向同一飞机射击，设击中的概率分别是 0.4，0.5，0.7，若只有一人击中，则飞机被击落的概率为 0.2；若有两人击中，则飞机被击落的概率为 0.6；若三人都击中，则飞机一定被击落. 求飞机被击落的概率.

28. 已知某种疾病患者的痊愈率为 25%，为试验一种新药是否有效，把它给 10 个病人服用，且规定若 10 个病人中至少有 4 人治好则认为这种药有效，反之则认为无效. 求：

(1) 虽然新药有效，且把治愈率提高到 35%，但通过试验被否定的概率；

(2) 新药完全无效，但通过试验被认为有效的概率.

29. 一架升降机开始时有 6 位乘客，并等可能地停于十层楼的每一层. 试求下列事件的概率：

(1) A = "某指定的一层有两位乘客离开"；

(2) B = "没有两位及两位以上的乘客在同一层离开"；

(3) C = "恰有两位乘客在同一层离开"；

(4) D = "至少有两位乘客在同一层离开".

30. 一列火车共有 n 节车厢，有 $k(k \geqslant n)$ 个旅客上火车并随意地选择车厢. 求每一节车厢内至少有一个旅客的概率.

第十三章　随机变量

第一节　随机变量及其分布函数

上一章我们讨论的随机事件中有些是直接用数量来标识的，例如，抽样检验灯泡质量试验中灯泡的寿命；而有些则不是直接用数量来标识的，如性别抽查试验中所抽到的性别. 为了更深入地研究各种与随机现象有关的理论和应用问题，我们有必要将样本空间的元素与实数对应起来，即将随机试验的每个可能的结果 e 都用一个实数 X 来表示. 例如，在性别抽查试验中用实数“1”表示“出现男性”，用“0”表示“出现女性”. 显然，一般来讲，此处的实数 X 值将随 e 的不同而变化，它的值因 e 的随机性而具有随机性，我们称这种取值具有随机性的变量为随机变量.

定义 1　设随机试验的样本空间为 Ω，如果对 Ω 中每一个元素 e，有一个实数 $X(e)$ 与之对应，这样就得到一个定义在 Ω 上的实值单值函数 $X = X(e)$，称之为随机变量.

随机变量的取值随试验结果而定，在试验之前不能预知它取什么值，只有在试验之后才知道它的确切值；而试验的各个结果的出现有一定的概率，故随机变量取各值有一定的概率. 这些性质显示了随机变量与普通函数之间有着本质的差异. 再者，普通函数是定义在实数集或实数集的一个子集上的，而随机变量是定义在样本空间上的(样本空间的元素不一定是实数)，这也是二者的差别.

本书中，我们一般以大写字母如 $X,Y,Z,W,\cdots$ 表示随机变量，而以小写字母如 $x,y,z,w,\cdots$ 表示实数.

为了研究随机变量的概率规律，由于随机变量 X 的可能取值不一定能逐个列出，因此我们在一般情况下需研究随机变量落在某区间 $(x_1,x_2]$ 中的概率，即求 $P\{x_1 < X \leqslant x_2\}$，由于 $P\{x_1 < X \leqslant x_2\} = P\{X \leqslant x_2\} - P\{X \leqslant x_1\}$，因此要研究 $P\{x_1 < X \leqslant x_2\}$ 就归结为研究形如 $P\{X \leqslant x\}$ 的概率问题了. 不难看出，$P\{X \leqslant x\}$ 的值常随不同的 x 而变化，它是 x 的函数，我们称该函数为分布函数.

定义 2　设 X 是随机变量，x 为任意实数，函数

$$F(x) = P\{X \leqslant x\}$$

称为 X 的分布函数.

对于任意实数 $x_1,x_2\ (x_1 < x_2)$，有

$$P\{x_1 < X \leqslant x_2\} = P\{X \leqslant x_2\} - P\{X \leqslant x_1\} = F(x_2) - F(x_1). \tag{13.1}$$

因此，若已知 X 的分布函数，我们就能知道 X 落在任一区间 $(x_1,x_2]$ 上的概率. 从这个意义上说，分布函数完整地描述了随机变量的统计规律性.

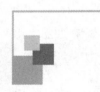

如果将 X 看成是数轴上的随机点，那么，分布函数 $F(x)$ 在 x 处的函数值就表示 X 落在区间 $(-\infty,x]$ 上的概率. 分布函数具有如下基本性质：

(i) $F(x)$ 为单调不减的函数.

事实上，由式(13.1)，对于任意实数 $x_1,x_2\,(x_1<x_2)$，有

$$F(x_2)-F(x_1)=P\{x_1<X\leqslant x_2\}\geqslant 0.$$

(ii) $0\leqslant F(x)\leqslant 1$，且 $\lim\limits_{x\to+\infty}F(x)=1$，常记为 $F(+\infty)=1$；

$$\lim_{x\to-\infty}F(x)=0\text{，常记为 }F(-\infty)=0.$$

我们从几何上说明这两个式子. 当区间端点 x 沿数轴无限向左移动($x\to-\infty$)时，则"X 落在 x 左边"这一事件趋于不可能事件，故其概率 $P\{X\leqslant x\}=F(x)$ 趋于 0；又若 x 无限向右移动($x\to+\infty$)时，事件"X 落在 x 左边"趋于必然事件，从而其概率 $P\{X\leqslant x\}=F(x)$ 趋于 1.

(iii) $F(x+0)=F(x)$，即 $F(x)$ 为右连续.

反过来可以证明，任一满足这三个性质的函数，一定可以作为某个随机变量的分布函数.

概率论主要是利用随机变量来描述和研究随机现象的，而利用分布函数就能很好地表示各事件的概率. 例如，

$$P\{x>a\}=1-P\{x\leqslant a\}=1-F(a),$$

$$P\{x<a\}=F(a-0),$$

$$P\{x=a\}=F(a)-F(a-0),$$

等等. 在引进了随机变量和分布函数后我们就能利用高等数学的许多结果和方法来研究随机现象了，它们是概率论的两个重要而基本的概念. 下面我们从离散和连续两种类型来研究随机变量及其分布函数.

第二节　离散型随机变量及其分布

如果随机变量所有可能的取值为有限个或可列无穷多个，则称这种随机变量为离散型随机变量.

容易知道，要掌握一个离散型随机变量 X 的统计规律，必须且只需知道 X 的所有可能取的值以及取每一个可能值的概率.

设离散型随机变量 X 所有可能的取值为 $x_k\,(k=1,2,\cdots)$，X 取各个可能值的概率，即事件 $\{X=x_k\}$ 的概率

$$P\{x=x_k\}=p_k\quad(k=1,2,\cdots). \tag{13.2}$$

我们称式(13.2)为离散型随机变量 X 的概率分布或分布律. 分布律也常用表格来表示，如表 13-1 所示：

表 13-1

X	x_1	x_2	x_3	…	x_k	…
p_k	p_1	p_2	p_3	…	p_k	…

由概率的性质容易推得，任一离散型随机变量的分布律 $\{p_k\}$，都具有下述两个基本性质：

(i)
$$p_k\geqslant 0\ (k=1,2,\cdots); \tag{13.3}$$

(ii) $$\sum_{k=1}^{\infty} p_k = 1. \tag{13.4}$$

反之,任意一个具有以上性质的数列$\{p_k\}$,一定可以作为某一个离散型随机变量的分布律.

例1　设一汽车在开往目的地的道路上需通过4盏信号灯,每盏灯以0.6的概率允许汽车通过,以0.4的概率禁止汽车通过(设各盏信号灯的工作相互独立).以X表示汽车首次停下时已经通过的信号灯盏数,求X的分布律.

解　以p表示每盏灯禁止汽车通过的概率,显然X的可能取值为0,1,2,3,4,易知X的分布律为

X	0	1	2	3	4
p_k	p	$(1-p)p$	$(1-p)^2p$	$(1-p)^3p$	$(1-p)^4$

或写成

$$P\{X=k\}=(1-p)^k p\ (k=0,1,2,3).$$
$$P\{X=4\}=(1-p)^4.$$

将$p=0.4, 1-p=0.6$代入上式,所得结果如下:

X	0	1	2	3	4
p_k	0.4	0.24	0.144	0.086 4	0.129 6

下面介绍几种常见的离散型随机变量的概率分布.

一、两点分布

若随机变量X只可能取x_1与x_2两值,它的分布律是

$$P\{X=x_1\}=1-p(0<p<1),$$
$$P\{X=x_2\}=p,$$

则称X服从参数为p的两点分布.

特别地,当$x_1=0, x_2=1$时两点分布也叫0-1分布,记作$X\sim$0-1分布.写成分布律表为

X	0	1
p_k	$1-p$	p

对于一个随机试验,若它的样本空间只包含两个元素,即$\Omega=\{e_1,e_2\}$,我们总能在Ω上定义一个服从0-1分布的随机变量

$$X=X(e)=\begin{cases}0,当\ e=e_1,\\1,当\ e=e_2,\end{cases}$$

用它来描述这个试验结果.因此,两点分布可以作为描述试验只包含两个基本事件的数学模型.如,在打靶中“命中”与“不中”的概率分布,产品抽验中“合格品”与“不合格品”的概率分布,等等.总之,一个随机试验如果我们只关心某事件A出现与否,则可用0-1分布来描述.

二、二项分布

若随机变量 X 的分布律为

$$P\{X=k\}=p^{k}\ (1-p)^{n-k}(k=0,1,\cdots,n), \tag{13.5}$$

则称 X 服从参数为 n,p 的二项分布,记作 $X\sim b(n,p)$.

易知式(13.5) 满足式(13.3)、式(13.4) 两式. 事实上,$P\{X=k\}\geqslant 0$ 是显然的;再由二项展开式知,

$$\sum_{k=0}^{n}P\{X=k\}=\sum_{k=0}^{n}\mathrm{C}_{n}^{k}p^{k}\ (1-p)^{n-k}=[p+(1-p)]^{n}=1.$$

回顾 n 重贝努里试验中事件 A 出现 k 次的概率计算公式

$$P\{X=k\}=\mathrm{C}_{n}^{k}p^{k}\ (1-p)^{n-k}(k=0,1,\cdots,n),$$

可知,若 $X\sim b(n,p)$,X 就可以用来表示 n 重贝努里试验中事件 A 出现的次数. 因此,二项分布可以作为描述 n 重贝努里试验中事件 A 出现次数的数学模型. 比如:射手射击 n 次中,“命中”次数的概率分布;随机抛掷硬币 n 次,落地时出现“正面”次数的概率分布;从一批足够多的产品中任意抽取 n 件,其中“废品”件数的概率分布,等等.

不难看出,0-1 分布就是二项分布在 $n=1$ 时的特殊情形,故 0-1 分布的分布律也可写成

$$P\{X=k\}=p^{k}q^{1-k}\ (k=0,1,q=1-p).$$

例 2 某大学的校乒乓球队与数学系乒乓球队举行对抗赛. 校队的实力较系队为强,当一个校队运动员与一个系队运动员比赛时,校队运动员获胜的概率为 0.6. 现在校、系双方商量对抗赛的方式,提了三种方案:

(1) 双方各出 3 人;(2) 双方各出 5 人;(3) 双方各出 7 人.

三种方案中均以比赛中得胜人数多的一方为胜利. 问:对系队来说,哪一种方案有利?

解 设系队得胜人数为 X,则在上述三种方案中,系队胜利的概率为

(1) $P\{X\geqslant 2\}=\sum\limits_{k=2}^{3}\mathrm{C}_{3}^{k}\ (0.4)^{k}\ (0.6)^{3-k}\approx 0.352$;

(2) $P\{X\geqslant 3\}=\sum\limits_{k=3}^{5}\mathrm{C}_{5}^{k}\ (0.4)^{k}\ (0.6)^{5-k}\approx 0.317$;

(3) $P\{X\geqslant 4\}=\sum\limits_{k=4}^{7}\mathrm{C}_{7}^{k}\ (0.4)^{k}\ (0.6)^{7-k}\approx 0.290$.

因此,第一种方案对系队最为有利. 这在直觉上是容易理解的,因为参赛人数越少,系队侥幸获胜的可能性也就越大.

例 3 某一大批产品的合格品率为 98%,现随机地从这批产品中抽样 20 次,每次抽一个产品,问抽得的 20 个产品中恰好有 $k(k=1,2,\cdots,20)$ 个为合格品的概率是多少?

解 这是不放回抽样. 由于这批产品的总数很大,而抽出的产品的数量相对于产品总数来说又很小,那么取出少许几件可以认为并不影响剩下部分的合格品率,因而可以当作放回抽样来处理,这样做会有一些误差,但误差不大. 我们将抽检一个产品看其是否为合格品看成一次试验,显然,抽检 20 个产品就相当于做 20 次贝努里试验,以 X 记 20 个产品中合格品的个数,那么 $X\sim b(20,0.98)$,即

$$P\{X=k\}=\mathrm{C}_{20}^{k}\ (0.98)^{k}\ (0.02)^{20-k}(k=1,2,\cdots,20).$$

若在上例中将参数 20 改为 200 或更大，显然此时直接计算该概率就显得相当麻烦. 为此我们给出一个当 n 很大时的近似计算公式.

定理 1(泊松定理) 设 $np_n = \lambda(\lambda > 0$，是一常数，$n$ 是任意正整数)，则对任意一固定的非负整数 k，有

$$\lim_{n\to\infty} C_n^k p_n{}^k (1-p_n)^{n-k} = \frac{\lambda^k e^{-\lambda}}{k!}.$$

由于 $\lambda = np_n$ 是常数，所以当 n 很大时 p_n 必定很小. 因此，上述定理表明：当 n 很大 p 很小时，有以下近似公式

$$C_n^k p^k (1-p)^{n-k} \approx \frac{\lambda^k e^{-\lambda}}{k!}, \tag{13.6}$$

其中 $\lambda = np$.

二项分布的泊松近似，常常被应用于研究稀有事件(即每次试验中事件 A 出现的概率 p 很小)，当贝努里试验的次数 n 很大时，事件 A 发生的次数的分布.

例 4 某十字路口有大量汽车通过，假设每辆汽车在这里发生交通事故的概率为 0.001，如果每天有 5000 辆汽车通过这个十字路口，求发生交通事故的汽车数不少于 2 的概率.

解 设 X 表示发生交通事故的汽车数，则 $X \sim b(n,p)$，此处 $n = 5000, p = 0.001$，令 $\lambda = np = 5$，

$$\begin{aligned} P\{X \geqslant 2\} &= 1 - P\{X < 2\} = 1 - \sum_{k=0}^{1} P\{X = k\} \\ &= 1 - (1-0.001)^{5000} - 5000 \times 0.001 \times (1-0.001)^{4999} \\ &\approx 1 - \frac{5^0 e^{-5}}{0!} - \frac{5e^{-5}}{1!}. \end{aligned}$$

查表可得

$$P\{X \geqslant 2\} = 1 - 0.006\,74 - 0.033\,69 = 0.959\,57.$$

例 5 某人进行射击，设每次射击的命中率为 0.02，独立射击 400 次，试求至少击中两次的概率.

解 将一次射击看成是一次试验. 设击中次数为 X，则 $X \sim b(400, 0.02)$，即 X 的分布律为

$$P\{X = k\} = C_{400}^k (0.02)^k (1-0.02)^{400-k} \quad (k = 1,2,\cdots,400),$$

故所求概率为

$$\begin{aligned} P\{X \geqslant 2\} &= 1 - P\{X = 0\} - P\{X = 1\} \\ &= 1 - (0.98)^{400} - 400(0.02)(0.98)^{399} \\ &= 0.997\,2. \end{aligned}$$

这个概率很接近 1，我们从两方面来讨论这一结果的实际意义. 其一，虽然每次射击的命中率很小(为 0.02)，但如果射击 400 次，则击中目标至少两次是几乎可以肯定的. 这一事实说明，一个事件尽管在一次试验中发生的概率很小，但只要试验次数很多，而且试验是独立地进行的，那么这一事件的发生几乎是肯定的，这也告诉人们决不能轻视小概率事件. 其二，在 400 次射击中，击中目标的次数超过两次的可能性很大.

三、泊松分布

若随机变量 X 的分布律为

$$P\{X=k\}=\frac{\lambda^k e^{-\lambda}}{k!}\quad (k=0,1,2,\cdots), \tag{13.7}$$

其中 $\lambda>0$，是常数，则称 X 服从参数为 λ 的泊松分布，记为 $X\sim\pi(\lambda)$.

易知式(13.7)满足式(13.3)、式(13.4)两式. 事实上，$P\{X=k\}\geqslant 0$ 是显然的，再由

$$\sum_{k=0}^{\infty}\frac{\lambda^k e^{-\lambda}}{k!}=e^{-\lambda}\cdot e^{\lambda}=1,$$

可知

$$\sum_{k=0}^{\infty}P\{X=k\}=1.$$

由泊松定理可知，泊松分布可以作为描述大量试验中稀有事件出现的次数 $k=0,1,\cdots$ 的概率分布情况的一个数学模型. 比如，大量产品中抽样检查时得到的不合格品数，一个集团中生日是元旦的人数，一页中印刷错误出现的数目，数字通信中传输数字时发生误码的个数，等等，都近似服从泊松分布. 除此之外，理论与实践都说明，一般说来，泊松分布也可作为下列随机变量的概率分布的数学模型：在任给一段固定的时间间隔内，① 由某块放射性物质放射出的 α 质点，到达某个计数器的质点数；② 某地区发生交通事故的次数；③ 来到某公共设施要求给予服务的顾客数（这里的公共设施的意义可以是极为广泛的，诸如售货员、机场跑道、电话交换台、医院等，在机场跑道的例子中，顾客可以相应地想象为飞机）. 泊松分布是概率论中一种很重要的分布.

例 6　由某商店过去的销售记录知道，某种商品每月的销售数可以用参数 $\lambda=5$ 的泊松分布来描述. 为了以 95% 以上的把握保证不脱销，问商店在月底至少应进该种商品多少件？

解　设该商店每月销售这种商品数为 X，月底进货为 a 件，则当 $X\leqslant a$ 时不脱销，故有

$$P\{X\leqslant a\}\geqslant 0.95.$$

由于 $X\sim\pi(5)$，上式即为

$$\sum_{k=0}^{a}\frac{e^{-5}5^k}{k!}\geqslant 0.95.$$

查表可知

$$\sum_{k=0}^{9}\frac{e^{-5}5^k}{k!}\approx 0.9319<0.95,$$

$$\sum_{k=0}^{10}\frac{e^{-5}\ 10^k}{k!}\approx 0.9682>0.95,$$

于是，这家商店只要在月底进货这种商品 10 件（假定上个月没有存货），就可以 95% 以上的把握保证这种商品在下个月不会脱销.

下面我们就一般的离散型随机变量讨论其分布函数.

设离散型随机变量 X 的分布律如表 13-1 所示. 由分布函数的定义可知

$$F(x)=P\{X\leqslant x\}=\sum_{x_k\leqslant x}P\{X=x_k\}=\sum_{x_k\leqslant x}p_k.$$

例 7　求例 1 中 X 的分布函数 $F(x)$.

解　由例 1 的分布律知：

当 $x<0$ 时，

$$F(x)=P\{X\leqslant x\}=0;$$

当 $0 \leqslant x < 1$ 时，

$$F(x) = P\{X \leqslant x\} = P\{X = 0\} = 0.4;$$

当 $1 \leqslant x < 2$ 时，

$$\begin{aligned} F(x) &= P\{X \leqslant x\} = P\{\{X = 0\} \cup \{X = 1\}\} \\ &= P\{X = 0\} + P\{X = 1\} \\ &= 0.4 + 0.24 = 0.64; \end{aligned}$$

当 $2 \leqslant x < 3$ 时

$$\begin{aligned} F(x) &= P\{X \leqslant x\} = P\{\{X = 0\} \cup \{X = 1\} \cup \{X = 2\}\} \\ &= P\{X = 0\} + P\{X = 1\} + P\{X = 2\} \\ &= 0.4 + 0.24 + 0.144 = 0.784; \end{aligned}$$

当 $3 \leqslant x < 4$ 时

$$\begin{aligned} F(x) &= P\{X \leqslant x\} = P\{\{X = 0\} \cup \{X = 1\} \cup \{X = 2\} \cup \{X = 3\}\} \\ &= 0.4 + 0.24 + 0.144 + 0.0864 = 0.8704; \end{aligned}$$

当 $x \geqslant 4$ 时

$$\begin{aligned} F(x) &= P\{X \leqslant x\} \\ &= P\{\{X = 0\} \cup \{X = 1\} \cup \{X = 2\} \cup \{X = 3\} \cup \{X = 4\}\} \\ &= 0.4 + 0.24 + 0.144 + 0.0864 + 0.1296 = 1. \end{aligned}$$

综上所述

$$F(x) = P\{X \leqslant x\} = \begin{cases} 0 & x < 0, \\ 0.4 & 0 \leqslant x < 1, \\ 0.64 & 1 \leqslant x < 2, \\ 0.784 & 2 \leqslant x < 3, \\ 0.8704 & 3 \leqslant x < 4, \\ 1 & x \geqslant 4. \end{cases}$$

$F(x)$ 的图形是一条阶梯状右连续曲线，在 $x = 0,1,2,3,4$ 处有跳跃，其跳跃高度分别为 $0.4, 0.24, 0.144, 0.0864, 0.1296$，这条曲线从左至右依次从 $F(x) = 0$ 逐步升级到 $F(x) = 1$. 对表 13-1 所示的一般的分布律，其分布函数 $F(x)$ 表示一条阶梯状右连续曲线，在 $X = x_k (k = 1,2,\cdots)$ 处有跳跃，跳跃的高度恰为 $p_k = P\{X = x_k\}$，从左至右，由水平直线 $F(x) = 0$，分别按阶高 $p_1, p_2, \cdots$ 升至水平直线 $F(x) = 1$.

以上是已知分布律求分布函数. 反过来，若已知离散型随机变量 X 的分布函数 $F(x)$，则 X 的分布律也可由分布函数所确定：

$$p_k = P\{X = x_k\} = F(x_k) - F(x_k - 0).$$

第三节　连续型随机变量及其分布

上一节我们研究了离散型随机变量，这类随机变量的特点是它的可能取值及其相对应的概率能被逐个地列出. 这一节我们将要研究的连续型随机变量就不具有这样的性质了. 连续型随机变量的特点是它的可能取值连续地充满某个区间甚至整个数轴. 例如，测量一个工件长度，因为在理论上说这个长度的值 X 可以取区间 $(0, +\infty)$ 上的任何一个值. 此外，连续型随机变量取某特定值的概率总是零(关于这点将在以后说明).于是,对于连续型随机变量就不能用对离散型随机变量那样的方法进行研究了.我们先来看一个例子.

例 1　一个半径为 2 米的圆盘靶,设击中靶上任一同心圆盘上的点的概率与该圆盘的面积成正比,并设射击都能中靶,以 X 表示弹着点与圆心的距离,试求随机变量 X 的分布函数.

解　若 $x<0$,因为事件$\{X\leqslant x\}$是不可能事件,所以

$$F(x)=P\{X\leqslant x\}=0.$$

若 $0\leqslant x\leqslant 2$,由题意

$$P\{0\leqslant X\leqslant x\}=kx^2(k\text{ 是常数}),$$

为了确定 k 的值,取 $x=2$,有

$$P\{0\leqslant X\leqslant 2\}=2^2k,$$

但事件$\{0\leqslant X\leqslant 2\}$是必然事件,故

$$P\{0\leqslant X\leqslant 2\}=1,$$

即

$$2^2k=1,$$

所以 $k=\frac{1}{4}$,即

$$P\{0\leqslant X\leqslant x\}=\frac{x^2}{4}.$$

于是

$$F(x)=P\{X\leqslant x\}=P\{X<0\}+P\{0\leqslant X\leqslant x\}=\frac{x^2}{4}.$$

若 $x\geqslant 2$,由于$\{X\leqslant 2\}$是必然事件,于是

$$F(x)=P\{X\leqslant x\}=1.$$

综上所述

$$F(x)=\begin{cases}0, & x<0,\\ \frac{1}{4}x^2, & 0\leqslant x<2,\\ 1, & x\geqslant 2.\end{cases}$$

它的图形是一条连续曲线,如图 13-1 所示.

另外,容易看到本例中 X 的分布函数 $F(x)$ 还可写成如下形式:

$$F(x)=\int_{-\infty}^{x}f(t)\mathrm{d}t,$$

其中

$$f(t)=\begin{cases}\frac{1}{2}t, & 0<t<2,\\ 0, & \text{其他}.\end{cases}$$

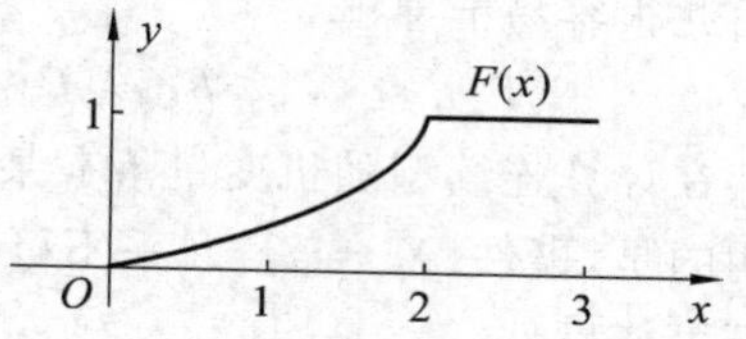

图 13-1

这就是说,$F(x)$ 恰好是非负函数 $f(t)$ 在区间$(-\infty,x]$上的积分,这种随机变量 X 我们称为连续型随机变量.一般地,有如下定义.

定义 1　若对随机变量 X 的分布函数 $F(x)$,存在非负函数 $f(x)$,使对于任意实数 x 有

$$F(x)=\int_{-\infty}^{x} f(x)\mathrm{d}x, \tag{13.8}$$

则称 X 为连续型随机变量，其中 $f(x)$ 称为 X 的概率密度函数，简称概率密度或密度函数.

由式(13.8)知道，连续型随机变量 X 的分布函数 $F(x)$ 是连续函数. 由分布函数的性质 $F(-\infty)=0$，$F(+\infty)=1$ 及 $F(x)$ 单调不减知，$F(x)$ 是一条位于直线 $y=0$ 与 $y=1$ 之间的单调不减的连续(但不一定光滑)曲线.

由定义 1 知道，$f(x)$ 具有以下性质：

(i) $f(x)\geqslant 0$；

(ii) $\int_{-\infty}^{+\infty} f(x)\mathrm{d}x=1$；

(iii) $P\{x_1<X\leqslant x_2\}=F(x_2)-F(x_1)=\int_{x_1}^{x_2} f(x)\mathrm{d}x\,(x_1\leqslant x_2)$；

(iv) 若 $f(x)$ 在 x 点处连续，则有 $F'(x)=f(x)$.

由性质(ii)知道，介于曲线 $y=f(x)$ 与 $y=0$ 之间的面积为1. 由性质(iii)知道，X 落在区间 $(x_1,x_2]$ 的概率 $P\{x_1<X\leqslant x_2\}$ 等于区间 $(x_1,x_2]$ 上曲线 $y=f(x)$ 之下的曲边梯形面积. 由性质(iv)知道，$f(x)$ 的连续点 x 处有

$$f(x)=\lim_{\Delta x\to 0^+}\frac{F(x+\Delta x)-F(x)}{\Delta x}=\lim_{\Delta x\to 0^+}\frac{P\{x<X\leqslant x+\Delta x\}}{\Delta x}.$$

这种形式恰与物理学中线密度定义相类似，这也正是为什么称 $f(x)$ 为概率密度的原因. 同样我们也指出，反过来，任一满足以上性质(i)、性质(ii)两个性质的函数 $f(x)$，一定可以作为某个连续型随机变量的密度函数.

前面我们曾指出，对于连续型随机变量 X 而言，它取任一特定值 a 的概率为零，即

$$P\{X=a\}=0,$$

事实上，令 $\Delta x>0$，设 X 的分布函数为 $F(x)$，则由

$$\{X=a\}\subset\{a-\Delta x<X\leqslant a\},$$

得

$$0\leqslant P\{X=a\}\leqslant P\{a-\Delta x<X\leqslant a\}=F(a)-F(a-\Delta x).$$

由于 $F(x)$ 连续，所以 $\lim\limits_{\Delta x\to 0}F(a-\Delta x)=F(a)$. 当 $\Delta x\to 0$ 时，由夹逼定理得

$$P\{X=a\}=0,$$

由此很容易推导出

$$P\{a\leqslant X<b\}=P\{a<X\leqslant b\}=P\{a\leqslant X\leqslant b\}=P\{a<X<b\},$$

即在计算连续型随机变量落在某区间上的概率时，可不必区分该区间端点的情况. 此外还要说明的是，事件 $\{X=a\}$“几乎不可能发生”，但并不保证绝不会发生，它是“零概率事件”，而不是不可能事件.

例 2　设连续型随机变量 X 的分布函数为

$$F(x)=\begin{cases}0, & x<0,\\ Ax^2, & 0\leqslant x<1,\\ 1, & x\geqslant 1.\end{cases}$$

试求：

(1) 系数 A；

(2) X 落在区间$(0.3,0.7)$内的概率；

(3) X 的密度函数.

解　(1) 由于 X 为连续型随机变量，故 $F(x)$ 是连续函数，因此有

$$1=F(1)=\lim_{x\to 1^-}F(x)=\lim_{x\to 1^-}Ax^2=A,$$

即 $A=1$，于是有

$$F(x)=\begin{cases}0 & x<0,\\ x^2 & 0\leqslant x<1,\\ 1 & x\geqslant 1.\end{cases}$$

(2) $P\{0.3<X<0.7\}=F(0.7)-F(0.3)=(0.7)^2-(0.3)^2=0.4$；

(3) X 的密度函数为

$$f(x)=F'(x)=\begin{cases}2x, & 0\leqslant x<1;\\ 0, & \text{其他}.\end{cases}$$

由定义 1 知，改变密度函数 $f(x)$ 在个别点的函数值，不影响分布函数 $F(x)$ 的取值，因此，并不在乎改变密度函数在个别点上的值(比如在 $x=0$ 或 $x=1$ 上 $f(x)$ 的值).

例 3　设随机变量 X 具有密度函数

$$f(x)=\begin{cases}kx, & 0\leqslant x<3,\\ 2-\dfrac{x}{2}, & 3\leqslant x\leqslant 4,\\ 0, & \text{其他}.\end{cases}$$

(1) 确定常数 k；(2) 求 X 的分布函数 $F(x)$；(3) 求 $P\left\{1<X\leqslant \dfrac{7}{2}\right\}$.

解　(1) 由 $\int_{-\infty}^{\infty}f(x)\mathrm{d}x=1$，得

$$\int_0^3 kx\,\mathrm{d}x+\int_3^4\left(2-\frac{x}{2}\right)\mathrm{d}x=1,$$

解得 $k=\dfrac{1}{6}$，故 X 的密度函数为

$$f(x)=\begin{cases}\dfrac{x}{6}, & 0\leqslant x<3,\\ 2-\dfrac{x}{2}, & 3\leqslant x\leqslant 4,\\ 0, & \text{其他}.\end{cases}$$

(2) 当 $x<0$ 时，

$$F(x)=P\{X\leqslant x\}=\int_{-\infty}^{x}f(t)\mathrm{d}t=0;$$

当 $0\leqslant x<3$ 时，

$$\begin{aligned}F(x)&=P\{X\leqslant x\}=\int_{-\infty}^{x}f(t)\mathrm{d}t\\&=\int_{-\infty}^{0}f(t)\mathrm{d}t+\int_0^x f(t)\mathrm{d}t=\int_0^x\frac{t}{6}\mathrm{d}t=\frac{x^2}{12};\end{aligned}$$

当 $3\leqslant x<4$ 时，

$$
\begin{aligned}
F(x) &= P\{X \leqslant x\} = \int_{-\infty}^{x} f(t)\mathrm{d}t \\
&= \int_{-\infty}^{0} f(t)\mathrm{d}t + \int_{0}^{3} f(t)\mathrm{d}t + \int_{3}^{x} f(t)\mathrm{d}t \\
&= \int_{0}^{3} \frac{t}{6}\mathrm{d}t + \int_{3}^{x}\left(2-\frac{t}{2}\right)\mathrm{d}t = -\frac{x^2}{4} + 2x - 3;
\end{aligned}
$$

当 $x \geqslant 4$ 时，

$$
\begin{aligned}
F(x) &= P\{X \leqslant x\} = \int_{-\infty}^{x} f(t)\mathrm{d}t \\
&= \int_{-\infty}^{0} f(t)\mathrm{d}t + \int_{0}^{3} f(t)\mathrm{d}t + \int_{3}^{4} f(t)\mathrm{d}t + \int_{4}^{x} f(t)\mathrm{d}t \\
&= \int_{0}^{3} \frac{t}{6}\mathrm{d}t + \int_{3}^{4}\left(2-\frac{t}{2}\right)\mathrm{d}t = 1.
\end{aligned}
$$

即

$$
F(x) = \begin{cases} 0, & x < 0, \\ \dfrac{x^2}{12}, & 0 \leqslant x < 3, \\ -\dfrac{x^2}{4} + 2x - 3, & 3 \leqslant x < 4, \\ 1, & x \geqslant 4. \end{cases}
$$

(3) $P\left\{1 < X \leqslant \dfrac{7}{2}\right\} = F\left(\dfrac{7}{2}\right) - F(1) = \dfrac{41}{48}.$

下面介绍三种常见的连续型随机变量.

一、均匀分布

若连续型随机变量 X 具有概率密度

$$
f(x) = \begin{cases} \dfrac{1}{b-a}, & a < x < b, \\ 0, & 其他, \end{cases} \tag{13.9}
$$

则称 X 在区间 (a,b) 上服从均匀分布,记为 $X \sim U(a,b)$. 易知 $f(x) \geqslant 0$ 且

$$
\int_{-\infty}^{\infty} f(x)\mathrm{d}x = \int_{a}^{b} \frac{1}{b-a}\mathrm{d}x = 1.
$$

由式(13.9)可得

(1) $P\{X \geqslant b\} = \int_{b}^{\infty} 0\mathrm{d}x = 0, P\{X \leqslant a\} = \int_{-\infty}^{a} 0\mathrm{d}x = 0,$

即

$$
P\{a < X < b\} = 1 - P\{X \geqslant b\} - P\{X \leqslant a\} = 1;
$$

(2) 若 $a \leqslant c < d \leqslant b$,则

$$
P\{c < X < d\} = \int_{c}^{d} \frac{1}{b-a}\mathrm{d}x = \frac{d-c}{b-a}.
$$

因此,在区间 (a,b) 上服从均匀分布的随机变量 X 的物理意义是:X 以概率 1 在区间 (a,b) 内取值,而以概率 0 在区间 (a,b) 以外取值,并且 X 值落入 (a,b) 中任一子区间 (c,d) 中的概率

与子区间的长度成正比,而与子区间的位置无关.

由式(13.9)易得 X 的分布函数为

$$F(x)=\begin{cases}0, & x<a,\\ \dfrac{x-a}{b-a}, & a\leqslant x<b,\\ 1, & x\geqslant b.\end{cases}\tag{13.10}$$

密度函数 $f(x)$ 和分布函数 $F(x)$ 的图形分别如图 13-2 和图 13-3 所示.

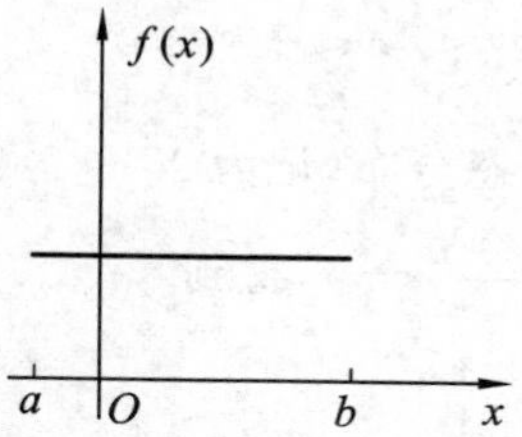

图 13-2

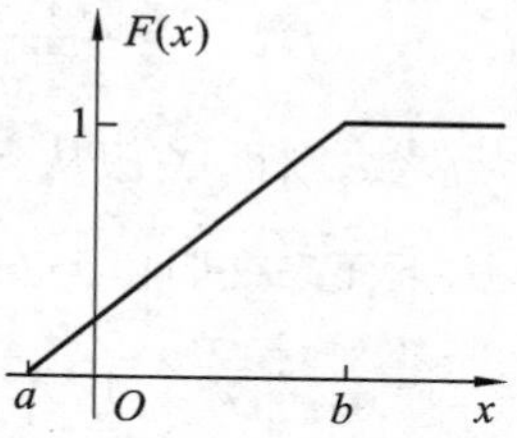

图 13-3

例 4　某公共汽车站,公交车每 10 min 有一辆到达,乘客在 10 min 内任一时刻到达公共汽车站是等可能的,求一乘客等待时间超过 8 min 的概率.

解　用 X 表示乘客的等待时间,由题意知,$X\sim U(0,10)$,其概率密度为

$$f(x)=\begin{cases}\dfrac{1}{10}, & 0<x<10,\\ 0, & \text{其他}.\end{cases}$$

因此所求概率为

$$P\{X>8\}=\int_8^{+\infty}f(x)\mathrm{d}x=\int_8^{10}\frac{1}{10}\mathrm{d}x=0.2.$$

二、指数分布

若随机变量 X 的密度函数为

$$f(x)=\begin{cases}\lambda\mathrm{e}^{-\lambda x}, & x>0,\\ 0, & x\leqslant 0,\end{cases}\tag{13.11}$$

其中 $\lambda>0$,为常数,则称 X 服从参数为 λ 的指数分布,记作 $X\sim E(\lambda)$.

显然 $f(x)\geqslant 0$,且 $\int_{-\infty}^{\infty}f(x)\mathrm{d}x=\int_0^{\infty}\lambda\mathrm{e}^{-\lambda x}\mathrm{d}x=1$.

容易得到 X 的分布函数为

$$F(x)=\begin{cases}1-\mathrm{e}^{-\lambda x}, & x>0,\\ 0, & x\leqslant 0.\end{cases}$$

服从指数分布的随机变量 X 具有一个有趣的性质 ——“无记忆性”:

对于任意 $s,t>0$,有

$$P\{X>s+t\mid X>s\}=P\{X>t\}\tag{13.12}$$

事实上,

$$P\{X>s+t\mid X>s\}=\frac{P\{X>s,X>s+t\}}{P\{X>s\}}=\frac{P\{X>s+t\}}{P\{X>s\}}$$

$$=\frac{1-F(s+t)}{1-F(s)}=\frac{e^{-\lambda(s+t)}}{e^{-\lambda s}}=e^{-\lambda t}=P\{X>t\}.$$

指数分布在排队论和可靠性理论中有着重要的应用，常用它描述从某时间开始直到某个特定事件发生所需要的等待时间，或是没有明显"衰老"机制的元件的使用寿命.

三、正态分布

若连续型随机变量 X 的概率密度为

$$f(x)=\frac{1}{\sqrt{2\pi}\sigma}e^{-\frac{(x-\mu)^2}{2\sigma^2}},\quad -\infty<x<+\infty \tag{13.13}$$

其中 $\mu,\sigma(\sigma>0)$ 为常数，则称 X 服从参数为 μ,σ 的正态分布，记为 $X\sim N(\mu,\sigma^2)$.

显然 $f(x)\geqslant 0$，下面来证明 $\int_{-\infty}^{\infty}f(x)dx=1$. 令 $\frac{x-u}{\sigma}=t$，得到

$$\int_{-\infty}^{\infty}\frac{1}{\sqrt{2\pi}\sigma}e^{-\frac{(x-\mu)^2}{2\sigma^2}}dx=\frac{1}{\sqrt{2\pi}}\int_{-\infty}^{\infty}e^{-\frac{t^2}{2}}dt.$$

由微积分的知识可得

$$\int_{-\infty}^{\infty}e^{-\frac{t^2}{2}}dt=\sqrt{2\pi}.$$

故

$$\int_{-\infty}^{\infty}\frac{1}{\sqrt{2\pi}\sigma}e^{-\frac{(x-\mu)^2}{2\sigma^2}}dx=\frac{1}{\sqrt{2\pi}}\cdot\sqrt{2\pi}=1.$$

正态分布是概率论和数理统计中最重要的分布之一. 在实际问题中大量的随机变量服从或近似服从正态分布. 只要某一个随机变量受到许多相互独立随机因素的影响，而每个个别因素的影响都不能起决定性作用，那么就可以断定随机变量服从或近似服从正态分布. 例如，因人的身高、体重受到种族、饮食习惯、地域、运动等因素影响，但这些因素又不能对身高、体重起决定性作用，所以我们可以认为身高、体重服从或近似服从正态分布.

(1) 曲线关于 $x=\mu$ 对称(见图 13-4)；

(2) 曲线在 $x=\mu$ 处取到最大值，x 离 μ 越远，$f(x)$ 值越小. 这表明对于同样长度的区间，当区间离 μ 越远，X 落在这个区间上的概率越小；

(3) 曲线在 $\mu\pm\sigma$ 处有拐点；

(4) 曲线以 x 轴为渐近线；

(5) 若固定 μ，当 σ 越小时图形越尖陡(见图 13-5)，因而 X 落在 μ 附近的概率越大；若固定 σ，μ 值改变，则图形沿 x 轴平移，而不改变其形状. 故称 σ 为精度参数，μ 为位置参数.

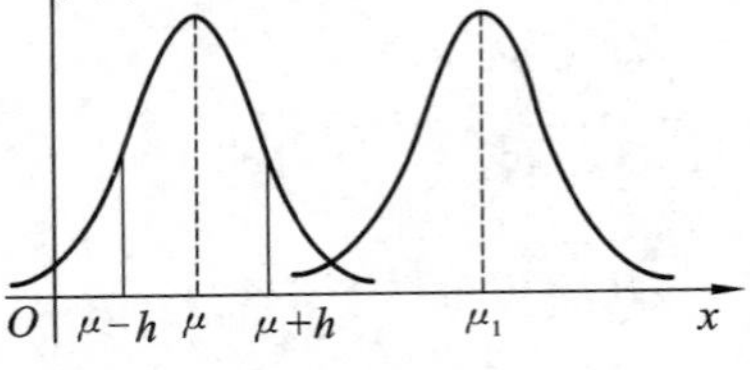

图 13-4

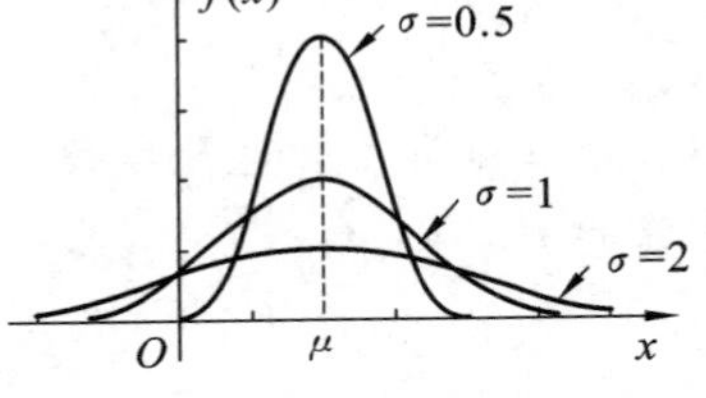

图 13-5

由式(13.13) 得 X 的分布函数

$$F(x) = \frac{1}{\sqrt{2\pi}\sigma}\int_{-\infty}^{x} e^{-\frac{(t-\mu)^2}{2\sigma^2}} dt. \tag{13.14}$$

特别地，当 $\mu = 0, \sigma = 1$ 时，称 X 服从标准正态分布 $N(0,1)$，其概率密度和分布函数分别用 $\varphi(x)$，$\Phi(x)$ 表示，即有

$$\varphi(x) = \frac{1}{\sqrt{2\pi}} e^{-\frac{x^2}{2}}, \tag{13.15}$$

$$\Phi(x) = \frac{1}{\sqrt{2\pi}}\int_{-\infty}^{x} e^{-\frac{t^2}{2}} dt. \tag{13.16}$$

易知，$\Phi(-x) = 1 - \Phi(x)$.

人们已事先编制了 $\Phi(x)$ 的函数值表(见附录).

一般地，若 $X \sim N(\mu,\sigma^2)$，则有

$$\frac{X-\mu}{\sigma} \sim N(0,1).$$

事实上，$Z = \dfrac{X-\mu}{\sigma}$ 的分布函数为

$$\begin{aligned} P\{Z \leqslant x\} &= P\left\{\frac{X-\mu}{\sigma} \leqslant x\right\} = P\{X \leqslant \mu + \sigma x\} \\ &= \int_{-\infty}^{\mu+\sigma x} \frac{1}{\sqrt{2\pi}\sigma} e^{-\frac{(t-\mu)^2}{2\sigma^2}} dt, \end{aligned}$$

令 $\dfrac{t-\mu}{\sigma} = s$，得

$$P\{Z \leqslant x\} = \frac{1}{\sqrt{2\pi}}\int_{-\infty}^{x} e^{-\frac{s^2}{2}} ds = \Phi(x),$$

由此知 $Z = \dfrac{X-\mu}{\sigma} \sim N(0,1)$.

因此，若 $X \sim N(\mu,\sigma^2)$，则可利用标准正态分布函数 $\Phi(x)$，通过查表求得 X 落在任一区间 $(x_1, x_2]$ 内的概率，即

$$\begin{aligned} P\{x_1 < X \leqslant x_2\} &= P\left\{\frac{x_1-\mu}{\sigma} < \frac{X-\mu}{\sigma} \leqslant \frac{x_2-\mu}{\sigma}\right\} \\ &= P\left\{\frac{X-\mu}{\sigma} \leqslant \frac{x_2-\mu}{\sigma}\right\} - P\left\{\frac{X-\mu}{\sigma} \leqslant \frac{x_1-\mu}{\sigma}\right\} \\ &= \Phi\left(\frac{x_2-\mu}{\sigma}\right) - \Phi\left(\frac{x_1-\mu}{\sigma}\right). \end{aligned}$$

例如，设 $X \sim N(1.5,4)$，可得

$$\begin{aligned} P\{-1 < X \leqslant 2\} &= P\left\{\frac{-1-1.5}{2} < \frac{X-1.5}{2} \leqslant \frac{2-1.5}{2}\right\} \\ &= \Phi(0.25) - \Phi(-1.25) \\ &= \Phi(0.25) - (1 - \Phi(1.25)) \\ &= 0.598\,7 - (1 - 0.894\,4) = 0.493\,1 \end{aligned}$$

设 $X \sim N(\mu,\sigma^2)$，由 $\Phi(x)$ 函数表可得

$$P\{\mu - \sigma < X < \mu + \sigma\} = \Phi(1) - \Phi(-1) = 2\Phi(1) - 1 = 0.682\,6,$$

$$P\{\mu - 2\sigma < X < \mu + 2\sigma\} = \Phi(2) - \Phi(-2) = 0.954\,4,$$

$$P\{\mu-3\sigma<X<\mu+3\sigma\}=\Phi(3)-\Phi(-3)=0.997\,4.$$

我们看到，尽管正态变量的取值范围是$(-\infty,+\infty)$，但它的值落在$(\mu-3\sigma,\mu+3\sigma)$内几乎是肯定的事，因此在实际问题中，基本上可以认为有$P\{|X-\mu|<3\sigma\}\approx 1$，这就是人们所说的“$3\sigma$ 原则”.

例 5 公共汽车车门的高度是按成年男子与车门顶碰头的机会在 1% 以下来设计的. 设男子身高 X 服从 $\mu=170(\text{cm})$，$\sigma=6(\text{cm})$ 的正态分布，即 $X\sim N(170,6^2)$，问车门高度应如何确定？

解 设车门高度为 $h(\text{cm})$，按设计要求 $P\{X\geqslant h\}\leqslant 0.01$ 或 $P\{X<h\}\geqslant 0.99$，因为 $X\sim N(170,6^2)$，故

$$P\{X<h\}=P\left\{\frac{X-170}{6}<\frac{h-170}{6}\right\}=\Phi\left(\frac{h-170}{6}\right)\geqslant 0.99,$$

查表得

$$\Phi(2.33)=0.9901>0.99.$$

故取$\dfrac{h-170}{6}=2.33$，即$h=184$. 设计车门高度为 184 cm 时，可使成年男子与车门碰头的机会不超过 1%.

例 6 测量到某一目标的距离时发生的随机误差 $X(\text{m})$ 具有密度函数

$$f(x)=\frac{1}{40\sqrt{2\pi}}\mathrm{e}^{-\frac{(x-20)^2}{2\times 40^2}}.$$

试求在三次测量中至少有一次误差的绝对值不超过 30 m 的概率.

解 X 的密度函数为

$$f(x)=\frac{1}{40\sqrt{2\pi}}\mathrm{e}^{-\frac{(x-20)^2}{2\times 40^2}},$$

即 $X\sim N(20,40^2)$，故一次测量中随机误差的绝对值不超过 30 m 的概率为

$$P\{|X|\leqslant 30\}=P\{-30\leqslant X\leqslant 30\}=\Phi\left(\frac{30-20}{40}\right)-\Phi\left(\frac{-30-20}{40}\right)$$
$$=\Phi(0.25)-\Phi(-1.25)=0.598\,1-(1-0.894\,4)=0.493\,1.$$

设 Y 为三次测量中误差的绝对值不超过 30 m 的次数，则 Y 服从二项分布 $b(3,0.493\,1)$，故

$$P\{Y\geqslant 1\}=1-P\{Y=0\}=1-(0.506\,9)^3=0.869\,8.$$

为了便于今后应用，对于标准正态变量，我们引入了 α 分位点的定义.

设 $X\sim N(0,1)$，若 z_α 满足条件

$$P\{X>z_\alpha\}=\alpha,0<\alpha<1, \tag{13.17}$$

则称点 z_α 为标准正态分布的上 α 分位点，例如，查表可得 $z_{0.05}=1.645$，$z_{0.001}=3.16$. 故1.645 与 3.16 分别是标准正态分布的上 0.05 分位点与上 0.001 分位点.

第四节　随机变量函数的分布

我们常常遇到一些随机变量，它们的分布往往难于直接得到(如测量轴承滚珠体积值 Y 等)，但是与它们有函数关系的另一些随机变量，其分布却是容易知道的(如滚珠直径测量值 X). 因此，要研究随机变量之间的函数关系，从而通过这种关系由已知的随机变量的分布求出

与其有函数关系的另一个随机变量的分布.

例 1　设随机变量 X 具有如下所示的分布律,试求 X^2 的分布律.

X	-1	0	1	1.5	3
p_k	0.2	0.1	0.3	0.3	0.1

解　由于在 X 的取值范围内,事件"$X=0$","$X=1.5$","$X=3$"分别与事件"$X^2=0$","$X^2=2.25$","$X^2=9$"等价,所以

$$P\{X^2=0\}=P\{X=0\}=0.1,$$
$$P\{X^2=2.25\}=P\{X=1.5\}=0.3,$$
$$P\{X^2=9\}=P\{X=3\}=0.1.$$

事件"$X^2=1$"是两个互斥事件"$X=-1$"及"$X=1$"的和,其概率为这两事件概率和,即

$$P\{X^2=1\}=P\{X=-1\}+P\{X=1\}=0.2+0.3=0.5.$$

于是得 X^2 的分布律如下所示.

X^2	0	1	2.25	9
p	0.1	0.5	0.3	0.1

例 2　设连续型随机变量 X 具有概率密度 $f_X(x)$, $-\infty<x<+\infty$,求 $Y=g(x)=X^2$ 的概率密度.

解　先求 Y 的分布函数 $F_Y(y)$,由于 $Y=g(x)=X^2\geqslant 0$,故当 $y\leqslant 0$ 时事件"$Y\leqslant y$"的概率为 0,即

$$F_Y(y)=P\{Y\leqslant y\}=0,$$

当 $y>0$ 时,有

$$F_Y(y)=P\{Y\leqslant y\}=P\{X^2\leqslant y\}=P\{-\sqrt{y}\leqslant X\leqslant\sqrt{y}\}=\int_{-\sqrt{y}}^{\sqrt{y}}f_X(x)\mathrm{d}x.$$

将 $F_Y(y)$ 关于 y 求导,即得 Y 的概率密度为

$$f_Y(y)=\begin{cases}\dfrac{1}{2\sqrt{y}}(f_X(\sqrt{y})+f_X(-\sqrt{y})), & y>0\\ 0. & y\leqslant 0\end{cases}$$

例如,当 $X\sim N(0,1)$,其概率密度为式(13.15),则 $Y=X^2$ 的概率密度为

$$f_Y(y)=\begin{cases}\dfrac{1}{\sqrt{2\pi}}y^{-\frac{1}{2}}\mathrm{e}^{-\frac{y}{2}}, & y>0,\\ 0. & y\leqslant 0,\end{cases}$$

此时称 Y 服从自由度为 1 的 χ^2 分布,即 $Y\sim\chi^2(1)$.

上例中关键的一步在于将事件"$Y\leqslant y$"由其等价事件"$-\sqrt{y}\leqslant X\leqslant\sqrt{y}$"代替,即将事件"$Y\leqslant y$"转换为有关 X 的范围所表示的等价事件. 下面我们仅对 $Y=g(x)$,其中 $g(x)$ 为严格单调函数,写出一般结论.

定理 1　设随机变量 X 具有概率密度 $f_X(x)$, $-\infty<x<+\infty$,又设函数 $g(x)$ 处处可导

且 $g'(x)>0$(或 $g'(x)<0$),则 $Y=g(x)$ 是连续型随机变量,其概率密度为

$$f_Y(y)=\begin{cases}f_X(h(y))\cdot|h'(y)|, & \alpha<x<\beta\\ 0, & \text{其他}.\end{cases}\tag{13.18}$$

其中 $\alpha=\min\{g(-\infty),g(+\infty)\}$,$\beta=\max\{g(-\infty),g(+\infty)\}$,$h(y)$ 是 $g(x)$ 的反函数.

我们只证 $g'(x)>0$ 的情况.由于 $g'(x)>0$,故 $g(x)$ 在$(-\infty,+\infty)$上严格单调递增,它的反函数 $h(y)$ 存在,且在(α,β)上严格单调递增且可导.我们先求 Y 的分布函数 $F_Y(y)$,并通过对 $F_Y(y)$ 求导求出 $f_Y(y)$.

由于 $Y=g(x)$ 在(α,β)上取值,故

当 $y\leqslant\alpha$ 时,$F_Y(y)=P\{Y\leqslant y\}=0$;

当 $y\geqslant\beta$ 时,$F_Y(y)=P\{Y\leqslant y\}=1$;

当 $\alpha<y<\beta$ 时,

$$F_Y(y)=P\{Y\leqslant y\}=P\{g(x)\leqslant y\}=P\{X\leqslant h(y)\}=\int_{-\infty}^{h(y)}f_X(x)\mathrm{d}x.$$

于是得概率密度

$$f_Y(y)=\begin{cases}f_X(h(y))\cdot h'(y), & \alpha<y<\beta,\\ 0, & \text{其他}.\end{cases}$$

对于 $g'(x)<0$ 的情况可以同样证明,即

$$f_Y(y)=\begin{cases}f_X(h(y))\cdot(-h'(y)), & \alpha<y<\beta,\\ 0, & \text{其他}.\end{cases}$$

将上面两种情况合并得

$$f_Y(y)=\begin{cases}f_X(h(y))\cdot|h'(y)|, & \alpha<y<\beta,\\ 0, & \text{其他}.\end{cases}$$

注:若 $f(x)$ 在$[a,b]$之外为零,则只需假设在(a,b)上恒有 $g'(x)>0$(或恒有 $g'(x)<0$),此时

$$\alpha=\min\{g(a),g(b)\},\beta=\max\{g(a),g(b)\}.$$

例 3 设随机变量 $X\sim N(\mu,\sigma^2)$.试证明 X 的线性函数 $Y=aX+b(a\neq0)$ 也服从正态分布.

证 设 X 的概率密度

$$f_X(x)=\frac{1}{\sqrt{2\pi}}\mathrm{e}^{-\frac{(x-\mu)^2}{2\sigma^2}},\quad -\infty<x<+\infty.$$

再令 $y=g(x)=ax+b$,得 $g(x)$ 的反函数

$$x=h(y)=\frac{y-b}{a}.$$

所以

$$h'(y)=\frac{1}{a}.$$

由式(13.18)$Y=g(X)=aX+b(a\neq0)$ 的概率密度为

$$f_Y(y)=\frac{1}{|a|}f_X\left(\frac{y-b}{a}\right),\quad -\infty<x<+\infty,$$

即

$$f_Y(y)=\frac{1}{|a|\sigma\sqrt{2\pi}}e^{-\frac{[y-(b+a\mu)]^2}{2(a\sigma)^2}},-\infty<x<+\infty,$$

从而

$$Y=aX+b\sim N(a\mu+b,(a\sigma)^2).$$

例 4　由统计物理学知，分子运动速度的绝对值 X 服从麦克斯韦分布，其概率密度为

$$f_X(x)=\begin{cases}\dfrac{4x^2}{a^3\sqrt{\pi}}e^{-\frac{x^2}{a^2}}, & x>0,\\ 0, & x\leqslant 0,\end{cases}$$

其中 $a>0$ 为常数，求分子动能 $Y=\frac{1}{2}mX^2$（m 为分子质量）的概率密度.

解　已知 $y=g(x)=\frac{1}{2}mx^2$，$f(x)$ 只在区间 $(0,+\infty)$ 上非零，且 $g'(x)$ 在此区间上恒单调递增，由式(13.18)，得 Y 的概率密度为

$$\psi(y)=\begin{cases}\dfrac{4\sqrt{2y}}{m^{3/2}a^3\sqrt{\pi}}e^{-\frac{2y}{ma^2}}, & y>0,\\ 0, & y\leqslant 0.\end{cases}$$

习 题 十 三

1. 一袋中有 5 只乒乓球，编号为 1,2,3,4,5，在其中同时取 3 只，以 X 表示取出的 3 只球中的最大号码，写出随机变量 X 的分布律.

2. 设在 15 只同类型零件中有 2 只为次品，在其中取 3 次，每次任取 1 只，做不放回抽样，以 X 表示取出的次品个数，求：

(1) X 的分布律；

(2) X 的分布函数；

(3) $P\{X\leqslant 1/2\}$，$P\{1<X\leqslant 3/2\}$，$P\{1\leqslant X\leqslant 3/2\}$，$P\{1<X<2\}$.

3. 射手向目标独立地进行了 3 次射击，每次击中率为 0.8，求 3 次射击中击中目标的次数的分布律及分布函数，并求 3 次射击中至少击中 2 次的概率.

4. (1) 设随机变量 X 的分布律为

$$P\{X=k\}=a\frac{\lambda^k}{k!},$$

其中 $k=0,1,2,\cdots$，$\lambda>0$，为常数，试确定常数 a.

(2) 设随机变量 X 的分布律为 $P\{X=k\}=\frac{a}{N}$ $(k=1,2,\cdots,N)$，试确定常数 a.

5. 甲、乙两人投篮，投中的概率分别为 0.6，0.7，今各投 3 次，求：

(1) 两人投中次数相等的概率；

(2) 甲比乙投中次数多的概率.

6. 设某机场每天有 200 架飞机在此降落，任一飞机在某一时刻降落的概率为 0.02，且各飞机降落是相互独立的. 试问该机场需配备多少条跑道，才能保证某一时刻飞机需立即降落而

没有空闲跑道的概率小于 0.01(每条跑道只能允许一架飞机降落)?

7. 有一繁忙的汽车站,每天有大量汽车通过,设每辆车在一天的某时段出事故的概率为 0.0001,在某天的该时段内有 1000 辆汽车通过,问出事故的次数不小于 2 次的概率是多少(利用泊松定理)?

8. 已知在五重贝努里试验中成功的次数 X 满足 $P\{X=1\}=P\{X=2\}$,求概率 $P\{X=4\}$.

9. 设事件 A 在每一次试验中发生的概率为 0.3,当 A 发生不少于 3 次时,指示灯发出信号.

(1) 进行了 5 次独立试验,试求指示灯发出信号的概率;

(2) 进行了 7 次独立试验,试求指示灯发出信号的概率.

10. 某公安局在长度为 t 的时间间隔内收到的紧急呼救的次数 X 服从参数为 $\frac{1}{2}t$ 的泊松分布,而与时间间隔起点无关(时间以小时计).

(1) 求某一天中午 12 时至下午 3 时没收到呼救的概率;

(2) 求某一天中午 12 时至下午 5 时至少收到 1 次呼救的概率.

11. 设 $P\{X=k\}=C_2^k p^k(1-p)^{2-k}(k=0,1,2)$

$$P\{Y=m\}=C_4^m p^m(1-p)^{4-m}(m=0,1,2,3,4),$$

分别为随机变量 X,Y 的概率分布. 如果已知 $P\{X\geqslant 1\}=\frac{5}{9}$,试求 $P\{Y\geqslant 1\}$.

12. 某教科书出版了 2000 册,因装订等原因造成错误的概率为 0.001,试求在这 2000 册书中恰有 5 册错误的概率.

13. 进行某种试验,成功的概率为 $\frac{3}{4}$,失败的概率为 $\frac{1}{4}$. 以 X 表示试验首次成功所需试验的次数,试写出 X 的分布律,并计算 X 取偶数的概率.

14. 有 2500 名同一年龄和同社会阶层的人参加了保险公司的人寿保险. 在一年中每个人死亡的概率为 0.002,每个参加保险的人在 1 月 1 日须交 12 元保险费,而在死亡时家属可从保险公司领取 2000 元赔偿金. 求:

(1) 保险公司亏本的概率;

(2) 保险公司获利分别不少于 10 000 元、20 000 元的概率.

15. 已知随机变量 X 的密度函数为

$$f(x)=Ae^{-|x|},\ -\infty<x<+\infty,$$

求:(1) A 值;(2) $P\{0<X<1\}$;(3) $F(x)$.

16. 设某种仪器内装有三只同样的电子管,电子管使用寿命 X 的密度函数为

$$f(x)=\begin{cases}\dfrac{100}{x^2}, & x\geqslant 100,\\ 0, & x<100.\end{cases}$$

求:(1) 在开始 150 小时内没有电子管损坏的概率;

(2) 在这段时间内有一只电子管损坏的概率;

(3) $F(x)$.

17. 在区间 $[0,a]$ 上任意投掷一个质点,以 X 表示这质点的坐标,设这质点落在 $[0,a]$ 中

任意小区间内的概率与这小区间长度成正比例，试求 X 的分布函数.

18. 设随机变量 X 在 $[2,5]$ 上服从均匀分布. 现对 X 进行三次独立观测，求至少有两次的观测值大于 3 的概率.

19. 设顾客在某银行的窗口等待服务的时间 X（以分钟计）服从指数分布 $E(15)$. 某顾客在窗口等待服务，若超过 10 分钟他就离开. 他一个月要到银行 5 次，以 Y 表示一个月内他未等到服务而离开窗口的次数，试写出 Y 的分布律，并求 $P\{Y \geqslant 1\}$.

20. 某人乘汽车去火车站乘火车，有两条路可走. 第一条路程较短但交通拥挤，所需时间 X 服从 $N(40,10^2)$；第二条路程较长，但阻塞少，所需时间 X 服从 $N(50,4^2)$.

(1) 若动身时离火车开车只有 1 小时，问应走哪条路能乘上火车的把握大些？

(2) 又若离火车开车时间只有 45 分钟，问应走哪条路赶上火车把握大些？

21. 设 $X \sim N(3,2^2)$.

(1) 求 $P\{2 < X \leqslant 5\}, P\{-4 < X \leqslant 10\}, P\{|X| > 2\}, P\{X > 3\}$；

(2) 确定 c 使 $P\{X > c\} = P\{X \leqslant c\}$.

22. 由某机器生产的螺栓长度 $X \sim N(10.05, 0.06^2)$（单位:cm），规定长度在 10.05 ± 0.12 内为合格品，求一螺栓为不合格品的概率.

23. 一工厂生产的电子管寿命 X（小时）服从正态分布 $N(160,\sigma^2)$，若要求 $P\{120 < X \leqslant 200\} \geqslant 0.8$，允许 σ 最大不超过多少？

24. 设随机变量 X 的分布函数为

$$F(x) = \begin{cases} A + Be^{-\lambda t}, & x \geqslant 0, \\ 0, & x < 0 \end{cases} \quad (\lambda > 0).$$

(1) 求常数 A, B；　(2) 求 $P\{X \leqslant 2\}, P\{X > 3\}$；　(3) 求分布密度 $f(x)$.

25. 设随机变量 X 的概率密度为

$$f(x) = \begin{cases} x, & 0 \leqslant x < 1, \\ 2 - x, & 1 \leqslant x < 2, \\ 0, & \text{其他}. \end{cases}$$

求 X 的分布函数 $F(x)$，并画出 $f(x)$ 及 $F(x)$.

26. 设随机变量 X 的密度函数为：

(1) $f(x) = ae^{-\lambda|x|}, \lambda > 0$；　(2) $f(x) = \begin{cases} bx, & 0 < x < 1, \\ \dfrac{1}{x^2}, & 1 \leqslant x < 2, \\ 0, & \text{其他}. \end{cases}$

试确定常数 a, b，并求其分布函数 $F(x)$.

27. 求标准正态分布的上 α 分位点，

(1) $\alpha = 0.01$，求 z_α；

(2) $\alpha = 0.003$，求 $z_\alpha, z_{\frac{\alpha}{2}}$.

28. 设随机变量 X 的分布律为

X	-2	-1	0	1	3
p_k	1/5	1/6	1/5	1/15	1/130

求 $Y = X^2$ 的分布律.

29. 设 $P\{X = k\} = \frac{1}{2^k}$ $(k = 1,2,\cdots)$，令

$$Y = \begin{cases} 1, & \text{当 } X \text{ 取偶数时}, \\ -1, & \text{当 } X \text{ 取奇数时}. \end{cases}$$

求随机变量 X 的函数 Y 的分布律.

30. 设 $X \sim N(0,1)$.

(1) 求 $Y = \mathrm{e}^X$ 的概率密度；

(2) 求 $Y = 2X^2 + 1$ 的概率密度；

(3) 求 $Y = |X|$ 的概率密度.

31. 设随机变量 $X \sim U(0,1)$，试求：

(1) $Y = \mathrm{e}^X$ 的分布函数及密度函数；

(2) $Z = -2\ln X$ 的分布函数及密度函数.

32. 设随机变量 X 的密度函数为

$$f(x) = \begin{cases} \frac{2x}{\pi^2}, & 0 < x < \pi, \\ 0, & \text{其他}. \end{cases}$$

试求 $Y = \sin X$ 的密度函数.

第十四章　随机变量的数字特征

前面讨论了随机变量的分布函数，我们知道分布函数全面地描述了随机变量的统计特性. 但是在实际问题中，一方面由于求分布函数并非易事；另一方面，往往不需要去全面考察随机变量的变化情况，而只需知道随机变量的某些特征就够了. 例如，在考察一个班级学生的学习成绩时，只要知道这个班级的平均成绩及其分散程度就可以对该班的学习情况做出比较客观的判断了. 这样的平均值及表示分散程度的量虽然不能完整地描述随机变量，但能更突出地描述随机变量在某些方面的重要特征，我们称它们为随机变量的数字特征. 本章将介绍随机变量的两个常用数字特征：数学期望和方差.

第一节　数学期望

一、数学期望的定义

粗略地说，数学期望就是随机变量的平均值. 在给出数学期望的概念之前，先看一个例子.

要评判一个射手的射击水平，需要知道射手平均命中环数. 设射手 A 在同样条件下进行射击，命中的环数 X 是一随机变量，其分布律如表 14-1 所示：

表 14-1

X	10	9	8	7	6	5	0
p_k	0.1	0.1	0.2	0.3	0.1	0.1	0.1

由 X 的分布律可知，若射手 A 共射击 N 次，根据频率的稳定性，在 N 次射击中，大约有 $0.1\times N$ 次击中 10 环，$0.1\times N$ 次击中 9 环，$0.2\times N$ 次击中 8 环，$0.3\times N$ 次击中 7 环，$0.1\times N$ 次击中 6 环，$0.1\times N$ 次击中 5 环，$0.1\times N$ 次脱靶. 于是在 N 次射击中，射手 A 击中的环数之和约为

$$10\times 0.1N+9\times 0.1N+8\times 0.2N+7\times 0.3N+6\times 0.1N+5\times 0.1N+0\times 0.1N.$$

平均每次击中的环数约为

$$\begin{aligned}&\frac{1}{N}(10\times 0.1N+9\times 0.1N+8\times 0.2N+7\times 0.3N\\&\quad+6\times 0.1N+5\times 0.1N+0\times 0.1N)\\&=10\times 0.1+9\times 0.1+8\times 0.2+7\times 0.3+6\times 0.1+5\times 0.1+0\times 0.1\\&=6.7.\end{aligned}$$

由这样一个问题的启发，得到一般随机变量的“平均数”，应是随机变量所有可能取值与其相应的概率乘积之和，也就是以概率为权数的加权平均值，这就是所谓“数学期望”的概念. 一

般地,有如下定义:

定义 1 设离散型随机变量 X 的分布律为

$$P\{X = x_k\} = p_k (k = 1, 2, \cdots),$$

若级数 $\sum_{k=1}^{\infty} x_k p_k$ 绝对收敛,则称级数 $\sum_{k=1}^{\infty} x_k p_k$ 为随机变量 X 的数学期望,记为 $E(X)$,即

$$E(X) = \sum_{k=1}^{\infty} x_k p_k. \tag{14.1}$$

设连续型随机变量 X 的概率密度为 $f(x)$,若积分

$$\int_{-\infty}^{+\infty} x f(x) \mathrm{d}x$$

绝对收敛,则称积分 $\int_{-\infty}^{+\infty} x f(x) \mathrm{d}x$ 的值为随机变量 X 的数学期望,记为 $E(X)$,即

$$E(X) = \int_{-\infty}^{+\infty} x f(x) \mathrm{d}x. \tag{14.2}$$

数学期望简称期望,又称为均值.

例 1 某商店在年末大甩卖中进行有奖销售,摇奖时从摇箱摇出的球的可能颜色为红、黄、蓝、白、黑五种,其对应的奖金额分别为 10 000 元、1000 元、100 元、10 元、1 元. 假定摇箱内装有很多球,其中红、黄、蓝、白、黑的比例分别为 0.01%, 0.15%, 1.34%, 10%, 88.5%, 求每次摇奖摇出的奖金额 X 的数学期望.

解 每次摇奖摇出的奖金额 X 是一个随机变量,易知它的分布律为

X	10 000	1000	100	10	1
p_k	0.000 1	0.001 5	0.013 4	0.1	0.885

因此,

$$E(x) = 10\,000 \times 0.000\,1 + 1000 \times 0.001\,5 + 100 \times 0.013\,4 + 10 \times 0.1 + 1 \times 0.885 = 5.725.$$

可见,平均起来每次摇奖的奖金额不足 6 元. 这个值对商店做计划预算是很重要的.

例 2 按规定,某车站每天 8 点至 9 点、9 点至 10 点都有一辆客车到站,但到站的时刻是随机的,且两者到站的时间相互独立. 其分布律为

到站时刻	8:10,9:10	8:30,9:30	8:50,9:50
概率	1/6	3/6	2/6

一旅客 8:20 分到车站,求他候车时间的数学期望.

解 设旅客候车时间为 X 分钟,易知 X 的分布律为

X	10	30	50	70	90
p_k	3/6	2/6	1/36	3/36	2/36

在上表中 p_k 的求法如下,例如

$$P\{X = 70\} = P(AB) = P(A)P(B) = \frac{1}{6} \times \frac{3}{6} = \frac{1}{12},$$

其中 A 为事件“第一班车在 8:10 到站”，B 为事件“第二班车在 9:30 到站”，于是候车时间的数学期望为

$$E(x)=\left(10\times\frac{3}{6}+30\times\frac{2}{6}+50\times\frac{1}{36}+70\times\frac{3}{36}+90\times\frac{2}{36}\right)\text{分钟}=27.22\ \text{分钟}.$$

例 3　有 5 个相互独立工作的电子装置，它们的寿命 $X_k(k=1,2,3,4,5)$ 服从同一指数分布，其概率密度为

$$f(x)=\begin{cases}\dfrac{1}{\theta}\mathrm{e}^{-\frac{x}{\theta}}, & x>0,\\ 0, & x\leqslant 0.\end{cases}$$

(1) 若将这 5 个电子装置串联起来组成整机，求整机寿命 N 的数学期望；

(2) 若将这 5 个电子装置并联组成整机，求整机寿命 M 的数学期望.

解　$X_k(k=1,2,3,4,5)$ 的分布函数为

$$F(x)=\begin{cases}1-\mathrm{e}^{-\frac{x}{\theta}}, & x>0,\\ 0, & x\leqslant 0.\end{cases}$$

(1) 串联的情况.

由于当 5 个电子装置中有 1 个损坏时，整机就停止工作，所以这时整机寿命为

$$N=\min\{X_1,X_2,X_3,X_4,X_5\}.$$

由于 X_1,X_2,X_3,X_4,X_5 是相互独立的，于是 N 的分布函数为

$$\begin{aligned}F_N(x)&=P\{N\leqslant x\}=1-P\{N>x\}\\&=1-P\{X_1>x,X_2>x,X_3>x,X_4>x,X_5>x\}\\&=1-P\{X_1>x\}\cdot P\{X_2>x\}\cdot P\{X_3>x\}\cdot P\{X_4>x\}\cdot P\{X_5>x\}\\&=1-(1-F_{X_1}(x))\cdot(1-F_{X_2}(x))\cdot(1-F_{X_3}(x))\cdot(1-F_{X_4}(x))\cdot(1-F_{X_5}(x))\\&=1-[1-F(x)]^5\\&=\begin{cases}1-\mathrm{e}^{-\frac{5x}{\theta}}, & x>0,\\ 0, & x\leqslant 0.\end{cases}\end{aligned}$$

因此，N 的概率密度为

$$f_N(x)=\begin{cases}\dfrac{5}{\theta}\mathrm{e}^{-\frac{5x}{\theta}}, & x>0,\\ 0, & x\leqslant 0,\end{cases}$$

则 N 的数学期望为

$$E(N)=\int_{-\infty}^{+\infty}xf_N(x)\mathrm{d}x=\int_0^{+\infty}\frac{5x}{\theta}\mathrm{e}^{-\frac{5x}{\theta}}\mathrm{d}x=\frac{\theta}{5}.$$

(2) 并联的情况.

由于当且仅当 5 个电子装置都损坏时，整机才停止工作，所以这时整机寿命为

$$M=\max\{X_1,X_2,X_3,X_4,X_5\}.$$

由于 X_1,X_2,X_3,X_4,X_5 相互独立，类似可得 M 的分布函数为

$$F_M(x)=(F(x))^5=\begin{cases}(1-\mathrm{e}^{-\frac{x}{\theta}})^5, & x>0,\\ 0, & x\leqslant 0,\end{cases}$$

因而 M 的概率密度为

$$f_M(x) = \begin{cases} \dfrac{5}{\theta}(1 - e^{-\frac{x}{\theta}})^4 e^{-\frac{x}{\theta}}, & x > 0, \\ 0, & x \leqslant 0. \end{cases}$$

于是 M 的数学期望为

$$E(M) = \int_{-\infty}^{+\infty} x f_M(x) dx = \int_0^{+\infty} \frac{5x}{\theta}(1 - e^{-\frac{x}{\theta}})^4 e^{-\frac{x}{\theta}} dx = \frac{137}{60}\theta.$$

这说明:5 个电子装置并联工作的平均寿命要大于串联工作的平均寿命.

例 4　设随机变量 X 服从柯西(Cauchy) 分布,其概率密度为

$$f(x) = \frac{1}{\pi(1 + x^2)}, -\infty < x < +\infty,$$

试证 $E(X)$ 不存在.

证　由于

$$\int_{-\infty}^{+\infty} |x| f(x) dx = \int_{-\infty}^{+\infty} |x| \frac{1}{\pi(1 + x^2)} dx = \infty,$$

故 $E(X)$ 不存在.

二、随机变量函数的数学期望

在实际问题与理论研究中,我们经常需要求随机变量函数的数学期望. 这时,我们可以通过下面的定理来实现.

定理 1　设 Y 是随机变量 X 的函数 $Y = g(X)$ (g 是连续函数).

(1) X 是离散型随机变量,它的分布律为 $P(X = x_k) = p_k (k = 1, 2, \cdots)$,若 $\sum\limits_{k=1}^{\infty} g(x_k) p_k$ 绝对收敛,则有

$$E(Y) = E(g(X)) = \sum_{k=1}^{\infty} g(x_k) p_k. \tag{14.3}$$

(2) X 是连续型随机变量,它的概率密度为 $f(x)$,若 $\int_{-\infty}^{+\infty} g(x) f(x) dx$ 绝对收敛,则有

$$E(Y) = E(g(X)) = \int_{-\infty}^{+\infty} g(x) f(x) dx. \tag{14.4}$$

定理 1 的重要意义在于当我们求 $E(Y)$ 时,不必知道 Y 的分布而只需知道 X 的分布就可以了. 当然,我们也可以由已知的 X 的分布,先求出其函数 $g(X)$ 的分布,再根据数学期望的定义去求 $E(g(X))$,然而,求 $Y = g(X)$ 的分布是不容易的,所以一般不采用后一种方法.

例 5　设随机变量 X 的分布律为

X	-1	0	2	3
P	$1/8$	$1/4$	$3/8$	$1/4$

求 $E(X^2)$, $E(-2X + 1)$.

解　由式(14.3) 得

$$E(X^2) = (-1)^2 \times \frac{1}{8} + 0^2 \times \frac{1}{4} + 2^2 \times \frac{3}{8} + 3^2 \times \frac{1}{4} = \frac{31}{8},$$

$$E(-2X+1)=(-2\times(-1)+1)\times\frac{1}{8}+(-2\times 0+1)\times\frac{1}{4}$$
$$+(-2\times 2+1)\times\frac{3}{8}+(-2\times 3+1)\times\frac{1}{4}=-\frac{7}{4}.$$

例 6　对球的直径做近似测量，设其值均匀分布在区间$[a,b]$内，求球体积的数学期望.

解　设随机变量 X 表示球的直径，Y 表示球的体积. 依题意，X 的概率密度为

$$f(x)=\begin{cases}\dfrac{1}{b-a}, & a\leqslant x\leqslant b,\\ 0, & \text{其他}.\end{cases}$$

球体积 $Y=\frac{1}{6}\pi X^3$，由式(14.4)得

$$E(Y)=E(\frac{1}{6}\pi X^3)=\int_a^b\frac{1}{6}\pi x^3\frac{1}{b-a}\mathrm{d}x$$
$$=\frac{\pi}{6(b-a)}\int_a^b x^3\mathrm{d}x=\frac{\pi}{24}(a+b)(a^2+b^2).$$

例 7　设国际市场每年对我国某种出口商品的需求量 X(吨)服从区间[2000,4000]上的均匀分布. 若售出这种商品 1 吨，可挣得外汇 3 万元，但如果销售不出而囤积于仓库，则每吨需保管费 1 万元. 问应预备多少吨这种商品，才能使国家的收益最大?

解　设预备这种商品 y 吨($2000\leqslant y\leqslant 4000$)，则收益(万元)为

$$g(X)=\begin{cases}3y, & X\geqslant y,\\ 3X-(y-X), & X<y.\end{cases}$$

则

$$E(g(x))=\int_{-\infty}^{+\infty}g(x)f(x)\mathrm{d}x=\int_{2000}^{4000}g(x)\cdot\frac{1}{4000-2000}\mathrm{d}x$$
$$=\frac{1}{2000}\int_{2000}^{y}(3x-(y-x))\mathrm{d}x+\frac{1}{2000}\int_{y}^{4000}3y\mathrm{d}x$$
$$=\frac{1}{1000}(-y^2+7000y-4\times 10^6).$$

当 $y=3500$ 吨时，上式达到最大值. 所以，预备 3500 吨此种商品能使国家的收益最大，最大收益为 8250 万元.

三、数学期望的性质

下面讨论数学期望的几条重要性质.

定理 2　设随机变量 X,Y 的数学期望 $E(X)$，$E(Y)$ 存在.

(i) $E(C)=C$，其中 C 是常数；

(ii) $E(CX)=CE(X)$；

(iii) $E(X+Y)=E(X)+E(Y)$；

(iv) 若 X,Y 是相互独立的，则有 $E(XY)=E(X)E(Y)$.

例 8　设一电路中电流 I(安)与电阻 R(欧)是两个相互独立的随机变量，其概率密度分别为

$$g(i)=\begin{cases}2i, & 0\leqslant i\leqslant 1,\\ 0, & \text{其他};\end{cases}\qquad h(r)=\begin{cases}\dfrac{r^2}{9}, & 0\leqslant r\leqslant 3,\\ 0, & \text{其他}.\end{cases}$$

试求电压 $V = IR$ 的均值.

解 $E(V) = E(IR)$

$$= E(I)E(R) = \left(\int_{-\infty}^{+\infty} ig(i)\mathrm{d}i\right)\left(\int_{-\infty}^{+\infty} rh(r)\mathrm{d}r\right) = \left(\int_0^1 2i^2\mathrm{d}i\right)\left(\int_0^3 \frac{r^3}{9}\mathrm{d}r\right) = \frac{3}{2}\text{ 伏}.$$

例 9 设对某一目标进行射击,命中 n 次才能彻底摧毁该目标,假定各次射击是独立的,并且每次射击命中的概率为 p,试求彻底摧毁这一目标平均消耗的炮弹数.

解 设 X 为 n 次击中目标所消耗的炮弹数,X_k 表示第 $k-1$ 次击中后至第 k 次击中目标之间所消耗的炮弹数,这样,X_k 可取值 $1,2,3,\cdots$,其分布律为

X_k	1	2	3	$\cdots$	m	$\cdots$
$P\{X_k = m\}$	p	pq	pq^2	$\cdots$	pq^{m-1}	$\cdots$

其中 $q = 1-p$,X_1 为第一次击中目标所消耗的炮弹数,则 n 次击中目标所消耗的炮弹数为

$$X = X_1 + X_2 + \cdots + X_n.$$

由性质(iii)可得 $E(X) = E(X_1) + E(X_2) + \cdots + E(X_n) = nE(X_1)$.

又

$$E(X_1) = \sum_{k=1}^{\infty} kpq^{k-1} = \frac{1}{p},$$

故

$$E(X) = \frac{n}{p}.$$

四、常用分布的数学期望

1. 0-1 分布

设 X 的分布律为

X	0	1
P	$1-p$	p

则 X 的数学期望为

$$E(X) = 0 \times (1-p) + 1 \times p = p.$$

2. 二项分布

设 X 服从二项分布,其分布律为

$$P\{X = k\} = \mathrm{C}_n^k p^k (1-p)^{n-k} \quad (k = 0,1,2,\cdots,n, 0 < p < 1).$$

则 X 的数学期望为

$$E(X) = \sum_{k=0}^{n} k\mathrm{C}_n^k p^k (1-p)^{n-k} = \sum_{k=0}^{n} k \frac{n!}{k!(n-k)!} p^k (1-p)^{n-k}$$

$$= np \sum_{k=0}^{n} \frac{(n-1)!}{(k-1)![(n-1)-(k-1)]!} p^{k-1} (1-p)^{[(n-1)-(k-1)]}.$$

令 $k-1 = t$,则

$$E(X)=np\sum_{t=0}^{n-1}\frac{(n-1)!}{t![(n-1)-t]!}p^t(1-p)^{[(n-1)-t]}=np[p+(1-p)]^{n-1}=np.$$

3. 泊松分布

设 X 服从泊松分布，其分布律为

$$P\{X=k\}=\frac{\lambda^k}{k!}e^{-\lambda}(k=0,1,2,\cdots,\lambda>0),$$

则 X 的数学期望为

$$E(X)=\sum_{k=0}^{\infty}k\frac{\lambda^k}{k!}e^{-\lambda}=\lambda e^{-\lambda}\sum_{k=1}^{\infty}\frac{\lambda^{k-1}}{(k-1)!},$$

令 $k-1=t$，则有

$$E(X)=\lambda e^{-\lambda}\sum_{k=0}^{\infty}\frac{\lambda^t}{t!}=\lambda e^{-\lambda}\cdot e^{\lambda}=\lambda.$$

4. 均匀分布

设 X 服从 $[a,b]$ 上的均匀分布，其概率密度函数为

$$f(x)=\begin{cases}\frac{1}{b-a}, & a\leqslant x\leqslant b,\\ 0, & \text{其他},\end{cases}$$

则 X 的数学期望为

$$E(X)=\int_{-\infty}^{+\infty}xf(x)\mathrm{d}x=\int_a^b\frac{x}{b-a}\mathrm{d}x=\frac{a+b}{2}.$$

5. 指数分布

设 X 服从指数分布，其分布密度为

$$f(x)=\begin{cases}\lambda e^{-\lambda x}, & x\geqslant 0,\\ 0, & x<0,\end{cases}$$

则 X 的数学期望为

$$E(X)=\int_{-\infty}^{+\infty}xf(x)\mathrm{d}x=\int_{-\infty}^{+\infty}x\lambda e^{-\lambda x}\mathrm{d}x=\frac{1}{\lambda}.$$

6. 正态分布

设 $X\sim N(\mu,\sigma^2)$，其分布密度为 $f(x)=\frac{1}{\sqrt{2\pi}\sigma}e^{-\frac{(x-\mu)^2}{2\sigma^2}}$，则 X 的数学期望为

$$E(X)=\int_{-\infty}^{+\infty}xf(x)\mathrm{d}x=\frac{1}{\sqrt{2\pi}\sigma}\int_{-\infty}^{+\infty}xe^{-\frac{(x-\mu)^2}{2\sigma^2}}\mathrm{d}x,$$

令 $\frac{x-\mu}{\sigma}=t$，则 $E(X)=\frac{1}{\sqrt{2\pi}}\int_{-\infty}^{+\infty}(\mu+\sigma t)e^{-\frac{t^2}{2}}\mathrm{d}t.$

注意到

$$\frac{\mu}{\sqrt{2\pi}}\int_{-\infty}^{+\infty}e^{-\frac{t^2}{2}}\mathrm{d}t=\mu,\quad \frac{1}{\sqrt{2\pi}}\int_{-\infty}^{+\infty}\sigma t e^{-\frac{t^2}{2}}\mathrm{d}t=0,$$

故有 $E(X)=\mu.$

第二节　方　　差

一、方差的定义

数学期望描述了随机变量取值的“平均”.有时仅知道这个平均值还不够.例如,有 A,B 两名射手,他们每次射击命中的环数分别为 X,Y,已知 X,Y 的分布律为:

X	8	9	10
p_k	0.2	0.6	0.2

Y	8	9	10
p_k	0.1	0.8	0.1

由于 $E(X)=E(Y)=9$ 环,可见从均值的角度分不出谁的射击技术更高,故还需考虑其他的因素.通常的想法是:在射击的平均环数相等的条件下进一步衡量谁的射击技术更稳定些.也就是看谁命中的环数比较集中于平均值的附近,通常人们会采用命中的环数 X 与它的平均值 $E(X)$ 之间的离差 $|X-E(X)|$ 的均值 $E(|X-E(X)|)$ 来度量.

$E(|X-E(X)|)$ 愈小,表明 X 的值愈集中于 $E(X)$ 的附近,即技术稳定;

$E(|X-E(X)|)$ 愈大,表明 X 的值很分散,技术不稳定.

但由于 $E(|X-E(X)|)$ 带有绝对值,运算不便,故通常采用 X 与 $E(X)$ 的离差 $|X-E(X)|$ 的平方平均值 $E((X-E(X))^2)$ 来度量随机变量 X 取值的分散程度.此例中,由于

$$E((X-E(X))^2)=0.2\times(8-9)^2+0.6\times(9-9)^2+0.2\times(10-9)^2=0.4,$$

$$E((Y-E(Y))^2)=0.1\times(8-9)^2+0.8\times(9-9)^2+0.1\times(10-9)^2=0.2.$$

由此可见,射手 B 的技术更稳定些.

定义 1　设 X 是一个随机变量,若 $E((X-E(X))^2)$ 存在,则称 $E((X-E(X))^2)$ 为 X 的方差,记为 $D(X)$,即

$$D(X)=E((X-E(X))^2). \tag{14.5}$$

称 $\sqrt{D(X)}$ 为随机变量 X 的标准差或均方差,记为 $\sigma(X)$.

根据定义可知,随机变量 X 的方差反映了随机变量的取值与其数学期望的偏离程度.若 X 取值比较集中,则 $D(X)$ 较小;反之,若 X 取值比较分散,则 $D(X)$ 较大.

由于方差是随机变量 X 的函数 $g(X)=(X-E(X))^2$ 的数学期望.若离散型随机变量 X 的分布律为 $P\{X=x_k\}=p_k(k=1,2,\cdots)$,则

$$D(X)=\sum_{k=1}^{\infty}(x_k-E(X))^2p_k. \tag{14.6}$$

若连续型随机变量 X 的概率密度为 $f(x)$,则

$$D(X)=\int_{-\infty}^{+\infty}(x-E(X))^2f(x)\mathrm{d}x. \tag{14.7}$$

由此可见,方差 $D(X)$ 是一个常数,它由随机变量的分布唯一确定.

根据数学期望的性质可得:

$$D(X)=E(X-E(X))^2=E(X^2-2X\cdot E(X)+(E(X))^2)$$
$$=E(X^2)-2E(X)\cdot E(X)+(E(X))^2=E(X^2)-(E(X))^2.$$

于是得到常用计算方差的简便公式

$$D(X)=E(X^2)-(E(X))^2. \tag{14.8}$$

例 1　设有甲、乙两种棉花，从中各抽取等量的样品进行检验，结果如下：

X	28	29	30	31	32
P	0.1	0.15	0.5	0.15	0.1

Y	28	29	30	31	32
P	0.13	0.17	0.4	0.17	0.13

其中 X,Y 分别表示甲、乙两种棉花的纤维的长度(单位：毫米)，求 $D(X)$ 与 $D(Y)$，且评定它们的质量.

解　由于

$$E(X)=28\times0.1+29\times0.15+30\times0.5+31\times0.15+32\times0.1=30,$$
$$E(Y)=28\times0.13+29\times0.17+30\times0.4+31\times0.17+32\times0.13=30,$$

故得

$$D(X)=(28-30)^2\times0.1+(29-30)^2\times0.15+(30-30)^2\times0.5+(31-30)^2\times0.15+(32-30)^2\times0.1$$
$$=4\times0.1+1\times0.15+0\times0.5+1\times0.15+4\times0.1=1.1,$$
$$D(Y)=(28-30)^2\times0.13+(29-30)^2\times0.17+(30-30)^2\times0.4+(31-30)^2\times0.17+(32-30)^2\times0.13$$
$$=4\times0.13+1\times0.17+0\times0.4+1\times0.17+4\times0.13=1.38.$$

因 $D(X)<D(Y)$，所以甲种棉花纤维长度的方差小些，说明其纤维比较均匀，故甲种棉花质量较好.

例 2　设随机变量 X 的概率密度为

$$f(x)=\begin{cases}1+x, & -1\leqslant x<0,\\ 1-x, & 0\leqslant x<1,\\ 0, & \text{其他}.\end{cases}$$

求 $D(x)$.

解

$$E(X)=\int_{-1}^{0}x(1+x)\mathrm{d}x+\int_{0}^{1}x(1-x)\mathrm{d}x=0,$$
$$E(X^2)=\int_{-1}^{0}x^2(1+x)\mathrm{d}x+\int_{0}^{1}x^2(1-x)\mathrm{d}x=\frac{1}{6},$$

于是

$$D(X)=E(X^2)-(E(X))^2=\frac{1}{6}.$$

二、方差的性质

方差有下面几条重要的性质. 设随机变量 X 与 Y 的方差存在，则

(i) 设 C 为常数，则 $D(C)=0$；

(ii) 设 C 为常数，则 $D(CX)=C^2D(X)$；

(iii) $D(X\pm Y)=D(X)+D(Y)\pm 2E((X-E(X))(Y-E(Y)))$；

(iv) 若 X,Y 相互独立，则 $D(X\pm Y)=D(X)+D(Y)$；

(v) 对任意的常数 $C\neq E(X)$，有 $D(X)<E((X-C)^2)$.

例 3 设随机变量 X 的数学期望为 $E(X)$，方差 $D(X)=\sigma^2(\sigma>0)$，令 $Y=\dfrac{X-E(X)}{\sigma}$，求 $E(Y)$，$D(Y)$.

解 $E(Y)=E\left[\dfrac{X-E(X)}{\sigma}\right]=\dfrac{1}{\sigma}E[X-E(X)]=\dfrac{1}{\sigma}[E(X)-E(X)]=0,$

$$D(Y)=D\left[\frac{X-E(X)}{\sigma}\right]=\frac{1}{\sigma^2}D[X-E(X)]=\frac{1}{\sigma^2}D(X)=\frac{\sigma^2}{\sigma^2}=1.$$

常称 Y 为 X 的标准化随机变量.

例 4 设 $X_1,X_2,\cdots,X_n$ 相互独立，且服从同一 0-1 分布，分布律为

$$P\{X_i=0\}=1-p,\quad P\{X_i=1\}=p\ (i=1,2,\cdots,n).$$

证明 $X=X_1+X_2+\cdots+X_n$ 服从参数为 n,p 的二项分布，并求 $E(X)$ 和 $D(X)$.

解 X 所有可能取值为 $0,1,\cdots,n$，由独立性知，X 以特定的方式（例如前 k 个取 1，后 $n-k$ 个取 0）取 $k(0\leqslant k\leqslant n)$ 的概率为 $p^k\ (1-p)^{n-k}$，而 X 取 k 的两两互不相容的方式共有 C_n^k 种，故

$$P\{X=k\}=C_n^kp^k\ (1-p)^{n-k}(k=0,1,2,\cdots,n),$$

即 X 服从参数为 n,p 的二项分布.

由于

$$E(X_i)=0\times(1-p)+1\times p=p,$$
$$D(X_i)=(0-p)^2\times(1-p)+(1-p)^2\times p=p(1-p)$$

其中 $i=1,2,\cdots,n$，故有

$$E(X)=E\Big(\sum_{i=1}^{n}X_i\Big)=\sum_{i=1}^{n}E(X_i)=np.$$

由于 $X_1,X_2,\cdots,X_n$ 相互独立，得

$$D(X)=D\Big(\sum_{i=1}^{n}X_i\Big)=\sum_{i=1}^{n}D(X_i)=np(1-p).$$

三、常用分布的方差

1. 0-1 分布

设 X 服从参数为 p 的 0-1 分布，其分布律为

X	0	1
P	$1-p$	p

由例 4 知，

$$D(X)=p(1-p).$$

2. **二项分布**

设 X 服从参数为 n,p 的二项分布，由例 4 知，

$$D(X)=np(1-p).$$

3. **泊松分布**

设 X 服从参数为 λ 的泊松分布，由上一节知，$E(X)=\lambda$，又

$$\begin{aligned}E(X^2)&=E(X(X-1)+X)=E(X(X-1))+E(X)\\&=\sum_{k=0}^{\infty}k(k-1)\frac{\lambda^k}{k!}e^{-\lambda}+\lambda=\lambda^2e^{-\lambda}\sum_{k=2}^{\infty}\frac{\lambda^{k-2}}{(k-2)!}+\lambda\\&=\lambda^2e^{-\lambda}\cdot e^{\lambda}+\lambda=\lambda^2+\lambda,\end{aligned}$$

从而有

$$D(X)=E(X^2)-(E(X))^2=\lambda^2+\lambda-\lambda^2=\lambda.$$

4. **均匀分布**

设 X 服从 $[a,b]$ 上的均匀分布，由上一节知，$E(X)=\dfrac{a+b}{2}$，又

$$E(X^2)=\int_a^b\frac{x^2}{b-a}dx=\frac{a^2+ab+b^2}{3},$$

所以

$$D(X)=E(X^2)-(E(X))^2=\frac{1}{3}(a^2+ab+b^2)-\frac{1}{4}(a+b)^2=\frac{(b-a)^2}{12}.$$

5. **指数分布**

设 X 服从参数为 λ 的指数分布，由上一节知，$E(X)=\dfrac{1}{\lambda}$，又

$$E(X^2)=\int_a^b x^2\lambda e^{-\lambda x}dx=\frac{2}{\lambda^2},$$

所以

$$D(X)=E(X^2)-(E(X))^2=\frac{2}{\lambda^2}-\left(\frac{1}{\lambda}\right)^2=\frac{1}{\lambda^2}.$$

6. **正态分布**

设 $X\sim N(\mu,\sigma^2)$，由上一节知，$E(X)=\mu$，从而

$$D(X)=\int_{-\infty}^{+\infty}(x-E(X))^2f(x)dx=\int_{-\infty}^{+\infty}(x-\mu)^2\frac{1}{\sqrt{2\pi}\sigma}e^{-\frac{(x-\mu)^2}{2\sigma^2}}dx.$$

令 $\dfrac{x-\mu}{\sigma}=t$ 则

$$\begin{aligned}D(X)&=\frac{\sigma^2}{\sqrt{2\pi}}\int_{-\infty}^{+\infty}t^2e^{-\frac{t^2}{2}}dt=\frac{\sigma^2}{\sqrt{2\pi}}\left(-te^{-\frac{t^2}{2}}\Big|_{-\infty}^{+\infty}+\int_{-\infty}^{+\infty}e^{-\frac{t^2}{2}}dt\right)\\&=\frac{\sigma^2}{\sqrt{2\pi}}(0+\sqrt{2\pi})=\sigma^2.\end{aligned}$$

由此可知：正态分布的概率密度中的两个参数 μ 和 σ 分别是该分布的数学期望和均方差. 因而，正态分布完全可由它的数学期望和方差所确定.

若 $X_i \sim N(\mu_i, \sigma_i{}^2)$ $(i=1,2,\cdots,n)$，且它们相互独立，则它们的线性组合 $c_1X_1+c_2X_2+\cdots+c_nX_n$（$c_1,c_2,\cdots,c_n$ 是不全为零的常数）仍然服从正态分布. 于是，由数学期望和方差的性质知道：

$$c_1X_1+c_2X_2+\cdots+c_nX_n \sim N\left(\sum_{i=1}^{n}c_i\mu_i, \sum_{i=1}^{n}c_i^2\sigma_i^2\right).$$

这是一个重要的结果.

例 5 设活塞的直径 X（以 cm 计），气缸的直径 Y 满足：

$$X \sim N(22.40, 0.03^2), \quad Y \sim N(22.50, 0.04^2),$$

X,Y 相互独立，任取一个活塞，任取一个气缸，求活塞能装入气缸的概率.

解 按题意，需求 $P\{X<Y\}=P\{X-Y<0\}$.

令 $Z=X-Y$，则

$$E(Z)=E(X)-E(Y)=22.40-22.50=-0.10,$$
$$D(Z)=D(X)+D(Y)=0.03^2+0.04^2=0.05^2,$$

即

$$Z \sim N(-0.10, 0.05^2),$$

故有

$$P\{X<Y\}=P\{Z<0\}=P\left\{\frac{Z-(-0.10)}{0.05}<\frac{0-(-0.10)}{0.05}\right\}$$
$$=\Phi\left(\frac{0.10}{0.05}\right)=\Phi(2)=0.9772.$$

习 题 十 四

1. 设随机变量 X 的分布律为

X	-1	0	1	2
P	$1/8$	$1/2$	$1/8$	$1/4$

求 $E(X)$，$E(X^2)$，$E(2X+3)$.

2. 已知 100 个产品中有 10 个次品，求任意取出的 5 个产品中的次品数的数学期望、方差.

3. 设随机变量 X 的分布律为

X	-1	0	1
P	p_1	p_2	p_3

且已知 $E(X)=0.1$，$E(X^2)=0.9$，求 p_1,p_2,p_3.

4. 袋中有 N 只球，其中的白球数 X 为一随机变量，已知 $E(X)=n$，问从袋中任取一球为白球的概率是多少？

5. 设随机变量 X 的概率密度为

$$f(x)=\begin{cases}x, & 0\leqslant x<1,\\ 2-x, & 1\leqslant x\leqslant 2,\\ 0, & 其他.\end{cases}$$

求 $E(X)$,$D(X)$.

6. 设随机变量 X,Y 相互独立,且 $E(X)=E(Y)=3$,$D(X)=12$,$D(Y)=16$,求 $E(3X-2Y)$,$D(2X-3Y)$.

7. 设随机变量 X 的概率密度为

$$f(x)=\begin{cases}Cx\mathrm{e}^{-k^2x^2}, & x\geqslant 0,\\ 0, & x<0.\end{cases}$$

求(1) 系数 C,(2)$E(X)$,(3)$D(X)$.

8. 袋中有 12 个零件,其中 9 个合格品,3 个废品.安装机器时,从袋中一个一个地取出(取出后不放回),设在取出合格品之前已取出的废品数为随机变量 X,求 $E(X)$,$D(X)$.

9. 一工厂生产某种设备的寿命 X(以年计) 服从指数分布,概率密度为

$$f(x)=\begin{cases}\dfrac{1}{4}\mathrm{e}^{-\frac{x}{4}}, & x>0,\\ 0, & x\leqslant 0.\end{cases}$$

为确保消费者的利益,工厂规定出售的设备若在一年内损坏可以调换.若售出一台设备,工厂获利 100 元,而调换一台则损失 200 元,试求工厂出售一台设备赢利的数学期望.

第十五章　大数定律与中心极限定理

第一节　大数定律

在第十二章中我们已经指出，人们经过长期实践认识到，虽然个别随机事件在某次试验中可能发生也可能不发生，但是在大量重复试验中却呈现明显的规律性，即随着试验次数的增大，一个随机事件发生的频率在某一固定值附近摆动. 这就是所谓的频率具有稳定性. 同时，人们通过实践发现，大量测量值的算术平均值也具有稳定性. 这种稳定性就是本节介绍的大数定律的客观背景.

在引入大数定律之前，我们先证一个重要的不等式 —— 切比雪夫不等式.

设随机变量 X 存在有限方差 $D(X)$，则有对任意 $\varepsilon > 0$，

$$P\{|X - E(X)| \geqslant \varepsilon\} \leqslant \frac{D(X)}{\varepsilon^2}. \tag{15.1}$$

证　如果 X 是连续型随机变量，设 X 的概率密度为 $f(x)$，则有

$$P\{|X - E(X)| \geqslant \varepsilon\} = \int\limits_{|x-E(X)| \geqslant \varepsilon} f(x)\mathrm{d}x \leqslant \int\limits_{|x-E(X)| \geqslant \varepsilon} \frac{|x - E(X)|^2}{\varepsilon^2} f(x)\mathrm{d}x$$
$$\leqslant \frac{1}{\varepsilon^2}\int_{-\infty}^{+\infty} [x - E(X)]^2 f(x)\mathrm{d}x = \frac{D(X)}{\varepsilon^2}.$$

请读者自己证明 X 是离散型随机变量的情况.

切比雪夫不等式也可表示成

$$P\{|X - E(X)| < \varepsilon\} \geqslant 1 - \frac{D(X)}{\varepsilon^2}. \tag{15.2}$$

这个不等式给出了在随机变量 X 的分布未知的情况下事件$\{|X - E(X)| < \varepsilon\}$的概率的下限估计，例如，在切比雪夫不等式中，令 $\varepsilon = 3\sqrt{D(X)}, 4\sqrt{D(X)}$，分别可得到

$$P\{|X - E(X)| < 3\sqrt{D(X)}\} \geqslant 0.8889,$$
$$P\{|X - E(X)| < 4\sqrt{D(X)}\} \geqslant 0.9375.$$

例 1　设 X 是掷一颗骰子所出现的点数，若给定 $\varepsilon = 1, 2$，实际计算 $P\{|X - E(X)| \geqslant \varepsilon\}$，并验证切比雪夫不等式成立.

解　因为 X 的概率函数是 $P\{X = k\} = \frac{1}{6}\ (k = 1, 2, \cdots, 6)$，所以

$$E(X) = \frac{7}{2},\quad D(X) = \frac{35}{12},$$

$$P\{|X - \frac{7}{2}| \geqslant 1\} = P\{X = 1\} + P\{X = 2\} + P\{X = 5\} + P\{X = 6\} = \frac{2}{3};$$

$$P\left\{\left|X-\frac{7}{2}\right|\geqslant 2\right\}=P\{X=1\}+P\{X=6\}=\frac{1}{3}.$$

当 $\varepsilon=1$ 时，
$$\frac{D(X)}{\varepsilon^2}=\frac{35}{12}>\frac{2}{3},$$

当 $\varepsilon=2$ 时，
$$\frac{D(X)}{\varepsilon^2}=\frac{1}{4}\times\frac{35}{12}=\frac{35}{48}>\frac{1}{3}.$$

可见切比雪夫不等式成立.

例 2　设电站供电网有 10 000 盏电灯，夜晚每一盏灯开灯的概率都是 0.7，而假定开、关时间彼此独立，估计夜晚同时开着的灯数在 6800 与 7200 之间的概率.

解　设 X 表示在夜晚同时开着的灯的数目，它服从参数为 $n=10\,000$，$p=0.7$ 的二项分布. 若要准确计算，应该用贝努里公式：

$$P\{6800<X<7200\}=\sum_{k=6801}^{7199}C_{10000}^{k}\times 0.7^{k}\times 0.3^{10000-k}.$$

如果用切比雪夫不等式估计：

$$E(X)=np=10\,000\times 0.7=7000,$$
$$D(X)=npq=10\,000\times 0.7\times 0.3=2100,$$
$$P\{6800<X<7200\}=P\{|X-7000|<200\}\geqslant 1-\frac{2100}{200^2}\approx 0.95.$$

可见，虽然有 10 000 盏灯，但是只要有供应 7200 盏灯的电力就能够以相当大的概率保证够用. 事实上，切比雪夫不等式的估计只说明概率大于 0.95，后面将具体求出这个概率约为 0.999 99. 切比雪夫不等式在理论上具有重大意义，但估计的精确度不高.

切比雪夫不等式作为一个理论工具，在大数定律证明中，可使证明非常简洁.

定义 1　设 $Y_1,Y_2,\cdots,Y_n,\cdots$ 是一个随机变量序列，a 是一个常数，若对于任意正数 ε，有

$$\lim_{n\to\infty}P\{|Y_n-a|<\varepsilon\}=1,$$

则称序列 $Y_1,Y_2,\cdots,Y_n,\cdots$ 依概率收敛于 a，记为：$Y_n\xrightarrow{P}a$.

定理 1（切比雪夫大数定律）　设 $X_1,X_2,\cdots$ 是相互独立的随机变量序列，各有数学期望 $E(X_1),E(X_2),\cdots$ 及方差 $D(X_1),D(X_2),\cdots$，并且对于所有 $i=1,2,\cdots$ 都有 $D(X_i)<l$，其中 l 是与 i 无关的常数，则对任给 $\varepsilon>0$，有

$$\lim_{n\to\infty}P\left\{\left|\frac{1}{n}\sum_{i=1}^{n}X_i-\frac{1}{n}\sum_{i=1}^{n}E(X_i)\right|<\varepsilon\right\}=1. \tag{15.3}$$

证　因 $X_1,X_2,\cdots$ 相互独立，所以

$$D\left(\frac{1}{n}\sum_{i=1}^{n}X_i\right)=\frac{1}{n^2}\sum_{i=1}^{n}D(X_i)<\frac{1}{n^2}\cdot nl=\frac{l}{n}.$$

又因

$$E\left(\frac{1}{n}\sum_{i=1}^{n}X_i\right)=\frac{1}{n}\sum_{i=1}^{n}E(X_i),$$

对于任意 $\varepsilon>0$，有

$$P\left\{\left|\frac{1}{n}\sum_{i=1}^{n}X_i-\frac{1}{n}\sum_{i=1}^{n}E(X_i)\right|<\varepsilon\right\}\geqslant 1-\frac{l}{n\varepsilon^2},$$

但是任何事件的概率都不超过 1，即

$$1-\frac{l}{n\varepsilon^2}\leqslant P\left\{\left|\frac{1}{n}\sum_{i=1}^{n}X_i-\frac{1}{n}\sum_{i=1}^{n}E(X_i)\right|<\varepsilon\right\}\leqslant 1,$$

因此

$$\lim_{n\to\infty}P\left\{\left|\frac{1}{n}\sum_{i=1}^{n}X_i-\frac{1}{n}\sum_{i=1}^{n}E(X_i)\right|<\varepsilon\right\}=1.$$

切比雪夫大数定律说明:在定理的条件下,当n充分大时,n个独立随机变量的平均数这个随机变量的离散程度是很小的.这意味着经过算术平均以后得到的随机变量$\dfrac{\sum\limits_{i=1}^{n}X_i}{n}$,将比较密地聚集在它的数学期望$\dfrac{\sum\limits_{i=1}^{n}E(X_i)}{n}$的附近,它与数学期望之差依概率收敛到0.

定理2(切比雪夫大数定律的特殊情况)　设随机变量$X_1,X_2,\cdots,X_n,\cdots$相互独立,且具有相同的数学期望和方差:$E(X_k)=\mu,D(X_k)=\sigma^2(k=1,2,\cdots)$.作前$n$个随机变量的算术平均$Y_n=\dfrac{1}{n}\sum\limits_{k=1}^{n}X_k$,则对于任意正数$\varepsilon$有

$$\lim_{n\to\infty}P\{|Y_n-\mu|<\varepsilon\}=1. \tag{15.4}$$

定理3(贝努里大数定律)　设n_A是n次独立重复试验中事件A发生的次数.p是事件A在每次试验中发生的概率,则对于任意正数$\varepsilon>0$,有

$$\lim_{n\to\infty}P\left\{\left|\frac{n_A}{n}-p\right|<\varepsilon\right\}=1, \tag{15.5}$$

或

$$\lim_{n\to\infty}P\left\{\left|\frac{n_A}{n}-p\right|\geqslant\varepsilon\right\}=0.$$

证　引入随机变量

$$X_k=\begin{cases}0, & \text{若在第}k\text{次试验中}A\text{不发生},\\ 1, & \text{若在第}k\text{次试验中}A\text{发生}\end{cases}\quad(k=1,2,\cdots),$$

显然

$$n_A=\sum_{k=1}^{n}X_k.$$

由于X_k只依赖于第k次试验,而各次试验是独立的.于是$X_1,X_2,\cdots,$是相互独立的;又由于X_k服从0-1分布,故有

$$E(X_k)=p,D(X_k)=p(1-p)\ (k=1,2,\cdots).$$

由定理2有

$$\lim_{n\to\infty}P\left\{\left|\frac{1}{n}\sum_{k=1}^{n}X_i-p\right|<\varepsilon\right\}=1,$$

即

$$\lim_{n\to\infty}P\left\{\left|\frac{n_A}{n}-p\right|<\varepsilon\right\}=1.$$

贝努里大数定律告诉我们,事件A发生的频率$\dfrac{n_A}{n}$依概率收敛于事件A发生的概率p,因

此，本定律从理论上证明了大量重复独立试验中，事件 A 发生的频率具有稳定性，正因为这种稳定性，概率的概念才有实际意义. 贝努里大数定律还提供了通过试验来确定事件的概率的方法，即既然频率 $\frac{n_A}{n}$ 与概率 p 有较大偏差的可能性很小，于是我们就可以通过做试验确定某事件发生的频率，并把它作为相应概率的估计. 因此，在实际应用中，如果试验的次数很大，就可以用事件发生的频率代替事件发生的概率.

定理 2 中要求随机变量 $X_k(k=1,2,\cdots,n)$ 的方差存在，但在随机变量服从同一分布的场合，并不需要这一要求，我们有以下定理.

定理 4(辛钦大数定律)　设随机变量 $X_1,X_2,\cdots,X_n,\cdots$ 相互独立，服从同一分布，且具有数学期望 $E(X_k)=\mu(k=1,2,\cdots)$，则对于任意正数 ε，有

$$\lim_{n\to\infty}P\left\{\left|\frac{1}{n}\sum_{k=1}^{n}X_i-\mu\right|<\varepsilon\right\}=1. \tag{15.6}$$

显然，贝努里大数定律是辛钦大数定律的特殊情况，辛钦大数定律在实际中应用很广泛.

辛钦定律使算术平均值的法则有了理论根据. 如要测定某一物理量 a，在不变的条件下重复测量 n 次，得观测值 $X_1,X_2,\cdots,X_n$，求得实测值的算术平均值 $\frac{1}{n}\sum_{i=1}^{n}X_i$，根据此定理，当 n 足够大时，取 $\frac{1}{n}\sum_{i=1}^{n}X_i$ 作为 a 的近似值，可以认为所发生的误差是很小的，所以实际中往往用某物体的某一指标值的一系列实测值的算术平均值作为该指标值的近似值.

第二节　中心极限定理

在客观实际中有许多随机变量，它们是由大量相互独立的偶然因素的综合影响所形成的，而每一个因素在总的影响中所起的作用是很小的，但总起来，却对总和有显著影响，这种随机变量往往近似地服从正态分布，这种现象就是中心极限定理的客观背景. 概率论中有关论证独立随机变量的和的极限分布是正态分布的一系列定理称为中心极限定理，现介绍几个常用的中心极限定理.

定理 1(独立同分布的中心极限定理)　设随机变量 $X_1,X_2,\cdots,X_n,\cdots$ 相互独立，服从同一分布，且具有相同的数学期望和方差：

$$E(X_k)=\mu,D(X_k)=\sigma^2\neq 0(k=1,2,\cdots),$$

则随机变量

$$Y_n=\frac{\sum_{k=1}^{n}X_k-E\left(\sum_{k=1}^{n}X_k\right)}{\sqrt{D\left(\sum_{k=1}^{n}X_k\right)}}=\frac{\sum_{k=1}^{n}X_k-n\mu}{\sqrt{n}\sigma}$$

的分布函数 $F_n(x)$ 对于任意 x 满足

$$\lim_{n\to\infty}F_n(x)=\lim_{n\to\infty}P\left\{\frac{\sum_{k=1}^{n}X_k-n\mu}{\sqrt{n}\sigma}\leqslant x\right\}=\int_{-\infty}^{x}\frac{1}{\sqrt{2\pi}}e^{-\frac{t^2}{2}}dt. \tag{15.7}$$

根据结论可知，当 n 充分大时，近似地有

$$Y_n = \frac{\sum_{k=1}^{n} X_k - n\mu}{\sqrt{n\sigma^2}} \sim N(0,1).$$

或者说，当 n 充分大时，近似地有

$$\sum_{k=1}^{n} X_k \sim N(n\mu, n\sigma^2). \tag{15.8}$$

如果用 $X_1, X_2, \cdots, X_n$ 表示相互独立的各随机因素，假定它们都服从相同的分布（不论服从什么分布），且都有有限的期望与方差（每个因素的影响有一定限度），则式(15.8) 说明，作为总和 $\sum_{k=1}^{n} X_k$ 这个随机变量，当 n 充分大时，便近似地服从正态分布.

例 1 一个螺丝钉重量是一个随机变量，期望值是 1 两，标准差是 0.1 两. 求一盒(100 个)同型号螺丝钉的重量超过 10.2 斤的概率.

解 设一盒重量为 X，盒中第 i 个螺丝钉的重量为 $X_i (i = 1, 2, \cdots, 100)$，$X_1, X_2, \cdots, X_{100}$ 相互独立，

$$E(X_i) = 1, \sqrt{D(X_i)} = 0.1,$$

则有 $X = \sum_{i=1}^{100} X_i$，且

$$E(X) = 100E(X_i) = 100 \text{ 两}, \sqrt{D(X_i)} = 1 \text{ 两}.$$

根据定理 1，有

$$P\{X > 102\} = P\left\{\frac{X - 100}{1} > \frac{102 - 100}{1}\right\} = 1 - P\{X - 100 \leqslant 2\}$$
$$\approx 1 - \Phi(2) = 1 - 0.977\,250 = 0.022\,750.$$

例 2 对敌人的防御地进行 100 次轰炸，每次轰炸命中目标的炸弹数目是一个随机变量，其期望值是 2，方差是 1.69. 求在 100 次轰炸中有 180 颗到 220 颗炸弹命中目标的概率.

解 令第 i 次轰炸命中目标的炸弹数为 X_i，100 次轰炸中命中目标炸弹数 $X = \sum_{i=1}^{100} X_i$，应用定理 5，X 渐近服从正态分布，期望值为 200，方差为 169，标准差为 13. 所以

$$P\{180 \leqslant X \leqslant 220\} = P\{|X - 200| \leqslant 20\} = P\left\{\left|\frac{X - 200}{13}\right| \leqslant \frac{20}{13}\right\}$$
$$\approx 2\Phi(1.54) - 1 = 0.876\,44.$$

定理 2(李雅普诺夫定理) 设随机变量 $X_1, X_2, \cdots$ 相互独立，它们具有数学期望和方差：

$$E(X_k) = \mu, D(X_k) = \sigma^2 \neq 0 (k = 1, 2, \cdots),$$

记 $B_n{}^2 = \sum_{k=1}^{n} \sigma_k{}^2$，若存在正数 δ，使得当 $n \to \infty$ 时，

$$\frac{1}{B_n{}^{2+\delta}} \sum_{k=1}^{n} E\{|X_k - \mu_k|^{2+\delta}\} \to 0,$$

则随机变量

$$Z_n = \frac{\sum_{k=1}^{n} X_k - E\left(\sum_{k=1}^{n} X_k\right)}{\sqrt{D\left(\sum_{k=1}^{n} X_k\right)}} = \frac{\sum_{k=1}^{n} X_k - \sum_{k=1}^{n} \mu_k}{B_n}$$

的分布函数 $F_n(x)$ 对于任意 x，满足

$$\lim_{n\to\infty}F_n(x)=\lim_{n\to\infty}P\left\{\frac{\sum_{k=1}^{n}X_k-\sum_{k=1}^{n}\mu_k}{B_n}\leqslant x\right\}=\int_{-\infty}^{x}\frac{1}{\sqrt{2\pi}}\mathrm{e}^{-\frac{t^2}{2}}\mathrm{d}t. \tag{15.9}$$

这个定理说明，随机变量

$$Z_n=\frac{\sum_{k=1}^{n}X_k-\sum_{k=1}^{n}\mu_k}{B_n},$$

当 n 很大时，近似地服从正态分布 $N(0,1)$. 因此，当 n 很大时，

$$\sum_{k=1}^{n}X_k=B_nZ_n+\sum_{k=1}^{n}\mu_k$$

近似地服从正态分布 $N\left(\sum_{k=1}^{n}\mu_k,B_n{}^2\right)$. 这表明无论随机变量 $X_k(k=1,2,\cdots)$ 具有怎样的分布，只要满足定理条件，则它们的和 $\sum_{k=1}^{n}X_k$ 当 n 很大时，就近似地服从正态分布. 而在许多实际问题中，所考虑的随机变量往往可以表示为多个独立的随机变量之和，因而它们常常近似服从正态分布. 这就是为什么正态随机变量在概率论与数理统计中占有重要地位的主要原因.

下面介绍另一个中心极限定理.

定理 3　设随机变量 X 服从参数为 $n,p\ (0<p<1)$ 的二项分布，则

(1)（拉普拉斯定理）　局部极限定理：当 $n\to\infty$ 时，

$$P\{X=k\}\approx\frac{1}{\sqrt{2\pi npq}}\mathrm{e}^{-\frac{(k-np)^2}{2npq}}=\frac{1}{\sqrt{npq}}\varphi\left(\frac{k-np}{\sqrt{npq}}\right), \tag{15.10}$$

其中 $p+q=1,k=0,1,2,\cdots,n,\varphi(x)=\frac{1}{\sqrt{2\pi}}\mathrm{e}^{-\frac{x^2}{2}}$.

(2)（德莫佛 - 拉普拉斯定理）　积分极限定理：对于任意的 x，恒有

$$\lim_{n\to\infty}P\left\{\frac{X-np}{\sqrt{np(1-p)}}\leqslant x\right\}=\int_{-\infty}^{x}\frac{1}{\sqrt{2\pi}}\mathrm{e}^{-\frac{t^2}{2}}\mathrm{d}t. \tag{15.11}$$

这个定理表明，二项分布以正态分布为极限. 当 n 充分大时，我们可以利用上两式来计算二项分布的概率.

例 3　10 部机器独立工作，每部停机的概率为 0.2，求 3 部机器同时停机的概率.

解　10 部机器中同时停机的数目 X 服从二项分布

$$n=10,p=0.2,np=2,\sqrt{npq}\approx1.265.$$

(1) 直接计算：

$$P\{X=3\}=\mathrm{C}_{10}^{3}\times0.2^3\times0.8^7\approx0.2013;$$

(2) 若用局部极限定理近似计算：

$$P\{X=3\}=\frac{1}{\sqrt{npq}}\Phi\left(\frac{k-np}{\sqrt{npq}}\right)=\frac{1}{1.265}\Phi\left(\frac{3-2}{1.265}\right)$$

$$=\frac{1}{1.265}\Phi(0.79)=0.2308.$$

(2) 的计算结果与(1) 相差较大，这是由于 n 不够大.

例 4　应用定理 3 计算第一节例 2 的概率.

解
$$np=7000,\sqrt{npq}\approx 45.83.$$
$$\begin{aligned}P\{6800<X<7200\}&=P\{|X-7000|<200\}\\&=P\left\{\left|\frac{X-7000}{45.83}\right|<4.36\right\}=2\Phi(4.36)-1\\&=0.999\,99.\end{aligned}$$

例 5　产品为废品的概率为 $p=0.005$,求 10 000 件产品中废品数不大于 70 的概率.

解　10 000 件产品中的废品数 X 服从二项分布,
$$n=10\,000,p=0.005,np=50,\sqrt{npq}\approx 7.053.$$
$$P\{X\leqslant 70\}=\Phi\left(\frac{70-50}{7.053}\right)=\Phi(2.84)=0.997\,7.$$

正态分布和泊松分布虽然都是二项分布的极限分布,但后者以 $n\to\infty$,同时 $p\to 0,np\to\lambda$ 为条件,而前者则只要求 $n\to\infty$ 这一条件.一般说来,对于 n 很大,p(或 q)很小的二项分布($np\leqslant 5$),用正态分布来近似计算不如用泊松分布计算精确.

例 6　每颗炮弹命中飞机的概率为 0.01,求 500 发炮弹中命中 5 发的概率.

解　500 发炮弹中命中飞机的炮弹数目 X 服从二项分布
$$n=500,p=0.01,np=5,\sqrt{npq}\approx 2.2.$$

下面用三种方法计算并加以比较:

(1) 用二项分布公式计算:
$$P\{X=5\}=C_{500}^{5}\times 0.01^{5}\times 0.99^{495}=0.176\,35.$$

(2) 用泊松公式计算,直接查表可得:
$$np=\lambda=5,k=5,P_5(5)\approx 0.175\,467.$$

(3) 用拉普拉斯局部极限定理计算:
$$P\{X=5\}=\frac{1}{\sqrt{npq}}\Phi\left(\frac{5-np}{\sqrt{npq}}\right)\approx 0.179\,3.$$

可见后者不如前者精确.

习 题 十 五

1. 一颗骰子连续掷 4 次,点数总和记为 X.估计 $P\{10<X<18\}$.

2. 假设一条生产线生产的产品合格率是 0.8.要使一批产品的合格率达到在 76% 与 84% 之间的概率不小于 90%,问这批产品至少要生产多少件?

3. 某车间有同型号机床 200 部,每部机床开动的概率为 0.7,假定各机床开动与否互不影响,开动时每部机床消耗电能 15 个单位.问至少供应多少单位电能才可以 95% 的概率保证不致因供电不足而影响生产.

4. 一加法器同时收到 20 个噪声电压 $V_k(k=1,2,\cdots,20)$,设它们是相互独立的随机变量,且都在区间(0,10)上服从均匀分布.记 $V=\sum\limits_{k=1}^{20}V_k$,求 $P\{V>105\}$ 的近似值.

5. 有一批建筑房屋用的木柱,其中 80% 的长度不小于 3 m.现从这批木柱中随机地取出

100 根,问其中至少有 30 根短于 3 m 的概率是多少?

6. 某药厂断言,该厂生产的某种药品对于医治一种疑难的血液病的治愈率为 0.8. 医院检验员任意抽查 100 个服用此药品的病人,如果其中多于 75 人治愈,就接受这一断言,否则就拒绝这一断言.

(1) 若实际上此药品对这种疾病的治愈率是 0.8,问接受这一断言的概率是多少?

(2) 若实际上此药品对这种疾病的治愈率是 0.7,问接受这一断言的概率是多少?

7. 用拉普拉斯中心极限定理近似计算从一批废品率为 0.05 的产品中,任取 1000 件,其中有 20 件废品的概率.

8. 设有 30 个电子器件. 它们的使用寿命 $T_1,\cdots,T_{30}$ 服从参数 $\lambda=0.1$[单位:h^{-1}]的指数分布,其使用情况是第一个损坏第二个立即使用,以此类推. 令 T 为 30 个器件使用的总计时间,求 T 超过 350 小时的概率.

9. 对于一个学生而言,来参加家长会的家长人数是一个随机变量,设一个学生无家长、1 名家长、2 名家长来参加会议的概率分别为 0.05,0.8,0.15. 若学校共有 400 名学生,设各学生参加会议的家长数相互独立,且服从同一分布.

(1) 求参加会议的家长数 X 超过 450 的概率?

(2) 求有 1 名家长来参加会议的学生数不多于 340 的概率.

10. 在一家保险公司里有 10 000 人参加保险,每人每年付 12 元保险费,在一年内一个人死亡的概率为 0.006,死亡者其家属可向保险公司领得 1000 元赔偿费. 求:

(1) 保险公司没有利润的概率为多大;

(2) 保险公司一年的利润不少于 60 000 元的概率为多大.

习题参考答案

习题一

1. (1) 相等,因为 $f(x)=\sqrt{x^2}=|x|$;

(2) 不相等,因为定义域不一样.

2. (1) $(-\infty,0)\cup(0,4]$; (2) $[-3,0)\cup(0,1)$;

(3) $x\neq\pm1$; (4) $\left[-\frac{\pi}{6}+k\pi,\frac{\pi}{6}+k\pi\right]$,$k$ 为整数.

3. $(-\infty,+\infty)$,$[-1,1]$.

4. $f(0)=1$,$f(-x)=\frac{1+x}{1-x}$,$f\left(\frac{1}{x}\right)=\frac{x-1}{x+1}$.

5. $f(x-1)=\begin{cases}1, & 0\leqslant x<0,\\ x, & 1\leqslant x\leqslant 3.\end{cases}$

6. (1) 偶; (2) 奇.

7. (1) 有界,非单调; (2) 无界,单调增加.

8. (1)$y=u^{\frac{1}{4}}$,$u=1+x^2$; (2)$y=u^2$,$u=\sin v$,$v=1+2x$.

10. x 为年销售批数,$y=10^3x+\frac{0.05\times10^6}{2x}$.

11. $y=0.8\left(\left[\frac{x}{20}\right]+1\right)$,$0\leqslant x\leqslant 2000$.

12. (1) $x_n=\frac{n-1}{n+1}$,$x_n\to1$;

(2) $x_n=n\cos\frac{n-1}{2}\pi$,变化趋势有三种,分别趋于 $0,+\infty,-\infty$;

(3) $x_n=(-1)^n\frac{2n+1}{2n-1}$,变化趋势有两种,分别趋于 $1,-1$.

14. 反例:$x_n=(-1)^n$.

15. 3.

16. 2.

17. (1) $\frac{3}{5}$; (2) -2; (3) $\frac{1}{2}$; (4)0; (5)∞; (6) $\frac{1}{5}$; (7)$a=1$,$b=-\frac{3}{2}$.

18. x^2-x^3 是比 $2x-x^2$ 高阶的无穷小量.

19. (1) 同阶; (2) 等价.

20. (1) $\frac{m}{n}$; (2)1; (3)2; (4) $-\frac{1}{6}$; (5)3; (6)x.

21. (1)$e^{-\frac{1}{2}}$; (2)e^{10}; (3)e^3.

22. (1) $\lim\limits_{x\to 0^-} f(x) = -1, \lim\limits_{x\to 0^+} f(x) = 1, f(x)$ 在 $x=0$ 处无极限；

(2) $\lim\limits_{x\to 2^-} f(x) = 4, \lim\limits_{x\to 2^+} f(x) = \infty, f(x)$ 在 $x=2$ 处无极限.

23. (1) 连续；　(2) 在 $x=-1$ 处间断.

24. (1) $x=1$ 为可去间断点，补充定义 $f(1)=-2$，$x=2$ 为第二类间断点；

(2) $x=0$ 为第二类间断点；

(3) $x=1$ 为第一类间断点中的跳跃间断点.

25. $a=1$.

习题二

1. $2g$.

2. (1) $-\dfrac{1}{x_0^2}$；　(2) $(-1)^n n!$.

3. $4x-y-4=0, 8x-y-16=0$.

4. (1) $\dfrac{1}{2\sqrt{x}}$；　(2) $-\dfrac{2}{3}x^{-\frac{5}{3}}$；　(3) $\dfrac{1}{6}x^{-\frac{5}{6}}$.

5. (1) $f'_+(0)=1, f'_-(0)=0$；　(2) $f'_+(0)=0, f'_-(0)=1$；　(3) $f'_+(1)=\dfrac{1}{2}, f'_-(1)=2$.

6. $f'(x)=\begin{cases}\cos x, & x<0,\\ 1, & x\geqslant 0.\end{cases}$

7. $a=2, b=-1$.

9. (1) $\dfrac{3}{t}$；　(2) $\dfrac{\sqrt{x}}{x}+\dfrac{1}{2\sqrt{x}}\ln x$；　(3) $2x\sin^2 x-2x\sin x+\cos x-x^2\cos x-\sin 2x+x^2\sin 2x$；

(4) $\dfrac{1-\sin x-\cos x}{(1-\cos x)^2}$；　(5) $\sec^2 x$；　(6) $\dfrac{x\sec x\tan x-\sec x}{x^2}-3\sec x\cdot\tan x$；

(7) $\dfrac{1}{x}\left(1-\dfrac{2}{\ln 10}+\dfrac{3}{\ln 2}\right)$；　(8) $-\dfrac{1+2x}{(1+x+x^2)^2}$.

10. (1) $\dfrac{\sqrt{2}}{4}\left(1+\dfrac{\pi}{2}\right)$；　(2) $f'(0)=\dfrac{3}{25}, f'(2)=\dfrac{17}{15}$；　(3) $f'(1)=5$.

11. (1) $3e^{3x}$；　(2) $\dfrac{2x}{1+x^4}$；　(3) $\dfrac{1}{\sqrt{2x+1}}e^{\sqrt{2x+1}}$；(4) $2x\ln(x+\sqrt{1+x^2})+\sqrt{1+x^2}$；

(5) $2x\sin\dfrac{1}{x^2}-\dfrac{2}{x}\cos\dfrac{1}{x^2}$；　(6) $-3ax^2\sin 2ax^3$；　(7) $\dfrac{|x|}{x^2\sqrt{x^2-1}}$；　(8) $\dfrac{2\arcsin\dfrac{x}{2}}{\sqrt{4-x^2}}$.

12. $\dfrac{1}{3}$.

13. $2x+3y-3=0; 3x-2y+2=0; x=-1; y=0$.

14. (1) $2xf'(x^2)$；　(2) $\sin 2x[f'(\sin^2 x)-f'(\cos^2 x)]$.

15. (1) $-\dfrac{x^2-ay}{y^2-ax}$；　(2) $\dfrac{x-y}{x(\ln x+\ln y+1)}$；　(3) $-\dfrac{e^y+ye^x}{x-e^{x+y}}$.

16. (1) $\dfrac{\sqrt{x+2}(3-x)^4}{(x+1)^5}\left[\dfrac{1}{2(x+2)}-\dfrac{4}{3-x}-\dfrac{5}{x+1}\right]$；

(2) $(\sin x)^{\cos x}\left(\dfrac{cox^2x}{\sin x}-\sin x\ln\sin x\right)$；

(3) $\dfrac{(x+3)e^{2x}}{\sqrt{(x+5)(x-4)}}\left[2+\dfrac{1}{x+3}-\dfrac{1}{2(x+5)}-\dfrac{1}{2(x-4)}\right]$.

17. (1) $\dfrac{\sin at+\cos bt}{\cos at-\sin bt}$； (2) $\dfrac{\cos\theta-\theta\sin\theta}{1-\sin\theta-\theta\cos\theta}$.

18. $\sqrt{3}-2$.

19. 若 $\varphi(a)=0$,则 $f'(a)=0$;若 $\varphi(a)\neq 0$,则 $f'(a)$ 不存在.

20. $\left(1-\dfrac{1}{x^2}\right)e^{x+\frac{1}{x}}$.

21. $\dfrac{1}{2\sqrt{3}}$.

22. $1-x^2$.

23. $\varphi'(1)=-1$.

24. (1) $\sin t$； (2) $-\dfrac{1}{\omega}\cos\omega x$； (3) $\ln(1+x)$； (4) $-\dfrac{1}{2}e^{-2x}$；

(5) $2\sqrt{x}$； (6) $\dfrac{1}{3}\tan 3x$； (7) $\dfrac{\ln^2 x}{2}$； (8) $-\sqrt{1-x^2}$.

25. (1) 0.21,0.2,0.01； (2) 0.0201,0.02,0.0001.

26. (1) $(x+1)e^x\mathrm{d}x$； (2) $\dfrac{1-\ln x}{x^2}\mathrm{d}x$； (3) $-\dfrac{1}{2\sqrt{x}}\sin\sqrt{x}\mathrm{d}x$；

(4) $2\ln 5\cdot 5^{\ln\tan x}\cdot\dfrac{1}{\sin 2x}\mathrm{d}x$； (5) $[8x^x(1+\ln x)-12e^{2x}]\mathrm{d}x$；

(6) $\left(\dfrac{1}{2\sqrt{(1-x^2)\arcsin x}}+\dfrac{2\arctan x}{1+x^2}\right)\mathrm{d}x$.

27. (1) $\dfrac{e^y}{1-xe^y}\mathrm{d}x$； (2) $-\dfrac{b^2x}{a^2y}\mathrm{d}x$； (3) $\dfrac{2}{2-\cos y}\mathrm{d}x$； (4) $\dfrac{\sqrt{1-y^2}}{1+2y\sqrt{1-y^2}}\mathrm{d}x$.

28. g.

29. $n!a_0$.

30. $(-1)^{n-1}\dfrac{(n-1)!}{(1+x)^n}$.

32. (1) $-4e^x\sin x$； (2) $32e^{2x}(2x^2+12x+15)$； (3) $x^2\sin x-160x\cos x-6320\sin x$.

33. (1) $4x^2f''(x^2)+2f'(x^2)$； (2) $\dfrac{f''(x)f(x)-[f'(x)]^2}{f^2(x)}$；

34. (1) 0； (2) $\dfrac{4}{e},\dfrac{8}{e}$； (3) 7200,720.

35. $\xi=\dfrac{\pi}{2}$.

36. 不满足第一个条件,没有.

37. 4 个零点,分别位于$(-2,-1)$,$(-1,0)$,$(0,1)$,$(1,2)$ 内.

41. $\xi = \frac{1}{\sqrt{3}}$.

44. (1) $-\frac{3}{5}$；(2) $-\frac{1}{8}$；(3) $\frac{1}{2}$；(4) $\cos a$；(5) $\frac{m}{n}a^{m-n}$；(6) 1；(7) 0；(8) 0.

46. (2).

47. $m = -3, n = 2$.

48. $f''(x)$.

习题三

1. (1) $(-\infty, -1] \cup [3, +\infty)$ 上单调递增，$[-1, 3]$ 上单调递减；

(2) $[2, +\infty)$ 上单调递增，$(0, 2]$ 上单调递减.

4. (1) 极小值 $y(1) = 2$；(2) 极大值 $y(0) = 0$，极小值 $y(1) = -1$；(3) 极大值 $f(\mathrm{e}) = \frac{1}{\mathrm{e}}$；

(4) 极小值 $y(0) = 0$；(5) 极大值 $f(1) = \frac{1}{\mathrm{e}}$；(6) 极大值 $y\left(\frac{3}{4}\right) = \frac{5}{4}$.

6. $a = 2, f(\frac{\pi}{3}) = \sqrt{3}$ 为极大值.

7. (1) $\max\limits_{-\infty < x < 0} f(x)$ 不存在；$\min\limits_{-\infty < x < 0} f(x) = f(-3) = 27$.

(2) $\max\limits_{-5 \leqslant x \leqslant 1} f(x) = f\left(\frac{3}{4}\right) = \frac{5}{4}$，$\min\limits_{-5 \leqslant x \leqslant 1} f(x) = f(-5) = \sqrt{6} - 5$；

(3) 最小值 $y(2) = -14$，最大值 $y(3) = 11$.

8. 当 $a > 0$ 时，最大值为 $f\left(\frac{b}{a}\right) = \frac{2b^2}{a}$，最小值为 $f(0) = 0$；当 $a < 0$ 时，最大值为 $f(0) = 0$，最小值为 $f\left(\frac{b}{a}\right) = \frac{2b^2}{a}$.

9. $\frac{2}{3}\sqrt{3}r$.

10. $\sqrt{\frac{8a}{4+\pi}}$.

11. (1) 是凸的；(2) 在 $(0, \pi)$ 内是凸的，在 $(\pi, 2\pi)$ 内是凹的；(3) 是凹的；(4) 是凹的.

12. (1) 拐点 $\left(\frac{5}{3}, \frac{20}{27}\right)$，在 $\left(-\infty, \frac{5}{3}\right]$ 内是凸的，在 $\left[\frac{5}{3}, +\infty\right)$ 内是凹的；

(2) 拐点 $\left(2, \frac{2}{\mathrm{e}^2}\right)$，在 $(-\infty, 2]$ 内是凸的，在 $[2, +\infty)$ 内是凹的.

13. $a = -\frac{3}{2}, b = \frac{9}{2}$.

14. (1) 1.1；(2) 650.

15. (1) 96.56 (2) 是，提高两元.

16. (1) $a, \frac{ax}{ax+b}, \frac{a}{ax+b}$；(2) $ab\mathrm{e}^{bx}, bx, b$；(3) $ax^{a-1}, a, \frac{a}{x}$.

17. 提高 8%；提高 16%.

18. 5.9%.

习题四

1. (1) $\frac{1}{2}(b^2-a^2)$；(2) $e-1$.

2. (1) 1；(2) $\frac{1}{4}\pi R^2$.

5. (1) $\frac{2}{3}(8-3\sqrt{3})$；(2) $\frac{11}{6}$；(3) $1+\frac{\pi^2}{8}$.

6. (1) $2x\sqrt{1+x^4}$；(2) $\frac{3x^2}{\sqrt{1+x^{12}}}-\frac{2x}{\sqrt{1+x^4}}$.

7. $\cot t^2$.

8. $\frac{\cos x}{\sin x-1}$.

9. (1) $\ln 2$；(2) $\frac{2}{3}$.

10. (1) $\frac{2}{3}$；(2) 2.

11. $a=1, b=0, c=-2$ 或 $a\neq 1, b=0, c=0$.

12. (1) $\frac{2}{7}x^{\frac{7}{2}}-\frac{10}{3}x^{\frac{3}{2}}+C$；(2) $\frac{(3e)^x}{\ln(3e)}+C$；(3) $3\arctan x-2\arcsin x+C$；

(4) $x-\arctan x+C$；(5) $\frac{x}{2}-\frac{1}{2}\sin x+C$；(6) $\frac{1}{3}x^3-\frac{3}{2}x^2+2x+C$；

(7) $2e^x+3\ln x+C$；(8) $e^x-2x^{-\frac{1}{2}}+C$；(9) $\tan x-\sec x+C$；

(10) $\frac{1}{2}\tan x+C$；(11) $\sin x-\cos x+C$；(12) $-\cot x-\tan x+C$.

13. $y=x^2-2x+1$.

14. (1) $-\frac{1}{2}$；(2) $\frac{1}{2}$；(3) $-\frac{1}{5}$；(4) $\frac{1}{3\ln a}$；(5) $-\frac{1}{3}$；(6) $\frac{1}{5}$；(7) $\frac{1}{2}$；(8) $-\frac{1}{2}$.

15. (1) $\frac{1}{2}\sin x^2+C$；(2) $\frac{3}{2}(\sin x-\cos x)^{\frac{3}{2}}+C$；(3) $\frac{1}{2\sqrt{2}}\ln\left|\frac{x-\frac{\sqrt{2}}{2}}{x+\frac{\sqrt{2}}{2}}\right|+C$；

(4) $\sin x-\frac{1}{3}\sin^3 x+C$；(5) $\frac{1}{3}\sin\frac{3}{2}x+\sin\frac{x}{2}+C$；(6) $-\frac{1}{2\ln 10}10^{2\arccos x}+C$；

(7) $(\arctan\sqrt{x})^2+C$；(8) $-\frac{1}{5}e^{-5x}+C$；(9) $-\frac{1}{2}\ln|1-2x|+C$；

(10) $-2\cos\sqrt{t}+C$；(11) $\frac{1}{11}\tan^{11}x+C$；(12) $-\frac{1}{\ln x}+C$；

(13) $\ln|\tan x|+C$；(14) $-\frac{1}{2}e^{-x^2}+C$；(15) $\frac{1}{11}(x+4)^{11}+C$；

(16) $-\frac{1}{2}(2-3x)^{\frac{2}{3}}+C$；(17) $\frac{1}{2}\sin(x^2)+C$；(18) $a\arcsin\frac{x}{a}-\sqrt{a^2-x^2}+C$；

(19) $\arctan e^x+C$；(20) $\frac{1}{2}\ln^2 x+C$；(21) $\frac{1}{3}\sin^3 x-\frac{1}{5}\sin^5 x+C$；

(22) $\sqrt{2x}-\ln(1+\sqrt{2x})+C$； (23) $\sqrt{x^2-9}-3\arccos\frac{3}{x}+C$； (24) $\frac{x}{\sqrt{1+x^2}}+C$；

(25) $\frac{1}{2}\arcsin x+\frac{1}{2}\ln\left|\sqrt{1-x^2}+x\right|+C$.

16. (1) $-x^2\cos x+2x\sin x+2\cos x+C$； (2) $-e^{-x}(x+1)+C$；

(3) $\frac{1}{2}x^2\ln x-\frac{1}{4}x^2+C$； (4) $x\arccos x-\sqrt{1-x^2}+C$；

(5) $\frac{1}{2}e^{-x}(\sin x-\cos x)+C$； (6) $-\frac{1}{4}x\cos 2x+\frac{1}{8}\sin 2x+C$.

17. (1) $\frac{1}{x+1}+\frac{1}{2}\ln|x^2-1|+C$； (2) $\ln\frac{x+1}{\sqrt{x^2-x+1}}+\sqrt{3}\arctan\frac{2x-1}{\sqrt{3}}+C$；

(3) $\frac{1}{3}\arctan(x^3)+C$； (4) $x-\tan x+\sec x+C$；

(5) $\frac{1}{2}\left(\ln\left|\tan\frac{x}{2}\right|-\tan\frac{x}{2}\right)+C$； (6) $2\ln(\sqrt{x}+\sqrt{1+x})+C$；

(7) $x+4\ln(\sqrt{x+1}+1)-4\sqrt{x+1}+C$.

18. (1) $\ln\left|\frac{e^x}{1+e^x}\right|+C$； (2) $\frac{x}{2}(\sin\ln|x|-\cos\ln|x|)+C$； (3) $x\tan\frac{x}{2}+C$；

(4) $xf'(x)-f(x)+C$； (5) $I_n=-\frac{1}{n}\sin^{n-1}x\cos x+\frac{n-1}{n}I_{n-2}$.

19. $\begin{cases}-\frac{x^2}{2}+C, x<1,\\ x+\frac{1}{2}+C, -1\leqslant x\leqslant 1,\\ \frac{x^2}{2}+1+C, x>1.\end{cases}$

20. (1) $\frac{22}{3}$； (2) $2(\sqrt{3}-1)$； (3) $\sqrt{2}-\frac{2}{3}\sqrt{3}$； (4) $\frac{1}{2}\ln\frac{3}{2}$； (5) $\frac{4}{5}$；

(6) $\frac{1}{5}(e^{\pi}-2)$； (7) $\ln 2-\frac{1}{3}\ln 5$； (8) 0； (9) $2\sqrt{3}-2$.

21. (1) $I_n=\begin{cases}\frac{n-1}{n}\cdot\frac{n-3}{n-2}\cdot\cdots\cdot\frac{3}{4}\cdot\frac{1}{2}\cdot\frac{\pi}{2}, n\text{ 为偶数},\\ \frac{n-1}{n}\cdot\frac{n-3}{n-2}\cdot\cdots\cdot\frac{4}{5}\cdot\frac{2}{3}, n\text{ 为奇数};\end{cases}$

(2) $I_n=(-1)^n\left[\frac{\pi}{4}-\left(1-\frac{1}{3}+\frac{1}{5}-\cdots+\frac{(-1)^{n-1}}{2n-1}\right)\right]$.

23. (1) 0； (2) 0； (3) $\frac{3}{2}\ln 3-\ln 2-1$； (4) $\frac{5}{16}\pi$.

24. $\frac{1}{4}\pi$.

25. 0.

26. (1) 1； (2) π； (3) $n!$； (4) $\frac{\pi}{2}$； (5) $\frac{\pi}{2}$； (6) π.

习题五

1. (1) $S_1=2\pi+\frac{4}{3}$;$S_2=6\pi-\frac{4}{3}$ ； (2) $\frac{3}{2}-\ln 2$； (3) $e+\frac{1}{e}-2$；

(4) $b-a$； (5) $\frac{8}{3}$； (6) $4\sqrt{2}$； (7) $\frac{9}{4}$； (8) $3\pi a^2$.

2. $a=-2$.

3. (1) $\frac{\pi}{20}$； (2) $\frac{128}{7}\pi,\frac{64}{5}\pi$； (3) $\frac{32}{105}\pi a^3$.

4. $\frac{1}{6}\pi h[2(ab+AB)+aB+bA]$.

5. $\frac{4}{3}\sqrt{3}R^3$.

6. (1) $\frac{3\pi}{8}a^2$； (2) $\frac{32a^3}{105}\pi$.

7. $111\frac{1}{3}$.

8. (1) 250 台； (2) 1 万元.

9. 1728.4 万元;4.46 年.

10. 3856.86.

习题六

1. (1) 一阶； (2) 二阶； (3) 三阶； (4) 一阶.

2. (1) 是； (2) 是； (3) 不是； (4) 是.

4. (1)$y^2-x^2=25$； (2) $y=xe^{2x}$.

5. (1) $y=e^{cx}$； (2) $y=x-2c\sqrt{1-x}-c^2$； (3) $(e^y-1)(e^x+1)=c$；

(4) $\sin y.\sin x=c$； (5)$y=ce^{\frac{1}{2}x^2}$ ； (6) $y=-x^2-x+c$； (7) $y^3=x^4+x^2+c$；

(8) $e^{-y}=e^{-x}+c$.

6. (1) $e^y=\frac{1}{2}(e^{2x}+1)$； (2) $y=e^{\tan\frac{x}{2}}$.

7. (1) $y=e^{-x}(x+c)$； (2) $y=\frac{1}{3}x^2+\frac{3}{2}x+2+\frac{c}{x}$； (3) $y=(x+c)e^{-\sin x}$；

(4) $y=ce^{2x^2}-1$； (5) $y=(x-2)^3+c(x-2)$； (6) $y=\frac{4x^3+c}{3(x^2+1)}$.

8. (1) $y=\frac{\pi-1-\cos x}{x}$； (2)$2y=x^3-x^3e^{\frac{1}{x^2}-1}$.

9. (1) $\frac{1}{y}=ce^x-\sin x$； (2) $\frac{1}{y^3}=ce^x-2x-1$.

10. (1) $y=\frac{1}{6}x^3-\sin x+c_1x+c_2$； (2) $y=(x-3)e^x+c_1x^2+c_2x+c_3$；

(3) $y=c_1\ln|x|+c_2$； (4)$c_1y^2-(c_1x+c_2)^2=1$.

11. (1) $y = x\arctan x - \frac{1}{2}\ln(1+x^2)$； (2) $y = \ln x + \frac{1}{2}\ln^2 x$； (3) $y = (\frac{1}{2}x+1)^4$.

12. (1) $y = c_1 e^x + c_2 e^{-2x}$； (2) $y = c_1\cos x + c_2\sin x$； (3) $x = (c_1 + c_2 t)e^{\frac{5}{2}t}$；
(4) $y = e^{2x}(c_1\cos x + c_2\sin x)$； (5) $y = e^{-2x}(c_1 x + c_2)$； (6) $y = c_1 e^x + c_2 e^{2x}$.

13. (1) $y = 4e^x + 2e^{3x}$； (2) $y = (2+x)e^{-\frac{x}{2}}$； (3) $y = 3e^{-2x}\sin 5x$；
(4) $y = 2\cos 5x + \sin 5x$.

14. (1) $y = c_1 e^{\frac{1}{2}x} + c_2 e^{-x} + e^x$； (2) $y = c_1 + c_2 e^{-\frac{5}{2}x} + \frac{1}{3}x^3 - \frac{3}{5}x^2 + \frac{7}{25}x$；

(3) $y = c_1 e^{-x} + c_2 e^{-2x} + (\frac{3}{2}x^3 - 3x)e^{-x}$； (4) $y = e^x(c_1\cos 2x + c_2\sin 2x) - \frac{1}{4}xe^x\cos 2x$；

(5) $y = e^{-x}(c_1 x + c_2) + x - 2$； (6) $y = e^{2x}(c_1 x + c_2) + \frac{1}{2}x^2 e^{2x}$.

15. (1) $y = -\cos x - \frac{1}{3}\sin x + \frac{1}{3}\sin 2x$； (2) $y = \frac{1}{2}(e^{9x} + e^x) - \frac{1}{7}e^{2x}$.

习题七

1. (1) 24； (2) 12.
2. (1) 0； (2) $-4abcdef$； (3) $abcd + ab + ad + cd + 1$； (4) 160.
4. (1) $D_n = (x+n-1)(x-1)^{n-1}$； (2) $D_n = -2(n-2)!$； (3) $D_n = x^n + (-1)^{n+1}y^n$.
5. $D_n = (a_1 a_2 \cdots a_n)^{n-1}\prod\limits_{1\leqslant j<i\leqslant n}\left(\frac{b_i}{a_i} - \frac{b_j}{a_j}\right)$.
6. 3.
7. (1) $x_1 = 1, x_2 = 2, x_3 = 2, x_4 = -1$.

(2) $x_1 = \frac{1507}{665}, x_2 = -\frac{229}{133}, x_3 = \frac{37}{35}, x_4 = -\frac{79}{133}, x_5 = \frac{212}{665}$.

8. $\mu = 0$ 或 $\lambda = 1$ 时,方程组有非零解.
9. $(a+1)^2 = 4b$.

习题八

1. (1) $\begin{pmatrix} 3 & 2 & -1 & 0 \\ -3 & -2 & 1 & 0 \\ 6 & 4 & -2 & 0 \\ 9 & 6 & -3 & 0 \end{pmatrix}$； (2) $\begin{pmatrix} 5 \\ -3 \\ -1 \end{pmatrix}$； (3) 10； (4) $\sum\limits_{i=1}^{3}\sum\limits_{j=1}^{3} a_{ij}x_i x_j$.

2. (1) $\begin{pmatrix} 5 & 5 & 4 \\ 9 & 10 & 3 \\ 4 & -1 & -1 \end{pmatrix}$； (2) $\begin{pmatrix} 5 & 9 & 2 \\ 5 & 8 & -1 \\ 2 & 3 & -1 \end{pmatrix}$；

(3) $\begin{pmatrix} -20 & -20 & -7 \\ -36 & -31 & -12 \\ -7 & 4 & 4 \end{pmatrix}$； (4) $\begin{pmatrix} -20 & -36 & -7 \\ -20 & -31 & 4 \\ -7 & -12 & 4 \end{pmatrix}$.

3.（1）以三阶矩阵为例，取 $A=\begin{bmatrix}0&0&1\\0&0&0\\0&0&0\end{bmatrix}$，$A^2=O$，但 $A\neq O$.

（2）令 $A=\begin{bmatrix}1&-1&0\\0&0&0\\0&0&1\end{bmatrix}$，则 $A^2=A$，但 $A\neq O$ 且 $A\neq E$.

（3）令 $A=\begin{bmatrix}1&1&0\\0&1&1\\-1&0&1\end{bmatrix}\neq O$，$Y=\begin{bmatrix}2\\1\\1\end{bmatrix}$，$X=\begin{bmatrix}1\\2\\0\end{bmatrix}$，则 $AX=AY$，但 $X\neq Y$.

4. $A^k=\begin{pmatrix}1&k\lambda\\0&1\end{pmatrix}$.

7.（1）$\begin{pmatrix}1&2\\3&1\end{pmatrix}^{-1}=\begin{pmatrix}-\frac{1}{5}&\frac{2}{5}\\\frac{3}{5}&-\frac{1}{5}\end{pmatrix}$；（2）$\begin{pmatrix}1&-1&-1\\2&-1&-3\\3&2&-5\end{pmatrix}^{-1}=\begin{pmatrix}\frac{11}{3}&-\frac{7}{3}&\frac{2}{3}\\\frac{1}{3}&-\frac{2}{3}&\frac{1}{3}\\\frac{7}{3}&-\frac{5}{3}&\frac{1}{3}\end{pmatrix}$.

（3）$\begin{pmatrix}1&0&0&0\\1&2&0&0\\2&1&3&0\\1&2&1&4\end{pmatrix}^{-1}=\begin{pmatrix}1&0&0&0\\-\frac{1}{2}&\frac{1}{2}&0&0\\-\frac{1}{2}&-\frac{1}{6}&\frac{1}{3}&0\\\frac{1}{8}&-\frac{5}{24}&-\frac{1}{12}&\frac{1}{4}\end{pmatrix}$.

8.（1）$X=\begin{pmatrix}0&6\\-1&2\end{pmatrix}$；（2）$X=\begin{pmatrix}1&1\\\frac{1}{4}&0\end{pmatrix}$.

9. $x_1=-\frac{3}{5}$，$x_2=\frac{3}{5}$，$x_1=\frac{7}{5}$.

10. $\begin{cases}x_1=\frac{1}{3}y_1-\frac{1}{3}y_2,\\x_2=\frac{1}{3}y_1+\frac{1}{3}y_2-\frac{1}{3}y_3,\\x_3=\frac{1}{3}y_2+\frac{1}{3}y_3.\end{cases}$

11. $X=\begin{pmatrix}-1&\frac{3}{2}\\-1&2\\-2&1\end{pmatrix}$.

12. 32.

13. $B=\begin{pmatrix}3&-8&-6\\2&-9&-6\\-2&12&9\end{pmatrix}$.

14. $\boldsymbol{A}^{-1}=\frac{1}{2}(\boldsymbol{A}-\boldsymbol{E}),(\boldsymbol{A}+2\boldsymbol{E})^{-1}=-\frac{1}{4}(\boldsymbol{A}-3\boldsymbol{E})$.

17. $|\boldsymbol{A}|=30,\boldsymbol{A}^{-1}=\begin{pmatrix}\frac{1}{3}&0&0\\0&\frac{1}{5}&\frac{1}{5}\\0&-\frac{2}{5}&\frac{1}{10}\end{pmatrix}$.

习题九

1. (1) $\begin{pmatrix}1&0&-\frac{3}{5}&0\\0&1&-\frac{1}{5}&-1\\0&0&0&0\end{pmatrix}$; (2) $\begin{pmatrix}1&0&\frac{1}{2}&\frac{3}{2}\\0&1&-\frac{1}{2}&-\frac{1}{2}\\0&0&0&0\end{pmatrix}$;

(3) $\begin{pmatrix}1&0&0&1\\0&1&0&2\\0&0&1&-2\end{pmatrix}$; (4) $\begin{pmatrix}1&0&-1&0&4\\0&1&-1&0&3\\0&0&0&1&-3\\0&0&0&0&0\end{pmatrix}$.

2. (1) $\begin{pmatrix}-\frac{2}{9}&\frac{4}{9}&\frac{1}{9}\\\frac{2}{3}&-\frac{1}{3}&-\frac{1}{3}\\\frac{1}{9}&-\frac{2}{9}&-\frac{5}{9}\end{pmatrix}$; (2) $\begin{pmatrix}1&1&-2&-4\\0&1&0&-1\\-1&-1&3&6\\2&1&-6&-10\end{pmatrix}$.

3. (1) $\begin{pmatrix}10&2\\-15&-3\\12&4\end{pmatrix}$; (2) $\begin{pmatrix}2&-1&-1\\-4&7&4\end{pmatrix}$.

4. $\begin{pmatrix}0&1&-1\\-1&0&1\\1&-1&0\end{pmatrix}$.

5. $\boldsymbol{X}=\begin{pmatrix}2&-1&0\\1&3&-4\\3&2&-1\end{pmatrix}$.

6. (1) $R=2,\begin{vmatrix}1&1\\1&2\end{vmatrix}\neq 0$; (2) $R=3,\begin{vmatrix}3&2&-1\\2&-1&-3\\7&0&-8\end{vmatrix}\neq 0$;

(3) $R=3,\begin{vmatrix}2&-1&1\\1&1&1\\2&-3&-1\end{vmatrix}\neq 0$.

7. $k=-3$.

8. $\lambda=3$ 时 $R=2$;$\lambda\neq 3$ 时 $R=3$.

9. 利用等价矩阵具有相同的标准形.

10. (1) $\begin{pmatrix}x_1\\x_2\\x_3\\x_4\end{pmatrix}=c_1\begin{pmatrix}\frac{3}{2}\\\frac{3}{2}\\1\\0\end{pmatrix}+c_2\begin{pmatrix}-\frac{3}{4}\\\frac{7}{4}\\0\\1\end{pmatrix}$; (2) $\begin{pmatrix}x_1\\x_2\\x_3\\x_4\end{pmatrix}=c_1\begin{pmatrix}2\\1\\0\\0\end{pmatrix}+c_2\begin{pmatrix}\frac{2}{7}\\0\\-\frac{5}{7}\\1\end{pmatrix}$;

(3) 只有零解; (4) $\begin{pmatrix}x\\y\\z\\w\end{pmatrix}=c_1\begin{pmatrix}\frac{3}{17}\\\frac{19}{17}\\1\\0\end{pmatrix}+c_2\begin{pmatrix}-\frac{13}{17}\\-\frac{20}{17}\\0\\1\end{pmatrix}$.

11. (1) 无解; (2) $\begin{pmatrix}x_1\\x_2\\x_3\\x_4\end{pmatrix}=c_1\begin{pmatrix}3\\3\\2\\0\end{pmatrix}+c_2\begin{pmatrix}-3\\7\\0\\4\end{pmatrix}+\begin{pmatrix}1\\0\\0\\0\end{pmatrix}$

(3) $\begin{pmatrix}x\\y\\z\end{pmatrix}=c\begin{pmatrix}-2\\1\\1\end{pmatrix}+\begin{pmatrix}-1\\2\\0\end{pmatrix}$; (4) $\begin{pmatrix}x_1\\x_2\\x_3\\x_4\end{pmatrix}=c\begin{pmatrix}1\\0\\-1\\2\end{pmatrix}+\begin{pmatrix}\frac{31}{6}\\\frac{2}{3}\\-\frac{7}{6}\\0\end{pmatrix}$.

12. $\boldsymbol{x}=(x_1\quad,x_2\quad,x_3\quad,x_4)^{\mathrm{T}}$, $\begin{cases}x_1-2x_3+2x_4=0,\\x_2+2x_3-3x_4=0.\end{cases}$

13. 当 $\lambda\neq0$ 且 $\lambda\neq-3$,有唯一解;$\lambda=0$ 时,无解;

$\lambda=-3$ 时,有无穷多解.通解为 $\begin{pmatrix}x\\y\\z\end{pmatrix}=c\begin{pmatrix}1\\1\\1\end{pmatrix}+\begin{pmatrix}-1\\-2\\0\end{pmatrix}$.

14. 利用方程组有唯一解的充分必要条件.

15. (1) 当 $a=-8,b=-2$ 时,$R(\boldsymbol{A})=R(\boldsymbol{A}\,\vdots\,\boldsymbol{b})=2$,方程组有无穷多解,且

$$\begin{pmatrix}x\\y\\z\\w\end{pmatrix}=c_1\begin{pmatrix}4\\-2\\1\\0\end{pmatrix}+c_2\begin{pmatrix}-1\\-2\\0\\1\end{pmatrix}+\begin{pmatrix}-1\\1\\0\\0\end{pmatrix};$$

(2) 当 $a\neq-8,b=-2$ 时,$R(\boldsymbol{A})=R(\boldsymbol{A}\,\vdots\,\boldsymbol{b})=3$,方程组有无穷多解,且

$$\begin{pmatrix}x\\y\\z\\w\end{pmatrix}=c_1\begin{pmatrix}-1\\-2\\0\\1\end{pmatrix}+\begin{pmatrix}-1\\1\\0\\0\end{pmatrix}.$$

16. 利用矩阵的标准形.

习题十

1. (1,0,−1),(0,5,2),(−3,−3,1).

2. (1) 不正确； (2) 不正确； (3) 不正确.

3. (1) 线性无关； (2) 线性相关； (3) 线性无关.

9. 当 $k=1$ 时，$\boldsymbol{\alpha}_1,\boldsymbol{\alpha}_2,\boldsymbol{\alpha}_3$ 的秩为 2，$\boldsymbol{\alpha}_1,\boldsymbol{\alpha}_3$ 为其一极大无关组.

当 $k\neq 1$ 时，$\boldsymbol{\alpha}_1,\boldsymbol{\alpha}_2,\boldsymbol{\alpha}_3$ 线性无关，秩为 3，极大无关组为其本身.

10. $\boldsymbol{\beta}_3=(2,2,0)$.

11. (1) 秩为 2，一个极大线性无关组为 $\boldsymbol{\alpha}_1{}^{\mathrm{T}},\boldsymbol{\alpha}_2{}^{\mathrm{T}}$；

(2) 秩为 2，一个极大线性无关组为 $\boldsymbol{\alpha}_1{}^{\mathrm{T}},\boldsymbol{\alpha}_2{}^{\mathrm{T}}$.

12. (1) $\left(-\frac{7}{2},\frac{1}{2},1\right)^{\mathrm{T}}$； (2) $\left(-\frac{3}{2},\frac{7}{2},1,0\right)^{\mathrm{T}},(-1,-2,0,1)^{\mathrm{T}}$；

(3) $(-2,0,1,0,0)^{\mathrm{T}}$，$(-1,-1,0,1,0)^{\mathrm{T}}$.

13. (1) $\begin{cases}x_1=-1,\\x_2=-2,\\x_3=2.\end{cases}$ (2) $\boldsymbol{x}=\begin{bmatrix}0\\1\\0\\0\end{bmatrix}+k_1\begin{bmatrix}-\frac{1}{2}\\1\\0\\0\end{bmatrix}+k_2\begin{bmatrix}\frac{1}{2}\\0\\1\\0\end{bmatrix}$ $(k_1,k_2\in\mathbf{R})$. (3) 方程组无解.

14. V_1 是向量空间.

16. $\boldsymbol{\alpha}_1,\boldsymbol{\alpha}_2,\boldsymbol{\alpha}_4$ 是一组基，其维数是 3 维.

习题十一

1. (1) $\lambda_1=1,\lambda_2=3,\boldsymbol{p}_1=\begin{pmatrix}1\\1\end{pmatrix},\boldsymbol{p}_2=\begin{pmatrix}-1\\1\end{pmatrix}$.

(2) $\lambda_1=2,\lambda_2=\lambda_3=-1,\boldsymbol{p}_1=\begin{pmatrix}1\\1\\1\end{pmatrix},\boldsymbol{p}_2=\begin{pmatrix}-1\\1\\0\end{pmatrix},\boldsymbol{p}_3=\begin{pmatrix}-1\\0\\1\end{pmatrix}$.

(3) $\lambda_1=0,\lambda_2=-1,\lambda_3=9,\boldsymbol{p}_1=\begin{pmatrix}-1\\-1\\1\end{pmatrix},\boldsymbol{p}_2=\begin{pmatrix}1\\-1\\0\end{pmatrix},\boldsymbol{p}_3=\begin{pmatrix}1\\1\\2\end{pmatrix}$.

(4) $\lambda_1=\lambda_2=1,\lambda_3=\lambda_4=-1,\boldsymbol{p}_1=\begin{pmatrix}0\\1\\1\\0\end{pmatrix},\boldsymbol{p}_2=\begin{pmatrix}1\\0\\0\\1\end{pmatrix},\boldsymbol{p}_3=\begin{pmatrix}0\\-1\\1\\0\end{pmatrix},\boldsymbol{p}_4=\begin{pmatrix}-1\\0\\0\\1\end{pmatrix}$.

4. 360.

5. 14.

7. $x=0,y=1$.

8. −1.

9. (1) $a=-3,b=0,\lambda=-1$； (2) 不能.

10. $\boldsymbol{A}^{100}=\begin{pmatrix}1 & 0 & 5^{100}-1\\ 0 & 5^{100} & 0\\ 0 & 0 & 5^{100}\end{pmatrix}$.

11. 能对角化，$\boldsymbol{P}=\begin{pmatrix}-2 & 0 & -1\\ 1 & 0 & 1\\ 0 & 1 & 1\end{pmatrix}$.

12. (1) $\boldsymbol{P}=\begin{pmatrix}0 & 1 & 0\\ \frac{1}{\sqrt{2}} & 0 & \frac{1}{\sqrt{2}}\\ \frac{-1}{\sqrt{2}} & 0 & \frac{1}{\sqrt{2}}\end{pmatrix}$，$\boldsymbol{P}^{-1}\boldsymbol{AP}=\begin{pmatrix}1 & & \\ & 2 & \\ & & 5\end{pmatrix}$；

(2) $\boldsymbol{P}=\begin{pmatrix}-\frac{1}{2} & \frac{1}{\sqrt{2}} & \frac{1}{\sqrt{2}} & \frac{1}{\sqrt{2}}\\ \frac{1}{2} & \frac{1}{\sqrt{2}} & 0 & 0\\ \frac{1}{2} & 0 & \frac{1}{\sqrt{2}} & 0\\ \frac{1}{2} & 0 & 0 & \frac{1}{\sqrt{2}}\end{pmatrix}$，$\boldsymbol{P}^{-1}\boldsymbol{AP}=\begin{pmatrix}-2 & & & \\ & 2 & & \\ & & 2 & \\ & & & 2\end{pmatrix}$.

13. $\boldsymbol{A}=\begin{pmatrix}3 & 2 & -2\\ -1 & 1 & 1\\ -1 & 0 & 2\end{pmatrix}$.

14. $\boldsymbol{A}=\begin{pmatrix}4 & 1 & 1\\ 1 & 4 & 1\\ 1 & 1 & 4\end{pmatrix}$.

15. $\begin{pmatrix}-2 & -2\\ -2 & -2\end{pmatrix}$.

16. (1) 证明略； (2) 非零特征值 $\lambda=\sum_{i=1}^{n}a_i^2$，$(\boldsymbol{p}_1,\boldsymbol{p}_2\cdots,\boldsymbol{p}_n)=\begin{pmatrix}a_1 & -a_2 & \cdots & -a_n\\ a_2 & a_1 & \cdots & 0\\ \vdots & \vdots & & \vdots\\ a_n & 0 & \cdots & a_1\end{pmatrix}$.

17. (1) $a=-2$； (2) $\boldsymbol{P}=\begin{pmatrix}\frac{1}{\sqrt{2}} & \frac{1}{\sqrt{6}} & \frac{1}{\sqrt{3}}\\ 0 & -\frac{2}{\sqrt{6}} & \frac{1}{\sqrt{3}}\\ \frac{-1}{\sqrt{2}} & \frac{1}{\sqrt{6}} & \frac{1}{\sqrt{3}}\end{pmatrix}$.

18. (1) $\lambda_3=0$，$\boldsymbol{p}=\begin{pmatrix}-1\\ 1\\ 1\end{pmatrix}$； (2) $\boldsymbol{A}=\begin{pmatrix}4 & 2 & 2\\ 2 & 4 & -2\\ 2 & -2 & 4\end{pmatrix}$.

习题 十二

1. 略.参见教材例题.

2. (1) $A\overline{BC}$； (2) $AB\overline{C}$； (3) ABC； (4) $A \cup B \cup C$； (5) $\overline{A \cup B \cup C}$；
(6) $\overline{ABC}$； (7) $\overline{ABC}$； (8) $AB \cup BC \cup CA$.

4. 0.6.

5. (1) 当 $AB = A$ 时,$P(AB)$ 取到最大值为 0.6.
(2) 当 $A \cup B = \Omega$ 时,$P(AB)$ 取到最小值为 0.3.

6. $\frac{3}{4}$.

7. $P = C_{13}^5 C_{13}^3 C_{13}^3 C_{13}^2 / C_{52}^{13}$.

8. (1) $\left(\frac{1}{7}\right)^5$； (2) $\left(\frac{6}{7}\right)^5$； (3) $1-\left(\frac{1}{7}\right)^5$.

9. $P = C_{45}^2 C_5^1 / C_{50}^3$.

10. (1) $P(A) = C_M^m C_{N-M}^{n-m} / C_N^n$； (2) $P(A) = \frac{C_M^m C_{N-M}^{n-m}}{C_N^n}$ (3) $P(A) = C_n^m M^m (N-M)^{n-m} / N^n$.

11. $\frac{P_{10}^4}{10^4}$.

12. $\frac{32}{35}$.

13. (1) 0.56； (2) 0.94； (3) 0.38.

14. (1) $\frac{5}{32}$； (2) $\frac{2}{5}$.

15. (1) 0.2； (2)0.7；

16. $\frac{6}{7}$.

17. $\frac{10}{21}$.

18. $\frac{1}{4}$.

19. (1) $x + y < \frac{6}{5}$， $p_1 = 0.68$； (2) $xy =< \frac{1}{4}$， $p_2 = \frac{1}{4} + \frac{1}{2}\ln 2$.

20. $\frac{1}{4}$.

21. 0.089.

22. $\frac{1}{3}$.

23. 0.998.

24. 0.057.

25. 至少必须进行 11 次独立射击.

26. 0.6.

27. 0.458.

28. (1) 0.5138； (2) 0.2241.

29. (1) $P(A)=\dfrac{C_6^2 9^4}{10^6}$； (2) $P(B)=\dfrac{P_{10}^6}{10^6}$；

(3) $P(C)=C_{10}^1C_6^2(C_9^1C_4^3C_8^1+C_9^1+P_9^4)/10^6$； (4) $P(D)=1-P(B)=1-\dfrac{P_{10}^6}{10^6}$.

30. $1-P(\bigcup\limits_{i=1}^{n}A_i)=1-C_n^1\left(1-\dfrac{1}{n}\right)^k+C_n^2\left(1-\dfrac{2}{n}\right)^i-\cdots+(-1)^{n+1}C_n^{n-1}\left(1-\dfrac{n-1}{n}\right)^k$.

习题十三

1. 所求分布律为

X	3	4	5
P	0.1	0.3	0.6

2. (1) X 的分布律为

X	0	1	2
P	$\frac{22}{35}$	$\frac{12}{35}$	$\frac{1}{35}$

(2) X 的分布函数为：$F(x)=\begin{cases}0, & x<0,\\ \dfrac{22}{35}, & 0\leqslant x<1,\\ \dfrac{34}{35}, & 1\leqslant x<2,\\ 1, & x\geqslant 2.\end{cases}$

(3) $P(X\leqslant\frac{1}{2})=F\left(\frac{1}{2}\right)=\frac{22}{35}$, $P(1<X\leqslant\frac{3}{2})=F(\frac{3}{2})-F(1)=\frac{34}{35}-\frac{34}{35}=0$

$P(1\leqslant X\leqslant\frac{3}{2})=P(X=1)+P(1<X\leqslant\frac{3}{2})=\frac{12}{35}$

$P(1<X<2)=F(2)-F(1)-P(X=2)=1-\frac{34}{35}-\frac{1}{35}=0.$

3. 设 X 表示击中目标的次数,则 $X=0,1,2,3$. 其分布律为

X	0	1	2	3
P	0.008	0.096	0.384	0.512

分布函数为：$F(x)=\begin{cases}0, & x<0,\\ 0.008, & 0\leqslant x<1,\\ 0.104, & 1\leqslant x<2,\\ 0.488, & 2\leqslant x<3,\\ 1, & x\geqslant 3.\end{cases}$

$P(X\geqslant 2)=P(X=2)+P(X=3)=0.896.$

4. (1) $a = e^{-\lambda}$, (2) $a = 1$.

5. (1) 0.320 76; (2) 0.243.

6. 至少应配备 9 条跑道.

7. $P(X \geqslant 2) = 1 - P(X = 0) - P(X = 1) = 1 - e^{-0.1} - 0.1 \times e^{-0.1}$.

8. $\frac{10}{243}$.

9. (1) 0.163 08; (2) 0.352 93.

10. (1) $P(X = 0) = e^{-\frac{3}{2}}$; (2) $P(X \geqslant 1) = 1 - P(X = 0) = 1 - e^{-\frac{5}{2}}$.

11. 0.802 47.

12. 0.00 18.

13. $P(X = k) = \left(\frac{1}{4}\right)^{k-1} \frac{3}{4}$.

$$P(X=2)+P(X=4)+\cdots+P(X=2k)+\cdots = \frac{1}{4} \cdot \frac{3}{4} + \left(\frac{1}{4}\right)^3 \frac{3}{4} + \cdots + \left(\frac{1}{4}\right)^{2k-1} \frac{3}{4} + \cdots = \frac{1}{5}.$$

14. (1) $P(X > 15) \approx 1 - \sum_{k=0}^{14} \frac{e^{-5} 5^k}{k!} \approx 0.000\,069$.

(2) $P(\text{保险公司获利不少于}\,10\,000) = P(30\,000 - 2000X \geqslant 10\,000) = P(X \leqslant 10) \approx \sum_{k=0}^{10} \frac{e^{-5} 5^k}{k!}$
$\approx 0.986\,305$;

$P(\text{保险公司获利不少于}\,20\,000) = P(30\,000 - 2000X \geqslant 20\,000) = P(X \leqslant 5) \approx \sum_{k=0}^{5} \frac{e^{-5} 5^k}{k!}$
$\approx 0.615\,961$.

15. (1) $A = \frac{1}{2}$. (2) $P(0 < X < 1) = \frac{1}{2}\int_0^1 e^{-x} dx = \frac{1}{2}(1 - e^{-1})$.

(3) $F(x) = \begin{cases} \frac{1}{2}e^x, & x < 0, \\ 1 - \frac{1}{2}e^{-x}, & x \geqslant 0. \end{cases}$

16. (1) $\frac{8}{27}$; (2) $\frac{4}{9}$; (3) $F(x) = \begin{cases} 1 - \frac{100}{x}, & x \geqslant 100 \\ 0, & x < 0 \end{cases}$

17. $F(x) = \begin{cases} 0, & x < 0, \\ \frac{x}{a}, & 0 \leqslant x \leqslant a, \\ 1, & x > a. \end{cases}$

18. $\frac{20}{27}$.

19. 其分布律为:

$$P(Y = k) = C_5^k (^{e-2}) k (^1 - e^{-2})\, 5 - k\ (k = 0,1,2,3,4,5).$$

$$P(Y \geqslant 1) = 1 - P(Y = 0) = 1 - (^1 - e^{-2}) 5 = 0.516\,7.$$

20. (1) 走第二条路乘上火车的把握大些. (2) 走第一条路乘上火车的把握大些.

21. (1) $$P(2 < X \leqslant 5) = P\left(\frac{2-3}{2} < \frac{X-3}{2} \leqslant \frac{5-3}{2}\right)$$
$$= \Phi(1) - \Phi\left(-\frac{1}{2}\right) = \Phi(1) - 1 + \Phi\left(\frac{1}{2}\right) = 0.5328,$$
$$P(-4 < X \leqslant 10) = P\left(\frac{-4-3}{2} < \frac{X-3}{2} \leqslant \frac{10-3}{2}\right) = \Phi\left(\frac{7}{2}\right) - \Phi\left(-\frac{7}{2}\right) = 0.9996,$$
$$P(|X| > 2) = P(X > 2) + P(X < -2)$$
$$= P\left(\frac{X-3}{2} > \frac{2-3}{2}\right) + P\left(\frac{X-3}{2} < \frac{-2-3}{2}\right) = \Phi\left(\frac{1}{2}\right) + 1 - \Phi\left(\frac{5}{2}\right) = 0.6977,$$
$$P(X > 3) = P\left(\frac{X-3}{2} > \frac{3-3}{2}\right) = 1 - \Phi(0) = 0.5.$$

(2) $c = 3$.

22. 0.045 6.

23. $\sigma \leqslant \frac{40}{1.29} = 31.25$.

24. (1) $\begin{cases} A = 1, \\ B = -1; \end{cases}$

(2) $P(X \leqslant 2) = F(2) = 1 - e^{-2\lambda}$, $P(X > 3) = 1 - F(3) = 1 - (1 - e^{-3\lambda}) = e^{-3\lambda}$;

(3) $f(x) = F'(x) = \begin{cases} \lambda e^{-\lambda x}, & x \geqslant 0, \\ 0, & x < 0. \end{cases}$

25. $F(x) = \begin{cases} 0, & x < 0, \\ \dfrac{x^2}{2}, & 0 \leqslant x < 1, \\ -\dfrac{x^2}{2} + 2x - 1, & 1 \leqslant x < 2, \\ 1, & x \geqslant 2. \end{cases}$

26. (1) $a = \frac{\lambda}{2}$. $F(x) = \begin{cases} 1 - \dfrac{1}{2}e^{-\lambda x}, & x > 0, \\ \dfrac{1}{2}e^{\lambda x}, & x \leqslant 0. \end{cases}$

(2) $b = 1$. $F(x) = \begin{cases} 0, & x \leqslant 0, \\ \dfrac{x^2}{2}, & 0 < x < 1, \\ \dfrac{3}{2} - \dfrac{1}{x}, & 1 \leqslant x < 2, \\ 1, & x \geqslant 2. \end{cases}$

27. (1) $z_\alpha = 2.33$.　(2) $z_\alpha = 2.75$; $z_{\alpha/2} = 2.96$.

28. Y 的分布律为：

Y	0	1	4	9
p_k	1/5	7/30	1/5	11/30

29. $P(Y=1)=P(X=2)+P(X=4)+\cdots+P(X=2k)+\cdots$

$$=\left(\frac{1}{2}\right)^2+\left(\frac{1}{2}\right)^4+\cdots+\left(\frac{1}{2}\right)^{2k}+\cdots=\left(\frac{1}{4}\right)/(1-\frac{1}{4})=\frac{1}{3},$$

$P(Y=-1)=1-P(Y=1)=\dfrac{2}{3}.$

30. (1) $f_Y(y)=\dfrac{\mathrm{d}F_Y(y)}{\mathrm{d}y}=\dfrac{1}{y}f_x(\ln y)=\dfrac{1}{y}\dfrac{1}{\sqrt{2\pi}}\mathrm{e}^{-\ln^2 y/2},y>0;$

(2) $f_Y(y)=\dfrac{\mathrm{d}}{\mathrm{d}y}F_Y(y)=\dfrac{1}{4}\sqrt{\dfrac{2}{y-1}}\left[f_X\left(\sqrt{\dfrac{y-1}{2}}\right)+f_X\left(-\sqrt{\dfrac{y-1}{2}}\right)\right]$

$$=\frac{1}{2}\sqrt{\frac{2}{y-1}}\frac{1}{\sqrt{2\pi}}\mathrm{e}^{-(y-1)/4},y>1;$$

(3) $f_Y(y)=\dfrac{\mathrm{d}}{\mathrm{d}y}F_Y(y)=f_X(y)+f_X(-y)=\dfrac{2}{\sqrt{2\pi}}\mathrm{e}^{-y^2/2},y>0.$

31. (1) 分布函数为:$F_Y(y)=\begin{cases}0, & y\leqslant 1,\\ \ln y, & 1<y<\mathrm{e},\\ 1, & y\geqslant \mathrm{e}.\end{cases}$,密度函数为:$f_Y(y)=\begin{cases}\dfrac{1}{y}, & 1<y<\mathrm{e},\\ 0, & \text{其他}.\end{cases}$

(2) 分布函数为:$F_Z(z)=\begin{cases}0, & z\leqslant 0,\\ 1-\mathrm{e}^{-z/2}, & z>0.\end{cases}$ 密度函数为:$f_Z(z)=\begin{cases}\dfrac{1}{2}\mathrm{e}^{-z/2}, & z>0,\\ 0, & z\leqslant 0.\end{cases}$

32. $f_Y(y)=\begin{cases}\dfrac{2}{\pi\sqrt{1-y^2}}, & 0<y<1,\\ 0, & \text{其他}.\end{cases}$

习题十四

1. $E(X)=\dfrac{1}{2}$,　$E(X^2)=\dfrac{5}{4}$,　$E(2X+3)=4$.
2. $E(X)=0.501,D(X)=0.432$.
3. $p_1=0.4,p_2=0.1,p_3=0.5$.
4. $P(A)=\dfrac{n}{N}$.
5. $E(X)=1,D(X)=\dfrac{7}{6}$.
6. $E(3X-2Y)=3$,　$D(2X-3Y)=192$.
7. (1) $C=2k^2$,(2) $E(X)=\dfrac{\sqrt{\pi}}{2k}$,(3) $\dfrac{4-\pi}{4k^2}$.
8. $E(X)=0.301$,　$D(X)=0.322$.
9. 33.64 元

习题十五

1. $P\{10<X<18\}=P\{|X-14|<4\}\geqslant 1-\dfrac{35/3}{4^2}\approx 0.271$,

2. $n = 269$.

3. 2265(单位).

4. $P\{V > 105\} \approx 0.348$.

5. $P(X \geqslant 30) = 0.0062$

6. (1) $X \sim B(100, 0.8)$,

$$P\{\sum_{i=1}^{100} X_i > 75\} = 1 - P\{X \leqslant 75\} \approx 1 - \Phi\left(\frac{75 - 100 \times 0.8}{\sqrt{100 \times 0.8 \times 0.2}}\right)$$

$$= 1 - \Phi(-1.25) = \Phi(1.25) = 0.8944.$$

(2) $X \sim B(100, 0.7)$,

$$P\{\sum_{i=1}^{100} X_i > 75\} = 1 - P\{X \leqslant 75\} \approx 1 - \Phi\left(\frac{75 - 100 \times 0.7}{\sqrt{100 \times 0.7 \times 0.3}}\right)$$

$$= 1 - \Phi(\frac{5}{\sqrt{21}}) = 1 - \Phi(1.09) = 0.1379.$$

7. $P(X = 20) = 4.5 \times 10^{-6}$.

8. 0.1814.

9. (1) 0.1357　(2) 0.9938.

10. (1) 0　(2) 0.5.

附录A　积　分　表

一、含有 $ax+b$ 的积分

1. $\int \frac{\mathrm{d}x}{ax+b} = \frac{1}{a}\ln|ax+b| + C.$

2. $\int (ax+b)^{\mu}\mathrm{d}x = \frac{1}{a(\mu+1)}(ax+b)^{\mu+1} + C(\mu \neq -1).$

3. $\int \frac{x}{ax+b}\mathrm{d}x = \frac{1}{a^2}(ax+b-b\ln|ax+b|) + C.$

4. $\int \frac{x^2}{ax+b}\mathrm{d}x = \frac{1}{a^3}\left[\frac{1}{2}(ax+b)^2 - 2b(ax+b) + b^2\ln|ax+b|\right] + C.$

5. $\int \frac{\mathrm{d}x}{x(ax+b)} = -\frac{1}{b}\ln\left|\frac{ax+b}{x}\right| + C.$

6. $\int \frac{\mathrm{d}x}{x^2(ax+b)} = -\frac{1}{bx} + \frac{a}{b^2}\ln\left|\frac{ax+b}{x}\right| + C.$

7. $\int \frac{x}{(ax+b)^2}\mathrm{d}x = \frac{1}{a^2}\left(\ln|ax+b| + \frac{b}{ax+b}\right) + C.$

8. $\int \frac{x^2}{(ax+b)^2}\mathrm{d}x = \frac{1}{a^3}\left(ax+b-2b\ln|ax+b| - \frac{b^2}{ax+b}\right) + C.$

9. $\int \frac{\mathrm{d}x}{x(ax+b)^2} = \frac{1}{b(ax+b)} - \frac{1}{b^2}\ln\left|\frac{ax+b}{x}\right| + C.$

二、含有 $\sqrt{ax+b}$ 的积分

10. $\int \sqrt{ax+b}\,\mathrm{d}x = \frac{2}{3a}\sqrt{(ax+b)^3} + C.$

11. $\int x\sqrt{ax+b}\,\mathrm{d}x = \frac{2}{15a^2}(3ax-2b)\sqrt{(ax+b)^3} + C.$

12. $\int x^2\sqrt{ax+b}\,\mathrm{d}x = \frac{2}{105a^3}(15a^2x^2-12abx+8b^2)\sqrt{(ax+b)^3} + C.$

13. $\int \frac{x}{\sqrt{ax+b}}\mathrm{d}x = \frac{2}{3a^2}(ax-2b)\sqrt{ax+b} + C.$

14. $\int \frac{x^2}{\sqrt{ax+b}}\mathrm{d}x = \frac{2}{15a^3}(3a^2x^2-4abx+8b^2)\sqrt{ax+b} + C.$

15. $$\int \frac{\mathrm{d}x}{x\sqrt{ax+b}} = \begin{cases} \frac{1}{\sqrt{b}}\ln\left|\frac{\sqrt{ax+b}-\sqrt{b}}{\sqrt{ax+b}+\sqrt{b}}\right| + C(b>0), \\ \frac{2}{\sqrt{-b}}\arctan\sqrt{\frac{ax+b}{-b}} + C(b<0). \end{cases}$$

16. $\int \frac{dx}{x^2\sqrt{ax+b}} = -\frac{\sqrt{ax+b}}{bx} - \frac{a}{2b}\int \frac{dx}{x\sqrt{ax+b}}$.

17. $\int \frac{\sqrt{ax+b}}{x}dx = 2\sqrt{ax+b} + b\int \frac{dx}{x\sqrt{ax+b}}$.

18. $\int \frac{\sqrt{ax+b}}{x^2}dx = -\frac{\sqrt{ax+b}}{x} + \frac{a}{2}\int \frac{dx}{x\sqrt{ax+b}}$.

三、含有 $x^2 \pm a^2$ 的积分

19. $\int \frac{dx}{x^2+a^2} = \frac{1}{a}\arctan\frac{x}{a} + C$.

20. $\int \frac{dx}{(x^2+a^2)^n} = \frac{x}{2(n-1)a^2(x^2+a^2)^{n-1}} + \frac{2n-3}{2(n-1)a^2}\int \frac{dx}{(x^2+a^2)^{n-1}}$.

21. $\int \frac{dx}{x^2-a^2} = \frac{1}{2a}\ln\left|\frac{x-a}{x+a}\right| + C$.

四、含有 $ax^2+b(a>0)$ 的积分

22. $\int \frac{dx}{ax^2+b} = \begin{cases} \frac{1}{\sqrt{ab}}\arctan\sqrt{\frac{a}{b}}x + C(b>0), \\ \frac{1}{2\sqrt{-ab}}\ln\left|\frac{\sqrt{a}x-\sqrt{-b}}{\sqrt{a}x+\sqrt{-b}}\right| + C(b<0). \end{cases}$

23. $\int \frac{x}{ax^2+b}dx = \frac{1}{2a}\ln|ax^2+b| + C$.

24. $\int \frac{x^2}{ax^2+b}dx = \frac{x}{a} - \frac{b}{a}\int \frac{dx}{ax^2+b}$.

25. $\int \frac{dx}{x(ax^2+b)} = \frac{1}{2b}\ln\frac{x^2}{|ax^2+b|} + C$.

26. $\int \frac{dx}{x^2(ax^2+b)} = -\frac{1}{bx} - \frac{a}{b}\int \frac{dx}{ax^2+b}$.

27. $\int \frac{dx}{x^3(ax^2+b)} = \frac{a}{2b^2}\ln\frac{|ax^2+b|}{x^2} - \frac{1}{2bx^2} + C$.

28. $\int \frac{dx}{(ax^2+b)^2} = \frac{x}{2b(ax^2+b)} + \frac{1}{2b}\int \frac{dx}{ax^2+b}$.

五、含有 $ax^2+bx+c(a>0)$ 的积分

29. $\int \frac{dx}{ax^2+bx+c} = \begin{cases} \frac{2}{\sqrt{4ac-b^2}}\arctan\frac{2ax+b}{\sqrt{4ac-b^2}} + C(b^2<4ac), \\ \frac{1}{\sqrt{b^2-4ac}}\ln\left|\frac{2ax+b-\sqrt{b^2-4ac}}{2ax+b+\sqrt{b^2-4ac}}\right| + C(b^2>4ac). \end{cases}$

30. $\int \frac{x}{ax^2+bx+c}dx = \frac{1}{2a}\ln|ax^2+bx+c| - \frac{b}{2a}\int \frac{dx}{ax^2+bx+c}$.

六、含有$\sqrt{x^2+a^2}\,(a>0)$的积分

31. $\int \frac{\mathrm{d}x}{\sqrt{x^2+a^2}} = \operatorname{arsh}\frac{x}{a} + C_1 = \ln(x+\sqrt{x^2+a^2}) + C.$

32. $\int \frac{\mathrm{d}x}{\sqrt{(x^2+a^2)^3}} = \frac{x}{a^2\sqrt{x^2+a^2}} + C.$

33. $\int \frac{x}{\sqrt{x^2+a^2}}\mathrm{d}x = \sqrt{x^2+a^2} + C.$

34. $\int \frac{x}{\sqrt{(x^2+a^2)^3}}\mathrm{d}x = -\frac{1}{\sqrt{x^2+a^2}} + C.$

35. $\int \frac{x^2}{\sqrt{x^2+a^2}}\mathrm{d}x = \frac{x}{2}\sqrt{x^2+a^2} - \frac{a^2}{2}\ln\left(x+\sqrt{x^2+a^2}\right) + C.$

36. $\int \frac{x^2}{\sqrt{(x^2+a^2)^3}}\mathrm{d}x = -\frac{x}{\sqrt{x^2+a^2}} + \ln\left(x+\sqrt{x^2+a^2}\right) + C.$

37. $\int \frac{\mathrm{d}x}{x\sqrt{x^2+a^2}} = \frac{1}{a}\ln\frac{\sqrt{x^2+a^2}-a}{|x|} + C.$

38. $\int \frac{\mathrm{d}x}{x^2\sqrt{x^2+a^2}} = -\frac{\sqrt{x^2+a^2}}{a^2x} + C.$

39. $\int \sqrt{x^2+a^2}\,\mathrm{d}x = \frac{x}{2}\sqrt{x^2+a^2} + \frac{a^2}{2}\ln\left(x+\sqrt{x^2+a^2}\right) + C.$

40. $\int \sqrt{(x^2+a^2)^3}\,\mathrm{d}x = \frac{x}{8}(2x^2+5a^2)\sqrt{x^2+a^2} + \frac{3}{8}a^4\ln\left(x+\sqrt{x^2+a^2}\right) + C.$

41. $\int x\sqrt{x^2+a^2}\,\mathrm{d}x = \frac{1}{3}\sqrt{(x^2+a^2)^3} + C.$

42. $\int x^2\sqrt{x^2+a^2}\,\mathrm{d}x = \frac{x}{8}(2x^2+a^2)\sqrt{x^2+a^2} - \frac{a^4}{8}\ln\left(x+\sqrt{x^2+a^2}\right) + C.$

43. $\int \frac{\sqrt{x^2+a^2}}{x}\mathrm{d}x = \sqrt{x^2+a^2} + a\ln\frac{\sqrt{x^2+a^2}-a}{|x|} + C.$

44. $\int \frac{\sqrt{x^2+a^2}}{x^2}\mathrm{d}x = -\frac{\sqrt{x^2+a^2}}{x} + \ln\left(x+\sqrt{x^2+a^2}\right) + C.$

七、含有$\sqrt{x^2-a^2}\,(a>0)$的积分

45. $\int \frac{\mathrm{d}x}{\sqrt{x^2-a^2}} = \frac{x}{|x|}\operatorname{arch}\frac{|x|}{a} + C_1 = \ln\left|x+\sqrt{x^2-a^2}\right| + C.$

46. $\int \frac{\mathrm{d}x}{\sqrt{(x^2-a^2)^3}} = -\frac{x}{a^2\sqrt{x^2-a^2}} + C.$

47. $\int \frac{x}{\sqrt{x^2-a^2}}\mathrm{d}x = \sqrt{x^2-a^2} + C.$

48. $\int \frac{x}{\sqrt{(x^2-a^2)^3}}\mathrm{d}x = -\frac{1}{\sqrt{x^2-a^2}} + C.$

49. $\int \frac{x^2}{\sqrt{x^2-a^2}}dx = \frac{x}{2}\sqrt{x^2-a^2}+\frac{a^2}{2}\ln\left|x+\sqrt{x^2-a^2}\right|+C.$

50. $\int \frac{x^2}{\sqrt{(x^2-a^2)^3}}dx = -\frac{x}{\sqrt{x^2-a^2}}+\ln\left|x+\sqrt{x^2-a^2}\right|+C.$

51. $\int \frac{dx}{x\sqrt{x^2-a^2}} = \frac{1}{a}\arccos\frac{a}{|x|}+C.$

52. $\int \frac{dx}{x^2\sqrt{x^2-a^2}} = \frac{\sqrt{x^2-a^2}}{a^2x}+C.$

53. $\int \sqrt{x^2-a^2}dx = \frac{x}{2}\sqrt{x^2-a^2}-\frac{a^2}{2}\ln\left|x+\sqrt{x^2-a^2}\right|+C.$

54. $\int \sqrt{(x^2-a^2)^3}dx = \frac{x}{8}(2x^2-5a^2)\sqrt{x^2-a^2}+\frac{3}{8}a^4\ln\left|x+\sqrt{x^2-a^2}\right|+C.$

55. $\int x\sqrt{x^2-a^2}dx = \frac{1}{3}\sqrt{(x^2-a^2)^3}+C.$

56. $\int x^2\sqrt{x^2-a^2}dx = \frac{x}{8}(2x^2-a^2)\sqrt{x^2-a^2}-\frac{a^4}{8}\ln\left|x+\sqrt{x^2-a^2}\right|+C.$

57. $\int \frac{\sqrt{x^2-a^2}}{x}dx = \sqrt{x^2-a^2}-a\arccos\frac{a}{|x|}+C.$

58. $\int \frac{\sqrt{x^2-a^2}}{x^2}dx = -\frac{\sqrt{x^2-a^2}}{x}+\ln\left|x+\sqrt{x^2-a^2}\right|+C.$

八、含有 $\sqrt{a^2-x^2}(a>0)$ 的积分

59. $\int \frac{dx}{\sqrt{a^2-x^2}} = \arcsin\frac{x}{a}+C.$

60. $\int \frac{dx}{\sqrt{(a^2-x^2)^3}} = \frac{x}{a^2\sqrt{a^2-x^2}}+C.$

61. $\int \frac{x}{\sqrt{a^2-x^2}}dx = -\sqrt{a^2-x^2}+C.$

62. $\int \frac{x}{\sqrt{(a^2-x^2)^3}}dx = \frac{1}{\sqrt{a^2-x^2}}+C.$

63. $\int \frac{x^2}{\sqrt{a^2-x^2}}dx = -\frac{x}{2}\sqrt{a^2-x^2}+\frac{a^2}{2}\arcsin\frac{x}{a}+C.$

64. $\int \frac{x^2}{\sqrt{(a^2-x^2)^3}}dx = \frac{x}{\sqrt{a^2-x^2}}-\arcsin\frac{x}{a}+C.$

65. $\int \frac{dx}{x\sqrt{a^2-x^2}} = \frac{1}{a}\ln\frac{a-\sqrt{a^2-x^2}}{|x|}+C.$

66. $\int \frac{dx}{x^2\sqrt{a^2-x^2}} = -\frac{\sqrt{a^2-x^2}}{a^2x}+C.$

67. $\int \sqrt{a^2-x^2}dx = \frac{x}{2}\sqrt{a^2-x^2}+\frac{a^2}{2}\arcsin\frac{x}{a}+C.$

68. $\int \sqrt{(a^2-x^2)^3}\,\mathrm{d}x = \frac{x}{8}(5a^2-2x^2)\sqrt{a^2-x^2}+\frac{3}{8}a^4\arcsin\frac{x}{a}+C.$

69. $\int x\sqrt{a^2-x^2}\,\mathrm{d}x = -\frac{1}{3}\sqrt{(a^2-x^2)^3}+C.$

70. $\int x^2\sqrt{a^2-x^2}\,\mathrm{d}x = \frac{x}{8}(2x^2-a^2)\sqrt{a^2-x^2}+\frac{a^4}{8}\arcsin\frac{x}{a}+C.$

71. $\int \frac{\sqrt{a^2-x^2}}{x}\mathrm{d}x = \sqrt{a^2-x^2}+a\ln\frac{a-\sqrt{a^2-x^2}}{|x|}+C.$

72. $\int \frac{\sqrt{a^2-x^2}}{x^2}\mathrm{d}x = -\frac{\sqrt{a^2-x^2}}{x}-\arcsin\frac{x}{a}+C.$

九、含有$\sqrt{\pm ax^2+bx+c}\,(a>0)$的积分

73. $\int \frac{\mathrm{d}x}{\sqrt{ax^2+bx+c}} = \frac{1}{\sqrt{a}}\ln\left|2ax+b+2\sqrt{a}\sqrt{ax^2+bx+c}\right|+C.$

74. $\int \sqrt{ax^2+bx+c}\,\mathrm{d}x = \frac{2ax+b}{4a}\sqrt{ax^2+bx+c}+\frac{4ac-b^2}{8\sqrt{a^3}}\ln\left|2ax+b+2\sqrt{a}\sqrt{ax^2+bx+c}\right|+C.$

75. $\int \frac{x}{\sqrt{ax^2+bx+c}}\mathrm{d}x = \frac{1}{a}\sqrt{ax^2+bx+c}-\frac{b}{2\sqrt{a^3}}\ln\left|2ax+b+2\sqrt{a}\sqrt{ax^2+bx+c}\right|+C.$

76. $\int \frac{\mathrm{d}x}{\sqrt{c+bx-ax^2}} = -\frac{1}{\sqrt{a}}\arcsin\frac{2ax-b}{\sqrt{b^2+4ac}}+C.$

77. $\int \sqrt{c+bx-ax^2}\,\mathrm{d}x = \frac{2ax-b}{4a}\sqrt{c+bx-ax^2}+\frac{b^2+4ac}{8\sqrt{a^3}}\arcsin\frac{2ax-b}{\sqrt{b^2+4ac}}+C.$

78. $\int \frac{x}{\sqrt{c+bx-ax^2}}\mathrm{d}x = -\frac{1}{a}\sqrt{c+bx-ax^2}+\frac{b}{2\sqrt{a^3}}\arcsin\frac{2ax-b}{\sqrt{b^2+4ac}}+C.$

十、含有$\sqrt{\pm\frac{x-a}{x-b}}$或$\sqrt{(x-a)(b-x)}$的积分

79. $\int \sqrt{\frac{x-a}{x-b}}\mathrm{d}x = (x-b)\sqrt{\frac{x-a}{x-b}}+(b-a)\ln(\sqrt{|x-a|}+\sqrt{|x-b|})+C.$

80. $\int \sqrt{\frac{x-a}{b-x}}\mathrm{d}x = (x-b)\sqrt{\frac{x-a}{b-x}}+(b-a)\arcsin\sqrt{\frac{x-a}{b-a}}+C.$

81. $\int \frac{\mathrm{d}x}{\sqrt{(x-a)(b-x)}} = 2\arcsin\sqrt{\frac{x-a}{b-a}}+C\,(a<b).$

82. $\int \sqrt{(x-a)(b-x)}\,\mathrm{d}x = \frac{2x-a-b}{4}\sqrt{(x-a)(b-x)}+\frac{(b-a)^2}{4}\arcsin\sqrt{\frac{x-a}{b-a}}+C\,(a<b).$

十一、含有三角函数的积分

83. $\int \sin x\,\mathrm{d}x = -\cos x+C.$

84. $\int \cos x\,\mathrm{d}x = \sin x+C.$

85. $\int \tan x\,\mathrm{d}x = -\ln|\cos x|+C.$

86. $\int \cot x \mathrm{d}x = \ln|\sin x| + C.$

87. $\int \sec x \mathrm{d}x = \ln\left|\tan\left(\frac{\pi}{4} + \frac{x}{2}\right)\right| + C = \ln|\sec x + \tan x| + C.$

88. $\int \csc x \mathrm{d}x = \ln\left|\tan\frac{x}{2}\right| + C = \ln|\csc x - \cot x| + C.$

89. $\int \sec^2 x \mathrm{d}x = \tan x + C.$

90. $\int \csc^2 x \mathrm{d}x = -\cot x + C.$

91. $\int \sec x \tan x \mathrm{d}x = \sec x + C.$

92. $\int \csc x \cot x \mathrm{d}x = -\csc x + C.$

93. $\int \sin^2 x \mathrm{d}x = \frac{x}{2} - \frac{1}{4}\sin 2x + C.$

94. $\int \cos^2 x \mathrm{d}x = \frac{x}{2} + \frac{1}{4}\sin 2x + C.$

95. $\int \sin^n x \mathrm{d}x = -\frac{1}{n}\sin^{n-1} x \cos x + \frac{n-1}{n}\int \sin^{n-2} x \mathrm{d}x.$

96. $\int \cos^n x \mathrm{d}x = \frac{1}{n}\cos^{n-1} x \sin x + \frac{n-1}{n}\int \cos^{n-2} x \mathrm{d}x.$

97. $\int \frac{\mathrm{d}x}{\sin^n x} = -\frac{1}{n-1}\frac{\cos x}{\sin^{n-1} x} + \frac{n-2}{n-1}\int \frac{\mathrm{d}x}{\sin^{n-2} x}.$

98. $\int \frac{\mathrm{d}x}{\cos^n x} = \frac{1}{n-1}\frac{\sin x}{\cos^{n-1} x} + \frac{n-2}{n-1}\int \frac{\mathrm{d}x}{\cos^{n-2} x}.$

99. $$\begin{aligned}\int \cos^m x \sin^n x \mathrm{d}x &= \frac{1}{m+n}\cos^{m-1} x \sin^{n+1} x + \frac{m-1}{m+n}\int \cos^{m-2} x \sin^n x \mathrm{d}x \\ &= -\frac{1}{m+n}\cos^{m+1} x \sin^{n-1} x + \frac{n-1}{m+n}\int \cos^m x \sin^{n-2} x \mathrm{d}x.\end{aligned}$$

100. $\int \sin ax \cos bx \mathrm{d}x = -\frac{1}{2(a+b)}\cos(a+b)x - \frac{1}{2(a-b)}\cos(a-b)x + C.$

101. $\int \sin ax \sin bx \mathrm{d}x = -\frac{1}{2(a+b)}\sin(a+b)x + \frac{1}{2(a-b)}\sin(a-b)x + C.$

102. $\int \cos ax \cos bx \mathrm{d}x = \frac{1}{2(a+b)}\sin(a+b)x + \frac{1}{2(a-b)}\sin(a-b)x + C.$

103. $\int \frac{\mathrm{d}x}{a + b\sin x} = \frac{2}{\sqrt{a^2 - b^2}}\arctan\frac{a\tan\frac{x}{2} + b}{\sqrt{a^2 - b^2}} + C\ (a^2 > b^2).$

104. $\int \frac{\mathrm{d}x}{a + b\sin x} = \frac{1}{\sqrt{b^2 - a^2}}\ln\left|\frac{a\tan\frac{x}{2} + b - \sqrt{b^2 - a^2}}{a\tan\frac{x}{2} + b + \sqrt{b^2 - a^2}}\right| + C\ (a^2 < b^2).$

105. $\int \frac{\mathrm{d}x}{a + b\cos x} = \frac{2}{a+b}\sqrt{\frac{a+b}{a-b}}\arctan\left(\sqrt{\frac{a-b}{a+b}}\tan\frac{x}{2}\right) + C\ (a^2 > b^2).$

106. $\int \frac{dx}{a+b\cos x} = \frac{1}{a+b}\sqrt{\frac{a+b}{b-a}}\ln\left|\frac{\tan\frac{x}{2}+\sqrt{\frac{a+b}{b-a}}}{\tan\frac{x}{2}-\sqrt{\frac{a+b}{b-a}}}\right| + C\,(a^2 < b^2).$

107. $\int \frac{dx}{a^2\cos^2 x + b^2\sin^2 x} = \frac{1}{ab}\arctan\left(\frac{b}{a}\tan x\right) + C.$

108. $\int \frac{dx}{a^2\cos^2 x - b^2\sin^2 x} = \frac{1}{2ab}\ln\left|\frac{b\tan x + a}{b\tan x - a}\right| + C.$

109. $\int x\sin ax\,dx = \frac{1}{a^2}\sin ax - \frac{1}{a}x\cos ax + C.$

110. $\int x^2\sin ax\,dx = -\frac{1}{a}x^2\cos ax + \frac{2}{a^2}x\sin ax + \frac{2}{a^3}\cos ax + C.$

111. $\int x\cos ax\,dx = \frac{1}{a^2}\cos ax + \frac{1}{a}x\sin ax + C.$

112. $\int x^2\cos ax\,dx = \frac{1}{a}x^2\sin ax + \frac{2}{a^2}x\cos ax - \frac{2}{a^3}\sin ax + C.$

十二、含有反三角函数的积分(其中($a>0$))

113. $\int \arcsin\frac{x}{a}dx = x\arcsin\frac{x}{a} + \sqrt{a^2-x^2} + C.$

114. $\int x\arcsin\frac{x}{a}dx = \left(\frac{x^2}{2}-\frac{a^2}{4}\right)\arcsin\frac{x}{a} + \frac{x}{4}\sqrt{a^2-x^2} + C.$

115. $\int x^2\arcsin\frac{x}{a}dx = \frac{x^3}{3}\arcsin\frac{x}{a} + \frac{1}{9}(x^2+2a^2)\sqrt{a^2-x^2} + C.$

116. $\int \arccos\frac{x}{a}dx = x\arccos\frac{x}{a} - \sqrt{a^2-x^2} + C.$

117. $\int x\arccos\frac{x}{a}dx = \left(\frac{x^2}{2}-\frac{a^2}{4}\right)\arccos\frac{x}{a} - \frac{x}{4}\sqrt{a^2-x^2} + C.$

118. $\int x^2\arccos\frac{x}{a}dx = \frac{x^3}{3}\arccos\frac{x}{a} - \frac{1}{9}(x^2+2a^2)\sqrt{a^2-x^2} + C.$

119. $\int \arctan\frac{x}{a}dx = x\arctan\frac{x}{a} - \frac{a}{2}\ln(a^2+x^2) + C.$

120. $\int x\arctan\frac{x}{a}dx = \frac{1}{2}(a^2+x^2)\arctan\frac{x}{a} - \frac{a}{2}x + C.$

121. $\int x^2\arctan\frac{x}{a}dx = \frac{x^3}{3}\arctan\frac{x}{a} - \frac{a}{6}x^2 + \frac{a^3}{6}\ln(a^2+x^2) + C.$

十三、含有指数函数的积分

122. $\int a^x\,dx = \frac{1}{\ln a}a^x + C.$

123. $\int e^{ax}\,dx = \frac{1}{a}e^{ax} + C.$

124. $\int xe^{ax}\,dx = \frac{1}{a^2}(ax-1)e^{ax} + C.$

125. $\int x^n e^{ax} dx = \frac{1}{a}x^n e^{ax} - \frac{n}{a}\int x^{n-1} e^{ax} dx.$

126. $\int xa^x dx = \frac{x}{\ln a}a^x - \frac{1}{(\ln a)^2}a^x + C.$

127. $\int x^n a^x dx = \frac{1}{\ln a}x^n a^x - \frac{n}{\ln a}\int x^{n-1} a^x dx.$

128. $\int e^{ax} \sin bx dx = \frac{1}{a^2+b^2}e^{ax}(a\sin bx - b\cos bx) + C.$

129. $\int e^{ax} \cos bx dx = \frac{1}{a^2+b^2}e^{ax}(b\sin bx + a\cos bx) + C.$

130. $\int e^{ax} \sin^n bx dx = \frac{1}{a^2+b^2n^2}e^{ax} \sin^{n-1} bx(a\sin bx - nb\cos bx) + \frac{n(n-1)b^2}{a^2+b^2n^2}\int e^{ax} \sin^{n-2} bx dx.$

131. $\int e^{ax} \cos^n bx dx = \frac{1}{a^2+b^2n^2}e^{ax} \cos^{n-1} bx(a\cos bx + nb\sin bx) + \frac{n(n-1)b^2}{a^2+b^2n^2}\int e^{ax} \cos^{n-2} bx dx.$

十四、含有对数函数的积分

132. $\int \ln x dx = x\ln x - x + C.$

133. $\int \frac{dx}{x\ln x}\ln|\ln x| + C.$

134. $\int x^n \ln x dx = \frac{1}{n+1}x^{n+1}\left(\ln x - \frac{1}{n+1}\right) + C.$

135. $\int (\ln x)^n dx = x(\ln x)^n - n\int (\ln x)^{n-1} dx.$

136. $\int x^m (\ln x)^n dx = \frac{1}{m+1}x^{m+1}(\ln x)^n - \frac{n}{m+1}\int x^m (\ln x)^{n-1} dx.$

十五、含有双曲函数的积分

137. $\int \operatorname{sh} x dx = \operatorname{ch} x + C.$

138. $\int \operatorname{ch} x dx = \operatorname{sh} x + C.$

139. $\int \operatorname{th} x dx = \ln\operatorname{ch} x + C.$

附录 B　标准正态分布表

$$\Phi(x)=\int_{-\infty}^{x}\frac{1}{\sqrt{2\pi}}\mathrm{e}^{-\frac{t^2}{2}}\mathrm{d}t=P\{X\leqslant x\}$$

x	0.00	0.01	0.02	0.03	0.04	0.05	0.06	0.07	0.08	0.09
0.0	0.500 0	0.504 0	0.508 0	0.512 0	0.516 0	0.519 9	0.523 9	0.527 9	0.531 9	0.535 9
0.1	0.539 8	0.543 8	0.547 8	0.551 7	0.555 7	0.559 6	0.563 6	0.567 5	0.571 4	0.575 3
0.2	0.579 3	0.583 2	0.587 1	0.591 0	0.594 8	0.598 7	0.602 6	0.606 4	0.610 3	0.614 1
0.3	0.617 9	0.621 7	0.625 5	0.629 3	0.633 1	0.636 8	0.640 4	0.644 3	0.648 0	0.651 7
0.4	0.655 4	0.659 1	0.662 8	0.666 4	0.670 0	0.673 6	0.677 2	0.680 8	0.684 4	0.687 9
0.5	0.691 5	0.695 0	0.698 5	0.701 9	0.705 4	0.708 8	0.712 3	0.715 7	0.719 0	0.722 4
0.6	0.725 7	0.729 1	0.732 4	0.735 7	0.738 9	0.742 2	0.745 4	0.748 6	0.751 7	0.754 9
0.7	0.758 0	0.761 1	0.764 2	0.767 3	0.770 3	0.773 4	0.776 4	0.779 4	0.782 3	0.785 2
0.8	0.788 1	0.791 0	0.793 9	0.796 7	0.799 5	0.802 3	0.805 1	0.807 8	0.810 6	0.813 3
0.9	0.815 9	0.818 6	0.821 2	0.823 8	0.826 4	0.828 9	0.835 5	0.834 0	0.836 5	0.838 9
1.0	0.841 3	0.843 8	0.846 1	0.848 5	0.850 8	0.853 1	0.855 4	0.857 7	0.859 9	0.862 1
1.1	0.864 3	0.866 5	0.868 6	0.870 8	0.872 9	0.874 9	0.877 0	0.879 0	0.881 0	0.883 0
1.2	0.884 9	0.886 9	0.888 8	0.890 7	0.892 5	0.894 4	0.896 2	0.898 0	0.899 7	0.901 5
1.3	0.903 2	0.904 9	0.906 6	0.908 2	0.909 9	0.911 5	0.913 1	0.914 7	0.916 2	0.917 7
1.4	0.919 2	0.920 7	0.922 2	0.923 6	0.925 1	0.926 5	0.927 9	0.929 2	0.930 6	0.931 9
1.5	0.933 2	0.934 5	0.935 7	0.937 0	0.938 2	0.939 4	0.940 6	0.941 8	0.943 0	0.944 1
1.6	0.945 2	0.946 3	0.947 4	0.948 4	0.949 5	0.950 5	0.951 5	0.952 5	0.953 5	0.953 5
1.7	0.955 4	0.956 4	0.957 3	0.958 2	0.959 1	0.959 9	0.960 8	0.961 6	0.962 5	0.963 3
1.8	0.964 1	0.964 8	0.965 6	0.966 4	0.967 2	0.967 8	0.968 6	0.969 3	0.970 0	0.970 6
1.9	0.971 3	0.971 9	0.972 6	0.973 2	0.973 8	0.974 4	0.975 0	0.975 6	0.976 2	0.976 7
2.0	0.977 2	0.977 8	0.978 3	0.978 8	0.979 3	0.979 8	0.980 3	0.980 8	0.981 2	0.981 7
2.1	0.982 1	0.982 6	0.983 0	0.983 4	0.983 8	0.984 2	0.984 6	0.985 0	0.985 4	0.985 7
2.2	0.986 1	0.986 4	0.986 8	0.987 1	0.987 4	0.987 8	0.988 1	0.988 4	0.988 7	0.989 0
2.3	0.989 3	0.989 6	0.989 8	0.990 1	0.990 4	0.990 6	0.990 9	0.991 1	0.991 3	0.991 6
2.4	0.991 8	0.992 0	0.992 2	0.992 5	0.992 7	0.992 9	0.993 1	0.993 2	0.993 4	0.993 6
2.5	0.993 8	0.994 0	0.994 1	0.994 3	0.994 5	0.994 6	0.994 8	0.994 9	0.995 1	0.995 2
2.6	0.995 3	0.995 5	0.995 6	0.995 7	0.995 9	0.996 0	0.996 1	0.996 2	0.996 3	0.996 4
2.7	0.996 5	0.996 6	0.996 7	0.996 8	0.996 9	0.997 0	0.997 1	0.997 2	0.997 3	0.997 4
2.8	0.997 4	0.997 5	0.997 6	0.997 7	0.997 7	0.997 8	0.997 9	0.997 9	0.998 0	0.998 1
2.9	0.998 1	0.998 2	0.998 2	0.998 3	0.998 4	0.998 4	0.998 5	0.998 5	0.998 6	0.998 6

x	0.0	0.1	0.2	0.3	0.4	0.5	0.6	0.7	0.8	0.9
3	0.998 7	0.999 0	0.999 3	0.999 5	0.999 7	0.999 8	0.999 8	0.999 9	0.999 9	1.000 0

附录C　泊松分布表

$$\sum_{k=m}^{\infty}\frac{\lambda^k}{k!}e^{-\lambda}$$

λ / m	0.1	0.2	0.3	0.4	0.5	0.6	0.7	0.8	0.9	1.0	1.5	2.0	2.5	3.0
0	0.9048	0.8187	0.7408	0.6703	0.6065	0.5488	0.4966	0.4493	0.4066	0.3679	0.2231	0.1353	0.0821	0.0498
1	0.0905	0.1637	0.2223	0.2681	0.3033	0.3293	0.3476	0.3595	0.3659	0.3679	0.3347	0.2707	0.2052	0.1494
2	0.0045	0.0164	0.0333	0.0536	0.0758	0.0988	0.1216	0.1438	0.1647	0.1839	0.2510	0.2707	0.2565	0.2240
3	0.0002	0.0011	0.0033	0.0072	0.0126	0.0198	0.0284	0.0383	0.0494	0.0613	0.1255	0.1805	0.2138	0.2240
4		0.0001	0.0003	0.0007	0.0016	0.0030	0.0050	0.0077	0.0111	0.0153	0.0471	0.0902	0.1336	0.1681
5				0.0001	0.0002	0.0003	0.0007	0.0012	0.0020	0.0031	0.0141	0.0361	0.0668	0.1008
6							0.0001	0.0002	0.0003	0.0005	0.0035	0.0120	0.0278	0.0504
7										0.0001	0.0008	0.0034	0.0099	0.0216
8											0.0002	0.0009	0.0031	0.0081
9												0.0002	0.0009	0.0027
10													0.0002	0.0008
11													0.0001	0.0002
12														0.0001

λ / m	3.5	4.0	4.5	5	6	7	8	9	10	11	12	13	14	15
0	0.0302	0.0183	0.0111	0.0067	0.0025	0.0009	0.0003	0.0001						
1	0.1057	0.0733	0.0500	0.0337	0.0149	0.0064	0.0027	0.0011	0.0004	0.0002	0.0001			
2	0.1850	0.1465	0.1125	0.0842	0.0446	0.0223	0.0107	0.0050	0.0023	0.0010	0.0004	0.0002	0.0001	
3	0.2158	0.1954	0.1687	0.1404	0.0892	0.0521	0.0286	0.0150	0.0076	0.0037	0.0018	0.0008	0.0004	0.0002
4	0.1888	0.1954	0.1898	0.1755	0.1339	0.0912	0.0573	0.0337	0.0189	0.0102	0.0053	0.0027	0.0013	0.0006
5	0.1322	0.1563	0.1708	0.1755	0.1606	0.1277	0.0916	0.0607	0.0378	0.0224	0.0127	0.0071	0.0037	0.0019
6	0.0771	0.1042	0.1281	0.1462	0.1606	0.1490	0.1221	0.0911	0.0631	0.0411	0.0255	0.0151	0.0087	0.0048
7	0.0385	0.0595	0.0824	0.1044	0.1377	0.1490	0.1396	0.1171	0.0901	0.0646	0.0437	0.0281	0.0174	0.0104
8	0.0169	0.0298	0.0463	0.0653	0.1033	0.1304	0.1396	0.1318	0.1126	0.0888	0.0655	0.0457	0.0304	0.0195
9	0.0065	0.0132	0.0232	0.0363	0.0688	0.1014	0.1241	0.1318	0.1251	0.1085	0.0874	0.0660	0.0473	0.0324
10	0.0023	0.0053	0.0104	0.0181	0.0413	0.0710	0.0993	0.1186	0.1251	0.1194	0.1048	0.0859	0.0663	0.0486
11	0.0007	0.0019	0.0043	0.0082	0.0225	0.0452	0.0722	0.0970	0.1137	0.1194	0.1144	0.1015	0.0843	0.0663
12	0.0002	0.0006	0.0015	0.0034	0.0113	0.0264	0.0481	0.0728	0.0948	0.1094	0.1144	0.1099	0.0984	0.0828
13	0.0001	0.0002	0.0006	0.0013	0.0052	0.0142	0.0296	0.0504	0.0729	0.0926	0.1056	0.1099	0.1061	0.0956
14		0.0001	0.0002	0.0005	0.0023	0.0071	0.0169	0.0324	0.0521	0.0728	0.0905	0.1021	0.1061	0.1025
15			0.0001	0.0002	0.0009	0.0033	0.0090	0.0194	0.0347	0.0533	0.0724	0.0885	0.0989	0.1025
16				0.0001	0.0003	0.0015	0.0045	0.0109	0.0217	0.0367	0.0543	0.0719	0.0865	0.0960
17					0.0001	0.0006	0.0021	0.0058	0.0128	0.0237	0.0383	0.0551	0.0713	0.0847
18						0.0002	0.0010	0.0029	0.0071	0.0145	0.0255	0.0397	0.0554	0.0706
19						0.0001	0.0004	0.0014	0.0037	0.0084	0.0161	0.0272	0.0408	0.0557
20							0.0002	0.0006	0.0019	0.0046	0.0097	0.0177	0.0286	0.0418
21							0.0001	0.0003	0.0009	0.0024	0.0055	0.0109	0.0191	0.0299
22								0.0001	0.0004	0.0013	0.0030	0.0065	0.0122	0.0204
23									0.0002	0.0006	0.0016	0.0036	0.0074	0.0133
24									0.0001	0.0003	0.0008	0.0020	0.0043	0.0083
25										0.0001	0.0004	0.0011	0.0024	0.0050
26											0.0002	0.0005	0.0013	0.0029
27											0.0001	0.0002	0.0007	0.0017
28												0.0001	0.0003	0.0009
29													0.0002	0.0004
30													0.0001	0.0002
31														0.0001